国防科技图书出版基金

超宽带冲激雷达技术与应用

Ultra – Wideband Impulse Radar
Technology and Application

梁步阁　杨德贵　袁雪林　张伟军
吴锋涛　莫锦军　陈溅来　　　　　著

国防工业出版社

·北京·

图书在版编目(CIP)数据

超宽带冲激雷达技术与应用/梁步阁等著. —北京：国防工业出版社，2019.12
ISBN 978 – 7 – 118 – 11950 – 3

Ⅰ. ①超… Ⅱ. ①梁… Ⅲ. ①超宽带雷达 Ⅳ. ①TN95

中国版本图书馆 CIP 数据核字(2019)第 272115 号

※

国防工业出版社出版发行
（北京市海淀区紫竹院南路 23 号　邮政编码 100048）
三河市腾飞印务有限公司印刷
新华书店经售

*

开本 710×1000　1/16　印张 22¼　字数 418 千字
2019 年 12 月第 1 版第 1 次印刷　印数 1—2000 册　定价 158.00 元

（本书如有印装错误，我社负责调换）

国防书店：(010)88540777　　发行邮购：(010)88540776
发行传真：(010)88540755　　发行业务：(010)88540717

致 读 者

本书由中央军委装备发展部**国防科技图书出版基金**资助出版。

为了促进国防科技和武器装备发展，加强社会主义物质文明和精神文明建设，培养优秀科技人才，确保国防科技优秀图书的出版，原国防科工委于1988年初决定每年拨出专款，设立国防科技图书出版基金，成立评审委员会，扶持、审定出版国防科技优秀图书。这是一项具有深远意义的创举。

国防科技图书出版基金资助的对象是：

1. 在国防科学技术领域中，学术水平高，内容有创见，在学科上居领先地位的基础科学理论图书；在工程技术理论方面有突破的应用科学专著。

2. 学术思想新颖，内容具体、实用，对国防科技和武器装备发展具有较大推动作用的专著；密切结合国防现代化和武器装备现代化需要的高新技术内容的专著。

3. 有重要发展前景和有重大开拓使用价值，密切结合国防现代化和武器装备现代化需要的新工艺、新材料内容的专著。

4. 填补目前我国科技领域空白并具有军事应用前景的薄弱学科和边缘学科的科技图书。

国防科技图书出版基金评审委员会在中央军委装备发展部的领导下开展工作，负责掌握出版基金的使用方向，评审受理的图书选题，决定资助的图书选题和资助金额，以及决定中断或取消资助等。经评审给予资助的图书，由中央军委装备发展部国防工业出版社出版发行。

国防科技和武器装备发展已经取得了举世瞩目的成就，国防科技图书承担着记载和弘扬这些成就，积累和传播科技知识的使命。开展好评审工作，使有限的基金发挥出巨大的效能，需要不断摸索、认真总结和及时改进，更需要国防科技和武器装备建设战线广大科技工作者、专家、教授，以及社会各界朋友的热情支持。

让我们携起手来，为祖国昌盛、科技腾飞、出版繁荣而共同奋斗！

国防科技图书出版基金

评审委员会

国防科技图书出版基金
第七届评审委员会组成人员

主 任 委 员 柳荣普

副主任委员 吴有生　傅兴男　赵伯桥

秘 书 长 赵伯桥

副 秘 书 长 许西安　谢晓阳

委　　　员 才鸿年　马伟明　王小谟　王群书
（按姓氏笔画排序）
　　　　　　甘茂治　甘晓华　卢秉恒　巩水利
　　　　　　刘泽金　孙秀冬　芮筱亭　李言荣
　　　　　　李德仁　李德毅　杨　伟　肖志力
　　　　　　吴宏鑫　张文栋　张信威　陆　军
　　　　　　陈良惠　房建成　赵万生　赵凤起
　　　　　　郭云飞　唐志共　陶西平　韩祖南
　　　　　　傅惠民　魏炳波

前　　言

随着宽带射频器件及高速处理芯片的不断发展,超宽带(UWB)冲激雷达技术日益进步,并获得广泛应用:反隐身雷达在探测隐身飞机等军事目标以及无人机等"低、小、慢"目标方面具有天然的技术优势;探地雷达在地质勘探、市政管线定位和考古发掘等方面已大量使用;雷达生命探测仪在地震、塌方等灾害救援任务中逐渐普及;穿墙雷达正成为军警巷战、反恐等任务的重要工具;雷达安检门为机场、高铁等公共场所的人体非触式安检提供了可行的技术途径;医学超宽带雷达将有望为人体生命体征非触式监测、医学成像提供全新的技术发展方向。

本书融合作者在超宽带雷达研究领域长期的技术积累和工程经验,对超宽带冲激雷达的理论、设计及应用进行了详细介绍,力求使读者对超宽带冲激雷达的理论与设计、发展与应用有清晰全面的了解,以促进该技术的持续进步,更好地为人类的生产、生活服务。

本书的主要内容包括超宽带冲激雷达理论基础及各种行业应用两大部分。第1章概括讲述了超宽带雷达的技术特点、分类和发展现状。第2章详细介绍了超宽带冲激雷达目标探测理论,包括脉冲雷达信号的定义、数学分析方法、目标参数测量、时域脉冲雷达方程和系统设计步骤等内容。第3章详细介绍了超宽带冲激雷达系统设计方法,包括发射机、接收机、天线和信号处理等内容。第4~9章按照雷达系统体制从单发单收到多发多收、从军事到民用的技术发展路线与历史沿革,分别详细介绍了反隐身雷达、探地雷达、雷达生命探测仪、穿墙雷达、雷达安检门、医学超宽带雷达等行业应用。

在本书的写作过程中,国防科技大学袁乃昌教授、张光甫教授,中国地质大学(武汉)邓世坤教授给予了专业支持,中南大学张锋、容睿智、张岩松、赵旸、赵锐、金养昊、朱政亮、王亚夫等同学提供了大力帮助,在此一并表示衷心感谢!

由于作者水平有限,书中错误难免,望读者不吝指正!

作者

2019年6月于长沙

目 录

第 1 章 概述 ·· 1
1.1 超宽带冲激雷达特点 ··· 2
1.2 超宽带冲激雷达分类 ··· 3
1.3 超宽带冲激雷达发展历史及现状 ·· 4
1.3.1 中远距离超宽带冲激雷达 ·· 4
1.3.2 近距离超宽带冲激雷达 ··· 6

第 2 章 超宽带冲激雷达目标探测理论 ·· 12
2.1 冲激脉冲雷达信号 ·· 12
2.1.1 单位冲激信号与系统冲激响应 ·· 12
2.1.2 实际应用中典型的脉冲雷达信号 ·· 14
2.2 冲激脉冲雷达信号的数学分析方法 ·· 16
2.2.1 时域分析方法 ··· 16
2.2.2 复频域分析方法 ·· 18
2.2.3 时域数值方法与离散复频域分析 ·· 24
2.3 目标参数测量 ·· 24
2.3.1 超宽带测量基本原理 ·· 24
2.3.2 测量域分辨力耦合 ·· 28
2.3.3 超宽带冲激雷达信号的模糊函数 ·· 37
2.4 时域冲激雷达方程 ··· 52
2.4.1 时域电磁辐射与达朗贝尔方程 ··· 52
2.4.2 时域冲激雷达方程 ·· 54
2.5 系统设计步骤 ·· 58
2.5.1 基本设计步骤 ··· 58
2.5.2 典型的设计算例 ·· 58

第 3 章 超宽带冲激雷达系统工程设计 ··· 63
3.1 超宽带冲激雷达系统组成 ··· 63

3.2 超宽带冲激雷达发射机 ·· 64
   3.2.1 发射机参数的规范化定义 ·· 64
   3.2.2 脉冲源类型介绍 ··· 66
   3.2.3 高重频固态脉冲源设计 ·· 69
   3.2.4 大功率固态脉冲源设计 ·· 77
   3.2.5 相干合成技术 ··· 83
3.3 超宽带冲激雷达接收机 ·· 96
   3.3.1 接收机参数的规范化定义 ·· 96
   3.3.2 超宽带冲激雷达时域最优相关接收机理论 ························· 97
   3.3.3 接收机类型介绍 ·· 106
   3.3.4 高速等效采样接收机设计 ··· 111
3.4 超宽带冲激雷达天线 ·· 118
   3.4.1 天线参数的规范化定义 ··· 119
   3.4.2 时域超宽带天线基本类型介绍 ···································· 120
   3.4.3 渐变开槽天线设计 ··· 122
   3.4.4 蝴蝶结天线设计 ·· 124
   3.4.5 平面 TEM 喇叭天线设计 ··· 128
   3.4.6 时域天线阵列 ·· 131
   3.4.7 时域波束扫描 ·· 141
3.5 超宽带冲激雷达主控系统 ··· 144
   3.5.1 超宽带冲激雷达主控系统基本任务与组成 ······················· 144
   3.5.2 时序控制电路设计 ··· 145
3.6 超宽带冲激雷达信号处理算法 ·· 146
   3.6.1 超宽带冲激雷达信号处理算法面临的主要任务 ··················· 147
   3.6.2 时域射频抑制算法 ··· 148
   3.6.3 时域杂波抑制算法 ··· 154
   3.6.4 时域低信杂比检测算法 ··· 159

第4章 反隐身雷达 ·· 169
4.1 隐身与反隐身的基本理论 ··· 169
   4.1.1 雷达目标隐身的基本原理 ·· 169
   4.1.2 超宽带雷达的反隐身机理 ·· 170
4.2 反隐身雷达原理样机系统设计 ·· 177
   4.2.1 反隐身雷达的主要技术参数 ······································ 177
   4.2.2 反隐身雷达原理实验样机设计 ··································· 178

4.2.3　反隐身雷达原理样机的数据测量 …………………………………… 184
　4.3　反隐身雷达原理样机数据处理 ………………………………………………… 193
　　　4.3.1　测距范围与距离门搜索 …………………………………………… 193
　　　4.3.2　距离解模糊 …………………………………………………………… 194
　4.4　反隐身雷达应用与发展趋势 …………………………………………………… 196
　　　4.4.1　反隐身雷达在战场的成功应用 …………………………………… 196
　　　4.4.2　反隐身雷达的技术发展趋势 ……………………………………… 197

第5章　探地雷达 ……………………………………………………………………… 199

　5.1　探地雷达的基本理论 …………………………………………………………… 199
　　　5.1.1　介质中电磁场波动方程 …………………………………………… 199
　　　5.1.2　介质的电参数对电磁波传播的影响 ……………………………… 203
　　　5.1.3　电磁波在多层介质中的传播 ……………………………………… 208
　5.2　探地雷达的系统设计 …………………………………………………………… 211
　　　5.2.1　探地雷达的主要技术参数 ………………………………………… 212
　　　5.2.2　探地雷达的系统设计 ……………………………………………… 213
　　　5.2.3　探地雷达的野外测量方式 ………………………………………… 214
　5.3　探地雷达数据处理与解释 ……………………………………………………… 217
　　　5.3.1　常规处理 ……………………………………………………………… 217
　　　5.3.2　偏移处理 ……………………………………………………………… 218
　　　5.3.3　雷达图像的增强处理 ……………………………………………… 220
　　　5.3.4　数据解释 ……………………………………………………………… 222
　5.4　探地雷达技术的应用与发展趋势 ……………………………………………… 226
　　　5.4.1　探地雷达的工程应用 ……………………………………………… 226
　　　5.4.2　探地雷达的技术发展趋势 ………………………………………… 230

第6章　雷达生命探测仪 ……………………………………………………………… 231

　6.1　雷达生命探测仪的基本理论 …………………………………………………… 231
　　　6.1.1　人体生命特征信号的时域多普勒效应 …………………………… 231
　　　6.1.2　人体目标散射特性及影响因素 …………………………………… 233
　6.2　雷达生命探测仪的系统设计 …………………………………………………… 238
　　　6.2.1　雷达生命探测仪的主要功能及技术参数 ………………………… 238
　　　6.2.2　雷达生命探测仪的系统设计 ……………………………………… 239
　　　6.2.3　雷达生命探测仪的数据测量 ……………………………………… 241
　6.3　雷达生命探测仪的数据处理 …………………………………………………… 243

6.4 雷达生命探测仪的应用与发展趋势 ………………………………… 249
　　6.4.1 雷达生命探测仪在灾害救援现场的应用 ……………………… 249
　　6.4.2 雷达生命探测仪的技术发展趋势 ……………………………… 250

第7章 穿墙雷达 252

7.1 穿墙雷达的基本理论 …………………………………………………… 252
　　7.1.1 墙体材质的介电性质 …………………………………………… 253
　　7.1.2 电磁波穿墙传播中的衰减和色散 ……………………………… 255
　　7.1.3 穿墙雷达的基本工作原理 ……………………………………… 257
7.2 穿墙雷达的系统设计 …………………………………………………… 258
　　7.2.1 穿墙雷达的主要功能及技术参数 ……………………………… 258
　　7.2.2 穿墙雷达的系统组成 …………………………………………… 259
　　7.2.3 穿墙雷达的数据测量 …………………………………………… 264
7.3 穿墙雷达数据处理 ……………………………………………………… 266
　　7.3.1 穿墙雷达数据预处理 …………………………………………… 266
　　7.3.2 穿墙雷达成像基本算法 ………………………………………… 269
　　7.3.3 墙体参数估计 …………………………………………………… 271
　　7.3.4 目标跟踪与卡尔曼滤波 ………………………………………… 275
7.4 穿墙雷达技术的应用与发展趋势 ……………………………………… 281
　　7.4.1 穿墙雷达的实际应用 …………………………………………… 281
　　7.4.2 穿墙雷达的技术发展趋势 ……………………………………… 281

第8章 雷达成像安检门 282

8.1 雷达成像安检门的发展现状与趋势 …………………………………… 282
　　8.1.1 被动式毫米波成像雷达安检门 ………………………………… 282
　　8.1.2 主动式毫米波雷达安检门 ……………………………………… 285
　　8.1.3 其他频段的雷达安检门 ………………………………………… 287
8.2 超宽带雷达安检门 ……………………………………………………… 288
　　8.2.1 超宽带雷达安检门构想 ………………………………………… 288
　　8.2.2 MIMO 雷达阵列设计 …………………………………………… 290
　　8.2.3 MIMO－SAR 雷达方程 ………………………………………… 293
　　8.2.4 MIMO－SAR 成像原理 ………………………………………… 295

第9章 医学超宽带雷达 300

9.1 非接触式超宽带生命体征监测雷达 …………………………………… 300

  9.1.1 生命体征及其检测技术 ………………………………………… 300
  9.1.2 非接触式超宽带生命体征监测雷达原理 ………………………… 301
 9.2 超宽带微波成像乳腺癌检测系统 ……………………………………… 302
  9.2.1 乳房组织的介电特性 ……………………………………………… 302
  9.2.2 微波成像检测乳腺癌的发展现状 ………………………………… 303
  9.2.3 脉冲式微波成像乳腺癌检测系统 ………………………………… 307
 9.3 超宽带雷达医学成像系统 ……………………………………………… 311
  9.3.1 超宽带雷达医学成像系统的构想 ………………………………… 311
  9.3.2 基于能量估计的分布目标微波成像算法 ………………………… 312

参考文献 ……………………………………………………………………… 327

XIII

Contents

Chapter 1 Overview ··· 1

    1.1 Characteristics of UWB Impulse Radar ·································· 2
    1.2 Classifications of UWB Impulse Radar ·································· 3
    1.3 Development History and Current Situation of UWB Impulse Radar ······ 4
        1.3.1 Middle and Long – Range UWB Impulse Radar ················· 4
        1.3.2 Short – Range UWB Impulse Radar ······························· 6

Chapter 2 The Target Detection Theory of UWB Impulse Radar ················· 12

    2.1 Impulse Radar Signals ·· 12
        2.1.1 Unit Impulse Signals and System Impulse Responses ············ 12
        2.1.2 Typical Pulse Radar Signals in Practical Applications ············ 14
    2.2 Mathematical Analysis Methods of Impulse Pulse Radar Signals ········· 16
        2.2.1 Time – Domain Analysis Methods ································· 16
        2.2.2 Complex Frequency – Domain Analysis Methods ················ 18
        2.2.3 Numerical Methods in Time – Domain and Discrete Complex
               Frequency – Domain Analysis ······································ 24
    2.3 Target Parameter Measurement ··· 24
        2.3.1 Basic Principles of UWB Measurements ·························· 24
        2.3.2 Resolution Coupling in Measurement – Domain ·················· 28
        2.3.3 Ambiguity Function of UWB Radar Signal ······················· 37
    2.4 Impulse Radar Equation in Time – Domain ···························· 52
        2.4.1 Electromagnetic Radiation in Time – Domain and The D'Alembert
               Equation ··· 52
        2.4.2 Impulse Radar Equation in Time – Domain ······················ 54
    2.5 System Design Steps ·· 58
        2.5.1 Basic Design Steps ·· 58
        2.5.2 Typical Design Examples ··· 58

Chapter 3 System Design Method of UWB Impulse Radar … 63

- 3.1 System Composition of UWB Impulse Radar … 63
- 3.2 Transmitter of UWB Impulse Radar … 64
  - 3.2.1 Normalized Definition of Transmitter Parameters … 64
  - 3.2.2 Introduction of Pulse Source Types … 66
  - 3.2.3 Design of High – Repetition Frequency Solid – State Pulse Source … 69
  - 3.2.4 Design of Big – Power Solid – State Pulse Source … 77
  - 3.2.5 Coherent Combination Technology … 83
- 3.3 Receiver of UWB Impulse Radar … 96
  - 3.3.1 Normalized Definition of Receiver Parameters … 96
  - 3.3.2 The Optimal Correlation Receiver Theories in Time – Domain of Impulse Radar … 97
  - 3.3.3 Introduction of Receiver Types … 106
  - 3.3.4 Design of High – Speed Equivalent Sampling Receiver … 111
- 3.4 UWB Impulse Radar Antenna … 118
  - 3.4.1 Normalized Definition of Antenna Parameters … 119
  - 3.4.2 Introduction of UWB Antenna Basic Types in Time – Domain … 120
  - 3.4.3 Design of Tapered Slot Antenna … 122
  - 3.4.4 Design of Bow – Tie Antenna … 124
  - 3.4.5 Design of Planar TEM Horn Antenna … 128
  - 3.4.6 Antenna Array in Time – Domain … 131
  - 3.4.7 Beam Scanning in Time – Domain … 141
- 3.5 Master Control System of UWB Radar … 144
  - 3.5.1 Basic Tasks and Components of Radar Master Control System … 144
  - 3.5.2 Design of Timing Control Circuit … 145
- 3.6 Signal Processing Algorithms of UWB Impulse Radar … 146
  - 3.6.1 Main Tasks of Signal Processing Algorithm for Impulse Radar … 147
  - 3.6.2 Radio Frequency Interference Suppression Algorithm in Time – Domain … 148
  - 3.6.3 Clutter Suppression Algorithm in Time – Domain … 154
  - 3.6.4 Low Signal – to – Noise Ratio Detection Algorithm in Time – Domain … 159

Chapter 4　Anti – Stealth Radar 169

    4.1　Basic Theory of Stealth and Anti – Stealth 169
        4.1.1　Basic Principles of Target Stealth on Radar 169
        4.1.2　Anti – Stealth Mechanisms of UWB Radar 170
    4.2　Prototype System Design of Anti – Stealth Radar 177
        4.2.1　Main Technical Parameters 177
        4.2.2　Design of Experimental Prototype 178
        4.2.3　Data Measurements 184
    4.3　Principle Prototype Data Processing of Anti – Stealth Radar 193
        4.3.1　Ranging Scope and Range Bins Search 193
        4.3.2　Range Ambiguity Resolution 194
    4.4　Applications and Development Trends of Anti – Stealth Radar 196
        4.4.1　Successful Applications in Battlefield 196
        4.4.2　Technology Development Trends 197

Chapter 5　Ground Penetrating Radar 199

    5.1　Basic Theory of Ground Penetrating Radar 199
        5.1.1　The Electromagnetic Wave Equation in Medium 199
        5.1.2　Effect of Dielectric Parameters on Electromagnetic Wave Propagation 203
        5.1.3　Electromagnetic Wave Propagation in Multi – Media 208
    5.2　System Design of Ground Penetrating Radar 211
        5.2.1　Main Technical Parameters 212
        5.2.2　System Design 213
        5.2.3　Approach of Field Measurements 214
    5.3　Data Processing and Interpretation of Ground Penetrating Radar 217
        5.3.1　Normal Processing 217
        5.3.2　Migration Processing 218
        5.3.3　Enhancement Processing of Radar Image 220
        5.3.4　Data Interpretation 222
    5.4　Applications and Development Trends of Ground Penetrating Radar 226
        5.4.1　Engineering Applications 226
        5.4.2　Technology Development Trends 230

Chapter 6 Radar Life Detector ... 231

6.1 Basic Theory of Radar Life Detector ... 231
6.1.1 Time – Domain Doppler Effect of Human Vital Sign ... 231
6.1.2 Scattering Characteristic and Influencing Factors of Human Target ... 233

6.2 System Design of Radar Life Detector ... 238
6.2.1 Main Functions and Technical Parameters ... 238
6.2.2 System Design ... 239
6.2.3 Data Measurements ... 241

6.3 Data Processing of Radar Life Detector ... 243

6.4 Applications and Development Trends of Radar Life Detector ... 249
6.4.1 Applications in Disaster Rescue Site ... 249
6.4.2 Development Trends ... 250

Chapter 7 Through – the – Wall Radar ... 252

7.1 Basic Theory of Through – the – Wall Radar ... 252
7.1.1 Dielectric Properties of Wall Materials ... 253
7.1.2 Attenuation and Dispersion of Electromagnetic Wave Propagation Through Walls ... 255
7.1.3 Basic Working Principle of Through – the – Wall Radar ... 257

7.2 System Design of Through – the – Wall Radar ... 258
7.2.1 The Main Functions and Technical Parameters ... 258
7.2.2 The System Composition ... 259
7.2.3 Data Measurements ... 264

7.3 Data Processing of Through – the – Wall Radar ... 266
7.3.1 Data Preprocessing ... 266
7.3.2 Basic Imaging Algorithm ... 269
7.3.3 Wall Parameters Estimation ... 271
7.3.4 Target Tracking and Kalman Filtering ... 275

7.4 Applications and Developments Trend of Through – the – Wall Radar Technology ... 281
7.4.1 Practical Applications ... 281
7.4.2 Development Trends ... 281

Chapter 8　Radar Security Gate ……………………………………………… 282

　　8.1　Development Status and Trends of Radar Imaging Security Gate …… 282
　　　　8.1.1　Radar Security Gate with Passive Millimeter Wave Imaging …… 282
　　　　8.1.2　Radar Security Gate with Active Millimeter Wave Imaging ……… 285
　　　　8.1.3　Radar Security Gate with Other Frequency Bands ……………… 287
　　8.2　UWB Radar Security Gate …………………………………………… 288
　　　　8.2.1　Conception of UWB Radar Security Gate …………………… 288
　　　　8.2.2　Design of MIMO Radar Array ………………………………… 290
　　　　8.2.3　MIMO – SAR Radar Equation ………………………………… 293
　　　　8.2.4　MIMO – SAR Imaging Principle ……………………………… 295

Chapter 9　Medical UWB Radar …………………………………………… 300

　　9.1　Contactless UWB Vital Sign Monitoring Radar …………………… 300
　　　　9.1.1　Vital Signs and Its Detection Techniques …………………… 300
　　　　9.1.2　Principle of Contactless UWB Vital Sign Monitoring Radar ……… 301
　　9.2　Breast Cancer Detection System with UWB Microwave Imaging ……… 302
　　　　9.2.1　Dielectric Properties of Breast Tissue ………………………… 302
　　　　9.2.2　Development Status of Breast Cancer Detected by Microwave
　　　　　　　 Imaging ………………………………………………………… 303
　　　　9.2.3　Breast Cancer Detection System with Pulse Microwave Imaging … 307
　　9.3　UWB Radar Medical Imaging System ……………………………… 311
　　　　9.3.1　Conceptions of UWB Radar Medical Imaging System ……… 311
　　　　9.3.2　Distributed Target Microwave Imaging Algorithm Based on
　　　　　　　 Energy Estimation ……………………………………………… 312

References …………………………………………………………………… 327

第1章 概 述

"超宽带"一词,最早出现在1989年的美国国防部相关技术文档中,此后被广泛采用。如今,超宽带理论与技术已经成为电子学领域研究热点之一,与超宽带相关联的通信、雷达等领域也呈现出一派生机勃勃的景象。超宽带通信、超宽带雷达的迅速发展,在人们的生产与生活中得到了日益广泛的运用。

按照IEEE P802.15的定义,相对带宽 μ 大于25%的信号即为超宽带信号,相对带宽的定义为

$$\mu = \frac{2(f_H - f_L)}{f_H + f_L} \tag{1.1}$$

式中: f_H、f_L 分别为信号归一化功率谱的 -20dB 上、下限频率点。

按照此标准,实现超宽带的具体形式主要包括超宽带线性调频和超宽带时域冲激窄脉冲。而且,一般的"超宽带信号",多指时域冲激窄脉冲。由于历史原因,对于时域窄脉冲信号,称谓一直比较混乱,除了继续沿用"超宽带信号"一词外,"冲激脉冲信号""无载波基带信号""时域非正弦信号"等名称也同时采用,目前正逐渐统一为"超宽带信号"或"冲激脉冲信号"。本书如无特殊说明,"超宽带信号"均指时域冲激信号。相应地,超宽带雷达也均指超宽带冲激雷达。

超宽带信号的理论研究可以追溯到20世纪五六十年代。Zernov、Kharcevitch、Harmuth、Ross和Robbins等苏联、美国科学家几乎在同一时期展开了相关领域研究。在苏联:Zernov 早在1951年就给出了超宽带信号的时域分析理论;Kharcevitch 在1952年便提出了更为简单的超宽带信号时域分析方法。在美国:Harmuth 在1969年提出了最早的超宽带脉冲发射机、接收机的设计雏形;Ross和Robbins则在1972年给出了超宽带脉冲信号可能的应用前景,指出了超宽带通信、超宽带雷达的发展方向。

超宽带系统的工程设计则要稍晚一些。Morey 在1974年设计出第一套超宽带探地雷达;P. V. Etten 在1977年设计出一套近距离超宽带雷达原理验证系统。自从 Tektronix 和 Hewlett Packard 公司不断推出时域高速采样、测量仪器的商业产品以后,超宽带系统的设计进一步加速发展。此后几十年间,大量的科研人员投入到超宽带研究领域中,相关系统层出不穷,并逐渐形成了较为庞大的研究领域,结合作者在研究工作中所参阅的大量文献,可以总结概括为图1.1。

从图1.1中可以看出,超宽带研究及应用领域主要沿两大方向发展:超宽带通信

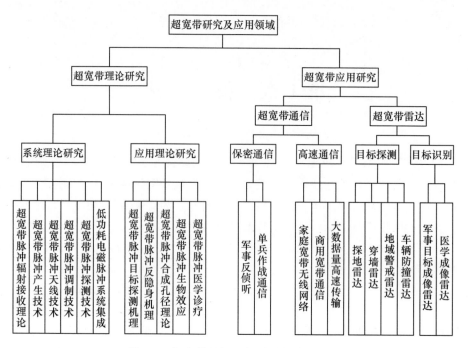

图 1.1 超宽带研究及应用领域分支图示

技术和超宽带雷达技术。相对而言,超宽带通信技术的发展已经比较成熟,这主要得益于超宽带通信理论的建立已经有数十年的历史,发展较为完善,而且相关商业产品的不断推广也加速了技术的进一步发展,而超宽带雷达技术发展则较为滞后,这主要是由于超宽带雷达原理与常规雷达原理有着较大差别,超宽带雷达理论尚不完备,加上相关技术难度较大、超宽带雷达的军事技术保密等原因造成的。

21世纪以来,超宽带通信技术迅猛发展,应用日益广泛,展示出巨大前景,超宽带雷达领域也发展迅速,主要表现在一些近距离探测雷达,诸如探地、生命探测、穿墙、叶簇透射等雷达不断发展成熟,并在远距离探测雷达上也进行了一些有意义的探索性尝试。

下面对超宽带冲激雷达的特点、分类和发展历史及现状分别进行讲述。

1.1 超宽带冲激雷达特点

自20世纪五六十年代以来,超宽带冲激雷达的概念一经提出,其敏感的军事应用潜力立即吸引了众多学者和研究人员,并相继取得了一系列的研究成果。这些研究成果极大丰富了非稳态电磁学的理论基础,同时也构成了超宽带冲激雷达的系统设计基本原理。理论分析和实验均证明,超宽带冲激雷达相对于常规雷达,具有如下潜在特性:

(1) 距离分辨力高。距离分辨力是指径向方向上两个大小相等的点目标之间最小可区分的距离。一般从频域角度讲,距离分辨力主要由频带宽度决定,而对应到时域冲激雷达,距离分辨力主要由脉冲宽度决定:有效带宽越宽,时域脉冲越窄,距离分辨力越好。

参见图1.2,设矩形脉冲宽度为τ,有效带宽$B \approx \dfrac{1}{\tau}$,考虑双程延时因素,则距离分辨力$\Delta r_c$可表示为

$$\Delta r_c \approx \frac{c}{2} \cdot \tau = \frac{c}{2} \cdot \frac{1}{B} \tag{1.2}$$

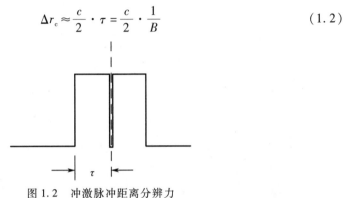

图1.2 冲激脉冲距离分辨力

对应于1ns的脉冲宽度,其距离分辨力可达到0.15m,而几百甚至十几皮秒的脉冲宽度,其距离分辨力则可达到几十至几厘米量级。

(2)近距离盲区小。为防止雷达接收机饱和或烧毁,一般在雷达发射信号的同时,接收机是关闭的,这就造成了雷达的近距离盲区。雷达近距离盲区主要决定于雷达发射信号的持续时间。无疑,对于脉冲持续时间仅在(亚)纳秒量级的冲激雷达而言,其近距离盲区将可以得到极大限度的缩短,最小探测距离可达到数十厘米。这对于近距离精确探测,相比较其他雷达系统具有独特优势。

(3)穿透性强。超宽带冲激雷达脉冲宽度大多在纳秒量级,其对应频谱分布主要集中在甚高频(VHF)/超高频(UHF)频段,而VHF/UHF频段对物体穿透性较强,因此可以很好地应用于探地、探墙、叶簇透射等应用领域。

(4)目标识别率高。超宽带冲激雷达良好的距离分辨力容易将目标各个散射中心回波进行区分开来,从而可以反映目标的精细结构,因此具有目标识别的潜在优势。

(5)多径干扰小。超宽带冲激雷达目标探测多径干扰小,这与超宽带通信的特性完全相同。

(6)侦听/截获概率小。由于脉冲持续时间短,平均辐射功率低,因此常规的侦听手段难于捕捉到超宽带雷达发射信号,有效提高超宽带冲激雷达的战场生存能力。

1.2 超宽带冲激雷达分类

如前所述,超宽带冲激雷达主要沿着两大方向发展:近距离超宽带冲激雷达(作

用距离几至几十米以内)、远距离超宽带冲激雷达(作用距离几至几十千米)。结合当前国内外超宽带雷达技术发展的实际水平,按照作用距离的远近,对超宽带冲激雷达大致可划分为近距离、中距离和远距离三类,如图1.3所示。中远距离超宽带冲激雷达主要以反隐身雷达、重点区域警戒雷达等军用为主;近距离超宽带雷达主要包括探地雷达、穿墙雷达和医学超宽带雷达等民用为主。

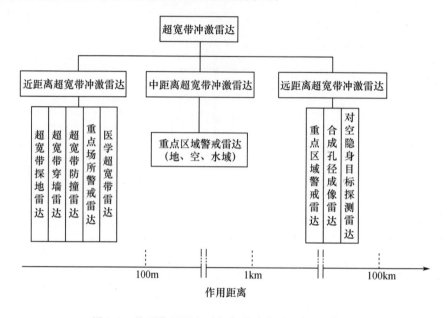

图1.3　按照作用距离对超宽带冲激雷达种类的划分

由于超宽带冲激雷达自身的特点(带宽大、持续时间小、占空比极低、平均功率小等),超宽带冲激雷达的作用距离及其类型划分与常规雷达有着较大差别。数千米甚至数十千米的作用距离对于常规雷达而言实在太过寻常,但是几米甚至几厘米的最短作用距离则是常规雷达所不可想象的。"寸有所长、尺有所短",我们应该辩证地看待常规雷达与超宽带冲激雷达之间包括"作用距离"在内的诸多差异性。

1.3　超宽带冲激雷达发展历史及现状

超宽带冲激雷达包括近、中、远距离各种不同用途雷达,下面分别对各种雷达的发展现状和趋势进行介绍。

1.3.1　中远距离超宽带冲激雷达

目前,有关中远距离超宽带冲激雷达系统的文献资料仍较为少见。除部分军事保密的原因外,远距离超宽带冲激雷达仍处于探索阶段,技术积累尚不完善,同时缺乏系统性的理论总结是其主要原因。远距离超宽带冲激雷达面临的主要技术障碍和问题，可以归纳如下：

(1) 发射机峰值功率虽大，平均能量很小。超宽带冲激雷达发射源峰值功率虽然可以做得很高，但是由于占空比极低，所以平均功率很小。在一定意义上讲，雷达对于目标的探测只与目标反射回波能量有关，因此，极小的平均功率直接限制了超宽带冲激雷达的最大作用距离。如何设计高功率的脉冲源作为发射机一直是远距离超宽带冲激雷达面临的主要技术瓶颈，这也是一般的远距离超宽带雷达均采用超宽带线性调频信号源代替冲激脉冲源的主要原因所在。

(2) 接收机带宽太大，射频抑制困难。由于超宽带冲激雷达接收机的工作频带很宽，且多处在 VHF/UHF 频段，而这也是调频无线电、商用电视和移动通信所占频段，这些电磁信号将严重干扰超宽带雷达的回波信号，特别是对于远距离超宽带雷达，远处的目标回波有可能被射频干扰完全淹没，所以射频抑制也是超宽带雷达的关键问题之一。

(3) 接收机高速采样和大数据量存储问题。超宽带冲激雷达回波信号宽度仅有几至几十纳秒，如果需要保留回波细部信息，则必须进行高速波形采样，这在较大距离范围的探测任务中，对于采样速率、采样带宽以及存储深度均提出了很高的要求。

(4) 雷达系统分析设计理论需要创新。超宽带冲激雷达系统中，信号持续时间在纳秒量级，属于瞬态系统。天线方向图、目标回波都是时间的函数，雷达距离方程也将变成时间的函数，对于这种时域瞬态系统，传统的频域分析方法将不再适合，这就要采取新的方法和手段进行超宽带冲激雷达系统的研究和设计。

正是因为这些问题，超宽带冲激雷达曾经一度遭受质疑，特别是远距离超宽带冲激雷达的可实现性，在学者当中存在一定的讨论和争议。

1. 国外发展趋势

目前的零星资料显示，俄罗斯、美国已成功研制出中远距离超宽带冲激雷达系统，最大作用距离达几至十几千米。典型的如：美国 Gerald F. Ross 等研制成功的防入侵雷达系统(ESR)，对于人体、牲畜等目标，最大作用距离可达到 1600m；俄罗斯 I. J. Immoreev 等研制的类似系统，最大作用距离可达到 1000m。Immoreev 等还提出了应用远距离超宽带冲激雷达探测隐身飞机的研究工作，由于军事保密原因，详细资料尚未公开。

2. 国内发展趋势

"十五"期间，国防科技大学的袁乃昌、张光甫、梁步阁等对此进行了很多开创性的研究工作，成功研制出了中远距离超宽带冲激雷达原理样机系统(图1.4)，最远作用距离不小于5km。

图 1.4　中远距离超宽带冲激雷达实验样机系统试验外场

1.3.2　近距离超宽带冲激雷达

超宽带冲激雷达在近距离探测领域具有独特优势。目前，在道路检测、地质勘探、隧道超前预报、灾害救援、反恐维稳、安监生产等多个行业具有广泛应用。

1. 探地雷达

20 世纪 90 年代以来，探地雷达技术不断取得进步。与其他测量手段相比，探地雷达具有经济、方便、无损、快速、高精度、实时成像等突出特点。特别是在浅层精细、快速检测方面的作用不可替代，成功应用于公路路面垫层厚度检测、滑坡面或隧道壁衬砌质量检测、巷道周边地质构造探测、地基空洞及裂缝等地质灾害检测、堤岸及水坝等结构缺损探查、泥炭煤质调查、水文地质条件调查、古遗迹基层探测、古墓洞道探查等多种工作任务。

目前，国外知名探地雷达主要有：加拿大 SSI 公司生产的 EKKO 系列探地雷达，实物如图 1.5 所示；美国 GSSI 公司生产的 SIR 系列探地雷达，实物如图 1.6 所示；瑞典 MALA 公司生产的 RAMAC/GPR 系列探地雷达；意大利 IDS 公司生产的 RIS 系列探地雷达；日本 OYO 公司生产的 GEORADAR 系列探地雷达；英国雷迪公司生产的

 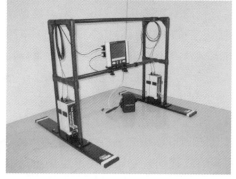

图 1.5　加拿大 SSI 公司生产的 EKKO 系列探地雷达

RD 系列探地雷达;等等。这些探地雷达系统主要工作在 10～3000MHz 频段,分辨力最高可达到厘米级。

图 1.6　美国 GSSI 公司生产的 SIR 系列探地雷达

我国国内机构和学者在探地雷达技术方面的研究和应用也在快速发展与成熟。中国地质大学(武汉)从 1991 年开始对地下目标体进行了数值模拟的研究,在探地雷达理论研究和实际应用方面成果显著。中国电波传播研究所自主研发的 LTD 系列探地雷达是目前国内比较先进的探地雷达系统,可配置 50～2000MHz 之间 9 种不同频率的天线,性能和可靠性与国外主流雷达相当。国防科技大学也研制出高分辨力 RadarEye 探地雷达系统(图 1.7),系统分辨力达到 3～5cm,道路分层精度最高可达 4mm。

图 1.7　RadarEye 探地雷达系统

2. 雷达生命探测仪

20 世纪末,俄罗斯 UWB Group 研究团队首先提出利用超宽带冲激脉冲进行人体生命特征信号非接触式探测的理论算法,并完成了样机设计。美国的研究人员也开始进行雷达生命探测的研究。美国 Michigan 州立大学相关研究人员在 10GHz、2GHz、1.15GHz、450MHz 多个频段进行人体呼吸和心跳运动非接触探测的研究;美国 GSSI 公司基于探地雷达产品的技术积累,最先开发出了雷达生命探测仪,如图 1.8 所示。

第四军医大学王健琪教授团队、国防科技大学梁步阁博士团队先后开发出雷达生命探测仪并实现产业化。2004年2月,由第四军医大学王健琪教授团队研制的首台雷达式非接触生命探测仪正式问世,这使得我国成为继美国之后,具有自主知识产权、可自主研制该类生命探测仪的国家之一,如图1.9所示。2010年4月,由国防科技大学梁步阁博士团队研发的我国首台基于高速等效采样技术的雷达生命探测仪顺利通过国家科技成果鉴定,性能达到国外同类产品水平。经过不断改进,该产品在快速检测、探测距离、目标识别等方面均已优于国外同类产品,如图1.10所示。目前中国、美国在该领域居于全球技术及产业领先地位。

图1.8 美国GSSI公司开发的雷达生命探测仪

图1.9 SJ-3000雷达生命探测仪

图1.10 LSJ雷达生命探测仪

3. 穿墙雷达

2002年,美国Time Domain公司研制出了基于超宽带技术的穿墙探测雷达系统"Radar Vision",该雷达采用收发天线阵列,可以穿透不同的墙壁,可实现二维成像。随后又推出了"Soldier Vision"系列超宽带雷达,SV2000A1便携式探测雷达基于编码窄脉冲串技术,通过测量相邻编码之间回波能量的变化来探测运动目标,探测距离为10m。2004年,美国AKELA公司开发了一种穿墙雷达,其主要由一组分布成随机阵列的传感器构成,每一个单独的传感器都是一个距离高分辨力的雷达,且可以单独拆卸携带。雷达使用频率步进的连续波信号,工作频率在0.5~2GHz之间,最小的距离分辨力为10cm,利用快速傅里叶变换(FFT)处理可检测到距实心墙体6.5m静止人体的呼吸。2006年,英国剑桥顾问公司推出了它的第二代超宽带穿墙雷达产品Prism-200,它能够穿过40cm厚的门、石板、砖墙以及混凝土墙体等建筑材料,探测范围可达到15m,实现对移动人体目标的3维(3D)显示。Prism-200是全球最早的商业化穿墙雷达产品,其实物如图1.11所示。2010年,捷克RETIA公司研制出手持式穿墙雷达系统ReTWis,可穿透木墙和砖墙等常见墙体,探测距离为20m,探测视角为130°×100°(方位角×俯仰角),其实物如图1.12所示。美国CAMERO公司开发的Xaver-800是一款利用多发多收(MIMO)雷达成像技术的穿墙雷达,它能够对人和动物等进行高分辨力实时3D成像,最终给出目标个数、方位,甚至可以对房间的形状(包括地板、天花板、桌子等固态静止物体)进行3D成像。其早期产品于2007年进入市场,现在已经在多个国家的军队、执法机构装备。Xaver-800是全球较先进的穿墙雷达系统,如图1.13所示。2012年,美国麻省理工学院研制了一款名为Wi-Vi的被动探测穿墙雷达原理样机,它利用房间内无线路由器发射的Wi-Fi信号而不需要自带发射源,采用了逆合成孔径雷达成像技术(ISAR)对室内运动目标定位跟踪,可穿透20cm的混凝土砖墙,探测范围为9m。

图1.11 英国剑桥顾问公司推出的Prism-200穿墙雷达

图1.12 捷克RETIA公司研制的ReTWis穿墙雷达

图1.13 美国CAMERO公司开发的Xaver-800穿墙雷达

国内关于穿墙雷达探测技术近年来也发展非常迅速。电子科技大学研制出工作带宽为 2GHz 的频率步进穿墙雷达样机，该雷达能够对 40cm 厚水泥墙或砖墙后的运动目标进行跟踪、成像，有效探测范围可达 15m。由中南大学梁步阁教授团队研发的 LSJ 穿墙雷达可穿透 30cm 墙体，对运动人体目标探测距离可达到 30m，对静止人体目标探测距离可达到 15m，其性能达到国外同类产品水平，甚至在穿透性、灵敏度等方面指标还优于国外同类产品，实物如图 1.14 所示。

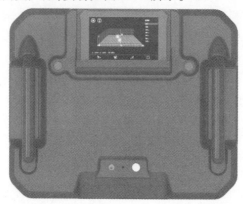

图 1.14　LSJ 穿墙雷达

4. 医学超宽带雷达

医学超宽带雷达是指利用超宽带脉冲雷达技术来对生命体征进行提取或医学成像的雷达。生命体征监测超宽带雷达无须在患者身上加各种感应探头，可以隔着衣物（甚至可以有金属纽扣、饰品挂件）、空气、墙壁等物体，实现对患者脉搏、呼吸等生命活动的监护探测。主要应用于特殊医疗监护人员（严重烧伤患者、皮肤过敏患者、老年人、孕妇等群体）的非触式医学监护，如图 1.15 所示。生命体征监测超宽带雷达，大多数相关报道仅在超宽带的相关专业文献上出现，很少有正式产品或演示样机出现。俄罗斯 UWB Group 研究团队研制了心肺探测原理样机，如图 1.16 所示。美国

图 1.15　非触式医学监护

图 1.16　俄罗斯 UWB Group 研究团队研制的心肺探测原理样机

Life Wave 公司,产品有脉搏探测仪和心肺探测仪,如图 1.17 所示。在 2009 年 2 月 26 日,美国医疗网报道,Sensiotec 公司也成功推出了正式产品 Preventa。

图 1.17　美国 Life Wave 公司的心肺探测仪

利用超宽带雷达实现对人体三维成像检测,属于比较新颖的应用技术研究方向,是近年来的学术研究热点,如英国、美国、德国、俄罗斯、意大利、日本、印度、韩国、澳大利亚已经陆续开展超宽带医学成像雷达的研究工作,并在乳腺癌诊断、脑中风等病例中进行理论分析或初步试验。特别是英国布里斯托大学 M. Klemm 等研制的乳腺癌成像样机系统及模拟试验已取得一定成果。

国内关于医学超宽带雷达探测与成像技术近年来也发展较为迅速。中南大学梁步阁博士团队成功研制出了非触式医学监测超宽带冲激雷达原理样机系统,可实现人体生命主要指标监测,最大监护作用距离不小于 10m。国防科技大学张光甫教授进行了超宽带冲激雷达医学成像方面的理论研究工作,并取得一定进展。南方科技大学陈意钒教授、南京邮电大学张业荣教授也积极开展了医学监测与成像雷达领域的研究工作。

综上所述,超宽带冲激雷达行业应用广泛,并且还在不断快速发展。目前美国、中国两国基于科研投入、市场规模和经济实力等综合优势,在超宽带冲激雷达研究及产业化方面处于国际领先地位。为了继续保持我国在该领域的技术领先优势,需要对超宽带 MIMO 成像等新的技术发展动态紧密跟踪、提早布局,并加大科研投入。这对于军民两用超宽带冲激雷达技术的发展具有重要的战略意义。

第2章　超宽带冲激雷达目标探测理论

宽带射频器件以及高速处理芯片的不断发展，推动着超宽带冲激雷达技术取得快速进步，使得基于频域调制解调体制的传统雷达设计理念经历着化繁为简、返璞归真，向无载波时域脉冲体制的转换，并在雷达研究领域引起新一轮的技术变革；而传统的基于频域稳态场的雷达目标探测理论无法完全适用于超宽带冲激脉冲雷达。超宽带冲激雷达技术体制的目标探测理论需要充分考虑时域瞬态场的特性，从时域角度出发进行分析。关于超宽带冲激雷达的学术文章已可见于诸多文献，但是对其目标探测理论还缺乏系统性论述和深入研究；同时对于超宽带雷达的系统设计方法，特别是中远距离脉冲雷达鲜有文献可资借鉴。

本章结合作者在相关领域的研究工作，将对超宽带冲激雷达目标探测理论进行探讨，这些理论和系统设计方法可为后续章节超宽带雷达的设计应用提供理论基础。

2.1　冲激脉冲雷达信号

2.1.1　单位冲激信号与系统冲激响应

理想情况下，可选择 Dirac – Delta 函数，作为脉冲雷达发射信号，其表达式如下：

$$\begin{cases} \delta(t) = 0, \quad t \neq 0 \\ \int_{-\infty}^{+\infty} \delta(t) \mathrm{d}t = 1 \end{cases} \tag{2.1}$$

满足 Dirac – Delta 函数关系的信号也称为单位脉冲信号，其具有如下基本特性。

1. 频谱分布特性

$\delta(t)$ 函数的频谱分布在频域上呈单位均匀分布：

$$\int_{-\infty}^{+\infty} \delta(t) \mathrm{e}^{-\mathrm{j}\omega t} \mathrm{d}t = 1 \tag{2.2}$$

因此其傅里叶变换对为

$$\delta(t) \xleftrightarrow{F} 1 \tag{2.3}$$

显然，$\delta(t)$ 的相对频带宽度达到极限值，$\mu = 2$。

2. 筛选特性

对于任意函数 $f(t)$，其与 $\delta(t)$ 乘积的无限积分等于 $f(0)$：

$$\int_{-\infty}^{+\infty} f(t)\delta(t)\,\mathrm{d}t = \int_{-\infty}^{+\infty} f(0)\delta(t)\,\mathrm{d}t = f(0)\int_{-\infty}^{+\infty} \delta(t)\,\mathrm{d}t = f(0) \quad (2.4)$$

3. 卷积特性

对于任意函数 $f(t)$，其与 $\delta(t)$ 卷积等于 $f(t)$ 自身：

$$\int_{-\infty}^{+\infty} f(\tau)\delta(t-\tau)\,\mathrm{d}\tau = f(\tau)\big|_{\tau=t} = f(t) \quad (2.5)$$

4. 高阶导数的筛选特性

设 $\delta(t)$ 广义的 n 阶导数为 $\delta^{(n)}(t)$，则对于任意函数 $f(t)$，其与 $\delta^{(n)}(t)$ 乘积的无限积分满足如下关系：

$$\int_{-\infty}^{+\infty} f(t)\delta^{(n)}(t)\,\mathrm{d}t = (-1)^n \frac{\mathrm{d}^n}{\mathrm{d}t^n} f(t)\bigg|_{t=0} \quad (2.6)$$

正因为 Dirac-Delta 信号具有这些特性，所以它具有很强的物理意义。在现代信号与系统理论中，对于系统特性的最重要刻画方法之一便是系统的时域冲激响应，即系统对于单位冲激信号的零状态响应。

利用冲激响应，可以有效刻画出系统的内在特性。若已知某一系统的冲激响应，则对于任意信号，该系统的零状态输出响应可求。

设系统冲激响应已知，记作 $h(t)$，即有

$$\delta(t) \to h(t) \quad (2.7)$$

而对于任意信号 $f(t)$，该系统的零状态输出响应记为 $y_f(t)$：

$$f(t) \to y_f(t) \quad (2.8)$$

即

$$\int_{-\infty}^{+\infty} f(\tau)\delta(t-\tau)\,\mathrm{d}\tau \to y_f(t) \quad (2.9)$$

若系统属于线性系统，满足齐次性和可加性，易有

$$y_f(t) = \int_{-\infty}^{+\infty} f(\tau)h(t-\tau)\,\mathrm{d}\tau = f(t) * h(t) \quad (2.10)$$

冲激响应反映在雷达目标探测中，则具有如下物理本质：以单位脉冲信号照射目标，所接收到的目标回波，可以反映目标在整个频域上的全部响应特性；更进一步，由单位冲激脉冲回波结果可以推算出任意波形照射目标时的反射回波信号。

这也可以从另一角度去理解脉冲雷达与常规雷达之间的根本区别与内在联系。相比于常规雷达,脉冲雷达回波可以得到更为丰富的目标信息,这种根本性差异直接决定了脉冲雷达距离分辨力高、易于目标识别等潜在特性。

2.1.2 实际应用中典型的脉冲雷达信号

理想的单位冲激信号是无法物理实现的,仅具有数学意义。实际应用中可采用的脉冲雷达信号并没有严格的定义和要求,大致上可分为单极脉冲、单周波和多周波,可参考图2.1及相关文献。

1. 单极脉冲

单极脉冲,只含有单向峰值电平,经发射天线后,回波信号波形简单,易于区分目标各个反射中心点的反射分量及相互延时关系。

但是,单极脉冲也具有一定的缺点,频谱分布中直流分量最大,且由低频往高频迅速递减,低频分量过高,导致天线辐射效率较低。

典型的单极脉冲数学近似表达式有高斯脉冲、双指数脉冲等形式。

2. 单周波

单周波是典型的双极脉冲形式,含有双向峰值电平。单周波的优点在于它的频谱分布中心频率近似在单周波波形周期对应的频率附近,左右近似呈对称分布,不含直流分量,低频分量小,从而可以提高天线辐射效率。

典型的单周波数学近似表达式有单周期正弦波、微分高斯脉冲和截断三正弦脉冲等。

3. 多周波

相对于单周波而言,多周波所包含的低频分量更小,从而使得天线辐射效率更高,但是同时也带来了系统信号有效带宽的降低。

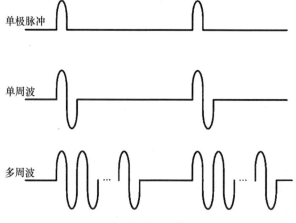

图2.1 超宽带雷达信号形式

多周波,在 1 个脉冲内含有多个振荡周期,因此几乎可以认为是一种载波调制波。实际上,信号相对带宽的概念可以近似理解为信号周期与信号持续时间之比,也就是载波信号周期宽度与基带脉冲持续宽度之比。比如:1% 的相对带宽,其基带脉冲信号中将调制有大约 100 个载波信号;同样,20%~25% 的相对带宽,其基带脉冲信号中将允许调制有大约 5 个或 4 个载波信号。这种对信号带宽概念的理解,可以有效地帮助我们理解下文中一些问题的讨论。

因此,多周波可以理解为是由传统的窄带雷达到超宽带雷达波形的中间过渡。典型的多周波数学近似表达式有多周期正弦波、调制高斯脉冲等。

关于这些脉冲信号频谱分布特性可参考图 2.2。这些信号均以标准正弦波信号为基础进行周期截取,其中:单极脉冲全底脉宽 1ns;单周波周期宽度 1ns;多周波单个脉冲周期宽度 1ns。显然:单极脉冲直流分量最高,3dB 带宽集中在 600MHz 以下;单周波中心频率则明显增高,3dB 带宽集中在 400~1300MHz;而 4 周波、5 周波中心频率接近 1GHz,3dB 带宽集中在 900~1100MHz 附近。计算其相对带宽,则分别约等于 200%、100%、25%、20%,这也印证了上述关于"相对带宽可近似看作载波信号周期宽度与基带脉冲持续宽度之比"观点的正确性。

注意,这里相对带宽的计算以 -3dB 线为准进行计算,和第 1 章中所给出的相对带宽以 -20dB 进行定义稍有差异。按照 -20dB 为带宽计算标准,同样可得出类似结果。

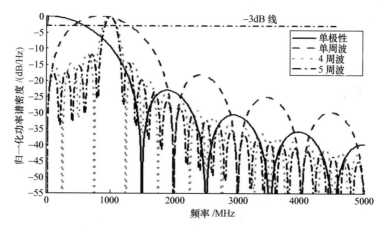

图 2.2 超宽带雷达信号功率谱密度

单个脉冲形式确定后,雷达信号实际上是脉冲信号的序列复制。超宽带雷达的脉冲信号序列复制,较之传统雷达信号更具有灵活性,并不一定要采用严格的周期序列。可以采用间隔延时、脉冲极性翻转等手段对信号进行实时控制,而这便是超宽带雷达特殊的调制方式,与常规雷达的调频、调相有着重要区别,关于超宽带雷达信号的调制,将在第 3 章做进一步介绍。

2.2 冲激脉冲雷达信号的数学分析方法

传统的窄带信号与系统,特别是点频信号,其分析处理大多利用傅里叶变换在频域内进行;对于时谐电磁场的辐射传输理论研究,频域分析方法也获得了很大成功。可以说,经典的雷达系统设计理论,几乎全部是在频域内进行讨论的。

而对于冲激信号,情况则有所不同。冲激信号属于典型的瞬态信号,对于其产生、辐射、传输与接收,从参数定义、度量方式到理论研究,都必须跳出稳态信号和时谐场的思维窠臼。而对应到研究方法上,建立在稳态信号或时谐场基础上的频域分析方法也将显得不再十分适合,需要寻找更为适宜的数学分析方法。

2.2.1 时域分析方法

在 2.1 节讲述过,现代信号与系统理论中,冲激响应是刻画系统特性的最重要的方法之一,而冲激响应分析便是典型的时域分析方法。加之脉冲雷达信号本身就可以近似为理想冲激脉冲信号,因此时域冲激响应分析方法便具有了先天的潜在优势。

理论上讲,对于确定性系统,无论是雷达内部电路或外部辐射探测,时域分析方法借助微分方程和卷积积分可求解任意实际脉冲波形的系统输出响应。

1. 微分算子与传输算子

为便于微分方程的书写,引入微分算子:

$$p = \frac{\mathrm{d}}{\mathrm{d}t} \tag{2.11}$$

其逆算子为

$$\frac{1}{p} = \int_{-\infty}^{t} (\ )\,\mathrm{d}t \tag{2.12}$$

对于线性常系数微分方程所表示的系统,其输入、输出关系可用微分算子表述如下:

$$D(p)y(t) = N(p)f(t) \tag{2.13}$$

式中:$f(t)$ 为输入波形;$y(t)$ 为输出波形;$D(p)$、$N(p)$ 均为算子多项式。

对上述微分方程进行变化,可表示成

$$y(t) = \frac{N(p)}{D(p)} f(t) \tag{2.14}$$

简记作

$$y(t) = H(p)f(t) \tag{2.15}$$

式中:$H(p)$称为系统传输算子,代表系统对于输入转移为输出的作用关系。

2. 零输入函数

显然,微分算子p容易有如下规律:

$$p \cdot \frac{1}{p} = 1 \tag{2.16}$$

$$\frac{1}{p} \cdot p \neq 1 \tag{2.17}$$

也就是说,微分算子不满足消去律。因此为求解完整的系统输出,还必须求解系统传输算子的零化函数,也就是零输入函数,即求解方程

$$D(p)y(t) = 0 \tag{2.18}$$

由微分方程有关知识可求解其对应的特征方程的特征根:

$$D(\lambda) = 0 \tag{2.19}$$

设其为n次多项式,则由代数学基本定理可知其有n个根,此处假设这些根均为单根,记为

$$\lambda_1, \lambda_2, \cdots, \lambda_n$$

则有

$$y(t) = k_1 e^{\lambda_1 t} + k_2 e^{\lambda_2 t} + \cdots + k_n e^{\lambda_n t} \tag{2.20}$$

这便是$D(p)$的零化函数,记为$y_0(t)$。

进一步地,由初始时刻前一瞬间($t = 0^-$)的初始状态,可求解各个常数k_1,$k_2, \cdots, k_n$。

$$\begin{pmatrix} y(0^-) \\ y'(0^-) \\ \vdots \\ y^{(n-1)}(0^-) \end{pmatrix} = \begin{pmatrix} 1 & 1 & \cdots & 1 \\ \lambda_1 & \lambda_2 & \cdots & \lambda_n \\ \vdots & \vdots & & \vdots \\ \lambda_1^{n-1} & \lambda_2^{n-1} & \cdots & \lambda_n^{n-1} \end{pmatrix} \begin{pmatrix} k_1 \\ k_2 \\ \vdots \\ k_n \end{pmatrix} \tag{2.21}$$

显然,易有

$$\begin{pmatrix} k_1 \\ k_2 \\ \vdots \\ k_n \end{pmatrix} = \begin{pmatrix} 1 & 1 & \cdots & 1 \\ \lambda_1 & \lambda_2 & \cdots & \lambda_n \\ \vdots & \vdots & & \vdots \\ \lambda_1^{n-1} & \lambda_2^{n-1} & \cdots & \lambda_n^{n-1} \end{pmatrix}^{-1} \begin{pmatrix} y(0^-) \\ y'(0^-) \\ \vdots \\ y^{(n-1)}(0^-) \end{pmatrix} \tag{2.22}$$

因此零输入响应$y_0(t)$最终确定,且

$$y_0(t) = \begin{pmatrix} e^{\lambda_1 t} & e^{\lambda_2 t} & \cdots & e^{\lambda_n t} \end{pmatrix} \begin{pmatrix} k_1 \\ k_2 \\ \vdots \\ k_n \end{pmatrix} \quad (2.23)$$

3. 冲激响应

按照冲激响应定义，系统的冲激响应 $h(t)$ 满足

$$D(p)h(t) = N(p)\delta(t) \quad (2.24)$$

即

$$h(t) = H(p)\delta(t) \quad (2.25)$$

考虑到 $t \geq 0^+$ 时，$\delta(t) \equiv 0$，因此由式(2.24)可得

$$D(p)h(t) = 0, \quad t \geq 0^+ \quad (2.26)$$

这就是说，如果取冲激信号加入后的一瞬间（$t = 0^+$）作初始时刻，则冲激响应 $h(t)$ 可以类比零输入响应来处理。不同的是，这里改求 $H(p)$ 的特征根，可参考信号处理相关专著。

4. 任意脉冲波形的零状态响应和全响应

已知系统对单位冲激信号的零状态响应 $h(t)$，则输入任意脉冲 $f(t)$，其对应输出脉冲 $y_f(t)$ 通过如下卷积公式可求：

$$y_f(t) = f(t) * h(t) = \int_{-\infty}^{+\infty} f(\tau) h(t-\tau) d\tau \quad (2.27)$$

具体的求解过程可参见 2.2.2 节复频域分析方法中的举例 2.1 后半部分，已知冲激响应，求解指数凋落信号的零状态响应。

求得任意波形零状态响应，结合系统零输入响应，则系统任意输入脉冲全响应 $y(t)$ 可求。

$$y(t) = f(t) * h(t) + y_0(t) = y_f(t) + y_0(t) \quad (2.28)$$

2.2.2 复频域分析方法

复频域分析方法是频域分析方法的推广。

频域分析将信号分解为虚指数信号（或者说是正、余弦信号）的叠加，将 $e^{j\omega t}$ 作为测试信号，系统特性用 $H(j\omega)$ 表示，系统响应是 $e^{j\omega t} H(j\omega)$ 的叠加，所采用的数学工具主要是傅里叶变换。利用频域分析，可以方便地求解系统的稳态过程。

复频域分析将信号分解为复指数信号的叠加，将 $e^{\sigma + j\omega t}$ 作为测试信号，简记作 e^{st}，系统特性用 $H(s)$ 表示，系统响应是 $e^{st} H(s)$ 的叠加，所采用的数学工具主要是拉

普拉斯变换。利用复频域分析,可以方便地求解系统的瞬态过程。

1. 拉普拉斯变换及其收敛域

对于任意信号 $f(t)$,其拉普拉斯变换定义为

$$F(s) = \int_{-\infty}^{+\infty} f(t) e^{-st} dt \quad (2.29)$$

其反变换定义为

$$f(t) = \frac{1}{2\pi j} \int_{\sigma-j\infty}^{\sigma+j\infty} F(s) e^{st} ds \quad (2.30)$$

简记为

$$F(s) = L[f(t)] \quad (2.31)$$

$$f(t) = L^{-1}[F(s)] \quad (2.32)$$

$$f(t) \stackrel{L}{\longleftrightarrow} F(s) \quad (2.33)$$

令 $s = \sigma + j\omega$,则拉普拉斯变换定义式(2.29)可改写为

$$F(\sigma + j\omega) = \int_{-\infty}^{+\infty} f(t) e^{-\sigma t - j\omega t} dt \quad (2.34)$$

$$F(\sigma + j\omega) = \int_{-\infty}^{+\infty} [f(t) e^{-\sigma t}] e^{-j\omega t} dt \quad (2.35)$$

显然,由式(2.35)可以有以下结论,信号 $f(t)$ 乘以一个衰减因子后,所得新信号 $f(t)e^{-\sigma t}$ 的傅里叶变换便是 $f(t)$ 的拉普拉斯变换。

正因为有了这项衰减因子,选择合适的 σ 值,才可以使得一些不满足狄利克雷条件、无法进行傅里叶变换的特殊信号进行拉普拉斯变换时收敛,从而有效地将频域分析方法推广到了复频域。同时这项衰减因子的正确取值也预示了,拉普拉斯变换必须考虑收敛域 ROC,收敛域用极限式表示如下:

$$\lim_{t \to \pm\infty} f(t) e^{-\sigma t} = 0, \quad \sigma \in \text{ROC} \quad (2.36)$$

容易得到,拉普拉斯变换的收敛域满足如下性质:

性质 2.1 收敛域 ROC 的边界在复平面上平行于虚轴 $j\omega$,即表示收敛域是若干个平行于虚轴 $j\omega$ 的条带。这是因为收敛域仅与参数 $s = \sigma + j\omega$ 的实部 σ 有关。

性质 2.2 如果拉普拉斯变换 $F(s)$ 是一个有理函数,则其收敛域不包括任何条带。假设存在条带收敛区域,则 $F(s)$ 在这些区域上必存在无限大值,从而使得拉普拉斯变换定义式(2.29)不收敛。

性质 2.3 如果信号 $f(t)$ 仅在时域有限区间上存在,并且至少存在一个 s 参数,其拉普拉斯变换 $F(s)$ 收敛,则 $F(s)$ 的收敛域是整个复平面。

性质 2.4 如果信号 $f(t)$ 是一个右边带信号(即存在某一时刻 t_0,在 $t<t_0$ 时,$f(t)$ 不存在),当在某一条直线 $\mathrm{Re}(s)=\sigma_0$ 上 $F(s)$ 收敛,那么在 $\mathrm{Re}(s)\geqslant\sigma_0$ 的整个区域 $F(s)$ 收敛。

性质 2.5 如果信号 $f(t)$ 是一个左边带信号(即存在某一时刻 t_0,在 $t>t_0$ 时,$f(t)$ 不存在),当在某一条直线 $\mathrm{Re}(s)=\sigma_0$ 上 $F(s)$ 收敛,那么在 $\mathrm{Re}(s)\leqslant\sigma_0$ 的整个区域 $F(s)$ 收敛。

2. 拉普拉斯变换的性质

拉普拉斯变换满足如下性质:

性质 2.6(线性特性) 若 $f_1(t)\xleftrightarrow{L}F_1(s)$,收敛域 ROC 为 $s\in R_1$,$f_2(t)\xleftrightarrow{L}F_2(s)$,收敛域 ROC 为 $s\in R_2$,则 $a_1f_1(t)+a_2f_2(t)\xleftrightarrow{L}a_1F_1(s)+a_2F_2(s)$,收敛域 ROC 为 R_1、R_2 的交集,$s\in R_1\cap R_2$。

性质 2.7(延时特性) 若 $f(t)\xleftrightarrow{L}F(s)$,收敛域 ROC 为 $s\in R$,则 $f(t-t_0)\xleftrightarrow{L}F(s)\mathrm{e}^{-st_0}$,收敛域 ROC 为 $s\in R$。

性质 2.8(复频移特性) 若 $f(t)\xleftrightarrow{L}F(s)$,收敛域 ROC 为 $s\in R$,则 $f(t)\mathrm{e}^{s_0 t}\xleftrightarrow{L}F(s-s_0)$,收敛域 ROC 为 $s-s_0\in R$。

性质 2.9(展缩特性) 若 $f(t)\xleftrightarrow{L}F(s)$,收敛域 ROC 为 $s\in R$,则对于任意实常数 a,有 $f(at)\xleftrightarrow{L}\dfrac{1}{|a|}F\left(\dfrac{s}{a}\right)$,收敛域 ROC 为 $s\in aR$。

性质 2.10(卷积特性) 若 $f_1(t)\xleftrightarrow{L}F_1(s)$,收敛域 ROC 为 $s\in R_1$,$f_2(t)\xleftrightarrow{L}F_2(s)$,收敛域 ROC 为 $s\in R_2$,则有 $f_1(t)*f_2(t)\xleftrightarrow{L}F_1(s)F_2(s)$,收敛域 ROC 为 $s\in R_1\cap R_2$。

性质 2.11(时域微分特性) 若 $f(t)\xleftrightarrow{L}F(s)$,收敛域 ROC 为 $s\in R$,则 $\dfrac{\mathrm{d}f(t)}{\mathrm{d}t}\xleftrightarrow{L}sF(s)$,收敛域 ROC 为 $s\in R$。

性质 2.12(复频域微分特性) 若 $f(t)\xleftrightarrow{L}F(s)$,收敛域 ROC 为 $s\in R$,则 $-tf(t)\xleftrightarrow{L}\dfrac{\mathrm{d}F(s)}{\mathrm{d}s}$,收敛域 ROC 为 $s\in R$。

性质 2.13(时域积分特性) 若 $f(t)\xleftrightarrow{L}F(s)$,收敛域 ROC 为 $s\in R$,则 $\displaystyle\int_{-\infty}^{t}f(t)\mathrm{d}t\xleftrightarrow{L}\dfrac{F(s)}{s}$,收敛域 ROC 为 $s\in R\cap\{\mathrm{Re}(s)>0\}$。

性质 2.14（初值和终值定理） 若 $f(t)$ 连续可导，且 $f(t)=0, t<0$，同时 $f(t) \xleftrightarrow{L} F(s)$，则 $\lim\limits_{t\to 0^+}f(t)=f(0^+)=\lim\limits_{s\to\infty}sF(s)$，$\lim\limits_{t\to+\infty}f(t)=f(+\infty)=\lim\limits_{s\to 0}sF(s)$。

以上讲述了双边拉普拉斯变换及其基本性质。对于实际存在的因果信号，经常采用单边拉普拉斯变换，其定义、性质大同小异，此处不再赘述。下文中的拉普拉斯变换当采用单边拉普拉斯变换时将特别注明。

3. 利用拉普拉斯变换求解系统瞬态解

上面讲述了利用时域法求解系统全响应的过程，分别求出系统的零状态响应和零输入响应，最后把二者相加得出全响应。

而利用拉普拉斯变换的复频域分析法也可以求解系统全响应，即是说可以分析任意输入脉冲信号的系统瞬态输出。

其求解基本步骤如下：

（1）对微分方程逐项做拉普拉斯变换，并利用拉普拉斯变换微分和积分性质带入初始脉冲输入及初始状态。

（2）对拉普拉斯变换方程进行代数运算，求解系统输出响应的拉普拉斯变换。

（3）对输出响应拉普拉斯变换进行反变换，得到系统瞬态输出响应。

为对上述时域分析和复频域分析方法进行说明，举例如下：

举例 2.1 以最简单的 RLC 串联电路为例（图 2.3），$f(t)$、$v_c(t)$ 分别为输入、输出电压。求解系统的冲激响应 $h(t)$，以及输入凋落信号 $f(t)=\mathrm{e}^{-at}u(t), a>0$ 后的输出信号 $v_c(t)$。

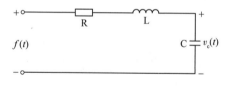

图 2.3 RLC 串联电路

由基尔霍夫定律，列出电压微分方程：

$$RC\frac{\mathrm{d}v_c(t)}{\mathrm{d}t}+LC\frac{\mathrm{d}^2v_c(t)}{\mathrm{d}t^2}+v_c(t)=f(t) \tag{2.37}$$

其对应拉普拉斯变换方程为

$$RCsV_c(s)+LCs^2V_c(s)+V_c(s)=F(s) \tag{2.38}$$

系统冲激响应 $h(t)$ 对应的拉普拉斯变换为

$$H(s)=\frac{V_c(s)}{F(s)}=\frac{1}{RCs+LCs^2+1} \tag{2.39}$$

经过适当变换,有

$$H(s) = \frac{1/(LC)}{s^2 + sR/L + 1/(LC)} \quad (2.40)$$

令 $\omega = \sqrt{\frac{1}{LC}}, \zeta = \frac{R}{2}\sqrt{\frac{C}{L}}$,则有

$$H(s) = \frac{\omega^2}{s^2 + 2\zeta\omega s + \omega^2} \quad (2.41)$$

显然,对于实际的因果系统有 $\zeta = \frac{R}{2}\sqrt{\frac{C}{L}} \geq 0$,下面对 ζ 取值分区间讨论。

(1) 若 $0 \leq \zeta < 1$,则有

$$H(s) = \frac{\omega^2}{(s + \zeta\omega)^2 + \omega^2(1 - \zeta^2)} \quad (2.42)$$

由已知的拉普拉斯变换对

$$[e^{-at}\sin\omega t]u(t) \xleftrightarrow{L} \omega/[(s+a)^2 + \omega^2] \quad (2.43)$$

并结合性质 2.6(线性特性),易有

$$h(t) = \frac{\omega}{\sqrt{1-\zeta^2}} e^{-\zeta\omega t} \sin(\omega\sqrt{1-\zeta^2}\, t)u(t) \quad (2.44)$$

(2) 若 $\zeta = 1$,则有

$$H(s) = \frac{\omega^2}{(s+\omega)^2} \quad (2.45)$$

由已知的拉普拉斯变换对

$$t^n u(t) \xleftrightarrow{L} n!/s^{n+1} \quad (2.46)$$

并结合性质 2.8(复频移特性),易有

$$h(t) = \omega^2 t e^{-\omega t} u(t) \quad (2.47)$$

(3) 若 $\zeta > 1$,则有

$$H(s) = \frac{\omega^2}{(s - c_1)(s - c_2)} \quad (2.48)$$

$$H(s) = \frac{\omega^2}{c_1 - c_2}\left[\frac{1}{s - c_1} - \frac{1}{s - c_2}\right] \quad (2.49)$$

式中

$$c_1 = -\zeta\omega + \omega\sqrt{\zeta^2-1}, \quad c_2 = -\zeta\omega - \omega\sqrt{\zeta^2-1}$$

由已知的拉普拉斯变换对

$$e^{-at}u(t) \xleftrightarrow{L} 1/(s+a) \tag{2.50}$$

并结合性质2.6(线性特性),易有

$$h(t) = \frac{\omega}{2\sqrt{\zeta^2-1}}(e^{c_1 t} - e^{c_2 t})u(t) \tag{2.51}$$

现在求解输入凋落信号 $f(t) = e^{-at}u(t), a>0$ 后的输出信号 $v_c(t)$。可以将输入条件代入拉普拉斯变换方程(2.38)直接求解,与上述求解过程类似;也可以结合已求出的冲激响应,利用2.2.1节介绍的卷积方法求解。这里采用后者,对时域卷积分析方法也做一示例。

$$v_c(t) = \int_{-\infty}^{t} h(\tau)f(t-\tau)d\tau = \int_{0}^{t} h(\tau)f(t-\tau)d\tau \tag{2.52}$$

对应上述 ζ 取值区间的讨论,卷积结果如下:

(1) 若 $0 \leqslant \zeta < 1$,则有

$$v_c(t) = \int_0^t \frac{\omega}{\sqrt{1-\zeta^2}} e^{-\zeta\omega\tau}\sin(\omega\sqrt{1-\zeta^2}\tau)u(\tau) e^{-a(t-\tau)} u(t-\tau)d\tau \tag{2.53}$$

积分如下:

$$v_c(t) = \frac{\omega}{\sqrt{1-\zeta^2}}e^{-at}\left[\frac{e^{-(\zeta\omega-a)\tau}(-(\zeta\omega-a)\sin(\omega\sqrt{1-\zeta^2}\tau)-\omega\sqrt{1-\zeta^2}\cos(\omega\sqrt{1-\zeta^2}\tau))}{(\zeta\omega-a)^2 + (\omega\sqrt{1-\zeta^2})^2}\right]\bigg|_0^t$$

$$= \frac{\omega^2 e^{-at}}{(\zeta\omega-a)^2 + \omega^2(1-\zeta^2)}u(t) - \frac{\omega e^{-\zeta t}}{\sqrt{1-\zeta^2}\sqrt{\omega^2-2a\zeta\omega+a^2}} \times$$

$$(\cos(\omega\sqrt{1-\zeta^2}t-\theta))u(t) \tag{2.54}$$

式中

$$\theta = \arctan\frac{\zeta\omega-a}{\omega\sqrt{1-\zeta^2}}$$

(2) 若 $\zeta = 1$,则有

$$v_c(t) = \int_0^t \omega^2\tau e^{-\omega\tau}u(\tau)e^{-a(t-\tau)}u(t-\tau)d\tau$$

$$= \omega^2 e^{-at}\left(\frac{e^{-(\omega-a)\tau}\tau}{-(\omega-a)} - \frac{e^{-(\omega-a)\tau}}{(\omega-a)^2}\right)\bigg|_0^t$$

$$= \frac{\omega^2 e^{-at}}{(\omega-a)^2}(1-((\omega-a)t+1)e^{-(\omega-a)t})u(t) \quad (2.55)$$

(3) 若 $\zeta > 1$,则有

$$v_c(t) = \int_0^t \frac{\omega}{2\sqrt{\zeta^2-1}}(e^{c_1\tau}-e^{c_2\tau})u(\tau)e^{-a(t-\tau)}u(t-\tau)\mathrm{d}\tau$$

$$= \frac{\omega}{2\sqrt{\zeta^2-1}}e^{-at}\left(\frac{e^{(c_1+a)t}-1}{c_1+a}-\frac{e^{(c_2+a)t}-1}{c_2+a}\right)u(t) \quad (2.56)$$

2.2.3 时域数值方法与离散复频域分析

除了上述时域冲激响应卷积积分、复频域拉普拉斯变换等解析方法,近年来随着计算机应用技术的推广,瞬态信号的数值解法快速发展。

一方面在现代电磁领域,时域有限差分(FDTD)法得到充分发展。利用时域有限差分法设定正确的脉冲激励源,由麦克斯韦方程微(差)分形式可以求解脉冲传播、散射等瞬态场(路)问题。

另一方面在现代信号处理领域,离散采样数字信号分析得到广泛应用。拉普拉斯变换适用于时域连续信号,对离散信号分析,则可采用 Z 变换。Z 变换与拉普拉斯变换一样,均属于复频域分析,它可以将时域离散系统的差分方程转化成简单的代数方程,求解十分简便。

本书主要利用复频域拉普拉斯变换结合时域卷积定理对脉冲雷达信号与系统进行解析方法分析。

2.3 目标参数测量

目标参数测量是雷达的基本任务,主要包括距离、速度、方位角、俯仰角(高度)等。对于超宽带雷达同样需要讨论这些参数的测量方式及测量精度。

2.3.1 超宽带测量基本原理

1. 距离测量

超宽带雷达测距与常规雷达测距原理完全相同,根据雷达收发脉冲延时,求解目标距离:

$$R = \frac{1}{2}ct_D \quad (2.57)$$

式中:R 为目标距离;t_D 为收发延时;c 为光速。

由于超宽带雷达脉冲宽度极窄,一般仅在纳秒左右;其上升沿更是非常陡峭,可达到数百皮秒。因此利用回波脉冲或脉冲前沿实现目标检测将有望获得很高的测距精度。

2. 速度测量

常规雷达测速,利用多普勒效应,通过测量回波多普勒频移 f_d,反推目标径向速度。

$$f_d = \pm \frac{2v}{\lambda} \tag{2.58}$$

多普勒效应,其本质上是雷达与目标之间的相对运动导致回波信号在时间尺度上的展缩效应,多普勒频移只是一种近似。

这里首先必须廓清一个基本概念:单个超宽带冲激脉冲无法进行目标测速,这与单脉冲窄带信号利用多普勒频移便可以实现目标测速具有根本性差异。关于这点,诸多文献均未给予充分的认识或明确性的结论。

参见图2.4,窄带脉冲雷达之所以能够实现单脉冲测速,是因为单个脉冲内,信号周期较多,信号持续时间足够长。在整个信号持续时间内,目标发生了足够大的移动,造成回波信号较发射信号在时间尺度上产生了明显的展缩,因此利用多普勒频率可以进行单脉冲测速。

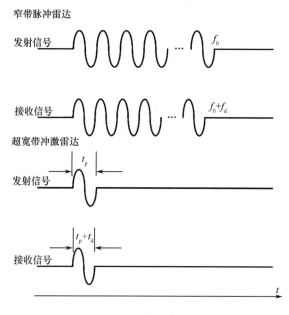

图 2.4　窄带脉冲和超宽带冲激雷达单脉冲回波比较

而对于超宽带冲激雷达,单个脉冲内,信号周期少,信号持续时间短。在整个脉冲持续时间内,目标移动造成的脉冲信号时间尺度上的展缩很难观测,几乎可以忽略,因此单个冲激脉冲无法测速。特别是考虑到实际环境中的收发脉冲波形形变、杂波干扰、窄脉冲高精度测试难度等因素,单个冲激脉冲根本无法进行目标速度测量。

为实现超宽带脉冲的测速功能,必须利用多个脉冲对目标进行连续观测。这相当于对目标的观测时间由单个脉冲持续时间(纳秒量级)增大到了单个或数个脉冲重复周期(毫秒至微秒量级)。由于观测时间尺度的加长,目标的空间距离变化量大大增大,将便于实现目标的速度测量。

以最简单的双脉冲测速为例。

在 t_0 时刻发射脉冲信号 $\delta(t-t_0)$,经过延时 t_{D1},接收到回波信号 $\delta(t-t_0-t_{D1})$。设脉冲间隔时间 T_p,即在 t_0+T_p 时刻发射第二个脉冲信号 $\delta(t-t_0-T_p)$,经过延时 t_{D2},接收到回波信号 $\delta(t-t_0-T_p-t_{D2})$。则目标速度可简单地计算如下:

由式(2.57)有:

在 $t_0+t_{D1}/2$ 时刻,目标距离 $R_1=\frac{1}{2}ct_{D1}$;

在 $t_0+T_p+t_{D2}/2$ 时刻,目标距离 $R_2=\frac{1}{2}ct_{D2}$。

假设目标作径向匀速运动,且取离心方向为正方向,则有

$$R_2-R_1 = v\left(\left(t_0+T_p+\frac{t_{D2}}{2}\right)-\left(t_0+\frac{t_{D1}}{2}\right)\right)$$

$$= v\left(T_p+\frac{t_{D2}}{2}-\frac{t_{D1}}{2}\right) \tag{2.59}$$

因此有如下关系:

$$v=\frac{c\left(\dfrac{t_{D2}}{2}-\dfrac{t_{D1}}{2}\right)}{T_p+\dfrac{t_{D2}}{2}-\dfrac{t_{D1}}{2}} \tag{2.60}$$

当目标速度较小,脉冲间隔较大时,$T_p \gg \left|\dfrac{t_{D2}}{2}-\dfrac{t_{D1}}{2}\right|$,式(2.60)可近似为

$$v=\frac{c\left(\dfrac{t_{D2}}{2}-\dfrac{t_{D1}}{2}\right)}{T_p} \tag{2.61}$$

式(2.61)通过直接测量目标多普勒时移 $\Delta t_D = t_{D2}/2 - t_{D1}/2$,反推目标速度。还可以利用连续多个脉冲之间的目标回波信号间隔变化进行频域分析,由多脉冲之间的多普勒频移计算目标速度。值得注意,这与窄带系统多普勒频移的概念稍有差异,这里分析的是目标回波间隔周期的多普勒频移,而非目标回波自身的多普勒频移。回波自身时域持续时间很短、频谱分布很宽,分析它的多普勒频移是困难的,也没有

实际意义。关于这点,在一些超宽带的相关文献中多有混淆或错讹。

还有一种方案也可供采用,在多个脉冲之间,观测时间等间隔,对目标回波信号"相位"变化进行分析,利用中心频率反推目标速度。但是这种方法对目标速度、距离延时有一定的适用范围,且容易产生速度模糊。特别是对于中远距离超宽带雷达由于回波延时数值及变化范围较大,并不十分适用。这里仅作简要介绍,如图2.5所示,假设单周波中心频率为 f_0,对应波长为 λ_0,则按照式(2.61)易有如下推导:

$$v = \frac{c\left(\dfrac{t_{D2}}{2} - \dfrac{t_{D1}}{2}\right)}{T_p} = \frac{c\left(\dfrac{\phi_2 - \phi_1}{2\pi} \dfrac{\lambda_0}{c}\right)}{T_p} \quad (2.62)$$

即速度按照如下公式可求:

$$v = \frac{\lambda_0(\phi_2 - \phi_1)}{2\pi T_p} \quad (2.63)$$

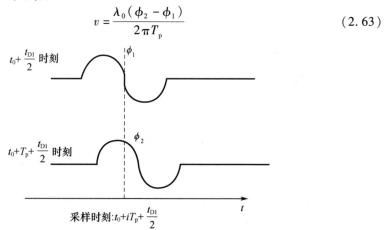

图2.5 超宽带多普勒相移测速

显然,为了相位差之间不产生模糊,$\phi_2 - \phi_1 \in (-\pi, +\pi)$。

因此所能测量的最大速度范围为

$$v \in \left(-\frac{\lambda_0}{2T_p}, +\frac{\lambda_0}{2T_p}\right) \quad (2.64)$$

反过来讲,雷达脉冲时间间隔 T_p 不应小于 $\dfrac{\lambda_0}{2|v|}$。

同时对脉冲回波延时差具有如下要求

$$\frac{t_{D2}}{2} - \frac{t_{D1}}{2} \in \left(-\frac{\lambda_0}{2c}, +\frac{\lambda_0}{2c}\right) \quad (2.65)$$

这种方法与频域傅里叶分析方法近似,适用于准静止微动目标探测;对于高速目标测量和远距离超宽带雷达并不完全适合。

3. 角度测量

与常规雷达测角原理相仿,可采用最大信号法测角。即认为,当雷达天线波束正对目标时,回波信号能量最强。

天线在空域内连续机械扫描,在天线波束照射到目标的驻留时间内(以主波束计),可以接收到 N 个目标回波,且

$$N = \frac{\Theta}{\omega_s} \cdot f_p \tag{2.66}$$

式中:Θ 为方位向(俯仰向)波束宽度;ω_s 为方位向(俯仰向)扫描速度;f_p 为脉冲重复频率。

天线在目标附近角度进行扫描,目标回波个数最多的角度单元便是目标所在角度。

由于超宽带天线波束方向图一般较宽,采用上述方法,角度分辨力会较差,可以采用多通道时延测角提高测角精度,时域时延测角与频域干涉仪法测角原理近似。

对于时延测角,以最简单的二元线阵进行分析(图2.6),假设脉冲接收天线单元都是全向性接收,则对于远场区域法线方向上的目标回波,两个天线单元之间波程相等,波程差为零,成为方向图阵因子的增益最大方向;而对于与法线成 θ 夹角方向的目标回波,两个单元之间的波程差为

$$\Delta R = d\sin\theta \tag{2.67}$$

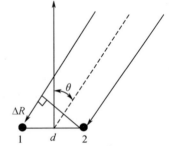

图 2.6 双元阵时延测角

显然,对于远处 (R,θ) 点,两个天线单元接收脉冲到达时间差为 $\Delta t_{d1,2} = \Delta R/c$,其中 c 为自由空间光速。

目标角度 θ,可由两路接收天线脉冲到达时间的时延差 $\Delta t_{d1,2}$、基线长度 d 按照式(2.68)进行求解,显然,按照双元阵时延测角方法,时延测量精度将直接影响测角精度。

$$\theta = \arcsin\left(\frac{\Delta t_{d1,2} \cdot c}{d}\right) \tag{2.68}$$

2.3.2 测量域分辨力耦合

如式(2.57)、式(2.61)和式(2.68)所示,超宽带雷达测距、测速、测角均需要对收发时延 t_D 进行精确测量,因此容易推知,三者之间的测量精度相互耦合,并非彼此孤立。

下面对超宽带雷达各个测量域之间的分辨力耦合进行深入分析。

1. 距离-速度分辨力耦合

式(2.57)和式(2.61)的推导过程,均假设雷达信号是理想冲激信号。这里为全

面分析目标运动对回波信号在时间尺度上的展缩效应,以实际脉冲信号代替理想冲激信号进行分析。实际中的雷达信号是理想冲激信号的近似,具有有限的持续时间和幅度值。

1) 单个脉冲回波分析

首先分析单个脉冲信号的时域展缩效应,假设发射信号为 $s_t(t)$,且

$$s_t(t) = \begin{cases} s_t(t), & t \leq t_w \\ 0, & t > t_w \end{cases} \quad (2.69)$$

假设目标静止不动,目标距离为 R,则收发延时 $t_D = 2R/c$,设信号衰减系数为 a,不考虑收发天线、目标对信号的形变,则接收信号 $s_r(t)$ 与发射信号间满足如下关系:

$$s_r(t + t_D) = a s_t(t) \quad (2.70)$$

亦即

$$s_r(t') = a s_t(t' - t_D) \quad (2.71)$$

注意等式左右两边时间的加减号,它代表着发信号超前收信号 t_D 时间;同时,还应注意时间 t、t' 两者之间的不同。为保证推导正确,应保持各个表达式时间原点一致,即统一取时间 t。

下面考虑目标运动情况,假设目标运动方程如下:

$$R(t) = R_0 + vt \quad (2.72)$$

在经过单程延时 $t_D/2$ 以后,有

$$R\left(t + \frac{t_D}{2}\right) = \frac{c t_D}{2} \quad (2.73)$$

结合式(2.72)和式(2.73)易有

$$t_D = \frac{2(R_0/c + vt/c)}{1 - v/c} \quad (2.74)$$

代入式(2.70),稍作整理即有

$$s_r\left(\frac{t + \frac{2R_0}{c}\frac{1}{1+v/c}}{\frac{1-v/c}{1+v/c}}\right) = a s_t(t) \quad (2.75)$$

简记为

$$s_r\left(\frac{t + \tau}{\alpha}\right) = a s_t(t) \quad (2.76)$$

式中

$$\tau = \frac{2R_0}{c}\frac{1}{1+v/c}, \quad \alpha = \frac{1-v/c}{1+v/c}$$

或改记为

$$s_r(t') = as_t(\alpha t' - \tau) \tag{2.77}$$

显然,接收信号是发射信号延时、缩展、衰减的结果。

式(2.77)对应到复频域拉普拉斯变换,则有如下关系:

假设发射信号拉普拉斯变换对为 $s_t(t) \xleftrightarrow{L} S_t(s)$,则接收信号拉普拉斯变换对为

$$s_r(t) \xleftrightarrow{L} a\frac{1}{|\alpha|}S_t\left(\frac{s}{\alpha}\right)\mathrm{e}^{-\frac{\tau s}{\alpha}}$$

式中

$$\tau = \frac{2R_0}{c}\frac{1}{1+v/c}, \quad \alpha = \frac{1-v/c}{1+v/c}$$

信号复频域变换包含有目标速度与距离信息,为利用拉普拉斯变换或 Z 变换求解目标距离和速度提供了某种理论上的可能。但是单个脉冲本身所包含的目标速度信息是非常"虚弱"的,因此要提取其对应到复频域的速度信息也将是难以实现的。

2) 周期脉冲回波分析

假设发射信号周期为 T_p,则信号表达式如下:

$$s_{t\_T_p}(t) = \sum_{m=-\infty}^{+\infty} s_t(t-(m-1)T_p) \tag{2.78}$$

式中

$$s_t(t) = \begin{cases} s_t(t), & t \leq t_w \\ 0, & t > t_w \end{cases}, \quad t_w \ll T_p$$

由式(2.76),可得接收信号为

$$s_{r\_T_p}\left(\frac{t+\tau}{\alpha}\right) = a\sum_{m=-\infty}^{+\infty} s_t(t-(m-1)T_p) \tag{2.79}$$

亦即

$$s_{r\_T_p}(t') = a\sum_{m=-\infty}^{+\infty} s_t(\alpha t' - \tau - (m-1)T_p) \tag{2.80}$$

显然 $s_{r\_T_p}(t')$ 的信号周期改变为 T_p/α,证明如下:

对于任意时刻 t' 和 $t' + T_p/\alpha$,接收信号有如下关系:

$$s_{r\_T_p}(t' + T_p/\alpha) = a\sum_{m=-\infty}^{+\infty} s_t(\alpha(t' + T_p/\alpha) - \tau - (m-1)T_p)$$

$$= a\sum_{m=-\infty}^{+\infty} s_t(\alpha t' + T_p - \tau - (m-1)T_p)$$

$$= s_{r\_T_p}(t') \tag{2.81}$$

可见,目标回波的运动改变了回波脉冲串的重复周期,使得其由 T_p 变为 T_p/α,从而使得 T_p/α 上携带有目标速度信息,因此测试回波脉冲串的重复周期变化量可以作为目标速度的测量手段。测量出回波周期,得出 α 因子,则目标速度可按照下式求解:

$$\alpha = \frac{1 - v/c}{1 + v/c} \tag{2.82}$$

$$v = \frac{1 - \alpha}{1 + \alpha} c \tag{2.83}$$

进一步的讨论如下:当 $v>0$ 时,目标沿径向正方向远离雷达,则 $\alpha<1$,因此回波信号周期延长;当 $v<0$ 时,目标沿径向反方向接近雷达,则 $\alpha>1$,因此回波信号周期缩短。显然,这种结论是合理的。

3) 距离 – 速度分辨力耦合分析

由以上分析可知,超宽带雷达测距、测速均归结为时间或时间延迟量的精确测量,下面对二者分辨力耦合关系进行分析。

图 2.7 中,$s_{t1}(t)$、$s_{r1}(t)$、$s_{t2}(t)$、$s_{r2}(t)$ 分别为两次发射脉冲信号及其目标回波,t_{D1}、t_{D2} 为两次收发延时,T_p 为信号周期间隔。

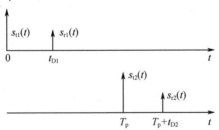

图 2.7 超宽带测距、测速

显然目标距离

$$R_{1,2} = \frac{1}{2} c t_{D1,2} \tag{2.84}$$

而目标回波时间间隔

$$T_p' = T_p - t_{D1} + t_{D2} \tag{2.85}$$

因此缩展系数

$$\alpha = \frac{T_p}{T_p'} = \frac{T_p}{T_p - t_{D1} + t_{D2}} \tag{2.86}$$

从而利用式(2.83)可得目标速度:

$$v = \frac{1-\alpha}{1+\alpha}c = \frac{t_{D2}-t_{D1}}{2T_p+t_{D2}-t_{D1}}c \tag{2.87}$$

可以看出与2.3.1节中的双脉冲直观推导结果式(2.60)完全相同。而这也从侧面印证了测量回波周期反推目标速度的正确性。

下面讨论距离与速度的误差函数及其相互关系,由式(2.84)和式(2.87)可知距离、速度误差函数分别为

$$\Delta R = \frac{1}{2}c\Delta t_D \tag{2.88}$$

$$\begin{aligned}
\Delta v &= c\sqrt{\left(\frac{-2(t_{D2}-t_{D1})}{(2T_p+t_{D2}-t_{D1})^2}\right)^2 \Delta T_p^2 + 2\left(\frac{-(t_{D2}-t_{D1})}{(2T_p+t_{D2}-t_{D1})^2}+\frac{1}{2T_p+t_{D2}-t_{D1}}\right)^2 \Delta t_D^2} \\
&= c\sqrt{\left(\frac{2(t_{D2}-t_{D1})}{(2T_p+t_{D2}-t_{D1})^2}\right)^2 \Delta T_p^2 + 2\left(\frac{2T_p}{(2T_p+t_{D2}-t_{D1})^2}\right)^2 \Delta t_D^2} \\
&= c\sqrt{\left(\frac{2\delta}{(2T_p+\delta)^2}\right)^2 \Delta T_p^2 + 2\left(\frac{2T_p}{(2T_p+\delta)^2}\right)^2 \Delta t_D^2}
\end{aligned} \tag{2.89}$$

这里假设 t_{D1}、t_{D2}、T_p 测量误差相互独立,且 $\Delta t_{D1}^2 = \Delta t_{D2}^2 = \Delta t_D^2$,$\delta = t_{D2}-t_{D1}$。

显然,距离、速度测量精度 ΔR、Δv 均与 Δt_D 有关;同时速度测量精度 Δv 还与脉冲周期间隔 T_p 及其稳定度 ΔT_p 以及 δ 有关。基本规律如下:

(1) Δt_D 越小,距离、速度测量精度越高。
(2) ΔT_p 越小,速度测量精度越高。
(3) T_p 越大,速度测量精度越高。
(4) δ 越大,速度测量精度越高。

前两条规律提示我们:在实际系统设计过程中要提高距离、速度测量精度,应尽量减小脉冲宽度或脉冲前沿,以提高时间测量精度;同时必须努力提高系统的时基稳定度。假设不考虑系统时基抖动,则距离测量精度仅与脉冲宽度或脉冲前沿有关: $\Delta R \approx ct_w/2$。

对于后两条规律则需要慎重考虑,在目标速度固定的情况下,降低脉冲重频,增大脉冲间隔可以增大 T_p 和 δ,从而提高速度测量精度,但是较低重频的脉冲信号对于快速目标跟踪以及回波能量积累都是有害的,因此需要综合考虑,优化设计。

进一步地,有理由假设 $\delta \ll T_p$,$\Delta T_p^2 \approx \Delta t_D^2$,则式(2.89)可以进一步简化为

$$\begin{aligned}
\Delta v &= c\sqrt{\left(\frac{2\delta}{(2T_p+\delta)^2}\right)^2 \Delta T_p^2 + 2\left(\frac{2T_p}{(2T_p+\delta)^2}\right)^2 \Delta t_D^2} \\
&\approx c\frac{1}{\sqrt{2}T_p}\Delta t_D = \frac{c}{\sqrt{2}T_p}\Delta t_D
\end{aligned} \tag{2.90}$$

关于距离、速度的测量精度,2.3.3节将结合超宽带模糊函数作进一步讨论。

2. 距离-角度分辨力耦合

超宽带雷达信号的距离-角度分辨力耦合又称为时空相关,是指信号的形式依赖于其辐射和接收的方向,同时天线的方向性也依赖于信号形式。

超宽带天线对时域窄脉冲的辐射属于典型的瞬态过程:电流由激励点沿天线表面传播的同时对空间进行辐射;不同的空间方向将产生不同的波程差。这两大因素均对信号辐射产生一定的时延差。对于连续波,这些时延差可忽略不计;但对于冲激脉冲,由于信号本身的脉宽极窄,这些时延差将对辐射波形或者天线方向图产生严重影响。

1) 目标的空间位置对时域波形的影响

对于时域窄脉冲而言,单个天线可以视为一系列细小辐射单元所排成的阵列;而对于中远距离雷达而言,为提高天线增益,增加探测距离,更是经常采取阵列天线辐射/接收。因此可以用阵列天线进行简要分析说明。

以最简单的线天线阵列为例,如图2.8所示,假设N个单元同时馈电,脉冲同步辐射,则在远场条件下,在天线的法线方向上,脉冲在时间轴上同步叠加,场强增大N倍;而在其他方向,由于路径差引起时延差,将使得合成辐射场的形状畸变,脉冲展宽,其极限情况,最大辐射场强仍维持单个阵元的值,但波形将展宽成N个独立的脉冲。

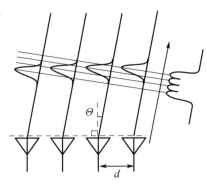

图 2.8 目标空间位置对时域波形的影响

阵列天线的这种空域对时域的影响与信号的具体形式也有一定的关系。一般而言,单极脉冲在偏离天线主瓣方向时信号幅度下降、波形展宽,双极脉冲则除了脉冲展宽外,更容易出现波形分裂的现象。

以最简单的矩形脉冲为例,简单的四元阵仿真结果如图2.9所示。可以看出,随着偏离法线方向角度的加大,波形逐渐展宽、分裂,其中脉冲宽度$t_w = \tau$。

如前所述,脉冲宽度(或脉冲上升沿陡峭度)与距离测量精度近似呈线性关系,$\Delta R \approx ct_w/2$。因此,脉冲波形的展宽必将对主视方向以外角度上的目标测距精度产生

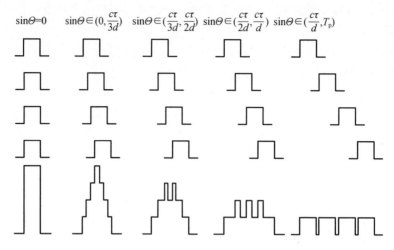

图 2.9 四元阵矩形脉冲空间辐射叠加示图

影响。同时,在主方向以外,脉冲幅度的降低也将对峰值信噪比产生影响,不利于目标回波的检测,从而影响测距准确度。而波形分裂则更为严重,它意味着回波波形也将出现多个脉冲峰值,从而可能使得接收机将一个目标当成多个目标。

2) 信号波形对天线方向图的影响

天线的角度分辨力主要取决于天线方向图的主瓣宽度。天线方向图越窄,角度分辨力越高。

一般地,对于窄带天线,其角度分辨力与天线口径和信号载波频率成正比:天线口径越大,载波频率越高,其角度分辨力越高。

而对于超宽带天线,在天线口径确定的情况下,其角度分辨力则主要由时域脉冲宽度决定,对应到频域则可以理解为由脉冲的带宽决定。

下面对超宽带线天线方向图进行简要分析,推导其主瓣宽度。

为简化问题,首先将线天线离散化为 N 个细小单元,$\Delta L_n = d$,如图 2.10 所示,可结合图 2.9 进行理解。假设,各个单元同时馈电,延时可以忽略。对于单天线而言,天线尺度一般相对较小,这种假设是合理的。

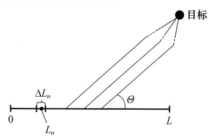

图 2.10 超宽带线天线可视为多个细小辐射单元所组成的线阵

同时假设单个小单元足够细小,则其方向性可视为全向性,对总能量为 E 的脉冲进行辐射,其在空间某点 (R,θ) 上,所形成的场强为 $e(R,\theta)$。

下面利用线天线上 N 个单元,对该脉冲进行辐射,则每个辐射单元上分布的脉冲能量为 E/N。第 n 个单元在空间某点 (R,θ) 上,所形成的场强为 $e_n(R,\theta)/\sqrt{N}$,且 $|e_n(R,\theta)|=|e(R,\theta)|$。

在法线方向,$\theta=0$,远场条件下,所有单元辐射场强同相叠加,则总的峰值场强为

$$e_{\Sigma\max}(R,0) = N \cdot e_n(R,0)/\sqrt{N} = \sqrt{N} \cdot e_n(R,0) \tag{2.91}$$

结合图 2.9,四元阵矩形脉冲的计算结果,可以有如下推论:

设 $0 < n \leq N$,则当 $\sin\theta \in \left(\dfrac{c\tau}{nd}, \dfrac{c\tau}{(n-1)d}\right)$ 时,所有单元辐射场强最多可有 n 个同相叠加,且总的场强最大值为

$$e_{\Sigma\max}(R,\theta) = n \cdot e_n(R,\theta)/\sqrt{N} \tag{2.92}$$

下面求解线天线的主瓣宽度,也就是总的辐射场强降低为法线方向场强 $1/\sqrt{2}$ 时,所对应的角度 Θ。

$$|e_{\Sigma\max}(R,\Theta)| = \frac{1}{\sqrt{2}}|e_{\Sigma\max}(R,0)| \tag{2.93}$$

结合式(2.91)和式(2.92)有

$$n = \frac{N}{\sqrt{2}} \tag{2.94}$$

其对应的角度 Θ 近似为

$$\Theta = \arcsin\left(\frac{\sqrt{2}c\tau}{Nd}\right) = \arcsin\left(\frac{\sqrt{2}c\tau}{L}\right) \tag{2.95}$$

天线方向图关于法线左右对称,因而有天线主瓣宽度 HPBW 为

$$\mathrm{HPBW} = 2\Theta = 2\arcsin\left(\frac{\sqrt{2}c\tau}{L}\right) \tag{2.96}$$

亦即

$$\mathrm{HPBW} = 2\Theta = 2\arcsin\left(\frac{\sqrt{2}ct_w}{L}\right) \tag{2.97}$$

这与文献[1]所给出的经验公式相仿。文献指出该公式对于高斯脉冲等多种形式的脉冲,吻合精度可达到 10%。而本书从离散阵元入手进行推导,给出了理论上的佐证。

可以看出,天线的角度分辨力,也就是天线的主瓣宽度与脉冲宽度 t_w 紧密相关。

在不增大天线口径的条件下,可通过减小脉冲宽度实现角度分辨力的提高。

这里面需要说明,超宽带天线增益、主瓣宽度、方向图的定义与窄带天线稍有差异,至今仍未有统一的规范,但是基本可分为频域、时域两种刻画角度。本书主张从时域进行定义。

(1)超宽带天线方向图:对应于某脉冲波形,天线在远场条件下($R \geqslant \frac{2L^2}{ct_w}$),在各个方向上所辐射的峰值场强分布图,称为该天线对应于此脉冲的方向图。

(2)超宽带天线主瓣宽度:对应于某脉冲波形,天线辐射方向图主瓣内峰值功率密度为最大辐射方向上峰值功率密度一半的左右两个方向线之间的夹角,称为该天线对应于此脉冲的主瓣宽度。

(3)超宽带天线增益:对应于某脉冲波形,天线在最大辐射方向上的峰值辐射功率密度与理想全向性天线在该方向上对该脉冲的峰值辐射功率密度之比。

从其定义也可以看出,超宽带天线的基本参数与脉冲具体波形紧密相关。大量实验也已证实,超宽带天线的基本参数与脉冲波形,特别是脉冲宽度(脉冲前沿)紧密相关。一般情况下,知道了脉冲宽度(脉冲前沿)和天线尺寸后,天线对应于此脉冲的基本参数可大致确定。因此脉冲宽度(脉冲前沿)是设计天线的关键性指标。当然,对应于具体波形形状这些参数仍会稍有差异。

3)时延测量精度对测角精度的影响

对于双元接收阵时延测角,目标角度 θ 由两路接收天线的脉冲到达时延差 $\Delta t_{d1,2}$、基线长度 d 进行解算:

$$\theta = \arcsin\left(\frac{\Delta t_{d1,2} \cdot c}{d}\right) \tag{2.98}$$

显然,系统时延测量精度 Δt_D 以及通道内部之间的时延一致性将直接影响测角精度。系统各路通道的收发时延测量数值实际上是空间波程时延和电路时延两部分之和。假设系统两路通道收发时延测量结果分别为 $t_{D,ch1}$、$t_{D,ch2}$,通道内部电路时延分别为 $t_{d,ch1}$、$t_{d,ch2}$,则空间波程时延差为

$$\Delta t_{d1,2} = (t_{D,ch2} - t_{d,ch2}) - (t_{D,ch1} - t_{d,ch1}) = (t_{D,ch2} - t_{D,ch1}) - (t_{d,ch2} - t_{d,ch1}) \tag{2.99}$$

由此可见,脉冲到达时延差 $\Delta t_{d1,2}$ 的测量误差为

$$\Delta(\Delta t_{d1,2}) = \sqrt{\Delta t_{D,ch2}^2 + \Delta t_{D,ch1}^2 + \Delta t_{d,ch2}^2 + \Delta t_{d,ch1}^2} \tag{2.100}$$

假设各个通路时延测量精度一致,$\Delta t_{D,ch1}$、$\Delta t_{D,ch2}$、$\Delta t_{d,ch1}$、$\Delta t_{d,ch2}$ 均为系统时延测量精度 Δt_D,则

$$\Delta(\Delta t_{d1,2}) = 2\Delta t_D \tag{2.101}$$

则角度的误差函数如下：

$$\Delta\theta = \sqrt{\left(\arcsin'\left(\frac{\Delta t_{d1,2}\cdot c}{d}\right)\frac{c}{d}\right)^2 \Delta(\Delta t_{d1,2})^2 + \left(\arcsin'\left(\frac{\Delta t_{d1,2}\cdot c}{d}\right)\frac{\Delta t_{d1,2}c}{d^2}\right)^2 \Delta d^2}$$

$$= \sqrt{\left(\frac{c}{d\sqrt{1-\left(\frac{\Delta t_{d1,2}\cdot c}{d}\right)^2}}\right)^2 \left(4\Delta t_D^2 + \frac{\Delta t_{d1,2}^2}{d^2}\Delta d^2\right)}$$

$$= \frac{c}{d}\frac{\sqrt{4\Delta t_D^2 + \frac{\Delta t_{d1,2}^2}{d^2}\Delta d^2}}{\sqrt{1-\left(\frac{\Delta t_{d1,2}\cdot c}{d}\right)^2}} \tag{2.102}$$

显然，脉冲到达时延差 $\Delta t_{d1,2}$、系统时延测量精度 Δt_D、基线长度 d、基线测量精度 Δd 将共同决定角度测量精度。系统时延测量误差 Δt_D 越小，角度测量精度越高。

窄带雷达的测量域，其分辨力彼此之间往往是相互孤立或相互制约的，如距离分辨力与角度分辨力相互孤立，距离分辨力与速度分辨力相互制约。而超宽带雷达的测量域，距离、速度、角度其分辨力则是相互耦合、相得益彰。这与窄带雷达完全不同，其根本性原因在于超宽带雷达信号持续时间极短，相对于天线尺寸必须视为瞬态信号进行分析，而非稳态简谐信号。同时其速度测量是依靠脉间多普勒效应进行测量，而非脉内多普勒效应，因此与窄带雷达产生了根本性差异。

这预示着在超宽带雷达中，合理地利用测量域之间的相互耦合，各个测量域的测量精度有望同时得到提高。例如：有望通过采用过量的距离分辨力来获得所需的角度分辨力，而不必依靠增加天线的孔径长度；同理，有望通过采用过量的距离分辨力来获得所需的速度分辨力，而不必单纯依靠增加脉冲串的分析个数。

因此，超宽带雷达系统设计中，需要对脉冲波形、天线以及接收机的性能指标和技术难度综合考虑，对各部分进行联合设计。下面对超宽带信号距离-速度、距离-角度耦合给出进一步的模糊函数分析。

2.3.3 超宽带冲激雷达信号的模糊函数

模糊函数是研究雷达分辨力问题的基本手段，这里给出超宽带雷达的模糊函数分析。

在2.3.2节已经对超宽带雷达的距离、速度、角度测量精度进行了初步分析，这里将从模糊函数的角度对超宽带冲激雷达测量精度以及影响其精度的因素作进一步研究。

1. 距离模糊函数

假设发射信号周期为 T_p，信号表达式如下：

$$s_{t\_T_p}(t) = \sum_{m=-\infty}^{+\infty} s_t(t-(m-1)T_p) \tag{2.103}$$

式中

$$s_t(t) = \begin{cases} s_t(t), & t \leq t_w \\ 0, & t > t_w \end{cases}, t_w \ll T_p$$

对于点目标,由式(2.76)可得接收信号为

$$s_{r\_T_p}\left(\frac{t+\tau}{\alpha}\right) = a\sum_{m=-\infty}^{+\infty} s_t(t-(m-1)T_p) \tag{2.104}$$

式中

$$\alpha = \frac{1-v/c}{1+v/c}$$

假设目标静止不动,则有 $\alpha = 1$,以及

$$s_{r\_T_p}(t) = a\sum_{m=-\infty}^{+\infty} s_t(t-\tau-(m-1)T_p) \tag{2.105}$$

下面求解归一化距离模糊函数 $\overline{\chi}(t_D) = \dfrac{\chi(t_D)}{\chi(0)}$,其中

$$\chi(t_D) = \int_{-\infty}^{+\infty} s_{r\_T_p}(t) s_{r\_T_p}(t+t_D) \mathrm{d}t \tag{2.106}$$

$$\chi(0) = \int_{-\infty}^{+\infty} s_{r\_T_p}^2(t) \mathrm{d}t \tag{2.107}$$

因此,有

$$\begin{aligned}\overline{\chi}(t_D) &= \frac{\int_{-\infty}^{+\infty} \sum_{m=-\infty}^{+\infty} s_t(t-\tau-(m-1)T_p) \sum_{m=-\infty}^{+\infty} s_t(t+t_D-\tau-(m-1)T_p) \mathrm{d}t}{\int_{-\infty}^{+\infty} \sum_{m=-\infty}^{+\infty} s_t(t-\tau-(m-1)T_p) \sum_{m=-\infty}^{+\infty} s_t(t-\tau-(m-1)T_p) \mathrm{d}t} \\ &= \frac{\int_{-\infty}^{+\infty} \sum_{m=-\infty}^{+\infty} s_t(t-(m-1)T_p) \sum_{m=-\infty}^{+\infty} s_t(t+t_D-(m-1)T_p) \mathrm{d}t}{\int_{-\infty}^{+\infty} \sum_{m=-\infty}^{+\infty} s_t(t-(m-1)T_p) \sum_{m=-\infty}^{+\infty} s_t(t-(m-1)T_p) \mathrm{d}t}\end{aligned} \tag{2.108}$$

显然,易有如下性质:

性质 2.15 $\overline{\chi}(t_D)$ 是关于 T_p 的周期函数,即 $\overline{\chi}(t_D) = \overline{\chi}(t_D + T_p)$。

证明如下:

$$\overline{\overline{\chi}}(t_D + T_p) = \frac{\int_{-\infty}^{+\infty} \sum_{m=-\infty}^{+\infty} s_t(t-(m-1)T_p) \sum_{m=-\infty}^{+\infty} s_t(t+t_D+T_p-(m-1)T_p) dt}{\int_{-\infty}^{+\infty} \sum_{m=-\infty}^{+\infty} s_t(t-(m-1)T_p) \sum_{m=-\infty}^{+\infty} s_t(t-(m-1)T_p) dt}$$

$$= \frac{\int_{-\infty}^{+\infty} \sum_{m=-\infty}^{+\infty} s_t(t-(m-1)T_p) \sum_{m=-\infty}^{+\infty} s_t(t+t_D-(m-1)T_p) dt}{\int_{-\infty}^{+\infty} \sum_{m=-\infty}^{+\infty} s_t(t-(m-1)T_p) \sum_{m=-\infty}^{+\infty} s_t(t-(m-1)T_p) dt}$$

$$= \overline{\overline{\chi}}(t_D) \tag{2.109}$$

性质 2.16 当 $t_D \in [t_w, T_p)$ 时，$\overline{\overline{\chi}}(t_D) = 0$。也就是说，在单个周期区间 $t_D \in [0, T_p)$ 内，$\overline{\overline{\chi}}(t_D)$ 仅在 $t_D \in [0, t_w)$ 内存在非零值。

证明如下：可参考图 2.11，当 $t_D \in [t_w, T_p)$ 时，$s_{r\_T_p}(t) s_{r\_T_p}(t+t_D) = 0$，因此 $\chi(t_D) = 0$，进而 $\overline{\overline{\chi}}(t_D) = 0$。

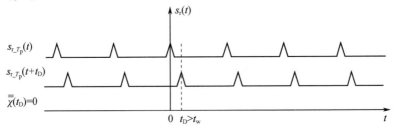

图 2.11 距离模糊函数求解示图

性质 2.17 当 $t_D \in [0, T_p)$ 时，$\overline{\overline{\chi}}(t_D)$ 的求解表达式可以进一步简化为

$$\overline{\overline{\chi}}(t_D) = \frac{\int_0^{T_p} s_t(t) s_t(t+t_D) dt}{\int_0^{T_p} s_t^2(t) dt} \tag{2.110}$$

证明如下：由性质 2.15 可知，$\overline{\overline{\chi}}(t_D)$ 是关于 T_p 的周期函数。因此有必要对单个周期 $t_D \in [0, T_p)$ 内的 $\overline{\overline{\chi}}(t_D)$ 作进一步分析简化。

$$\overline{\overline{\chi}}(t_D) = \frac{\int_{-\infty}^{+\infty} \sum_{m=-\infty}^{+\infty} s_t(t-(m-1)T_p) \sum_{m=-\infty}^{+\infty} s_t(t+t_D-(m-1)T_p) dt}{\int_{-\infty}^{+\infty} \sum_{m=-\infty}^{+\infty} s_t(t-(m-1)T_p) \sum_{m=-\infty}^{+\infty} s_t(t-(m-1)T_p) dt}$$

$$= \frac{\sum_{m=-\infty}^{+\infty}\sum_{n=-\infty}^{+\infty}\int_{-\infty}^{+\infty} s_t(t-(m-1)T_p)s_t(t+t_D-(n-1)T_p)dt}{\sum_{m=-\infty}^{+\infty}\sum_{n=-\infty}^{+\infty}\int_{-\infty}^{+\infty} s_t(t-(m-1)T_p)s_t(t-(n-1)T_p)dt} \quad (2.111)$$

结合图 2.11 可知,求解单个周期 $t_D \in [0, T_p)$ 内 $\dfrac{\int_0^{T_p} s_t(t)\,s_t(t+t_D)dt}{\int_0^{T_p} s_t^2(t)dt}$,再进行周期延拓即为 $\dfrac{\sum_{m=-\infty}^{+\infty}\sum_{n=-\infty}^{+\infty}\int_{-\infty}^{+\infty} s_t(t-(m-1)T_p)s_t(t+t_D-(n-1)T_p)dt}{\sum_{m=-\infty}^{+\infty}\sum_{n=-\infty}^{+\infty}\int_{-\infty}^{+\infty} s_t(t-(m-1)T_p)s_t(t-(n-1)T_p)dt}$。

且对于 $t_D \in [0, T_p)$ 时

$$\frac{\int_0^{T_p} s_t(t)\,s_t(t+t_D)dt}{\int_0^{T_p} s_t^2(t)dt} = \frac{\sum_{m=-\infty}^{+\infty}\sum_{n=-\infty}^{+\infty}\int_{-\infty}^{+\infty} s_t(t-(m-1)T_p)s_t(t+t_D-(n-1)T_p)dt}{\sum_{m=-\infty}^{+\infty}\sum_{n=-\infty}^{+\infty}\int_{-\infty}^{+\infty} s_t(t-(m-1)T_p)s_t(t-(n-1)T_p)dt}$$

(2.112)

亦即

$$\bar{\bar{\chi}}(t_D) = \frac{\int_0^{T_p} s_t(t)s_t(t+t_D)dt}{\int_0^{T_p} s_t^2(t)dt}$$

结合性质 2.15 至性质 2.17 的分析,可以有如下启发:

1)距离模糊问题

性质 2.15 说明,对于超宽带周期性脉冲雷达,存在距离模糊问题。设最大非模糊距离为 $R_{\text{max\_unblur}}$,则 $R_{\text{max\_unblur}}$ 由距离模糊函数周期可求,$R_{\text{max\_unblur}} = cT_p/2$。这预示着雷达最大作用距离和脉冲重复频率之间具有潜在的制约关系。而实际上,我们总是期望利用高重复频率来改善脉冲积累效果,提高信噪比,从而提高雷达探测效果和探测距离;而距离模糊问题则提示我们并不能无限制地去提高脉冲重复频率,否则需要进行距离解模糊,将提高系统时控设计和后端数据处理的复杂度。因此,必须对脉冲重复频率进行综合考虑。

2）高精度的测距潜力

性质 2.16、性质 2.17 说明，对于超宽带周期性脉冲雷达，距离模糊函数只在 $t_D \in [0, t_w)$ 内存在非零值，且在 $t_D = 0$ 时最大，等于 1。因此即使在最差情况下，超宽带雷达的距离分辨力也可以达到 $t_D = t_w$，也就是说其距离测量精度 $\Delta R_{max} = ct_w/2$。假设脉冲宽度 $t_w = 1\text{ns}$，则 $\Delta R_{max} = 0.15\text{m}$，这对于窄带雷达是很高的指标，而超宽带雷达却可以轻易达到。

当采用前沿检测等手段时，则距离分辨力完全可达到更高，$t_D < t_w$，也就是说可以进一步提高测距精度，$\Delta R < ct_w/2$。因此，选择适当的脉冲检测方式也是超宽带雷达系统设计中需要综合考虑的问题之一。

2. 距离-速度模糊函数

由于超宽带雷达测速的特殊性，因此也决定了其距离-速度模糊函数与常见的窄带雷达距离-速度模糊函数存在根本差异。

由于超宽带雷达测速是在多个脉冲之间进行的，因此速度可以表征为脉冲重复周期的变化量（窄带雷达表征为多普勒频率），而距离则表征为脉冲延时量。因此，其距离-速度模糊函数便对应为脉冲延时-脉冲重复周期的分辨能力。

1）无限脉冲测速

首先，定义超宽带雷达距离-速度（二维）模糊函数为

$$\bar{\chi}(t_D, T_D) = \frac{\chi(t_D, T_D)}{\chi(0,0)} \quad (2.113)$$

式中

$$\chi(t_D, T_D) = \int_{-\infty}^{+\infty} s_{r\_T_p}(t, T) s_{r\_T_p}(t + t_D, T + T_D) \, dt \quad (2.114)$$

$$\chi(0,0) = \int_{-\infty}^{+\infty} s_{r\_T_p}^2(t, T) \, dt \quad (2.115)$$

由于采用无限脉冲测速，所以式（2.114）和式（2.115）中，$s_{r\_T_p}(t, T)$、$s_{r\_T_p}(t + t_D, T + T_D)$ 为无限序列，表达式如下：

$$s_{r\_T_p}(t, T) = a \sum_{m=-\infty}^{+\infty} s_t(\alpha t - \tau - (m-1)T_p) \quad (2.116)$$

$$s_{r\_T_p}(t + t_D, T + T_D) = a \sum_{m=-\infty}^{+\infty} s_t(\alpha'(t + t_D) - \tau - (m-1)T_p) \quad (2.117)$$

同时易有，$T = T_p/\alpha$，$T + T_D = T_p/\alpha'$，其中，$\alpha = \frac{1-v/c}{1+v/c}$，$\alpha' = \frac{1-v'/c}{1+v'/c}$，$v$、$v'$ 分别表示两个目标速度。

因此,可求解如下:

$$\bar{\bar{\chi}}(t_D, T_D) = \frac{\int_{-\infty}^{+\infty} \sum_{m=-\infty}^{+\infty} s_t(\alpha t - \tau - (m-1)T_p) \sum_{m=-\infty}^{+\infty} s_t(\alpha'(t+t_D) - \tau - (m-1)T_p) dt}{\int_{-\infty}^{+\infty} \sum_{m=-\infty}^{+\infty} s_t(\alpha t - \tau - (m-1)T_p) \sum_{m=-\infty}^{+\infty} s_t(\alpha t - \tau - (m-1)T_p) dt}$$

$$= \frac{\int_{-\infty}^{+\infty} s_{t\_T_p}(\alpha t) s_{t\_T_p}(\alpha'(t+t_D)) dt}{\int_{-\infty}^{+\infty} s_{t\_T_p}^2(\alpha t) dt} \tag{2.118}$$

式中

$$s_{t\_T_p}(t) = \sum_{m=-\infty}^{+\infty} s_t(t - (m-1)T_p)$$

式(2.118)的时域直接求解是非常困难的,下面进行复频域求解。

设 $s_t(t)$ 对应的拉普拉斯变换为

$$s_t(t) \xleftrightarrow{L} S_t(s) \tag{2.119}$$

参考2.2.2节拉普拉斯变换性质,则可求解

$$L(s_{t\_T_p}(t)) = L\left(\sum_{m=-\infty}^{+\infty} s_t(t-(m-1)T_p)\right) = S_t(s)\left(\sum_{m=-\infty}^{+\infty} e^{msT_p}\right) \tag{2.120}$$

简记作

$$S_{t\_T_p}(s) = S_t(s)\left(\sum_{m=-\infty}^{+\infty} e^{msT_p}\right)$$

显然上式(2.120)仅在 $s = j\omega$(复平面虚轴)上收敛,也就是说双边周期信号的双边拉普拉斯变换仅在复平面虚轴上存在,此时完全等效于信号的傅里叶变换,即

$$S_{t\_T_p}(s) = S_t(j\omega)\left(\sum_{m=-\infty}^{+\infty} e^{jm\omega T_p}\right) \tag{2.121}$$

且由周期信号的频谱特点可知, $S_{t\_T_p}(j\omega)$ 是 $S_t(j\omega)$ 的离散抽样,即 $S_{t\_T_p}(j\omega)$ 仅在离散频点 $\omega = m \cdot 2\pi/T_p (m \in \mathbf{Z})$ 存在非零值。

而由傅里叶变换频域卷积特性,可知

$$s_{t\_T_p}(\alpha t) s_{t\_T_p}(\alpha'(t+t_D)) \xleftrightarrow{F} \frac{1}{2\pi} \frac{1}{|\alpha|} S_{t-T_p}\left(\frac{j\omega}{\alpha}\right) * \frac{1}{|\alpha'|} S_{t-T_p}\left(\frac{j\omega}{\alpha'}\right) e^{j\omega t_D} \tag{2.122}$$

即

$$\int_{-\infty}^{+\infty} s_{t\_T_p}(\alpha t) s_{t\_T_p}(\alpha'(t+t_D)) e^{-j\omega t} dt = \frac{1}{2\pi} \frac{1}{|\alpha|} S_{t-T_p}\left(\frac{j\omega}{\alpha}\right) * \frac{1}{|\alpha'|} S_{t-T_p}\left(\frac{j\omega}{\alpha'}\right) e^{j\omega t_D}$$

$$\tag{2.123}$$

特殊地,取 $\omega = 0$,可得

$$\int_{-\infty}^{+\infty} s_{t\_T_p}(\alpha t) s_{t\_T_p}(\alpha'(t+t_D)) \mathrm{d}t = \frac{1}{2\pi} \frac{1}{|\alpha|} S_{t-T_p}\left(\frac{\mathrm{j}\omega}{\alpha}\right) * \frac{1}{|\alpha'|} S_{t-T_p}\left(\frac{\mathrm{j}\omega}{\alpha'}\right) \mathrm{e}^{\mathrm{j}\omega t_D} \bigg|_{\omega=0} \tag{2.124}$$

$$\int_{-\infty}^{+\infty} s_{t\_T_p}^2(\alpha t) \mathrm{d}t = \frac{1}{2\pi} \frac{1}{|\alpha|} S_{t-T_p}\left(\frac{\mathrm{j}\omega}{\alpha}\right) * \frac{1}{|\alpha|} S_{t-T_p}\left(\frac{\mathrm{j}\omega}{\alpha}\right) \bigg|_{\omega=0} \tag{2.125}$$

因此可得

$$\begin{aligned}
\overline{\chi}(t_D, T_D) &= \frac{\frac{1}{2\pi}\left(\frac{1}{|\alpha|} S_{t-T_p}\left(\frac{\mathrm{j}\omega}{\alpha}\right)\right) * \left(\frac{1}{|\alpha'|} S_{t-T_p}\left(\frac{\mathrm{j}\omega}{\alpha'}\right)\right) \mathrm{e}^{\mathrm{j}\omega t_D} \bigg|_{\omega=0}}{\frac{1}{2\pi} \frac{1}{|\alpha|} S_{t-T_p}\left(\frac{\mathrm{j}\omega}{\alpha}\right) * \frac{1}{|\alpha|} S_{t-T_p}\left(\frac{\mathrm{j}\omega}{\alpha}\right) \bigg|_{\omega=0}} \\
&= \frac{|\alpha|\left(S_{t-T_p}\left(\frac{\mathrm{j}\omega}{\alpha}\right)\right) * \left(S_{t-T_p}\left(\frac{\mathrm{j}\omega}{\alpha'}\right)\right) \mathrm{e}^{\mathrm{j}\omega t_D} \bigg|_{\omega=0}}{|\alpha'| S_{t-T_p}\left(\frac{\mathrm{j}\omega}{\alpha}\right) * S_{t-T_p}\left(\frac{\mathrm{j}\omega}{\alpha}\right) \bigg|_{\omega=0}}
\end{aligned} \tag{2.126}$$

至此,我们终于得到了超宽带雷达距离-速度(二维)模糊函数的较为简便的计算方法,且非常适宜于计算机编程。结合图 2.12 讲解如下:

步骤 1:对单个脉冲信号 $s_t(t)$,求解其傅里叶变换 $S_t(\mathrm{j}\omega)$。

步骤 2:对周期脉冲信号 $s_{t-T_p}(t)$,求解其离散傅里叶变换 $S_{t-T_p}(\mathrm{j}\omega)$。

步骤 3:利用频域展缩特性,求解 $S_{t-T_p}\left(\frac{\mathrm{j}\omega}{\alpha}\right)$、$S_{t-T_p}\left(\frac{\mathrm{j}\omega}{\alpha'}\right)$。

步骤 4:频域翻转,得到 $S_{t-T_p}\left(-\frac{\mathrm{j}\omega}{\alpha}\right)$、$S_{t-T_p}\left(-\frac{\mathrm{j}\omega}{\alpha'}\right)$。

步骤 5:相乘,求解 $S_{t-T_p}\left(\frac{\mathrm{j}\omega}{\alpha}\right) \cdot S_{t-T_p}\left(-\frac{\mathrm{j}\omega}{\alpha}\right)$、$S_{t-T_p}\left(\frac{\mathrm{j}\omega}{\alpha}\right) \cdot S_{t-T_p}\left(-\frac{\mathrm{j}\omega}{\alpha'}\right) \mathrm{e}^{-\mathrm{j}\omega t_D}$。

步骤 6:对步骤 5 所得各个离散频点对应函数值相加求和,即为卷积结果 $S_{t-T_p}\left(\frac{\mathrm{j}\omega}{\alpha}\right) * S_{t-T_p}\left(\frac{\mathrm{j}\omega}{\alpha}\right) \bigg|_{\omega=0}$、$\left(S_{t-T_p}\left(\frac{\mathrm{j}\omega}{\alpha}\right) * S_{t-T_p}\left(\frac{\mathrm{j}\omega}{\alpha'}\right) \mathrm{e}^{\mathrm{j}\omega t_D}\right) \bigg|_{\omega=0}$。

步骤 7:对步骤 6 所得和值作除,最终得出单点 (t_D, T_D) 对应的模糊函数值:

$$\overline{\chi}(t_D, T_D) = \frac{|\alpha|\left(S_{t-T_p}\left(\frac{\mathrm{j}\omega}{\alpha}\right)\right) * \left(S_{t-T_p}\left(\frac{\mathrm{j}\omega}{\alpha'}\right)\right) \mathrm{e}^{\mathrm{j}\omega t_D} \bigg|_{\omega=0}}{|\alpha'| S_{t-T_p}\left(\frac{\mathrm{j}\omega}{\alpha}\right) * S_{t-T_p}\left(\frac{\mathrm{j}\omega}{\alpha}\right) \bigg|_{\omega=0}} \tag{2.127}$$

值得说明,上面利用傅里叶变换对超宽带雷达距离-速度(二维)模糊函数进行求解时可以变得非常简便,但这并非说明所有的超宽带雷达问题的讨论依然可以局

限在频域内进行,频域傅里叶变换仅仅是复频域拉普拉斯变换的一个特例。合理利用它的有关性质,可以有助于我们复频域内某些问题的分析理解;但是更多的问题分析则需要我们破除稳态简谐频域分析的固定思维习惯。

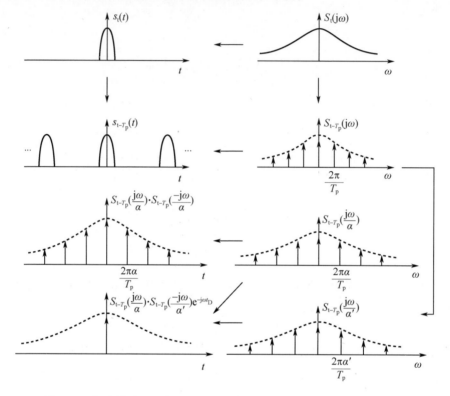

图 2.12　超宽带雷达距离 - 速度二维模糊函数计算步骤(无限脉冲测速)

下面给出典型脉冲信号的距离 - 速度(二维)模糊函数仿真计算结果。其中参数选取: $T_p = 1$; $t_w = T_p \times 10^{-3} = 10^{-3}$ (一般超宽带雷达占空比 t_w/T_p 为 $10^{-3} \sim 10^{-6}$,这里取较大的占空比是为了减小数值计算量考虑)。同时假设目标 1 静止、目标 2 作径向匀速运动 v',即有 $\alpha = 1, \alpha' = T_p/T_p + T_D \neq 1$。这里我们直接以归一化延时和归一化速度作为自变量($t_D/T_p, v'/c$)。

(1) 单位冲激信号:发射信号 $s_t(t) = \delta(t)$,计算结果如图 2.13(a)所示。

(2) 矩形脉冲:发射信号 $s_t(t) = u(t + t_w/2) - u(t - t_w/2)$,计算结果如图 2.13(b)所示。

(3) 高斯脉冲:发射信号 $s_t(t) = e^{-(\frac{t}{t_w})^2}$,计算结果如图 2.13(c)所示。

由图 2.12 和图 2.13,结合如上三种脉冲信号的二维模糊函数仿真计算过程,我们可以有以下结论。

超宽带雷达信号二维模糊函数主要集中在三个边轴上: $t_D/T_p = 0$, $t_D/T_p = 1$,

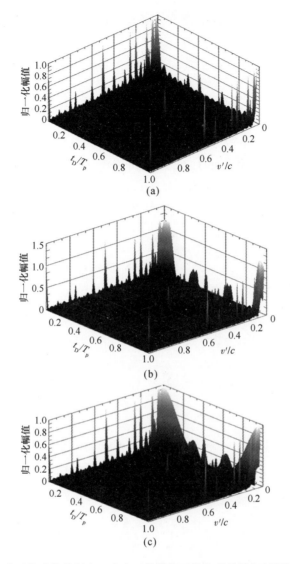

图 2.13 典型脉冲信号距离－速度二维模糊函数仿真结果（无限脉冲测速）

$v'/c=0$。在其余大面积区域内仅有少量的峰点出现,且幅度较低。

对于 $t_D/T_p=0$ 轴,在实际中表示两个目标距离雷达距离相等,此时不存在脉冲延时差,因此具有测距测速模糊。对于 $t_D/T_p=1$ 轴,在实际中表示目标回波延时等于发射脉冲间隔周期,此时前后周期间的回波混叠,因此产生测速测距模糊。

对于 $v'/c=0$ 轴,在实际中表示两个目标静止不动,此时测距模糊只与脉冲信号宽度以及周期信号占空比有关。理想冲激信号优于矩形脉冲和高斯脉冲,除(0,0)、(1,0)附近外,在中间鼓出的小包,属于数字频点数计算量有限,频域截断误差引起。

取相同的 $t_w = T_p \times 10^{-3} = 10^{-3}$,显然矩形脉冲比高斯脉冲要窄,因此前者的模糊函数优于后者。更多的仿真计算还表明,t_w/T_p 取值越小,即占空比越小,在 $v'/c = 0$ 轴,测距模糊越集中在 $(0,0)$、$(1,0)$ 附近,变化越陡峭。这表明在系统设计中,最高重频和脉宽选取之间具有一定的依存关系。

由整体分布图还可以看出,在最大非模糊距离内,速度相差越大、距离相差越大时,平均模糊值越小,测量精度越高。

2) 有限脉冲测速

上面给出了无限脉冲测速时的二维模糊函数,这是极理想的情况。在实际中只能采用有限个脉冲测速,因此有必要对有限个脉冲测速度的情况也作以下讨论。

假设采用 M 个脉冲平均进行测速,则依然可利用式(2.118),则有 $\bar{\bar{\chi}}(t_D, T_D)$ 表达式:

$$\bar{\bar{\chi}}(t_D, T_D) = \frac{\int_{-\infty}^{+\infty} s_{t\_T_p}(\alpha t) s_{t\_T_p}(\alpha'(t + t_D)) dt}{\int_{-\infty}^{+\infty} s_{t\_T_p}^2(\alpha t) dt} \quad (2.128)$$

式中

$$s_{t\_T_p}(t) = \sum_{m=1}^{M} s_t(t - (m-1)T_p) \quad (2.129)$$

则

$$\bar{\bar{\chi}}(t_D, T_D) = \frac{\int_{-\infty}^{+\infty} \sum_{m=1}^{M} s_t(\alpha t - (m-1)T_p) \sum_{m=1}^{M} s_t(\alpha'(t + t_D) - (m-1)T_p) dt}{\int_{-\infty}^{+\infty} \sum_{m=1}^{M} s_t^2(\alpha t - (m-1)T_p) dt}$$

$$= \frac{\sum_{m=1}^{M} \sum_{n=1}^{M} \int_{-\infty}^{+\infty} s_t(\alpha t - (m-1)T_p) s_t(\alpha'(t+t_D) - (n-1)T_p) dt}{\sum_{m=1}^{M} \int_{-\infty}^{+\infty} s_t^2(\alpha t - (m-1)T_p) dt}$$

$$= \frac{\sum_{m=1}^{M} \sum_{n=1}^{M} \int_{\substack{((0, t_w/\alpha)+(m-1)T_p/\alpha) \cap \\ ((-t_D, -t_D+t_w/\alpha')+(n-1)T_p/\alpha')}} s_t(\alpha t - (m-1)T_p) s_t(\alpha'(t+t_D) - (n-1)T_p) dt}{M \int_{(0, t_w/\alpha)} s_t^2(\alpha t - (m-1)T_p) dt}$$

(2.130)

进一步假设目标 1 静止、目标 2 作径向匀速运动,$v' \ll c$,即有 $\alpha = 1, \alpha' < 1$。

式(2.130)可简化为

$$\overline{\overline{\chi}}(t_D, T_D) = \frac{\sum_{m=1}^{M}\sum_{n=1}^{M}\int_{((0,t_w)+(m-1)T_p)\cap((-t_D,-t_D+t_w/\alpha')+(n-1)T_p/\alpha')} s_t(t-(m-1)T_p)s_t(\alpha'(t+t_D)-(n-1)T_p)\mathrm{d}t}{M\int_{(0,t_w)} s_t^2(t-(m-1)T_p)\mathrm{d}t}$$

(2.131)

该表达式较为繁琐,可以参照图2.14进行直观理解。

首先,求解 $s_{t\_T_p}(t)$ 与 $s_{t\_T_p}(\alpha'(t+t_D))$ 非零函数值的时间轴交集区域;

其次,求解各个交集区域内 $s_{t\_T_p}(t)$ 与 $s_{t\_T_p}(\alpha'(t+t_D))$ 乘积的积分;

最后,对积分求和,除以信号能量归一化即为 $\overline{\overline{\chi}}(t_D, T_D)$。

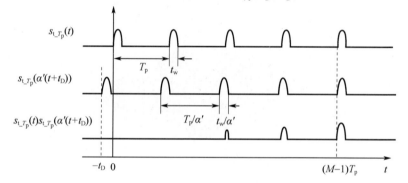

图2.14 有限脉冲测速二维模糊函数求解示意图

显然,对于有限脉冲测速雷达,模糊函数除与距离延时和目标速度有关外,还与观察的脉冲数目 M 有关。因此可将模糊函数进一步表示为 $\overline{\overline{\chi}}(t_D/T_p, v'/c, M)$。

下面给出典型脉冲信号,即矩形脉冲的有限脉冲模糊函数 $\overline{\overline{\chi}}(t_D/T_p, v'/c, M)$ 仿真计算结果。

发射信号 $s_t(t) = u\left(t+\dfrac{t_w}{2}\right) - u\left(t-\dfrac{t_w}{2}\right)$。其中参数选取:$T_p = 1$;$t_w = T_p \times 10^{-4} = 10^{-4}$。

固定选取 $M = 2$,计算 $\overline{\overline{\chi}}(t_D/T_p, v'/c, 2)$,结果如图2.15(a)所示。

固定选取 $v'/c = 10^{-6}$(一般飞行器速度约等于1000km/h),计算 $\overline{\overline{\chi}}(t_D/T_p, 10^{-6}, M)$,结果如图2.15(b)所示。

固定选取 $t_D/T_p = 0.5$(即在最大非模糊距离的1/2远处),计算 $\overline{\overline{\chi}}(0.5, v'/c, M)$,结果如图2.15(c)所示。

由图2.15,结合如上脉冲信号的模糊函数仿真计算过程,我们可以有以下结论。

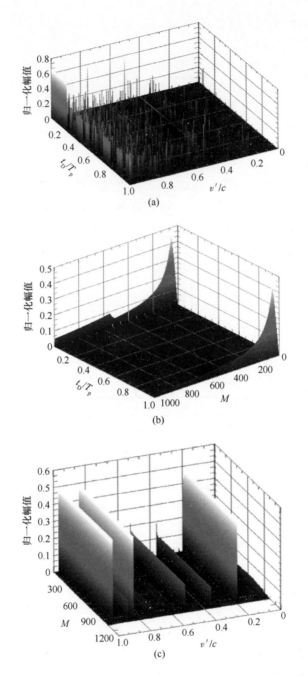

图 2.15 矩形脉冲信号距离 – 速度二维模糊函数仿真结果(有限脉冲测速)

有限脉冲测速时,超宽带雷达信号二维模糊函数除分布在三个边轴上:$t_D/T_p = 0$,$t_D/T_p = 1$,$v'/c = 0$ 之外,在目标速度较高的区域内(如图 2.15(a)中 $v'/c \geq 0.2$ 的区域)也存在大量的尖峰。在低速区域内(如图 2.15(a)中 $v'/c<0.2$ 的区域)则仅有少量的峰点出现,且幅度较低。

对于固定速度差的两个目标,测距模糊主要集中在 $t_D/T_p=0$ 和 $t_D/T_p=1$ 两个轴上,且随着脉冲观察数目的增加大致呈单调递减趋势。但是脉冲观察数目的选取还应结合目标速度、脉冲宽度、脉冲间隔周期综合考虑,否则在某些区域内(如图 2.15(b)中 $M\in(400,600)$ 的区域)增大脉冲观察数目 M,模糊度可能反而跃增。

对于距离相等的两个目标,目标速度差在某些离散点时,出现测速模糊,这些离散点与脉冲宽度、脉冲间隔、目标距离有关,且模糊程度随着脉冲观察数目 M 由 2 往上逐渐增加时,开始呈减小趋势;但是随着 M 的进一步变大,模糊度迅速趋于稳定。这也是易于理解的,脉冲观察数目 M 的增加,并不能够改变脉冲基本参数:脉冲宽度和脉冲间隔。而这些离散的模糊点(如图 2.15(c)中 $v'/c\in(0.2,0.4,0.6,0.8,\cdots)$)的出现与这些基本参数有关。

3) 对超宽带信号模糊函数的物理本质解释

目前,对于窄带雷达系统设计,信号模糊图研究已经不可或缺。由于窄带雷达信号的模糊图总容积为 1(窄带雷达模糊函数性质)[2,3],高距离分辨力和高速度分辨力二者不可兼得。要提高距离分辨力必须增大信号带宽,从而降低了速度分辨力;反之,要提高速度分辨力则必须增大信号时宽,从而降低了距离分辨力。

而对于超宽带冲激雷达系统设计,其信号模糊图则尚未得到充分重视和深入研究。本节给出了超宽带雷达信号的模糊函数表达式,同时给出了一些初步结论。下面对这些基本结论从物理本质上予以解释,以求更深刻的理解。

(1) 对于无限脉冲测速,测速测距模糊主要集中在边轴上,且占空比越小,模糊图越陡峭。这在物理本质上得益于超宽带雷达极低的占空比:占空比极低的脉冲信号存在少量延时差时,相互之间的乘积等于零,即不存模糊。

(2) 对于有限脉冲测速,测速测距模糊除分布在边轴上以外,在目标速度接近光速时,也有大量尖峰出现,而且各个尖峰分布非常陡峭,可以近似认为是一系列离散点。这在物理本质上易于理解:目标速度较大时,对回波周期的展缩效应越明显,对于相邻周期间脉冲的回波越容易出现混叠现象,从而出现测距、测速模糊。也就是说,超宽带雷达测速,只适合于速度较小情况(这是相对于光速而言的,而这对于一般的飞行器速度是满足的)。

(3) 对于超宽带雷达有限脉冲测速,只适合于目标速度较小的情况;但是对于太小的速度,虽无模糊问题,却又因为对回波周期缩展效应不明显,因此测量困难,精度较差。测距-测速模糊问题和测速精度问题制约了超宽带雷达的速度测量适用范围。

(4) 对于有限脉冲测速,随着观测脉冲数目的增加,目标测距模糊单调降低,目标测速模糊基本稳定。这在物理本质上也是可以解释的:假设目标没有距离差,仅存在速度差,则随着观测脉冲数目的增加,目标必然产生距离差,从而可以克服距离模糊;而假设目标具有距离差,但是速度相等,则随着观测脉冲数目的增加,目标必然维持恒定的距离差,从而并不能够借助增加观测脉冲数目来改变距离差和减小速度模糊。

(5) 对于有限脉冲测速,其所以会表现出陡峭的模糊函数分布,仅含有离散尖峰,对于低速目标甚至不出现尖峰;而没有窄带雷达信号测距测速相互制约问题,其物理本质在于:冲激脉冲雷达利用单个脉冲的窄时宽测距,却又利用多个脉冲间的大时宽测速,因此有效避免了单个脉冲信号时宽带宽积为1的制约。

3. 距离-角度模糊函数

对于阵列时延测角,由于测距、测角分别通过测量收发通道时延及接收通道之间的时延差实现,因此距离、角度可以表征为收发脉冲时延、通道时延差,其距离-角度模糊函数便对应为脉冲时延-通道时延差的分辨能力。

首先定义超宽带雷达距离-角度(二维)模糊函数:

假设发射信号周期为 T_p,信号表达式如下:

$$s_{\mathrm{t}\_T_\mathrm{p}}(t) = \sum_{m=-\infty}^{+\infty} s_\mathrm{t}(t-(m-1)T_\mathrm{p}) \tag{2.132}$$

式中

$$s_\mathrm{t}(t) = \begin{cases} s_\mathrm{t}(t), & t \leq t_\mathrm{w} \\ 0, & t > t_\mathrm{w} \end{cases}, \quad t_\mathrm{w} \ll T_\mathrm{p}$$

对于位于平面内极坐标 (R_1,θ_1)、(R_2,θ_2) 处的两个点目标,可得接收通道 ch1、ch2 中接收信号分别为

$$\begin{cases} s_{\mathrm{r1}\_T_\mathrm{p},\mathrm{ch1}}(t) = \sum_{m=-\infty}^{+\infty} s_\mathrm{t}(t-\tau_1-(m-1)T_\mathrm{p}) \\ s_{\mathrm{r2}\_T_\mathrm{p},\mathrm{ch1}}(t) = \sum_{m=-\infty}^{+\infty} s_\mathrm{t}(t-\tau_2-(m-1)T_\mathrm{p}) \\ s_{\mathrm{r1}\_T_\mathrm{p},\mathrm{ch2}}(t) = \sum_{m=-\infty}^{+\infty} s_\mathrm{t}(t-\tau_1-\Delta t_{\mathrm{d1},1,2}-(m-1)T_\mathrm{p}) \\ s_{\mathrm{r2}\_T_\mathrm{p},\mathrm{ch2}}(t) = \sum_{m=-\infty}^{+\infty} s_\mathrm{t}(t-\tau_2-\Delta t_{\mathrm{d2},1,2}-(m-1)T_\mathrm{p}) \end{cases} \tag{2.133}$$

式中: $s_{\mathrm{r1}\_T_\mathrm{p},\mathrm{ch1}}(t)$、$s_{\mathrm{r2}\_T_\mathrm{p},\mathrm{ch1}}(t)$、$s_{\mathrm{r1}\_T_\mathrm{p},\mathrm{ch2}}(t)$、$s_{\mathrm{r2}\_T_\mathrm{p},\mathrm{ch2}}(t)$ 分别表示目标1、目标2在接收通道1、通道2中的回波信号;τ_1、τ_2 分别为目标1、目标2在通道1中的延时,$\tau_1 = \dfrac{2R_1}{c} \cdot \dfrac{1}{1+v_1/c}$,$\tau_2 = \dfrac{2R_2}{c} \dfrac{1}{1+v_2/c}$,假设目标静止不动,则有 $\tau_1 = \dfrac{2R_1}{c} = t_{\mathrm{D1}}$,$\tau_2 = \dfrac{2R_2}{c} = t_{\mathrm{D2}}$;

$\Delta t_{\text{d}1,1,2} = \dfrac{d\sin\theta_1}{c}$、$\Delta t_{\text{d}2,1,2} = \dfrac{d\sin\theta_2}{c}$分别表示目标1、目标2在通道2中回波与通道1中回波的时延差;d为二元阵阵元之间基线长度。

定义超宽带雷达距离-角度(二维)模糊函数:

$$\overline{\overline{\chi}}(t_{\text{D}1}, t_{\text{D}2}, \Delta t_{\text{d}1,1,2}, \Delta t_{\text{d}1,1,2}) = \frac{\chi(t_{\text{D}2} - t_{\text{D}1}, \Delta t_{\text{d}2,1,2} - \Delta t_{\text{d}1,1,2})}{\chi(0,0)} \quad (2.134)$$

式中

$$\begin{aligned}
\chi(t_{\text{D}2} - t_{\text{D}1}, \Delta t_{\text{d}2,1,2} - \Delta t_{\text{d}1,1,2}) &= \int_{-\infty}^{+\infty} s_{\text{r\_}T_{\text{p}}}(t - t_{\text{D}1} - \Delta t_{\text{d}1,1,2}) s_{\text{r\_}T_{\text{p}}}(t - t_{\text{D}2} - \Delta t_{\text{d}2,1,2}) \text{d}t \\
&= \int_{-\infty}^{+\infty} s_{\text{r\_}T_{\text{p}}}(t) s_{\text{r\_}T_{\text{p}}}(t + t_{\text{D}2} - t_{\text{D}1} + \Delta t_{\text{d}2,1,2} - \Delta t_{\text{d}1,1,2}) \text{d}t
\end{aligned}$$

(2.135)

$$\chi(0,0) = \int_{-\infty}^{+\infty} s_{\text{r\_}T_{\text{p}}}^2(t) \text{d}t$$

显然,若将 $t_{\text{D}2} - t_{\text{D}1} + \Delta t_{\text{d}2,1,2} - \Delta t_{\text{d}1,1,2}$ 记作 t'_{D},则与上文中距离模糊函数形式上完全一致。

如需要用 (R_1, θ_1)、(R_2, θ_2) 表示上述函数关系,则形式上稍微复杂。

$$\begin{cases}
\overline{\overline{\chi}}(R_1, \theta_1, R_2, \theta_2) = \dfrac{\chi(R_1, \theta_1, R_2, \theta_2)}{\chi(0,0)} \\[1em]
\chi(R_1, \theta_1, R_2, \theta_2) = \displaystyle\int_{-\infty}^{+\infty} s_{\text{r\_}T_{\text{p}}}(t) s_{\text{r\_}T_{\text{p}}}(t + t'_{\text{D}}) \text{d}t \\[1em]
\qquad = \displaystyle\int_{-\infty}^{+\infty} s_{\text{r\_}T_{\text{p}}}(t) s_{\text{r\_}T_{\text{p}}}\left(t + \dfrac{2(R_2 - R_1)}{c} + \dfrac{d(\sin\theta_2 - \sin\theta_1)}{c}\right) \text{d}t \\[1em]
\qquad = \displaystyle\int_{-\infty}^{+\infty} s_{\text{r\_}T_{\text{p}}}(t) s_{\text{r\_}T_{\text{p}}}\left(t + \dfrac{2(R_2 - R_1) + d(\sin\theta_2 - \sin\theta_1)}{c}\right) \text{d}t \\[1em]
\chi(0,0) = \displaystyle\int_{-\infty}^{+\infty} s_{\text{r\_}T_{\text{p}}}^2(t) \text{d}t
\end{cases}$$

(2.136)

显然,易有如下性质:

性质2.18 $\overline{\overline{\chi}}(t_{\text{D}1}, t_{\text{D}2}, \Delta t_{\text{d}1,1,2}, \Delta t_{\text{d}1,1,2})$ 是关于综合延时差 $t'_{\text{D}} = t_{\text{D}2} - t_{\text{D}1} + \Delta t_{\text{d}2,1,2} - \Delta t_{\text{d}1,1,2}$ 的周期函数,且周期为 T_{p}。

性质 2.19 当 $t'_D \in [t_w, T_p)$ 时,$\bar{\bar{\chi}}(t'_D) = 0$。也就是说,在单个周期区间 $t'_D \in [0, T_p)$ 内,$\bar{\bar{\chi}}(t'_D)$ 仅在 $t'_D \in [0, t_w)$ 内存在非零值。

性质 2.20 当 $t'_D \in [0, T_p)$ 时,$\bar{\bar{\chi}}(t'_D)$ 的求解表达式可以进一步简化为

$$\bar{\bar{\chi}}(t'_D) = \frac{\int_0^{T_p} s_t(t) s_t(t + t'_D) \mathrm{d}t}{\int_0^{T_p} s_t^2(t) \mathrm{d}t} \tag{2.137}$$

性质 2.21 $\bar{\bar{\chi}}(R_1, \theta_1, R_2, \theta_2)$ 与具体的 (R_1, θ_1)、(R_2, θ_2) 坐标值无关,仅与综合波程差 $\Delta R' = 2(R_2 - R_1) + d(\sin\theta_2 - \sin\theta_1)$ 有关。

结合上述性质的分析,可以有如下启发:

1) 距离-角度模糊问题

对于超宽带周期性脉冲雷达,存在距离-角度模糊问题。设因距离、角度所产生的最大非模糊综合波程差为 $R'_{\max\_unblur}$,则 $R'_{\max\_unblur}$ 由距离模糊函数周期可求,$R'_{\max\_unblur} = cT_p/2$。

2) 高精度的测距-测角潜力

性质 2.18 至性质 2.21 说明,对于超宽带周期性脉冲雷达,距离-角度模糊函数只在 $t'_D \in [0, t_w)$ 内存在非零值,且在 $t'_D = 0$ 时最大,等于 1。因此即使在最差情况下,超宽带雷达的距离分辨力也可以达到 $t'_D = t_w$,也就是说其距离角度所产生的综合波程差测量精度 $\Delta R'_{\max} = ct_w/2$。通过时延测量精度的提高,可以综合提高系统的测距和测角精度。

模糊函数的研究对于指导我们进行脉冲信号设计,合理选取脉宽、重频等参数具有重要意义。以上结论提示我们在进行脉冲信号设计时,必须考虑测试目标距离、速度范围等系统综合指标,进行优化设计。

2.3 节讲述了超宽带雷达目标参数测量的基本原理、测量域分辨力耦合以及距离-速度模糊函数、距离-角度模糊函数,对于深刻理解超宽带雷达的特性及本质具有重要意义,也是超宽带雷达系统设计的理论基础。

2.4 时域冲激雷达方程

雷达方程是雷达系统设计、性能估算的重要依据。由于超宽带雷达的特殊性,在讲述其系统设计之前,首先需要对超宽带雷达方程进行分析讨论。

2.4.1 时域电磁辐射与达朗贝尔方程

在推导时域冲激脉冲雷达方程之前,首先对时域电磁辐射规律进行简要分析。

由麦克斯韦方程组微分形式,容易推出如下关系[4]:

$$E = -\nabla\varphi - \frac{\partial A}{\partial t} \tag{2.138}$$

$$\nabla^2 A - \frac{1}{c^2}\frac{\partial^2 A}{\partial t^2} = -\mu_0 J \tag{2.139}$$

$$\nabla^2\varphi - \frac{1}{c^2}\frac{\partial^2\varphi}{\partial t^2} = -\frac{\rho}{\varepsilon_0} \tag{2.140}$$

式中:E 为电场强度矢量;A 为电流矢量位;φ 为电流标量位;J 为电流密度;μ_0 为磁导率;ε_0 为介电常数;ρ 为电荷密度。

式(2.139)、式(2.140)属于有源波动方程,称为达朗贝尔方程。式(2.139)、式(2.140)与式(2.138)一起完成对时域电磁辐射规律的刻画,与麦克斯韦方程组等效。可利用三维拉普拉斯变换,求解达朗贝尔方程,这里直接给出最终表达式:

$$A(r,t) = \frac{\mu_0}{4\pi}\int_{V'} \frac{J\left(r', t - \frac{|r-r'|}{c}\right)}{|r-r'|} dV' \tag{2.141}$$

$$\varphi(r,t) = \frac{1}{4\pi\varepsilon_0}\int_{V'} \frac{\rho\left(r', t - \frac{|r-r'|}{c}\right)}{|r-r'|} dV' \tag{2.142}$$

式中:r 为空间坐标矢量;r' 为源分布坐标矢量;V' 为源分布区域。

因此,总的辐射场强表示为

$$E = -\nabla\varphi - \frac{\mu}{4\pi}\int_{V'} \frac{\frac{\partial}{\partial t}J\left(r', t - \frac{|r-r'|}{c}\right)}{|r-r'|} dV' \tag{2.143}$$

容易看出,当场点处于远区,即 $r \gg r'_{max}$ 时,有

$$\varphi(r,t) \propto \frac{1}{r} \tag{2.144}$$

$$\nabla\varphi(r,t) \propto \frac{1}{r^2} \tag{2.145}$$

$$A \propto \frac{1}{r} \tag{2.146}$$

$$\frac{\partial A}{\partial t} \propto \frac{1}{r} \tag{2.147}$$

显然,此时 E 的大小主要由电流密度 J 对时间的变化量 $\frac{\partial}{\partial t}J$ 决定。

假设脉冲源 $J = \hat{x}J(t)\delta(x)\delta(y)\delta(z)$。当 $r \gg r'_{max}$ 时,易有

$$E = -\frac{\partial A}{\partial t} = a\,\hat{x}\frac{\mathrm{d}J}{\mathrm{d}t} = \hat{x}\frac{f\left(\left|t-\frac{r}{c}\right|\right)}{2\sqrt{\pi r}} \qquad (2.148)$$

显然,辐射场比源信号延时 r/c,并随着距离按照 $1/r$ 进行衰减。

对于体分布的电流源,总的辐射场可以认为是对电流源分布区域所有 J 的积分效果。通过积分将可以获得任意天线单元或天线阵的方向图。

上述讨论中对于远区的说法,即 $r \gg r'_{\max}$,界定条件并不明确。这里有必要对超宽带天线远区条件进一步明确定义。

在频域中,远场条件定义为忽略相位高次项所导致的最大相位差小于 $\pi/8$,从而有

$$\frac{r'^2_{\max}}{2r} \leq \frac{\lambda}{16} \Rightarrow r \geq \frac{2L^2}{\lambda} \qquad (2.149)$$

式中: $L = 2r'_{\max}$ 是源分布的最大尺寸。

转换到时域,远场条件定义为忽略延时高次项所引起的时间误差小于 $t_w/16$,其中 t_w 为脉冲持续时间,对应的空间长度为 ct_w,从而有

$$\frac{r'_{\max}}{2rc} \leq \frac{t_w}{16} \Rightarrow r \geq \frac{2L^2}{ct_w} \qquad (2.150)$$

这便是时域远场条件。

由此还可以看出,时域中与瞬态信号对应的空间长度 ct_w 相当于频域中波长的概念:

$$\lambda \Rightarrow ct_w \qquad (2.151)$$

这一点在分析瞬态天线的辐射特性时较为有用,用类比的方法可以得到时域辐射的一些有用的结论。

2.4.2 时域冲激雷达方程

下面推导时域冲激雷达方程。

首先假设,在 $t=0$ 时刻,雷达发射脉冲信号为 $s_t(t)$,脉冲持续时间为 t_w,发射天线增益为 $G_t(t,\theta,\varphi)$(发射天线增益与脉冲波形有关,并且是时变的;关于超宽带天线参数定义参见 2.3.2 节),则在距离 R 处,照射在目标上的信号为

$$s_i\left(t+\frac{R}{c}\right) = \frac{1}{2\sqrt{\pi}R} s_t(t)\sqrt{G_t(t,\theta,\varphi)} \qquad (2.152)$$

参照 2.3.2 节,此处为保持各个信号表达式时间原点与发射信号一致,在左边加时延,而非在右边减时延。

设目标雷达反射截面为 $\sigma(t,\theta,\varphi)$,不考虑目标速度对单个脉冲波形的时域缩展

效应,则目标反射回波回到接收天线处的信号为

$$s_o\left(t+\frac{R}{c}\right) = \frac{1}{2\sqrt{\pi}R}s_i(t)\sqrt{\sigma_t(t,\theta,\varphi)} \tag{2.153}$$

接收天线有效面积为 $A_r(t,\theta,\varphi)$(关于接收天线有效面积定义,可参考天线增益参数的定义,显然它也是时变的),接收天线接收增益为 $G_r(t,\theta,\varphi)$,类比频域二者关系,容易有

$$A_r(t,\theta,\varphi) = \frac{(ct_w)^2}{4\pi}G_r(t,\theta,\varphi) \tag{2.154}$$

则接收天线接收信号为

$$s_r(t) = \sqrt{A_r(t,\theta,\varphi)}s_o(t) \tag{2.155}$$

注意,天线对脉冲信号的发射、接收不满足时域互易定理,也就是说对于同一天线,收发增益并不相等:

$$G_r(t,\theta,\varphi) \neq G_t(t,\theta,\varphi) \tag{2.156}$$

从而 $s_t(t)$ 和 $s_r(t)$ 之间有如下关系:

$$s_r\left(t+\frac{2R}{c}\right) = \sqrt{\frac{(ct_w)^2}{4\pi}G_r\left(t+\frac{2R}{c},\theta,\varphi\right)}\frac{1}{2\sqrt{\pi}R}\frac{1}{2\sqrt{\pi}R}s_t(t)\sqrt{G_t(t,\theta,\varphi)}\sqrt{\sigma\left(t+\frac{R}{c},\theta,\varphi\right)}$$

$$= \frac{ct_w}{(\sqrt{4\pi})^3 R^2}\sqrt{G_r\left(t+\frac{2R}{c},\theta,\varphi\right)}\sqrt{G_t(t,\theta,\varphi)}\sqrt{\sigma\left(t+\frac{R}{c},\theta,\varphi\right)}s_t(t)$$

$$\tag{2.157}$$

化简得

$$R = \left(\frac{(ct_w)^2}{(4\pi)^3}G_r\left(t+\frac{2R}{c},\theta,\varphi\right)G_t(t,\theta,\varphi)\sigma\left(t+\frac{R}{c},\theta,\varphi\right)\frac{s_t^2(t)}{s_r^2\left(t+\frac{2R}{c}\right)}\right)^{\frac{1}{4}} \tag{2.158}$$

假设采用峰值检测方式进行目标检测,则式(2.158)改写为

$$R = \left(\frac{(ct_w)^2}{(4\pi)^3}G_r(t,\theta,\varphi)G_t\left(t-\frac{2R}{c},\theta,\varphi\right)\sigma_t\left(t-\frac{R}{c},\theta,\varphi\right)\frac{\text{Peak}_{t\in[0,t_w]}(P_t(t))}{\text{Peak}_{t\in[\frac{2R}{c},t_w+\frac{2R}{c}]}(P_r(t))}\right)^{\frac{1}{4}}$$

$$\tag{2.159}$$

式中:$\text{Peak}_{t\in[0,t_w]}(P_t(t))$、$\text{Peak}_{t\in[\frac{2R}{c},t_w+\frac{2R}{c}]}(P_r(t))$ 分别代表收发信号峰值功率。$\text{Peak}_{t\in[0,t_w]}(P_t(t))$ 由发射信号容易确定,而接收信号 $\text{Peak}_{t\in[\frac{2R}{c},t_w+\frac{2R}{c}]}(P_r(t))$ 的确定则需要重点考虑。一般超宽带接收机均选取一定宽度的时间波门进行采样检测,以抑制窗外杂波和噪声,但是并不能精确地选取时间波门恰好等于 $t\in\left[\frac{2R}{c},t_w+\frac{2R}{c}\right]$!

假设接收机选取的时间窗宽度为T_w,且$T_w \gg t_w$,接收机对所作用距离范围等间隔划分为N个单元,则各个波门时间为$[T_{Dmin}+(n-1)T_w,T_{Dmin}+nT_w]$($1 \leqslant n \leqslant N$)。其中,$T_{Dmin}$为最小作用距离所对应的时延。

假设目标回波完全落在某个时间窗内

$$\left[\frac{2R}{c},t_w+\frac{2R}{c}\right] \subset [T_{Dmin}+(n-1)T_w, T_{Dmin}+nT_w] \tag{2.160}$$

则接收到的回波信号峰值功率的确定,应扩展到整个时间窗内进行,即

$$\text{Peak}_{t \in [\frac{2R}{c},t_w+\frac{2R}{c}]}(P_r(t)) \Rightarrow \text{Peak}_{t \in [T_{Dmin}+(n-1)T_w,T_{Dmin}+nT_w]}(P_r(t)) \tag{2.161}$$

下面定义接收机时域识别系数M_e:接收时间窗内接收机接收并能检测到的最小信号能量与窗内噪声能量之比。

设接收机接收并能检测到的最小信号能量为E_{rmin},窗内噪声功率P_n,则

$$M_e = \frac{E_{rmin}}{P_n T_w} \tag{2.162}$$

式中:$E_{rmin} = \overline{P}_{rmin} t_w$,$\overline{P}_{rmin}$代表最小可检测信号在脉冲持续时间内的平均功率。

这里需要注意:信号检测的本质是依靠信号能量而非信号功率!常规的频域窄带雷达信号检测参数一般均借助信噪功率比进行定义,对于超宽带脉冲并不适合。这是因为窄带雷达信号与噪声一直存在于整个接收波门内,所以利用信噪功率比定义与信噪能量比是等效的。但是对于超宽带雷达特别是中远距离超宽带雷达,信号宽度一般远小于采样时间窗的宽度($t_w \ll T_w$),此时噪声一直存在于整个时间窗T_w内,而信号只有极窄的t_w持续时间,因此利用信噪功率比来定义有关参数不再适合,而必须借助更为本质的时间窗内信噪能量比进行相关参数定义。

显然,对于确定的脉冲信号,最小可检测峰值功率$\text{Peak}_{t \in [\frac{2R}{c},t_w+\frac{2R}{c}]}(P_r(t))$与平均功率$\overline{P}_{rmin}$之间应满足一定的比例关系,即

$$\left(\text{Peak}_{t \in [\frac{2R}{c},t_w+\frac{2R}{c}]}(P_r(t))\right)_{min} = a\overline{P}_{rmin} \tag{2.163}$$

将式(2.161)~式(2.163)代入式(2.159),即可得到雷达最大探测距离:

$$R_{max} = \left(\frac{(ct_w)^2}{(4\pi)^3}G_r(t,\theta,\varphi)G_t\left(t-\frac{2R}{c},\theta,\varphi\right)\sigma_t\left(t-\frac{R}{c},\theta,\varphi\right)\frac{\text{Peak}_{t \in [0,t_w]}(P_t(t))}{aM_e P_n T_w/t_w}\right)^{\frac{1}{4}} \tag{2.164}$$

进一步整理,即得时域冲激雷达方程:

$$R_{max} = \left(\frac{c^2(t_w)^3 \text{Peak}_{t \in [0,t_w]}(P_t(t)) G_r(t,\theta,\varphi) G_t\left(t-\frac{2R}{c},\theta,\varphi\right)\sigma_t\left(t-\frac{R}{c},\theta,\varphi\right)}{(4\pi)^3 aM_e P_n T_w}\right)^{\frac{1}{4}} \tag{2.165}$$

观察时域冲激雷达方程的最终表达式,可以有如下结论:

(1) $R_{\max} \propto (\text{Peak}_{t \in [0, t_w]} (P_t(t)))^{1/4}$。因此为提高雷达作用距离应努力提高脉冲发射功率。关于高功率脉冲源的设计将在第3章讲述。

(2) $R_{\max} \propto \left(G_r(t, \theta, \varphi) G_t\left(t - \dfrac{2R}{c}, \theta, \varphi\right) \right)^{1/4}$。因此为提高雷达作用距离应努力提高收发天线增益。提高天线增益可以借助天线阵列方式进行,借助天线阵列进行脉冲源单元之间的相干合成还有利于降低设备所需的最大功率容限。关于脉冲源的相干合成设计将在第3章讲述。

(3) $R_{\max} \propto \left(\sigma_t\left(t - \dfrac{R}{c}, \theta, \varphi\right) \right)^{1/4}$。这里需要指出,对于隐身飞行器目标,由于其隐身效果只对C波段以上效果明显,而在VHF/UHF频段由于隐身材料本身厚度受限,加上目标局部尺寸与脉冲中心频率可比拟,容易产生谐振效应。因此对于纳秒宽度的脉冲雷达,其目标雷达反射截面将明显较大,隐身效果变差,这预示着超宽带冲激雷达具有良好的反隐身潜力。

(4) $R_{\max} \propto t_w^{3/4}$。脉冲持续时间(脉宽)对于作用距离的改善远远优于其他因素;尽可能地增加脉宽是提高雷达作用距离的最有效手段。随着脉冲宽度的增加,雷达作用距离将几乎成线性趋势增长。

这从物理本质上也可以理解,增大脉冲宽度将线性增大脉冲辐射能量,而雷达对于目标的探测,本质上便是取决于目标回波能量。

当然实际中并不可能无限地去增大脉宽,这主要是因为存在以下几个限制因素:脉冲源输出能量的总能力决定了不可能无限地输出高功率、长时宽脉冲;随着脉冲宽度增加,脉冲低频分量加大,天线辐射效率、接收效率降低。上述讨论中并未考虑天线收发增益 $G_r(t, \theta, \varphi)$、$G_t(t - 2R/c, \theta, \varphi)$ 与脉冲波形宽度存在一定的制约关系。

(5) $R_{\max} \propto (1/T_w)^{1/4}$。脉冲持续时间固定后,为提高雷达作用距离应尽量采用足够小的时间窗对目标回波进行采样检测,以抑制窗外杂波和噪声。这从物理本质上揭示出时域最优接收机,实际上是对目标回波在时间轴上的精确加窗采样(检测)。这也吻合了文献[5,6]对于时域最优接收机的观点。基于此原因,一般时域脉冲接收机均采用有一定的时间窗,有效抑制窗外杂波和噪声,同时减小接收机单次采样(检测)所需的数据存储深度;远距离超宽带雷达系统还将作用距离内的空间划分成一系列固定的网格单元,逐个扫描探测。关于接收机的进一步讨论将在第3章进行。

关于冲激雷达方程的讨论已可见诸零星文献,但是大多延续窄带雷达方程频域表述方式的惯例。本节由时域电磁辐射规律,推导出时域冲激雷达方程形式。时间因子的引入,给出了目标回波与发射波形之间延时关系的同时,给出了时间窗大小的选取对于雷达作用距离的影响规律,揭示了时域最优接收机的物理本质。时域冲激雷达方程的导出,为下一步超宽带雷达系统设计奠定了更为坚实的理论基础。

2.5 系统设计步骤

2.3节、2.4节对超宽带雷达参数测量理论、时域冲激雷达方程进行了系统的论述,本节讨论超宽带雷达系统设计基本步骤。在实际工程设计中需要结合系统指标要求、性价比等因素对雷达各个参数综合考虑。这里仅给出基本技术参数设计步骤。具体的工程实现手段,在后续章节讲述。

2.5.1 基本设计步骤

超宽带雷达系统基本设计步骤如下:
(1) 由测距精度确定脉冲宽度。
(2) 由最大作用距离和测速范围、测速精度确定脉冲重复频率。
(3) 由测角精度、脉冲波形确定天线尺寸。
(4) 确定空间探测单元网格划分以及接收机测时精度、采样存储深度。
(5) 由天线增益、目标尺寸、最大作用距离确定发射机峰值脉冲功率。
(6) 检验测距-测速、测距-测角模糊函数,是否存在模糊,综合测速范围和测距范围选择适当的连续观察脉冲数目进行最大努力的克服。
(7) 对所有指标进行复核。

2.5.2 典型的设计算例

为对上述设计方法进行说明,这里以最复杂的中远距离冲激雷达设计举例如下:

举例2.2 设计一套超宽带冲激脉冲雷达,最大作用距离 $R_{max} \geq 15km$,雷达散射截面积(RCS) $\sigma \geq 1m^2$,运动速度 $v \in [50m/s, 500m/s]$。要求:测距精度 $\Delta R_{max} \leq 0.3m$;测速精度 $\Delta v_{max}/v \leq 1\%$;角域范围 $\theta \in [-60°, 60°]$;测角精度 $\Delta\theta \leq 10°$。请确定该雷达的基本技术参数。

第一步:确定脉冲宽度。

由测距精度 $\Delta R_{max} \leq 0.3m$,参考式(2.88)可以计算脉冲最大宽度为

$$t_{wmax} \approx 2\Delta R_{max}/c = 2ns \tag{2.166}$$

第二步:确定脉冲重复频率。

由最大作用距离 $R_{max} \geq 15km$,参考2.3.3节距离模糊函数性质,可以计算距离非模糊条件下脉冲最小重复周期为

$$T_{pmin} = 2R_{max\_unblur}/c = 2R_{max}/c = 10^{-4}s \tag{2.167}$$

因此距离非模糊条件下脉冲最高重复频率应不大于 $F_{pmax} = 1/T_{pmin} = 10kHz$。

当脉冲最小重复周期 $T_{pmin}=10^{-4}$s、接收机采样率 5GSa/s 对应的时间分辨力 $\Delta t_d=2\times10^{-9}$s 时,参考式(2.90),验算得出对应的测速精度如下:

$$\Delta v \approx \frac{c}{\sqrt{2}T_p}\Delta t_D = \frac{3\times10^8}{\sqrt{2}\times10^{-4}}\Delta t_D \approx 2\times10^{12}\times2\times10^{-9}=4000(\text{m/s}) \quad (2.168)$$

显然,这种精度远未达到系统要求的 $\Delta v_{max}\leq 1\%\cdot v_{min}=0.5$m/s。

参考式(2.90),理论上讲,为提高测速精度,可以采取两种方案进行调整:①减小脉冲宽度,获取足够的时间分辨力;②降低脉冲重频,获取足够明显的脉冲周期展缩量。

假如采用第一种方案,脉冲宽度应不大于 $\frac{0.5}{4000}t_{wmax}=0.25$ps,这显然是难以实现的;而采用第二种方案,则脉冲重频应不大于 $\frac{0.5}{4000}\times10$kHz$=1.25$Hz。这里取脉冲重频为 1Hz,脉冲间隔时间为 1s。如此低的脉冲重频对于脉冲积累又是不利的,因此必须考虑采取更为适当的方法。

实际系统设计中,脉冲重频仍参照距离非模糊条件进行选取,$F_{pmax}=10$kHz,$T_{pmin}=10^{-4}$s,接收机在每个距离波门内连续驻留时间为 1s,即连续接收 10000 个目标回波信号。

最终后端的测距、测速数据处理方法如下:

对每 10～100 个回波信号进行积累连续测距(回波积累数目由脉冲宽度、目标速度综合决定,在系统软件内自动调整,2ns 的脉冲宽度决定了要实现有效积累,目标位置偏移量应不大于 0.6m),给出目标距离量。显然在如此短的时间内目标运动对位置的改变量是足够小的($100\times10^{-4}\times50$m),经过时延－距离修正,仍然可以保证 0.3m 的系统精度要求。

最前面的 10～100 个回波信号处理给出的距离量与最后面的 10～100 个回波信号处理给出的距离量之间进一步进行运算,给出速度量。显然由于前后两段脉冲串的时间间隔扩大了 1s,因此系统测速精度也得到了保证。

这里仅给出了初步的单个波门的数据处理方案,实际中还需要进一步对空间网格之间的扫描方式、跟踪管理方式进一步深入设计,参见第四步。

第三步:确定天线尺寸。

由测角精度 $\Delta\theta\leq 10°$,脉冲宽度 $t_{wmax}=2$ns,参考式(2.97),可得出对应的天线尺寸,计算如下:

$$\text{HPBW}=2\Theta=2\cdot\arcsin\left(\frac{\sqrt{2}ct_w}{L}\right) \quad (2.169)$$

因此

$$L = \frac{\sqrt{2}ct_w}{\sin\Theta} = \frac{\sqrt{2}\times 0.6}{\sin 5°} \approx 9.7(\text{m}) \tag{2.170}$$

显然该线阵尺寸较大,为缩减线阵尺寸,可以通过减小脉冲宽度来实现。

假设脉冲宽度减小为 1ns,则线阵尺寸缩减为 $L = \frac{9.7}{2}\text{m} \approx 4.9\text{m}$,显然此时的测距精度提高为 $\Delta R_{max} \leq 0.15\text{m}$。

这充分展示了超宽带雷达各个测量域之间的相互耦合作用:可以通过提供过量的测距精度来保证测角精度。

类比频域线天线最大增益,得出该线阵的增益大致为

$$G \approx \frac{2L}{ct_w} = \frac{9.7}{0.3} \approx 32.3 \tag{2.171}$$

第四步:确定空间探测单元网格划分以及接收机测时精度、采样存储深度。

参见 2.4.2 节时域脉冲雷达方程结论 5,为设计较优的时域接收机,提高雷达最大作用距离,需要对空间进行网格单元划分,逐个加窗采样(检测)。这里我们对 15km 内空间按照径向距离划分为 100 个单元:

$$(r+(k-1)R_0, r+kR_0], k \in (1,2,3,\cdots,100) \tag{2.172}$$

式中:$r \in [0, 150\text{m}]$;$R_0 = 150\text{m}$。

显然单个时间窗宽度 $T_w = 2R_0/c = 10^{-6}\text{s}$。

同时对 $\theta \in [-60°, 60°]$ 内空间按照角度分辨力 $\Delta\theta = 10°$ 划分为 12 个单元:

$$((l-1)\Delta\varphi_0, l\Delta\varphi_0], l \in (1,2,3,\cdots,12) \tag{2.173}$$

则整个探测空间被划分为 100×12 个网格。

按照第二步所设计的方案,在每个网格单元内驻留时间为 1s,则每扫描一遍所有网格单元,历时 1200s,即 20min。这显然有些过慢,系统无法接收,因此对上述设计方案需要作进一步调整:

首先对第一个角度上的 100 个距离单元,依次驻留 100 个回波信号并进行积累测距(积累数量按照目标速度自动选择为 10~100),给出各个单元内可能存在目标的距离量,遍历完毕用时 1s,然后进行第二次遍历,并依次对各个单元内的目标进行第二次积累测距。之后联合前后两次距离量进一步进行运算以给出目标速度。显然由于前后两次时间间隔仍为 1s,因此测速精度仍可保证。两次遍历,用时 2s。

然后按照同样方式,依次对第二个角度、第三个角度等 12 个角度上的距离单元进行两次遍历扫描、测距和测速。

容易计算,依照如此扫描方式,则每扫描一遍所有网格单元,需要历时为 24s,时间大为缩短。

第五步:确定发射机峰值脉冲功率。

发射机峰值脉冲功率,参照式(2.165),由时域雷达方程确定:

$$R_{\max} = \left(\frac{c^2 (t_w)^3 \text{Peak}_{t \in [0,t_w]}(P_t(t)) G_r(t,\theta,\varphi) G_t\left(t-\frac{2R}{c},\theta,\varphi\right) \sigma_t\left(t-\frac{R}{c},\theta,\varphi\right)}{(4\pi)^3 a M_e P_n T_w} \right)^{\frac{1}{4}}$$

(2.174)

假设 $a = \dfrac{\left(\text{Peak}_{t \in [\frac{2R}{c}, t_w + \frac{2R}{c}]}(P_r(t)) \right)_{\min}}{\overline{P}_{r\min}} = 2$, $M_e = 0.1$,同时假设接收机噪声系数等于2,且时域噪声功率 $P_n \approx \dfrac{kT_0 F_n}{t_w} = \dfrac{4 \times 10^{-21} \times 2}{10^{-9}} = 8 \times 10^{-12}$,则

$$15 \times 10^3 = \left(\frac{9 \cdot 10^{16} \times 10^{-27} \times 32.3^2 \text{Peak}_{t \in [0,t_w]}(P_t(t))}{(4\pi)^3 \times 2 \times 10^{-1} \times 8 \times 10^{-12} \times 10^{-6}} \right)^{\frac{1}{4}} \quad (2.175)$$

容易求得发射机峰值脉冲功率应不小于

$$\text{Peak}_{t \in [0,t_w]}(P_t(t)) \approx 1.7\text{GW} \quad (2.176)$$

这里计算中脉宽取值为 $t_w = 10^{-9}\text{s}$,时间窗宽度取值为 $T_w = 10^{-6}\text{s}$。

如果不需缩减天线尺寸,天线尺寸仍取为 $L = 9.7\text{m}$,脉冲取为 $t_w = 2 \times 10^{-9}\text{s}$,$T_w = 10^{-6}\text{s}$,则所需峰值功率将迅速缩减为

$$\text{Peak}_{t \in [0,t_w]}(P_t(t)) \approx 210\text{MW} \quad (2.177)$$

这里的计算只考虑了接收机内部噪声,并未考虑外部干扰噪声和接收机算法处理增益,但是仍具有一定的指导意义:探测相同距离,脉宽越宽、时间窗越窄,所需的峰值功率越小;需要对脉冲源功率、作用距离、距离单元网格划分、搜索速度、天线尺寸等因素综合考虑,优化设计。

第六步:确定连续观察脉冲数目,检验测距-测速模糊函数。

结合第二步、第四步中得出结论,可选取连续观测脉冲数目 $M = 10000$,或者只连续观测这10000个脉冲串的首尾两端,每端选取脉冲数为100,中间的时间间隔内通过距离波门滑动对其他网格单元进行观测,这并不影响测距-测速精度。这里面尚未考虑观测期内,目标在临近单元格之间移动的问题。对大观测时间内移动目标的连续判别是较为复杂和困难的,需要在雷达跟踪、锁定功能中进一步加以考虑。

下面确定有限脉冲测速时的测距-测速模糊函数。参见图2.15、二维模糊函数相关结论以及图2.16可知,由于 $v \ll c$,所以除了在轴 $t_D/T_p = 0$ 或 1 上存在模糊(最大模糊度等于0.3)外,在其余空间最大非模糊距离内,并无测速测距模糊问题。

因此,系统主要参数设计如下:

脉宽: $t_w = 1\text{ns}$。

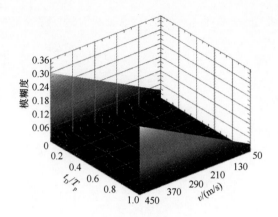

图 2.16 1ns 矩形脉冲二维模糊函数($M=10000$)

脉冲重复频率：$1/T_p = 10\text{kHz}$。

收发天线尺寸：$L = 4.9\text{m}$。

空间网格划分：100×12 个，其中径向 $(r+(k-1)R_0, r+kR_0]$，$k \in (1,2,3,\cdots,100)$；角度 $((l-1)\Delta\phi_0, l\Delta\phi_0]$，$l \in (1,2,3,\cdots,12)$。

发射机峰值发射功率：$\text{Peak}_{t \in [0,t_w]}(P_t(t)) = 1.7\text{GW}$。

第3章 超宽带冲激雷达系统工程设计

在实际应用中,需要基于超宽带冲激脉冲雷达理论,对系统硬件、软件及算法进行工程设计。硬件系统主要包括发射机、接收机、主控及处理板等;软件系统主要包括人机交互、时序控制、目标参数测量、成像及射频抑制算法等。常规的雷达工程设计主要基于时谐信号混频技术及思想进行,这些设计手段并不完全适用于超宽带冲激雷达。在超宽带冲激雷达发射机、接收机、信号处理等系统设计过程中,需要充分考虑瞬态快信号工程实现手段的特殊性。

本章结合作者的实际研究工作,详细讲述超宽带冲激雷达系统工程设计方法,其中对超宽带冲激雷达发射机、接收机、天线、信号处理等工程设计方法进行重点讲述。

3.1 超宽带冲激雷达系统组成

超宽带冲激雷达系统与一般的雷达系统组成基本一致,包括发射机、接收机、收发天线、控制与处理、显示、伺服单元等。但是也有着一定差异,一般雷达系统为兼顾天线辐射效率与系统 A/D 采样和运算处理能力,均采用常规的调制解调技术方式:发射机中利用混频器对中频信号进行上变频;接收机中对接收天线接收到的微波射频信号利用混频器进行下变频。在超宽带冲激雷达系统中,由于信号带宽较大,一般不采用常规的调制解调技术方式:发射机中利用快速开关器件产生脉冲电路;接收机中对接收天线接收到的微波射频脉冲回波信号利用积分保持电路进行时域采样。

图 3.1 为超宽带冲激雷达基本原理框图,大致上可划分为发射机、接收机、控制与处理三大分系统。整个系统基本工作原理如下:利用发射机和发射天线向探测区域发射超宽带纳秒电磁波脉冲串,超宽带电磁波脉冲遇到目标后产生反射回波。接收天线阵列接收目标回波后,经积分采样接收后送给多通道 A/D 采样,并将采样数据传输给数字信号处理(DSP)单元,经过信号处理算法实现目标检测、跟踪、定位与成像,由主控系统将结果传输给人机交互界面进行实时显示。

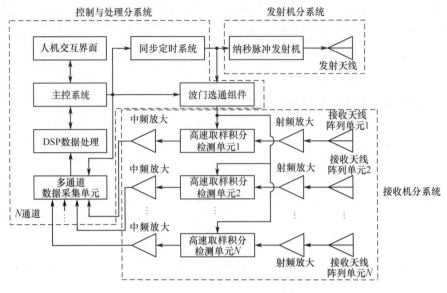

图 3.1 超宽带冲激雷达原理框图

3.2 超宽带冲激雷达发射机

超宽带冲激脉冲雷达发射机设计中,主要是设计雷达发射机可用的高稳定度、高重频、高功率冲激脉冲源。冲激脉冲源设计一直是超宽带冲激雷达系统设计的关键性技术,脉冲源(发射机)的基本参数直接决定了超宽带冲激雷达系统的最大作用距离和测量精度等系统性能参数。

3.2.1 发射机参数的规范化定义

一方面,随着高速微波器件及高功率微波技术的迅速发展,超宽带冲激雷达系统中的脉冲源设计技术取得显著进步;另一方面,与常规的雷达信号源或一般的高功率脉冲源相比,作为超宽带冲激雷达的发射机(脉冲源)具有其特殊性,相应地在设计指标上也具有自身的特殊要求。因此,在讨论超宽带冲激雷达发射机设计之前,首先对发射机参数进行规范化定义。

1. 波形参数

如第 2 章所述,超宽带冲激雷达各个测量域的性能指标与雷达发射机输出脉冲的具体波形紧密相关,因此与常规的高功率脉冲源相比,必须对波形参数给予足够重视,进行定义和规范。

参照图 3.2,对主要波形参数定义如下:

(1) 脉冲持续时间:脉冲主瓣内,电压超过 10% 峰值电压 V_{peak} 的前后时间 t_0、t_1

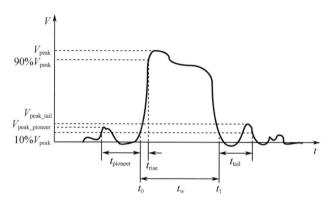

图 3.2 脉冲波形参数定义示意图

之间的跨度，$t_w = t_1 - t_0$。当脉内波形周期数为 1 时，也称为脉冲宽度。

（2）脉内周期数：脉冲主瓣内，电压振幅超过 50% 峰值电压的波形振荡次数。

（3）上升沿陡峭度：脉冲主瓣前沿，电压超过 10% 峰值电压 V_{peak} 与 90% 峰值电压 V_{peak} 之间的时间跨度，记为 t_{rise}。

（4）脉冲重复频率：对于周期重复性脉冲信号，两个相邻脉冲间的时间跨度，称为脉冲重复周期，记作 T_p；对应的 $F_p = 1/T_p$，称为脉冲重复频率。

（5）预冲与拖尾：非理想的脉冲信号，一般均存在不同程度的预冲与拖尾。预冲时间定义为脉冲主瓣前电压超过 10% 峰值电压的最早时刻与脉冲主瓣起始时刻 t_0 之间的时间跨度，记为 $t_{pioneer}$；预冲峰值电压定义为预冲波形内最高电压，记为 $V_{peak\_pioneer}$。拖尾时间定义为脉冲主瓣后电压超过 10% 峰值电压的最晚时刻与脉冲主瓣终止时刻 t_1 之间的时间跨度，记为 t_{tail}；拖尾峰值电压定义为拖尾波形内最高电压，记为 V_{peak_tail}。

2. 功率参数

如第 2 章所述，超宽带冲激雷达最大作用距离与雷达发射机输出脉冲的峰值功率紧密相关，因此与常规的雷达信号源相比，必须对功率参数进行更为详尽的定义和规范。

参照图 3.2，对主要功率参数定义如下：

（1）峰值功率：脉冲峰值电压平方 V_{peak}^2 与负载阻抗 R_{load} 之比，V_{peak}^2/R_{load}。

（2）脉内平均功率：脉冲主瓣内平均电压平方 $V_{average}^2$ 与负载阻抗 R_{load} 之比，$V_{average}^2/R_{load}$。

（3）脉间平均功率：相邻脉冲间隔时间内波形电压平方 $V(t)^2$ 与负载阻抗 R_{load} 之比的平均值，$\int_0^{T_p} V(t)^2 dt/(R_{load} \cdot T_p)$。

3. 稳定度参数

如第2章所述，超宽带冲激雷达测距、测速精度与雷达发射机输出脉冲的稳定度紧密相关，因此与常规的高功率脉冲源相比，必须对雷达发射机脉冲源的稳定度参数进行定义和规范。

参照图3.2，对主要稳定度参数定义如下：

(1) 波形稳定度：脉冲源多次输出波形之间存在一定的差异，多次输出脉冲的相似度即为波形稳定度，主要有峰值稳定度、脉宽稳定度两个指标，分别由归一化峰值电压抖动统计方差 $\sigma^2(V_{peak})$、归一化脉宽抖动统计方差 $\sigma^2(t_w)$ 进行刻画。

(2) 时基稳定度：触发信号到达时刻与脉冲源脉冲输出时刻之间存在一定的延时量，该延时量的稳定性即为脉冲源的时基稳定度。当触发信号为频率稳定的周期信号时，时基稳定度也称为重频稳定度，可以由时基抖动统计方差 $\sigma^2(t_0)$ 进行刻画，更详细地划分为短时抖动 $\sigma^2(t_0)|_{T \leq MT_p}$ 和长时漂移 $\sigma^2(t_0)|_{T > MT_p}$ 两个指标，其中 M 为系统测速所需的连续观测脉冲数。

4. 信号调制参数

除了考虑上述单个脉冲波形参数之外，为了提高抗干扰能力以及信号检测性能，有时还需要对超宽带冲激脉冲进行调制。由于冲激脉冲信号自身的特殊性，从而也决定了其调制方式的特殊性，因此还需要对冲激脉冲雷达发射机的调制方式和参数进行规定。

超宽带冲激雷达信号的调制方式包括以下几种：

(1) 脉位调制：对脉冲串内各个脉冲的出现位置在固定时基的基础上进行约定的延时或提前。

(2) 0-1调制：对脉冲串内各个脉冲选择发射或者不发射，从而对脉冲的有无进行调制。

(3) 幅度调制：对脉冲串内各个脉冲的幅度在固定幅度的基础上进行放大或衰减调制。

(4) 极性翻转调制：对脉冲串内各个脉冲的极性选择翻转或者不翻转，从而对脉冲的正负进行调制。

3.2.2 脉冲源类型介绍

作为超宽带冲激雷达发射机的脉冲源具有其自身的特殊性要求。因此在脉冲源设计中，必须对上节定义的波形参数、功率参数、稳定度参数综合考虑，以选取适当的技术途径。

1. 开关形式的选择

要实现较远的作用距离，超宽带冲激雷达必须选择重频较高、功率较高的脉冲源作为雷达发射机。当前的高重频、高功率脉冲源主要利用开关状态的通断切换来完成脉冲波形的形成过程,因此开关的性能直接影响了脉冲波形的指标。

开关的选择主要考虑以下因素:

(1)开关的功率容限。开关的功率容限越大,其最大输出功率越容易做到更高。当开关的功率容限较低时,则需要通过多个开关级联来实现更高的功率。

(2)开关的响应时间。开关的响应时间快慢,直接决定了脉冲前沿陡峭度和脉冲宽度。当开关的响应时间过慢时,所形成的脉冲前沿越缓、脉宽越宽,需要利用脉冲锐化电路进一步进行整形。

(3)开关的稳定度。开关的多次状态切换之间,必然存在随机抖动,从而直接影响到脉冲的波形稳定度和时基稳定度。因此要设计高稳定度的脉冲发射机,开关的稳定度特性必须予以足够重视。

(4)开关的重频上限。开关连续两次的状态切换之间,必然存在最小的恢复时间间隔,从而直接影响到脉冲的重频上限。因此要设计高重频的脉冲发射机,开关的重频特性也需要考虑。

当前的开关形式大致上可分为油开关、气开关和晶体管开关。其中:油开关、气开关利用电极间隙击穿放电,一般功率容限可以做到很高,开关响应时间也较快,但是开关的稳定度较差、重频上限较低;晶体管开关利用晶体管通断切换放电,一般功率容限较低,开关的响应时间较慢,但是开关的稳定度好、重频较高,而且利用特殊的晶体管,开关的响应时间也可以做到很高的指标。

对于常规的高功率脉冲源设计,重点考虑的是功率容限指标,因此油开关、气开关得到广泛应用;但是对于超宽带冲激雷达发射机设计,除了功率指标外,重点还需考虑稳定度指标、重频特性,因此晶体管开关重新得到重视。在近距离超宽带冲激雷达中,脉冲发射机普遍采用晶体管单管电路;而对于远距离超宽带冲激雷达,则需要采取多管级联方式来弥补单个晶体管功率容限的不足。

2. 电路形式的选择

晶体管多管级联可以有效提高整体电路的功率容限和输出功率,主要可以选择如下电路形式。

1)并联电路

多个晶体管并联,可以有效提高总的输出电流,从而使得功率容限和输出功率得以增加。

多管并联,需要重点解决各个管子同时触发、同时切换状态的问题,否则不仅不能增大脉冲幅度,反而会导致脉冲宽度展宽。

2)串联电路

多个晶体管串联,可以有效提高总的输出电压,从而使功率容限和输出功率得以增加。

多管串联,同样需要解决各级管子同时触发、同时切换状态的问题,而且由于晶体管内阻的存在,一般只在级数较小时,串联效果较好,随着级数增大,效果将变得不再明显。

3) Marx 电路

Marx 电路,利用多个管子由电源并联充电,然后串联向负载放电。由于其并联充电、串联放电的特殊结构,使其具有突出优点,可以以较低的电源电压得到较高的输出脉冲,其幅度可以远高于电源电压。这对于常规的串联、并联电路是不具备的。为降低电源偏压,脉冲源设计中经常采用 Marx 电路形式。

Marx 电路原理图,如图 3.3 所示。电源 E_C 给电容 C_1 至 C_N 充电;当开关 T_1 至 T_N 瞬间导通时,C_1 至 C_N 上所储存电荷对负载级联放电,叠加形成 NE_C 的高压脉冲。同时利用 $R_{wavefront}$、$R_{wavetail}$ 可以控制脉冲前沿和后沿形状。关于更具体的 Marx 电路设计将在 3.2.4 节进一步讲述。

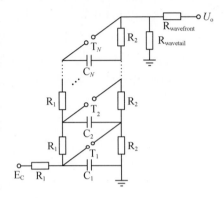

图 3.3 Marx 电路原理图

3. 主要脉冲源类型的参数比较

实验中,对主要形式的脉冲源,包括 Tesla 变压器源、SOS(半导体开路开关管)源、雪崩三极管等全固态源进行了详细测试。其中:Tesla 变压器源是氮气开关;SOS 源是 SOS 开关;雪崩三极管固态源是雪崩三极管开关。

主要指标对比见表 3.1[7,8]。

表 3.1 主要脉冲源类型的参数比较

指标	脉冲源类型	Tesla 源	SOS 源	雪崩三极管源	阶跃恢复二极管源	场效应管源
时基稳定度	短时抖动/(ns/次)	约 10^6	约 10^3	约 10^{-1}	约 10^{-2}	约 10^{-2}
	长时漂移/(ns/min)	约 10^7	约 10^4	约 10^0	约 10^{-1}	约 10^{-1}
波形稳定度	峰值稳定度/%	50	10	5	2	1
	脉宽稳定度/%	50	10	5	1	2
峰值功率/MW		500	1000	0.1	0.05	0.05
最高重频/kHz		0.5	1	200	10000	1000

可以看到,对于传统的高功率脉冲源设计所关心的峰值功率指标,晶体管固态源最大峰值功率仅有 0.1MW,远小于 Tesla 源和 SOS 源。但是,对于稳定度指标:Tesla 源最差,短时抖动在毫秒量级,SOS 源稍小,也在微秒量级;而二者的长时漂移则更大。晶体管固态源频率稳定度、波形稳定度指标明显优于二者,最有希望满足冲激雷达发射机的稳定度指标要求。另一方面,对于重频上限指标,晶体管固态源高达

(a) Tesla变压器源

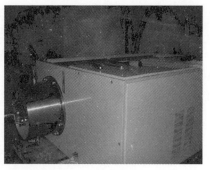
(b) SOS源

(c) 雪崩三极管全固态源

图3.4 典型脉冲源实物图

200kHz～10MHz,远优于Tesla源和SOS源。

同为晶体管开关源,雪崩三极管、阶跃恢复二极管、场效应管源在稳定度指标和重频上限指标上优于SOS源,其根本原因在于雪崩三极管单管偏压以及最大功率输出要小于后者。而3.2.3节的分析将表明,单管电路,偏压(偏流)越小,稳定度指标越容易做到很高。但是较小的单管功率输出也决定了要实现更高的输出功率,必须借助Marx电路以及多源同步相干合成技术。阶跃恢复二极管源脉冲重复频率可以到兆赫甚至吉赫量级,产生的脉冲宽度可到100ps,但是单管输出幅值不高,只有几伏至100V。场效应管源具有重复频率高、易于驱动、寿命长、输出功率较大、导通内阻小[9]等特点。

3.2.3 高重频固态脉冲源设计[10]

1. 阶跃恢复二极管脉冲源

1)基本原理

阶跃恢复二极管(Step Recovery Diodes,SRD)利用它的快速反向恢复——阶跃恢复的特点来产生高速脉冲。一般基于对脉冲触发波形进行锐化,来产生窄脉冲。

输出脉冲功率小、重频高。

图 3.5 为一个典型的阶跃恢复二极管改善波形前沿的电路。输入信号 e_s 是一个上升边为 t_r 的正阶跃信号，C 为隔直流电容，R_L 为负载电阻，$-E_B$、R_B 为直流偏置电路电压及限流电阻。e_s 未加入时，阶跃二极管正向导通，正向电流 $I_F \approx E_B/R_B$，二极管内存储电荷 $Q = \tau I_F$（假设输入信号频率很低）。加入 e_s 后，产生反向电流 $i_R = \dfrac{e_s + u_d}{R_s} = \left(\dfrac{I_R}{t_r}\right)t$，$I_R \approx E_R/R_s$，其中 E_R 为激励信号源振幅。在此期间二极管的电流 $i_d = I_F - i_R$，若忽略 I_F 值，则

$$i_d(t) = -\left(\frac{I_R}{t_r}\right)t \tag{3.1}$$

为了得到最大的阶跃振幅，应使阶跃作用发生在输入电压刚刚达到最大值的时刻。也就是要求在输入信号上升沿期间反向电流 i_R 把存储电荷全部驱散。由此可以得到

$$Q = \tau I_F = -\int_0^{t_r} i_d \mathrm{d}t \approx \frac{1}{2} I_R t_r \tag{3.2}$$

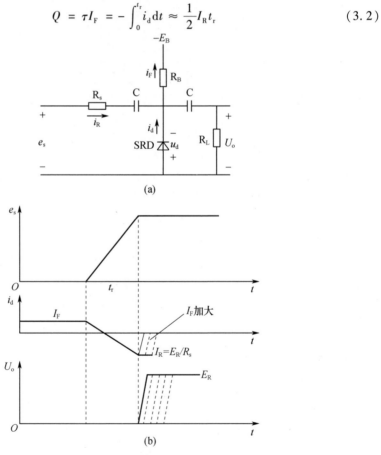

图 3.5 阶跃恢复二极管改善波形前沿电路

假定信号源参数 E_R、R_s、t_r 已知,电源 E_B 及阶跃恢复二极管已定,则可以通过调整 R_B 值以调整 I_F 来使阶跃作用发生在输入电压刚刚达到最大值的时刻。

2）典型电路

图 3.6 为两级阶跃电路,SRD_1 为第一级阶跃二极管,SRD_2 为第二级阶跃二极管,C_1、C_2 为隔直流电容,C_3、C_4 为微分电容,第一级阶跃电路与第二级阶跃电路由一根延迟时间等于 70ns 的硬式空气同轴线隔离,同时保持同步脉冲 U_s 比输出脉冲 U_o 超前 70ns。SRD_1 及 SRD_2 的正向电流由 R_1、R_2 调节,其中 I_{F1} = 100mA,I_{F2} = 25mA。电路各点波形如图 3.6(b)所示。在元件及电路结构上应注意将所有电路（包括激励信号源）都装在微波印制电路板材或微波陶瓷基片上,以减少损耗的影响,同时注意各个线条的连接及匹配。C_3 应选用贴片陶瓷电容以减少引线电感。

3）参数选择

参数选择的中心问题是选择阶跃恢复二极管及输入激励信号源。其依据是对输出波形振幅 U_m、边沿 t_r 等以及对电路结构的考虑。一般的步骤是根据对输出波形的要求选定管子,然后提出对输入激励信号源的要求。对于管子的外形,可根据对电路结构的考虑,选择同轴型或微带型管子。但在阶跃恢复二极管高速脉冲产生电路中对管子参数往往比对管子外形更重视些,有时为了得到更合适的管子参数,对外形的要求就不过分计较了。

在选择管子时,应要求击穿电压 $V_B > U_m$,阶跃时间 $t_t < t_r$,并利用式（3.2）估算 τ 值：

$$\tau = \frac{1}{2} \frac{E_R t_{ri}}{R_s I_F} \tag{3.3}$$

式中：R_s 为激励信号源内阻；t_{ri} 为激励信号边沿。

在估算时可假定 R_s = 50Ω。在最后确定 τ、t_{ri} 的数值时,还应该考虑以下几点：管子的少子寿命 τ 无法任意挑选,通常只有很小的选择余地,除非去生产厂家专门定制；一级阶电路一般只能改善输入信号边沿一个数量级；可能作为输入激励信号源的类型及其性能。一般可作为阶跃电路激励信号源的电路有间歇振荡器,其性能指标为：$E_R \geq 10V$,$t_r \geq 5ns$；雪崩管电路,其性能指标为：E_R 不小于几十伏,$t_r \leq 2ns$,$R_s <$ 50Ω；如果一级阶跃电路无法达到要求,应选用多级阶电路串联使用。

2. 场效应管脉冲源

1）基本原理

场效应管（MOS 管）是一种压控型元件,靠半导体中的多数载流子导电,因此又称为单极型晶体管。同晶体管一样,场效应管在不同工作条件可以分为可变电阻区（非饱和区）、恒流区（饱和区）和夹断区三个工作区,这是场效应管应用的基础。下面对场效应管的工作特性进行简要的分析,其输出特性曲线如图 3.7 所示。

当场效应管的漏、源极间电压 U_{DS} 为一常量时,漏极电流与栅、源极间电压 u_{GS} 存

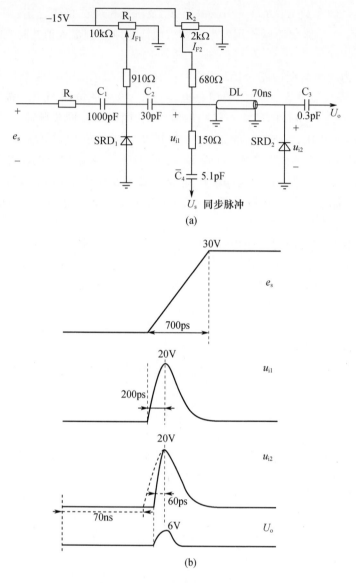

图 3.6 两级阶跃电路及波形

在着一定的函数关系：

$$i_D = f(u_{GS}) \tag{3.4}$$

根据对场效应管内部载流子的工作原理过程的分析,式(3.4)可进一步表示为

$$i_D = I_{D0}\left(\frac{u_{GS}}{U_{GS(off)}} - 1\right)^2, \quad U_{GS(off)} < u_{GS} < 0 \tag{3.5}$$

式中：$U_{GS(off)}$ 为场效应管的夹断电压(或者称为场效应管工作的阈值电压)；I_{D0} 为饱

和漏极电流。根据上述漏极电流与漏、源极间电压的关系可以得到场效应管的转移特性曲线,如图 3.8 所示。

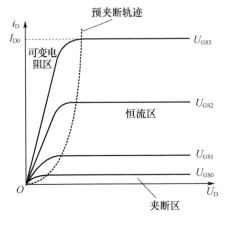
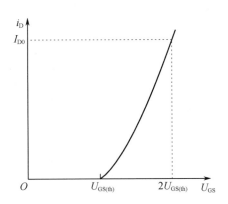

图 3.7　场效应管输出特性曲线　　　图 3.8　场效应管的转移特性曲线

当场效应管工作在恒流区时,$u_{GS} < U_{GS(off)}$,此时漏极电流 i_D 不再随着漏、源极间电压 u_{DS} 的改变而改变,进一步可以表示为

$$i_D = \frac{\beta}{2}(u_{GS} - U_{GS(off)})^2 \tag{3.6}$$

式中

$$\beta = \frac{2I_{D0}}{U_{GS(off)}^2}$$

当场效应管工作在可变电阻区,漏极电流 i_D 不再保持恒定,随着漏、源极间电压 u_{DS} 的变化而变化,此时有

$$i_D = \beta\left[(u_{GS} - U_{GS(off)})u_{DS} - \frac{1}{2}u_{DS}\right] \tag{3.7}$$

更进一步地,当 $u_{GS} - U_{GS(off)} \gg u_{DS}$ 时,式(3.7)可以表示为

$$i_D = \beta(u_{GS} - U_{GS(off)})u_{DS} \tag{3.8}$$

当场效应管工作在夹断区时

$$u_{GS} < U_{GS(off)}, \quad i_D = 0 \tag{3.9}$$

根据场效应管的工作原理可知场效应管具有很强的开关特性[11,12],是一种高速开关器件,这是场效应管可以用于脉冲发生电路设计的基础。场效应管的开关原理为:当栅、源间电压 u_{GS} 小于阈值电压 $U_{GS(off)}$ 时,场效应管工作于截止状态,此时场效应管漏、源极之间相当于电容连接;随着栅、源间电压 u_{GS} 的不断升高,导电沟道中的多数载流子数目快速增加,当达到阈值电压时,场效应管漏、源极之间导通,产生

导通电流,此时漏、源极之间相当于小电阻连接,在一定频率驱动信号的作用下,场效应管不断重复上述过程,实现开关功能。根据场效应管的开关原理,设计如图 3.9 所示开关模型,其中 C_{GS}、C_{GD}、C_{DS} 分别为栅、源极间电容,栅、漏极间电容,漏、源极间电容。

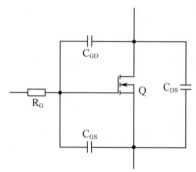

图 3.9 场效应管开关模型

场效应管的开通过程就是输入端给栅、源极间电容 C_{GS} 充电的过程,由于米勒效应,栅、漏极间电容 C_{GD} 被放大,此时场效应管的等效输入电容为

$$C_{in} = C_{GS} + (1 + g_m R_L) \cdot C_{GD} \qquad (3.10)$$

式中:g_m 是低频跨导,表示栅、源极间电压 u_{GS} 对漏极电流 i_D 控制强弱的量;R_L 为负载电阻。当场效应管工作于稳态时,稳态电流为 I_L,开关开启时间和关断时间可以表示为

$$t_{on} = \frac{(u_{DS} - u_F) \cdot R_G C_{GD}}{u_{GS} - u_{GP}} \qquad (3.11)$$

$$t_{off} = R_G C_{GD} \cdot \left(\frac{u_{DS} - u_F}{u_{GP}} \right) \qquad (3.12)$$

式中:u_F 为满载电流流过时场效应管源、漏极间压降;R_G 为驱动信号输入端电阻,包括场效应管栅极感应电阻;u_{GS} 为场效应管驱动电压;u_{GP} 定义为

$$u_{GP} = U_{GS(off)} + \frac{I_{DS}}{g_{FS}} \qquad (3.13)$$

其中

$$g_{FS} = \frac{dI_{DS}}{du_{GS}} \qquad (3.14)$$

式中:I_{DS} 为场效应管导通时源、漏极间的电流。

以场效应管为开关器件进行脉冲源的设计,其开关速度是决定其开关性能的最重要的参数,通过对场效应管的开关原理的分析可以知道,开关开通的过程就是输入驱动信号给输入电容充电的过程,其开关速度受到栅极输入电容充放电速度、驱动信号的上升沿、场效应管自身的感应电容和感应电感等因素的影响,为降低场效应管的开关速度,设计开关电路时要按照如下原则进行:

(1) 选择寄生感应电容、感应电感和通态漏、源极间电阻小的场效应管。
(2) 选择具有较大的驱动电压和较快的驱动前沿，同时要保证驱动电路的充电电阻尽量小，提供大的驱动电流。

2) 典型电路

利用场效应管的高速开关特性设计极窄脉冲发生电路，如图 3.10 所示。

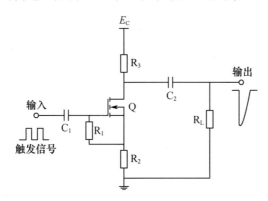

图 3.10　基于场效应管的脉冲发生电路

基于图 3.10 的场效应管脉冲发生电路，其仿真电路如图 3.11 所示。

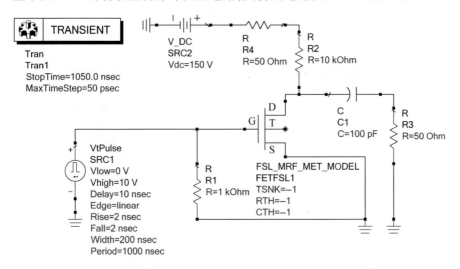

图 3.11　ADS 软件环境下搭建基于场效应管的脉冲发生电路的仿真电路图

仿真电路中，SRC1 为激励源，为脉冲发生电路提供幅值为 10V、脉冲宽度为 200ns、频率为 1MHz 的方波激励信号，SRC2 为 150V 偏置高压源，通过偏置电路为场效应管漏极提高偏置电压信号，电路以 50Ω 的电阻作为负载。对电路进行仿真，多次优化调整电路的主要参数，其中：电阻 R1 通过影响功率场效应管的静态工作点，进而影响脉冲的波形参数;储能电容 C1 直接影响脉冲信号的幅值和脉宽,当取值较大时形成的脉冲信号幅值很大,但是脉冲宽度较宽,当取值较小时则相反,可见脉冲幅值和脉宽之间相互制约。电路优化后,仿真结果如图 3.12 所示,可见电路产生的脉冲信号幅值为 40V,脉冲宽度为 2ns。

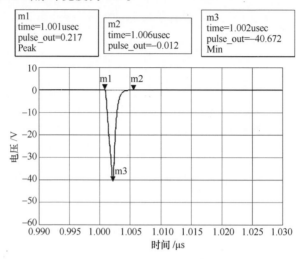

图 3.12　基于场效应管的脉冲发生电路仿真结果图

基于场效应管的单管脉冲发生电路工作时能够产生幅度可达几十伏的纳秒级脉冲,图 3.13 所示为实际电路产生的单极性脉冲信号。

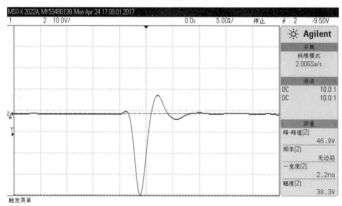

图 3.13　脉冲发生电路产生的单极性脉冲信号

用示波器观察脉冲发生电路所产生的脉冲信号,可以看出脉冲发生电路可以稳定输出的脉冲信号,是幅值接近 40V、半幅脉宽约为 2.2ns 的极窄脉冲信号。由于器件和电路设计的影响,脉冲信号具有一定的拖尾现象,但是波形良好,与仿真电路产生的脉冲信号基本吻合。

3）参数选择

MOS 管自身特性及其驱动电路应满足以下要求：

(1) 触发脉冲要具有足够快的上升和下降速率。

(2) 开通 MOS 管时以低电阻对栅极电容充电,关断 MOS 管时为栅极电容提供低电阻的放电回路,以提高功率 MOS 管的开关速率。

(3) 开通 MOS 管时驱动电路应能提供足够高的电流,一般要对 MOS 管栅极串接一个 $1\sim3\Omega$ 的电阻,以限流保护驱动,但同时也降低了管子的导通速度。

(4) 根据脉冲参数选择 MOS 管。单管功率不足时,还可以设计串并联形式。多个 MOS 管的串联可以克服单管耐压不足,提高电路的总输出电压;多个 MOS 管的并联可以克服单管耐流不足,提高电路的总电流[13]。

3.2.4 大功率固态脉冲源设计

在近距离超宽带冲激雷达,如探地雷达、穿墙雷达系统设计中,其发射机大多采用较低功率的高重频固态脉冲源。而在中远距离冲激雷达系统设计中,大功率脉冲源是其基本需求,也是主要技术瓶颈之一。本节重点介绍基于雪崩管的大功率固态脉冲源的设计方法,详细讲述其工作机理和具体电路设计。

1. 基本原理

下面对雪崩效应和 Marx 电路工作机理进行介绍。

1) 雪崩效应理论

一般晶体三极管的输出特性有四个区域:饱和区、线性区、截止区与雪崩区。对于 NPN 型晶体管,当基极电流为正时($I_B>0$),基射结正偏,此时处于线性区或饱和区。当基极电流为负时($I_B<0$),基射结反偏,一般为截止区。此时,逐渐增加集电极电压 U_{CE},当集电极电流 I_C 随 U_{CE} 和 $-I_B$ 急剧变化时,则进入雪崩区。集电极电压很高时,阻挡层中电子被强电场加速,从而获得很大能量,它们与附近的晶格碰撞时产生新的电子空穴,新产生的电子、空穴又分别被强电场加速而重复上述过程。于是结电流便"雪崩"式迅速增长,这就是晶体管的雪崩倍增效应。

下面对雪崩管的动态过程进行分析。在雪崩管的动态过程中,工作点的移动相当复杂,现结合典型的雪崩电路(图 3.14)进行简要分析。

在电路中近似地将雪崩管静态负载电阻认为是 R_C,当基极未触发时,基极处于反偏,雪崩管截止。根据图 3.14 列出的电路方程为

$$\begin{cases} i = i_R + i_A \\ U_{CE} = E_C - i_R R_C \\ U_{CE} = u_C(0) - \dfrac{1}{C}\int_0^{t_A} i_A \mathrm{d}t - i_A R_L \end{cases} \quad (3.15)$$

式中:i 为通过雪崩管的总电流;i_R 为通过静态负载 R_C 的电流;i_A 为雪崩电流;$u_C(0)$ 为电容 C 初始电压;R_L 为动态负载电阻;C 为雪崩电容;t_A 为雪崩时间。

从式(3.15)可求解出雪崩过程动态负载线方程式为

$$U_{CE} = u_C(0) - \frac{1}{C}\int_0^{t_A}\left[i + \frac{U_{CE} - E_C}{R_C}\right]dt - \left[i + \frac{U_{CE} - E_C}{R_C}\right]R_L \quad (3.16)$$

在实际的雪崩管电路中,R_C 为几千欧到几十千欧,而 R_L 则为几十欧(本书均为 50Ω),因此。雪崩时雪崩电流 i_A 比静态电流 i_R 大得多,所以 $i \approx i_A$。于是式(3.16)可简化为

$$U_{CE} = u_C(0) - \frac{1}{C}\int_0^{t_A}idt - iR_L \quad (3.17)$$

进一步,可改写成

$$U_{CE} = E'_C - iR_L \quad (3.18)$$

式中:$E'_C = u_C(0) - \frac{1}{C}\int_0^{t_A}idt$,称为动态电源。

式(3.17)、式(3.18)表明雪崩状态下,动态负载线是可变的,雪崩管在雪崩区形成负阻特性。负阻区处于 BV_{CEO} 与 BV_{CBO} 之间。当电流再继续加大时,则会出现二次击穿现象,如图 3.15 所示。

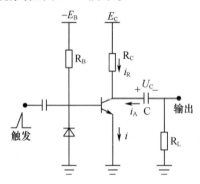

图 3.14 雪崩晶体管电路

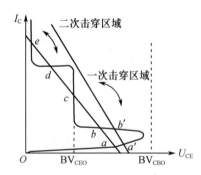

图 3.15 雪崩管雪崩击穿曲线

图 3.15 中,电阻负载线 ae 贯穿了两个负阻区。若加以适当的推动,工作点 a 会通过负阻区交点 b 到达 c,由于雪崩管的推动能力相当强,c 点通常不能被封锁,因而通过第二负阻区交点 d 而推向 e 点。工作点从 a 到 e 一共经过两个负阻区,即电压或电流信号经过两次正反馈的加速。因此,所获得的信号的电压或电流相当大,其速度也相当快。

当负载线很陡时,如图 3.15 中负载线 $a'b'$ 所示,它没有与二次击穿曲线相交而直接推进到饱和区,这时就不会获得二次负阻区的加速。

2) Marx 电路工作机理

雪崩三极管高功率脉冲源电路大体上呈 Marx 电路结构。下面简单介绍 Marx 电路工作过程。

图 3.16 是一个 5 级雪崩三极管 Marx 电路,触发脉冲加入前,各雪崩管截止,但已处于临界雪崩状态。C1～C5 均充有直流偏置电源电压 E_C。

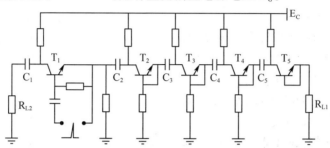

图 3.16 雪崩三极管 Marx 电路

触发脉冲加入后,首先引起 T_1 雪崩击穿,于是 C_2 左端电势等于 C_1 右端电势,即约等于 E_C(均指对地电势,下同),记作

$$U_{C_2-\text{LEFT}} = U_{C_1-\text{RIGHT}} \approx E_C \tag{3.19}$$

而且电容充电后,其上面所充电荷,不会瞬间放电完毕,因而其两端电势差将几乎维持不变,即有

$$U_{C_2-\text{RIGHT}} = U_{C_2-\text{LEFT}} + E_C \approx E_C + E_C = 2E_C \tag{3.20}$$

于是此时,在 C_2 右端,可得 $2E_C$ 的瞬间电势。而此瞬间电势加于管子 T_2 上,T_2 也将发生雪崩击穿,以此类推,$T_3 \sim T_5$ 将相继雪崩。最终,在 C_5 右端,将得到几乎 $5E_C$ 的瞬间电势。

以上简单分析未考虑管子的雪崩电压范围。实际上 $2E_C$ 甚至 $5E_C$ 的电势加在管子上,管子必将烧毁。庆幸的是,这种情况是不会发生的。在 C_2 右端电势从 E_C 稍有上升,到 $E_C + \Delta$ 时,T_2 便会出现雪崩短路。等到纳秒量级时间后,C_2 右端电势上升到 $2E_C$ 时,T_2 将不会遭受 $2E_C$ 的电压降。甚至此时后继的管子 $T_3 \sim T_5$ 也早已雪崩,并不会承受过大的压降,导致管子烧毁,而且 $T_2 \sim T_5$ 的雪崩也并不一定将按顺序进行。这种现象相当于有一个雪崩加速的效果,而这将非常有利脉冲前沿的锐化,对于级联产生高压窄脉冲具有积极作用。

各级全部雪崩后,由于电容 $C_1 \sim C_5$ 此时相当于串联,并由 C_1 左端对地、C_5 右端对地放电,所以此电势将迅速衰落,从而形成快衰落的脉冲后沿。电路两端均接入负载可以有效防止反射,以改善波形,在 R_{L1}、R_{L2} 上分别获得正、负脉冲。缺点是输出脉冲幅度减半。

2. Marx 电路常规设计步骤

Marx 电路在高压脉冲源电路中应用十分广泛,下面举例对其设计方法进行讲述。

举例 3.1　直流偏压 300V,产生峰值 1200V、上升沿 400ps、全底宽 1ns 脉冲源。大致设计步骤如下:

1) 级数的确定

设每级的瞬间电势 E_C 平均加于两端负载 R_{L1}、R_{L2} 上。要在 R_{L1} 上得到 1200V 脉冲电压,所需级数为 $1200/(0.5 \times 300) = 8$ 级。实际中留有余量,选为 10 级。

2) 负载脉冲峰值电流的计算

$I = U/R_{L1} = 1200/50 = 24A$。由于此时各级雪崩短路,所以这也是级间峰值电流。

3) 级间电容的确定

一般雪崩管上升时间 t_r 为纳秒量级,如国产 3DB2 系列,$t_r \leq 2ns$。则初级电容 C_1 要在雪崩管 T_5 雪崩时仍能够剩余较多存储电荷,以对负载 R_{L1} 放电,那么其至少所应存储的电荷可粗略计算如下:$Q = 5t_r I = 24 \times 2 \times 5 = 240nC$。

由电容充电方程得 $C_1 = Q/U = 240/300 = 0.8nF = 800pF$。同理,$C_5$ 反过来要对负载 R_{L2} 放电,也需要同样大小容值。所以 Marx 电路中,级间电容多取相同值。稍留余量,可取为 1000pF。

4) 末端锐化电容的确定

上述常规 Marx 电路,级间电容容值选取算法,均希望容值较大,避免在脉冲到达末级雪崩管之前,前面几级电容过早地放电完毕。但是,容值偏大将大大加长脉冲后沿。实际所得电路输出波形上升沿约为 500ps,但后沿拖尾将达到几十甚至几百纳秒。此时一般采取末端电容锐化方法,即在末端负载前串接一适当电容。那么当脉冲对其充满电荷后,电容等效为开路,输出脉冲便将自行截止。欲使脉冲全底宽度在 1ns 左右,电容值大致估算如下:设输出大致为等腰三角波形,则电容电荷存储能力应不大于 $Q = 0.5IT = 0.5 \times 24 \times 1 = 12nC$。电容值应不大于 $C = Q/U = 12/1200 = 0.01nF = 10pF$。实际中,输出波形后沿截止将较前沿缓慢,所以电容值取 1~5pF 为宜。

但这样,必将对电路内部引入很大的反射,驻波比远远大于 1,甚至可能高达十几,导致波形变差,拖尾大,极易烧毁电路,最大的危害是反射可能导致雪崩管产生不确定的再次雪崩,导致输出脉冲稳定度变差,且级数越多,反射电压越高,这种影响越严重。实验表明,在贴片元件电路中,500V 以下脉冲输出尚可使用此方法,当输出脉冲继续增大时,电路将无法满足可靠性和稳定度要求。

3. 欠容量充电法——对 Marx 电路的特殊改进

为避免电容锐化方法带来的缺陷,减小反射,改善脉冲波形和稳定度,可采取欠容量充电法:大幅度减小级间电容容值,使其电荷在级联雪崩过程中迅速释放完毕。实际工程中这种自行截止、弱反射的充电方法获得极大成功。

欠容量充电法,不要求各电容所充电荷,在雪崩级联过程中均能够对末端负载放电,相反只要求能维持到下一级或几级雪崩管雪崩时间即可。由于各级的雪崩过程并非串序发生:处于临界雪崩状态的各级管子在任何微弱的扰动下,均将有可能导致提前雪崩,从而使得后端各级管子几乎与前级同时发生雪崩。而这种"雪崩加速效应"将是欠容量充电法能够正常工作的基础。欠容量充电,级间电容值的具体计算方法举例如下:

举例3.2　同样对举例3.1中脉冲源级间电容值进行计算。电容存储的电荷仅需维持一级雪崩:$Q = It_r = 24 \times 2 = 48 nC$,则 $C = Q/U = 48/300 = 0.16 nF = 160 pF$。

实际电路中采取此方法,无论在脉冲波形、稳定性等各方面均优于电容锐化法。图3.17分别给出了电容锐化法350V、600ps脉冲源输出波形和欠容量充电法1200V、1ns脉冲源输出波形。二者均在 Tektronix TDS5104 示波器上,分别加 50dB、65dB衰减进行测试。明显,后者较前者脉冲拖尾起伏小得多。

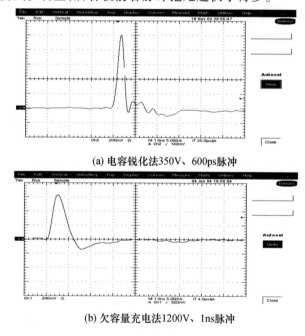

(a) 电容锐化法350V、600ps脉冲

(b) 欠容量充电法1200V、1ns脉冲

图3.17　Marx 电路改进前后输出波形比较

同时稳定度参数可得到大幅度改善,实验测试表明欠容量充电设计出的脉冲源电路,短时抖动不大于20ps/次,长时漂移不大于100ps/min,明显优于Marx电路常规设计的稳定度参数(短时抖动不大于100ps/次,长时漂移不大于1ns/min)。

欠容量充电设计可有效完善波形以及稳定度参数,而这些参数在超宽带目标探测中是非常重要的。当然这些优点是以欠容量充电为代价的,为获得同样幅度的输出脉冲,必将较常规设计增加更多的电路级数。实际中欠容量充电法1200V、1ns脉冲源采用了22级雪崩级联,比电容锐化法理论计算值10级整整多了1倍还多。但是,所增加级数(10→22)远远小于电容容值缩减倍数(1000→100)。这也印证了上文中指出的雪崩加速效应的观点。

欠容量锐化法之所以能够改善波形形状和稳定度参数,原因在于减小了单元级内的充电电荷,有效消除了电路内部反射;同时较小的充电电荷也将有益于单管电路的稳定度,对于该方面更深入的讨论可参见3.2.5节。

4. 器件选择与梳状 PCB 结构

上面论述了电路中元器件参数的理论计算方法,在实际设计中,还具有一定的工程技巧。

1) 器件选择

高压脉冲源属于典型的高速电路,电路形式和器件的选择将严重影响其性能指标。

主要有电路物理结构以及雪崩管、电容、电阻等的选择。

(1) 电路物理结构:采用微波电路印制板。1mm厚微波印制基板,其脉冲击穿电压可达15kV,且电路损耗小、易于制作、方便调试维护、成本低,适于千伏脉冲源制作。

(2) 雪崩管:一般的开关三极管也具有雪崩效应,但最好挑选专门的雪崩三极管。一般具有如下特征的管子,其雪崩特性有可能显著:BV_{CBO}、BV_{CEO}较高,且能在晶体管特性图示仪上看到负阻或二次击穿现象,雪崩区尽量宽;放大系数β尽量大;特性频率f_T尽量高,开关时间尽量小;饱和压降尽量小。

(3) 电容、电阻:为减小寄生参量,缩小电路体积,电路中均选取微波贴片电容、电阻。

2) 梳状印制电路板(PCB)结构

由于贴片电容、电阻,其最大耐压值一般不超过100V,如63V。要在几百甚至上千伏的脉冲源电路中稳定工作,不致烧毁,为此我们采取了特殊措施,主要为多级电容、电阻串联、并联网络代替单个电容、电阻元件。这样形成了形如梳齿状的印制电路板结构,如图3.18所示。

虽然电路输出脉冲峰值达上千伏,但是由于其持续时间极短,占空比极低。而一般器件所给出最大耐压、耐流值均是指直流或连续波情况下测试值,其在脉冲情况下最大耐压、耐流值一般远远大于直流或连续波情况下得出的指标,有时甚至可达十几倍。所以实际中电阻、电容的串接并联级数无须太多。例如举例3.1中的1200V脉冲源,实验表明,贴片电阻0805封装,最多只需串接4级即可,该脉冲源已稳定连续工作累计上万小时。

3) 触发电路

触发电路提供TTL正电平触发信号,驱动脉冲源,同时与接收机时基同步。

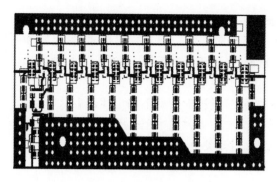

图 3.18　Marx 电路梳齿状 PCB 结构

5. 大功率全固态源的具体指标

目前基于雪崩三极管已研制出系列纳秒级大功率全固态高稳定度脉冲源,具体指标如下:

脉冲形状:单极脉冲/单周波。

全底脉宽:0.6~2ns。

重复频率:1~20kHz(可调)。

峰值电压:350~2600V。

峰值功率:2kW~0.13MW。

脉冲拖尾峰值幅度:10%~15%。

脉冲拖尾持续时间:2~3ns($V > 10\% \ V_{\text{peak}}$)。

波形稳定度:脉宽抖动不大于1%;峰值抖动不大于1%。

时基稳定度:短时抖动不大于20ps/次;长时漂移不大于100ps/min。

触发方式:外部TTL电平脉冲序列触发。

该系列脉冲源由于其波形参数、稳定度参数优异,因此非常适宜于数百米内较近距离的冲激雷达探测。对于更远距离,则需要利用相干合成技术增加总的辐射功率,而其优异的稳定度参数为相干合成奠定了良好的基础。

3.2.5　相干合成技术

首先,上节讲述了大功率全固态高稳定度脉冲源的设计,由于其功率仍然不足兆瓦级,因此作用距离受限,对于较远距离,必须采用相干合成技术加大总的输出功率。其次,在高功率微波领域,由于受器件本身的限制,单个源输出功率提高的技术空间已非常有限。为了进一步加大输出功率,近年来,国际上也提出了脉冲源功率合成的概念。因此,无论是对于冲激雷达,还是高功率微波,相干合成技术的研究均具有重要意义。本节将重点介绍相关的理论分析和实际工程设计结果。

1. 脉冲源时基抖动机理分析

各种形式的脉冲源,包括雪崩晶体管形式,其工作原理都基本相同,即利用充电电路对处于断路状态下的开关电路进行缓慢充电,使开关处于临界导通状态,再利用一个弱小量控制(即外部触发信号),使其瞬间导通,形成脉冲前沿。随着积累电荷的快速消耗,开关再次断开,形成脉冲后沿,并进入下次脉冲形成过程的缓慢充电阶段,可概括为长时充电、短时放电。

开关由"断路"向"通路"转换时刻的不确定性产生脉冲时基抖动。其产生基于两个原因:①开关状态转换的电平条件是一个范围值,而非某一个严格的确定值;②电路内部本身的随机热噪声,对开关电平产生随机抖动。

具体的脉冲时基抖动机理见图 3.19。首先,在理想情况下,假设不考虑噪声电平,且开关状态转换电平 V_{Tri} 为固定值 V_0。经过缓慢充电后,开关电平达到临界稳态,此时开关电平 $V_{\text{T}} = V_{\text{C}}$。在 T_{C} 时刻,加入外触发信号,上升沿满足

$$V_{\text{T}} = K(t - T_{\text{C}}) + V_{\text{C}}, \quad t \geq T_{\text{C}} \quad (3.21)$$

显然,在 T_0 时刻,开关电平等于 V_0,开关导通,产生脉冲前沿。

实际上由于开关状态转换电平条件是一个区间变化量,$V_{\text{Tri}} \in [V_0 - V_{\text{B}}, V_0 + V_{\text{B}}]$,且概率密度近似满足高斯分布。另外,设叠加在开关上的

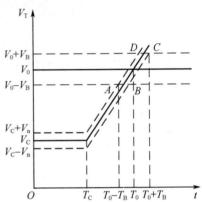

图 3.19 脉冲时基抖动机理

噪声电平为白噪声信号 $n(0, V_n^2)$。于是,开关导通时刻 T_{Tri} 将不确定,当 V_{T} 上升至图中 ABCD 区域内时,均有可能导通,触发脉冲。

结合图示,经简单分析可知,时基抖动方差 T_{B}^2、电平噪声方差 V_n^2、开关电平转换方差 V_{B}^2 与触发信号上升沿斜率 K 满足

$$K = \frac{V_{\text{B}} + V_n}{T_{\text{B}}} \quad (3.22)$$

因此有

$$K^2 T_{\text{B}}^2 = (V_{\text{B}} + V_n)^2 = V_{\text{B}}^2 + V_n^2 + 2V_{\text{B}}V_n \quad (3.23)$$

由此即有如下结论。

结论 3.1 脉冲源时基抖动方差 T_{B}^2 与斜率平方 K^2 满足反比函数关系,与电平噪声方差 V_n^2、开关电平转换方差 V_{B}^2 以及二者的协方差 $V_{\text{B}}V_n$ 成线性关系;增大触发信号斜率 K,可使得抖动方差 T_{B}^2 以平方倒数关系减小;减小电平噪声方差 V_n^2、开关电平转换方差 V_{B}^2 以及二者的协方差 $V_{\text{B}}V_n$,同样可使得抖动方差 T_{B}^2 成线性关系减小。

更严密的理论分析也可以得出同样结论,推导如下:

将考虑噪声抖动的开关实时电平记作 $V_{\text{KEY}}(t)$，则 V_{Tri}、$V_{\text{KEY}}(t)$ 满足如下关系式：

$$\begin{cases} V_{\text{Tri}} = n(V_0, V_B^2) \\ V_{\text{KEY}}(t) = K(t - T_C) + V_C + n(0, V_n^2) \end{cases} \quad (3.24)$$

当 $V_{\text{KEY}}(t) = V_{\text{Tri}}$ 时，脉冲触发，$t = T_{\text{Tri}}$，即有

$$K(T_{\text{Tri}} - T_C) + V_C = n(V_0, V_B^2) - n(0, V_n^2) = n(V_0, V_B^2) + n(0, V_n^2) \quad (3.25)$$

$$K(T_{\text{Tri}} - T_C + (V_C - V_0)/K) = n(0, V_B^2) + n(0, V_n^2) \quad (3.26)$$

$$K(T_{\text{Tri}} - T_0) = n(0, V_B^2) + n(0, V_n^2) \quad (3.27)$$

两边取方差期望值，有

$$K^2 E[(T_{\text{Tri}} - T_0)^2] = E[n^2(0, V_B^2)] + E[n^2(0, V_n^2)] + 2E[n(0, V_B^2) n(0, V_n^2)] \quad (3.28)$$

$$E[(T_{\text{Tri}} - T_0)^2] = \frac{V_B^2 + V_n^2 + 2E[n(0, V_B^2) n(0, V_n^2)]}{K^2} \quad (3.29)$$

显然与上述结论相同。

2. 脉冲源波形抖动机理分析

理论分析与实验证明，脉冲源的波形抖动（峰值抖动/脉宽抖动）主要由"充电"过程中充电量的随机起伏引起。

设开管导通时刻后，输出脉冲电压波形为 $U(t)$，开关两端剩余积累电荷为 $Q(t)$，输出负载为 R，则有

$$U(t) = R \cdot \frac{\mathrm{d}Q(t)}{\mathrm{d}t}, \quad t \geq T_{\text{Tri}} \quad (3.30)$$

而积累电荷主要来源于开管导通时刻前的充电过程，参照图 3.20 中曲线 1，设脉冲源为开关电容充电方式，且在导通时刻前一直处于充电状态，则有

$$Q(t) = \int_{\tau=0}^{t} I(\tau) \mathrm{d}\tau, \quad t \leq T_{\text{Tri}} \quad (3.31)$$

积累电荷 $Q(t)$ 随充电时间而逐渐增长，在导通时刻达到最大值 $Q_{\max}$，且

$$Q_{\max} = \int_{t=0}^{T_{\text{Tri}}} I(t) \mathrm{d}t \quad (3.32)$$

受开关电容 C 以及电路偏压 U_{Bias} 的限制，$Q_{\max}$ 趋近并且不超过恒定值 Q_{Con}，$Q_{\text{Con}} = CU_{\text{Bias}}$。此处不考虑 C 以及 U_{Bias} 的随机抖动，实际上这两个直流常量，相对于其他的交变量，抖动很小，因此可以忽略。

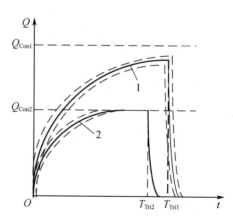

图 3.20 脉冲波形抖动机理

由上节可知，T_{Tri}存在抖动、系统电平（电流）也存在噪声，则在T_{Tri}时刻，电容 C 上所积累电荷Q_{max}必然也存在随机抖动。假设T_{Tri}满足高斯分布，$T_{Tri} = n(T_0, E[(T_{Tri}-T_0)^2])$，同时系统电流噪声为白噪声信号，记作$n(0, I_n^2)$，则

$$Q_{max} = \int_{t=0}^{n(T_0, E[(T_{Tri}-T_0)^2])} [I(t) + n(0, I_n^2)]dt \tag{3.33}$$

可以看出，在导通时刻前未完成充分充电过程的曲线 1，其Q_{max}的随机抖动将是一个较为复杂的概率分布函数。其期望值与抖动方差分别求解如下：

$$E[Q_{max}] = E\left[\int_{t=0}^{n(T_0, E[(T_{Tri}-T_0)^2])} [I(t) + n(0, I_n^2)]dt\right]$$

$$= \int_{t=0}^{E[n(T_0, E[(T_{Tri}-T_0)^2])]} [I(t) + E[n(0, I_n^2)]]dt$$

$$= \int_{t=0}^{T_0} I(t)dt \tag{3.34}$$

$$E[(Q_{max} - E(Q_{max}))^2]$$

$$= E\left[\left(\int_{t=0}^{n(T_0, E[(T_{Tri}-T_0)^2])} [I(t) + n(0, I_n^2)]dt - \int_{t=0}^{T_0} I(t)dt\right)^2\right]$$

$$= E\left[\left(\int_{t=0}^{T_0} [I(t) + n(0, I_n^2)]dt + \int_{t=T_0}^{n(T_0, E[(T_{Tri}-T_0)^2])} [I(t) + n(0, I_n^2)]dt - \int_{t=0}^{T_0} I(t)dt\right)^2\right]$$

$$= E\left[\left(\int_{t=0}^{T_0} n(0, I_n^2)dt\right)^2\right] + E\left[\left(\int_{t=T_0}^{n(T_0, E[(T_{Tri}-T_0)^2])} [I(t) + n(0, I_n^2)]dt\right)^2\right] +$$

$$2E\left[\int_{t=0}^{T_0} n(0, I_n^2)dt \int_{t=T_0}^{n(T_0, E[(T_{Tri}-T_0)^2])} [I(t) + n(0, I_n^2)]dt\right]$$

$$= E[(T_0 \cdot n(0, I_n^2))^2] + E\left[\left(\int_{t=T_0}^{n(T_0, E[(T_{Tri}-T_0)^2])} I(t)dt + \int_{t=T_0}^{n(T_0, E[(T_{Tri}-T_0)^2])} n(0, I_n^2)dt\right)^2\right] +$$

$$2E\left[\int_{t=0}^{T_0} n(0, I_n^2)dt \int_{t=T_0}^{n(T_0, E[(T_{Tri}-T_0)^2])} I(t)dt + \int_{t=0}^{T_0} n(0, I_n^2)dt \int_{t=T_0}^{n(T_0, E[(T_{Tri}-T_0)^2])} n(0, I_n^2)]dt\right]$$

$$= T_0^2 I_n^2 + E\left[\left(\int_{t=T_0}^{n(T_0, E[(T_{Tri}-T_0)^2])} I(t)\,dt\right)^2 + \left(\int_{t=T_0}^{n(T_0, E[(T_{Tri}-T_0)^2])} n(0, I_n^2)\,dt\right)^2 + \right.$$

$$\left. + 2\int_{t=T_0}^{n(T_0, E[(T_{Tri}-T_0)^2])} I(t)\,dt \int_{t=T_0}^{n(T_0, E[(T_{Tri}-T_0)^2])} n(0, I_n^2)\,dt \right] +$$

$$2E\left[\int_{t=0}^{T_0} n(0, I_n^2)\,dt \int_{t=T_0}^{n(T_0, E[(T_{Tri}-T_0)^2])} I(t)\,dt + \int_{t=0}^{T_0} n(0, I_n^2)\,dt \int_{t=T_0}^{n(T_0, E[(T_{Tri}-T_0)^2])} n(0, I_n^2)\,dt\right]$$

(3.35)

为方便继续推导,作如下两个假设。

假设 1: $n(0, I_n^2)$、$n(T_0, E[(T_{Tri}-T_0)^2])$ 不相关。

这实际上是不能严格成立的,由关于 T_{Tri} 的方差 T_B^2 的推导结论可以看出,其方差由触发前沿斜率平方 K^2、电平噪声方差 V_n^2、开关电平转换方差 V_B^2 以及二者的协方差 $V_B V_n$ 共同决定。也就是说,T_{Tri} 与电平噪声/电流噪声是相关的。只有当触发前沿斜率平方 K^2 无限大时,T_{Tri} 的方差才与电流噪声无关。下文将提到,在实际工程中,采用了前沿斜率较大的过触发等方案。因此 T_{Tri} 的方差与电流噪声的相关性得到很大减弱。$n(0, I_n^2)$、$n(T_0, E[(T_{Tri}-T_0)^2])$,二者不相关的假设条件可近似满足。

假设 2: 在 T_0 时刻附近区域 $[T_0 - \sqrt{E[(T_{Tri}-T_0)^2]}, T_0 + \sqrt{E[(T_{Tri}-T_0)^2]}]$,$I(t)$ 为常数值 I。

这实际上也是非严格成立的,$I(t)$ 是交变量。但是当 T_{Tri} 的方差无限小时,上述区域足够小,$I(t)$ 可视为恒定值。在实际工程中,采用了前沿斜率较大的过触发等方案,因此 T_{Tri} 的方差得到很大程度的减小。在上述时间区域内,$I(t)$ 为恒定值的假设条件可近似满足。

基于如上假设,则有

$$E[(Q_{max} - E(Q_{max}))^2]$$

$$= T_0^2 I_n^2 + E\left[\left(\int_{t=T_0}^{n(T_0, E[(T_{Tri}-T_0)^2])} I\,dt\right)^2 + \left(\int_{t=T_0}^{n(T_0, E[(T_{Tri}-T_0)^2])} n(0, I_n^2)\,dt\right)^2 + \right.$$

$$\left. 2\int_{t=T_0}^{n(T_0, E[(T_{Tri}-T_0)^2])} I\,dt \int_{t=T_0}^{n(T_0, E[(T_{Tri}-T_0)^2])} n(0, I_n^2)\,dt\right] +$$

$$2E\left[\int_{t=0}^{T_0} n(0, I_n^2)\,dt \int_{t=T_0}^{n(T_0, E[(T_{Tri}-T_0)^2])} I\,dt + \int_{t=0}^{T_0} n(0, I_n^2)\,dt \int_{t=T_0}^{n(T_0, E[(T_{Tri}-T_0)^2])} n(0, I_n^2)\,dt\right]$$

$$= T_0^2 I_n^2 + E[(I \cdot [n(T_0, E[(T_{Tri}-T_0)^2]) - T_0])^2 + (n(0, I_n^2) \cdot$$

$$[n(T_0, E[(T_{Tri} - T_0)^2]) - T_0])^2 +$$

$$2(I \cdot [n(T_0, E[(T_{Tri} - T_0)^2]) - T_0])(n(0, I_n^2))] +$$

$$2E[n(0, I_n^2)T_0 I[n(T_0, E[(T_{Tri} - T_0)^2]) - T_0] +$$

$$n(0, I_n^2)T_0 n(0, I_n^2)[n(T_0, E[(T_{Tri} - T_0)^2]) - T_0]]$$

$$= T_0^2 I_n^2 + I^2 E[(T_{Tri} - T_0)^2] + I_n^2 E[(T_{Tri} - T_0)^2] + 0 + 2(0 + T_0 I_n^2 \cdot 0)$$

$$= I_n^2 E^2[T_{Tri}] + (I^2 + I_n^2)E[(T_{Tri} - T_0)^2] \tag{3.36}$$

至此得出一个较为简单有用的公式。式中第一项反映出,积累电荷 Q_{max} 的抖动方差与积累时间 T_{Tri} 期望值平方成线性关系,第二项则反映出,积累电荷 Q_{max} 的抖动方差与积累时间 T_{Tri} 方差成线性关系。于是有如下结论。

结论 3.2 常规脉冲源设计中,若充电容量足够大,使得脉冲源在导通时刻 T_{Tri} 前一直处于充电状态,则触发瞬间,开关积累电荷达到最大值 Q_{max}。当工程设计采取触发时基高稳定度手段,使得 T_{Tri} 抖动方差足够小时,则 Q_{max} 的期望值、方差分别满足

$$E[Q_{max}] = \int_{t=0}^{T_0} I(t) \mathrm{d}t \tag{3.37}$$

$$E[(Q_{max} - E(Q_{max}))^2] = I_n^2 E^2[T_{Tri}] + (I^2 + I_n^2)E[(T_{Tri} - T_0)^2] \tag{3.38}$$

而开关导通后,脉冲输出波形满足如下公式:

$$U(t) = R \cdot \frac{\mathrm{d}Q(t)}{\mathrm{d}t}, \quad t \geqslant T_{Tri} \tag{3.39}$$

可以看出,积累电荷的变化将直接决定着脉冲输出波形,最大积累电荷的抖动方差也直接影响着脉冲输出波形的稳定度。减小最大积累电荷抖动方差是减小波形抖动,提高波形稳定度的关键环节。

3. 合成的两种技术路线

脉冲源子源阵列的功率合成,可分为电路合成和空间合成两种技术路线,两者各有优势。电路合成,无须附加天馈系统,在体积和成本上具有优势,但是将受到合成电路功率容量的限制。空间合成,需附加天馈系统,但是理论上讲,将不受电路器件的功率容量限制可无限的提高合成功率。同时,电路合成、空间合成规律满足如下定理。

定理 3.1(电路合成) 按照能量守恒原理,利用时域波形合成器等方案在电路上实现脉冲源的相干合成,在单个子源完全相同,且全相干的理想情况下,合成峰值功率将随子源数目按照线性关系增长,合成峰值电压将随子源数目按照开方关系增长。

证明如下:利用功率合成器等方案在电路上实现功率合成,按照能量守恒原理,

理想情况下,合成后的功率将随子源数目按照正比关系增长。设单个子源 n,功率为 $p_n = p$,则 N 个源合成功率为

$$P_\Sigma = \sum_{n=1}^{N} p_n = N \cdot p \tag{3.40}$$

对于峰值功率,理想情况下,如果各个子源的充放电时间完全一致,峰值电压完全叠加在一起,则峰值功率也将满足上述关系。

对于脉冲雷达体制而言,峰值检测,更关心的是电压值。电路功率与电压满足如下对应关系:

$$p = u^2 / R_L \tag{3.41}$$

对于相同的负载 R_L,当 N 个源合成功率 $P_\Sigma = \sum_{n=1}^{N} p_n = N \cdot p$ 时,对应的合成电压则应该为

$$U_\Sigma = \sqrt{P_\Sigma \cdot R_L} = \sqrt{N \cdot p \cdot R_L} = \sqrt{N} \cdot \sqrt{p \cdot R_L} = \sqrt{N} \cdot u \tag{3.42}$$

定理 3.2(空间合成) 按照电场叠加原理,利用天线阵列等方案在空间上实现脉冲源的相干合成,在单个子源完全相同,且全相干的理想情况下,合成峰值电压将随子源数目按照线性关系增长,合成峰值功率将随子源数目按照平方关系增长。

证明如下:利用天线阵列等方案在空间上实现辐射功率合成,按照微波空间传输理论中,电场叠加原理,在任意空间点 (x, y, z),其总的电场将是各个子源在该点的电场矢量和。

设单个子源 n,在远场距离某点 (x, y, z) 的辐射场为 $e_n(x, y, z)$,则 N 个源在该点合成的辐射总场为

$$\boldsymbol{E}_\Sigma(x, y, z) = \sum_{n=1}^{N} \boldsymbol{e}_n(x, y, z) \tag{3.43}$$

对于天线阵列最大增益方向上的点,则可以认为各个子源的辐射场均相同:

$$\boldsymbol{e}_n(x, y, z) = \boldsymbol{e}(x, y, z) \tag{3.44}$$

从而有

$$\boldsymbol{E}_\Sigma(x, y, z) = \sum_{n=1}^{N} \boldsymbol{e}_n(x, y, z) = N \cdot \boldsymbol{e}(x, y, z) \tag{3.45}$$

取矢量模值有,总的电场强度为单个子源辐射电场强度的 N 倍,即

$$E_\Sigma(x, y, z) = N \cdot e(x, y, z) \tag{3.46}$$

对于峰值电场,理想情况下,如果各个子源的充放电时间完全一致,峰值电场完全叠加在一起,则峰值场强也将满足上述关系。

显然,对于磁场强度也满足如上关系。即在最大增益正方向,辐射场强将随阵源数目线性增长。

而辐射功率 $W_\Sigma(x,y,z) = E_\Sigma(x,y,z) \cdot H_\Sigma(x,y,z)$,它将随阵源数目按照平方关系增长。

$$W_\Sigma(x,y,z) = E_\Sigma(x,y,z) \cdot H_\Sigma(x,y,z) = N \cdot E(x,y,z) \cdot N \cdot H(x,y,z)$$
$$= N^2 \cdot w(x,y,z) \tag{3.47}$$

定理2与能量守恒规律并不矛盾,因为其中加入了天线阵的阵增益因素。简单的推导如下:

设单个子源电路功率 $p_n = p$,对应的单个天线元最大增益 $G_n = G_{element}$,则在正方向 (x,y,z) 点,辐射功率 $w_n(x,y,z) = w(x,y,z)$,且

$$w(x,y,z) = k(r) \cdot G_n \cdot p = k(r) \cdot G_{element} \cdot p \tag{3.48}$$

而当 N 元阵列天线同时辐射时,按照能量守恒规律,总的电路功率为

$$P_\Sigma = \sum_{n=1}^{N} p_n = N \cdot p \tag{3.49}$$

按照天线理论,总的阵列增益 G_Σ 为单元增益因子($G_{element}$)与阵列增益因子(G_{array})的乘积,即

$$G_\Sigma = G_{element} \cdot G_{array} \tag{3.50}$$

则此时在正方向 (x,y,z) 点,辐射功率为

$$W_\Sigma(x,y,z) = k(r) \cdot G_\Sigma \cdot P_\Sigma = k(r) \cdot G_{element} \cdot G_{array} \cdot N \cdot p \tag{3.51}$$

理想情况下,N 元阵列的增益将是单元天线增益的 N 倍,即阵列增益因子 $G_{array} = N$。故而仍然有

$$W_\Sigma(x,y,z) = k(r) \cdot G_{element} \cdot N \cdot N \cdot p = N^2 \cdot w(x,y,z) \tag{3.52}$$

结合定理可以看出,阵列空间合成的合成功率将随阵源数目成平方关系增长,比电路合成的线性增长关系更为诱人,但这是以增加天馈数目为代价的。在工程实现中,需要对两种方案进行了综合考虑和优化协调。在关键性技术方面,除电路合成需考虑电路功率容量外,二者几乎没有差异。

4. 合成的关键性技术与系统设计框图

脉冲子源要成功实现合成,必须解决如下关键性技术:①子源的时基抖动;②子源的波形抖动;③子源的时基离散性;④子源的波形离散性;⑤同步相干触发信号稳定性;⑥同步相干触发信号的负载驱动能力。只有突破以上诸多技术瓶颈,才能为脉冲源的多路相干合成奠定技术基础。其中子源的时基抖动(短时抖动/长时漂移)和波形抖动(峰值抖动/脉宽抖动)是合成技术中要克服的最大障碍。

1) 时基高稳定度设计

只有子源的时基抖动减小至最小值,才能够通过延时线等手段对各个子源的时基离散性进行调整,使所有子源时基同步,实现稳定的相干合成。

由结论 3.1 可知,要减小子源的时基抖动,主要有如下途径:①增大触发前沿斜率,时基抖动方差将按照斜率平方关系减小;②减小电平噪声、开关电平转换方差以及二者的协方差,使得时基抖动成线性关系减小。

实际工程中,晶体管开关的状态转换电平方差远小于气开关和油开关,采用雪崩晶体管等全固态电路设计技术可有效降低开关电平转换方差;而系统电平噪声则主要通过良好的通风散热手段来降低。

除此之外,更应增大触发前沿斜率,因为时基抖动方差将按照斜率平方关系减小。在实际设计中放弃常规设计中的 TTL 电平触发方式,对脉冲电路初级进行必要改进后,触发信号采用快沿脉冲信号,取得显著效果。简单的实验结果对比见表 3.2。结果证实,随着触发信号斜率 K 的增大,脉冲时基抖动方差明显改善。结果并未按照平方关系改善,主要有两个原因:①示波器对实时快信号的测试误差;②实际系统并不完全满足理论推导中的理想化条件。

表 3.2 不同触发信号对脉冲源时基稳定度的影响

触发信号		电压	上升沿	斜率 K	T_{Tri} 抖动方差（短时抖动/长时漂移）
常规 TTL 电平触发		5V	10ns	0.5V/ns	1ns/次,10ns/min
快沿脉冲信号触发	信号 1	5V	2ns	2.5V/ns	0.1ns/次,1ns/min
	信号 2	50V	2ns	25V/ns	0.01ns/次,0.05ns/min

2) 波形高稳定度设计

同样,只有当子源的波形抖动减小至最小值时,才能够通过延时线等手段对各个子源的波形离散性进行调整,使得所有子源峰值实现稳定的相干叠加,并且将脉冲展宽效应缩减至最小。

由结论 3.2 并结合图 3.20 中曲线 1、2 可知,要减小子源的波形抖动,主要有如下途径:①减小电流噪声、触发时基抖动方差;②减小电路电荷积累容量 Q_{Con},缩减充电时间,使得充电时间小于 T_{Tri},确保在触发时刻以前完成整个充电过程,积累电荷达到最大值 Q_{max},且 $Q_{max}=Q_{Con}$。

实际工程中,系统电流噪声主要通过良好的通风散热手段来降低,而减小电路电荷积累容量 Q_{Con} 则需要在电路设计中予以考虑,采取突破常规的欠容量设计方案,可参考 3.2.4 节。

3) 系统设计框图

以上理论分析以及高稳定度子源的成功设计,为脉冲源的多路相干合成奠定了坚实的技术基础。

图 3.21 给出了相干合成的整体设计框图。系统采用电路-空间综合合成技术，系统由 $N×M$(电路-空间)个子源合成。其中每 N 个子源采用电路合成方案，合为一个通道，共 M 个通道，连接至 M 个阵元的天线阵列。阵元特性、路径长度保持一致性，则在阵列主方向上，便可得到 M 个通道的空间合成效果。

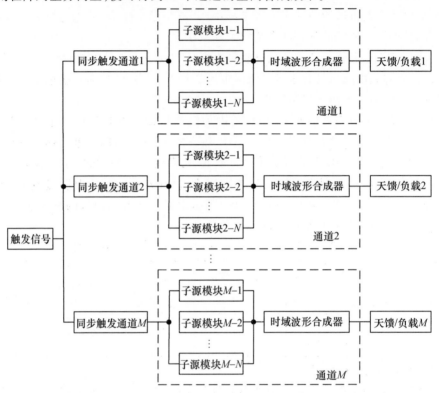

图 3.21 $N×M$(电路-空间)单元相干合成整体设计框图

为保证所有子源相干同步，系统采用过触发信号，对各个通道同步触发。由于受系统体积限制，在空间合成单元数目受限的前提下，必须考虑尽可能多的利用电路合成。

5. 兆瓦级全固态脉冲源相干合成效果

结合全固态脉冲源的多路相干合成技术，目前已成功研制出 32 路子源的 $4×8$ 电路-空间综合合成 4MW 全固态高稳定度纳秒脉冲源，以及 256 路子源的 $16×16$ 电路-空间综合合成 30MW 全固态高稳定度纳秒脉冲源，并投入实验使用。

4MW 脉冲源包含 8 路组件；单个组件输出功率 0.50~0.54MW；组件之间最大时基离散度小于 15ps，合成峰值电压抖动小于 1%；合成峰值电压效率达到 90%~95%。

30MW 脉冲源包含 16 路组件；单个组件输出功率 1.7~1.8MW；组件之间最大

时基离散度小于30ps,合成峰值电压抖动小于1%;合成峰值电压效率可达到90% ~ 95%。

图 3.22 和图 3.23 给出了典型的电路合成和空间合成测试结果。

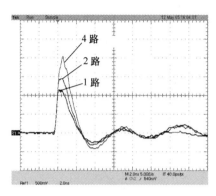

图 3.22 1/2/4 路电路合成图   图 3.23 1/2/3 路空间合成图

1) 4×8 电路-空间综合合成 4MW 全固态高稳定度纳秒脉冲源

图 3.24 和图 3.25 分别给出了 4 路电路合成 0.5MW 和 4×8 电路-空间综合合成 4MW 全固态高稳定度纳秒脉冲源实物照片;图 3.26 是使用大功率衰减器(图 3.27)在 Tektronix TDS5104 数字采样示波器上典型的通道输出波形结果。TDS5104 最高采样速率 5GSa/s,采样带宽 1GHz,可基本实现对纳秒级脉冲的高保真采样,波形稍有展宽和幅度损失。最终的各通道调试结果指标见表 3.3。

图 3.24 4 路电路合成 0.5MW 模块   图 3.25 4×8 电路-空间综合合成 4MW 脉冲源

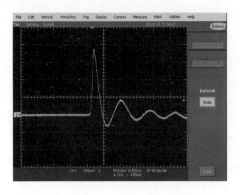 

图 3.26　CH1 输出脉冲波形　　　　图 3.27　MW 级纳秒脉冲大功率衰减器

表 3.3　4MW 全固态高稳定度相干合成纳秒脉冲源各通道测试指标

通道	输出波形		输出时基		输出脉宽		输出功率 /MW
	波形幅度 /kV	幅度抖动 /%	时基间隔 /ps	时基抖动 /ps	脉冲宽度 /ns	脉宽抖动 /%	
CH1	5.2	≤1	0	≤10	2.0	≤1	0.54
CH2	5.2	≤1	10	≤10	2.1	≤1	0.54
CH3	5.2	≤1	−15	≤10	2.0	≤1	0.54
CH4	5.2	≤1	10	≤10	2.0	≤1	0.54
CH5	5.1	≤1	0	≤10	2.1	≤1	0.52
CH6	5.1	≤1	15	≤10	2.1	≤1	0.52
CH7	5.2	≤1	10	≤10	2.1	≤1	0.54
CH8	5.0	≤1	0	≤10	2.2	≤1	0.50

2) 16×16 电路-空间综合合成 30MW 全固态高稳定度纳秒脉冲源

图 3.28 给出了 16×16 电路-空间综合合成 30MW 全固态高稳定度纳秒脉冲源实物照片。图 3.29 是使用大功率衰减器在 Agilent Infiniium DSO81204A 数字采样示

(a)　　　　　　　　　(b)　　　　　　　　　(c)

图 3.28　16×16 电路-空间综合合成 30MW 全固态高稳定度纳秒脉冲源

波器上典型的通道间输出波形及输出时基对比测试结果。DSO81204A 最高采样速率 40GSa/s,采样带宽 12GHz,可实现对纳秒级脉冲的高保真采样。最终的各通道调试结果指标见表 3.4。

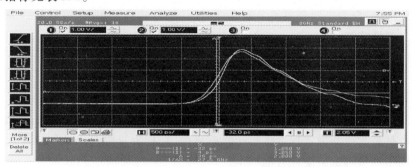

图 3.29　CH1～CH6 时基/波形对比结果

表 3.4　30MW 全固态高稳定度相干合成纳秒脉冲源各通道测试指标

通道	输出波形		输出时基		输出脉宽		输出功率 /MW
	波形幅度 /kV	幅度抖动 /%	时基间隔 /ps	时基抖动 /ps	脉冲宽度 /ns	脉宽抖动 /%	
CH1	9.3	≤1	0	≤10	2.3	≤1	1.73
CH2	9.4	≤1	0	≤10	2.3	≤1	1.77
CH3	9.5	≤1	15	≤10	2.2	≤1	1.81
CH4	9.2	≤1	0	≤10	2.3	≤1	1.69
CH5	9.4	≤1	-10	≤10	2.2	≤1	1.77
CH6	9.4	≤1	15	≤10	2.2	≤1	1.77
CH7	9.3	≤1	0	≤10	2.3	≤1	1.73
CH8	9.2	≤1	25	≤10	2.3	≤1	1.69
CH9	9.3	≤1	0	≤10	2.3	≤1	1.73
CH10	9.5	≤1	-10	≤10	2.1	≤1	1.81
CH11	9.4	≤1	10	≤10	2.2	≤1	1.77
CH12	9.4	≤1	30	≤10	2.2	≤1	1.77
CH13	9.4	≤1	0	≤10	2.3	≤1	1.77
CH14	9.5	≤1	25	≤10	2.1	≤1	1.81
CH15	9.3	≤1	-15	≤10	2.3	≤1	1.73
CH16	9.5	≤1	0	≤10	2.1	≤1	1.81

全固态脉冲源合成技术的成功,可以有效降低对单个脉冲源、辐射天线的功率容限要求。同时为下一步时域天线阵空域扫描奠定了良好的技术基础。可以借助天线

阵阵元之间辐射脉冲的精确延时,实现一定角度的空域波束扫描。超宽带冲激雷达天线的空域扫描与相控阵天线阵的理论类似,可参阅相关文献,而各个脉冲源之间的高度稳定性是实现超宽带天线阵波束扫描的基本条件。

除此之外,全固态源合成技术的攻克,对其他形式高功率、超宽带脉冲源的合成技术也具有借鉴意义。

3.3 超宽带冲激雷达接收机

上节讲述了超宽带冲激雷达的发射机设计。除此之外,高灵敏度极窄脉冲接收机设计也是超宽带冲激雷达系统设计的重要内容,接收机的基本性能对雷达系统的最大作用距离和测量精度具有重要作用。

3.3.1 接收机参数的规范化定义

在讨论冲激雷达接收机设计之前,首先对接收机参数进行规范性定义。

1. 灵敏度和动态范围

(1) 灵敏度:接收机接收微弱信号的能力。与常规雷达不同,在超宽带冲激雷达中灵敏度应该用最小可检测信号能量 E_{rmin} 表示,而非信号功率。E_{rmin} 与信号峰值功率(平均功率)、脉冲持续时间(脉冲宽度)均有关系。其量纲为能量(J)。

当且仅当固定下来所特指的接收脉冲信号波形后,灵敏度才可以利用最小检测信号峰值功率 $\text{Peak}_{t \in [0, t_w]}(P_r(t))_{min}$ 表示。这时才与常规雷达的灵敏度参数表示同属一个量纲:功率(W)。

(2) 动态范围:接收机正常工作状态下,容许接收信号的强度变化范围。一般可以利用两种指标进行刻画:瞬态动态范围和稳态动态范围。瞬态动态范围是指接收机对于瞬态信号的动态范围;稳态动态范围则是指接收机对于稳态正弦信号的动态范围。

显然瞬态动态范围的讨论必须首先固定特指的脉冲信号。一般脉冲越宽,最小可检测信号峰值功率 $\text{Peak}_{t \in [0, t_w]}(P_r(t))_{min}$ 越小,但是同时,最大可输入信号峰值功率 $\text{Peak}_{t \in [0, t_w]}(P_r(t))_{max}$ 也将随之减小;反之,脉冲越窄,最小可检测信号峰值功率 $\text{Peak}_{t \in [0, t_w]}(P_r(t))_{min}$ 越大,但是同时,最大可输入信号峰值功率 $\text{Peak}_{t \in [0, t_w]}(P_r(t))_{max}$ 也将随之增长。

稳态动态范围的讨论则与常规雷达的参数定义完全可以类比,输入正弦信号,测量其动态范围。但是由于冲激雷达带宽很大,需要对整个带宽内所有频点进行单点测试,最终得到的是一条稳态动态范围随频率变化的曲线。

瞬态动态范围与稳态动态范围对接收机的刻画,二者各有优缺:前者更真实反映冲激雷达接收机的实际工作性能,但是对于不同的脉冲信号,特别是脉冲宽度变化时,需要重新测试;后者便于测量,但是给出的测试曲线并不能直观地反映超宽带冲激雷达接收机实际的工作性能。

2. 最小可响应脉宽和瞬时带宽

(1) 最小可响应脉宽:接收机最小可接收的脉冲宽度,用 $t_{w\min}$ 表示。对于不同的接收机形式,最小可响应脉宽的决定因素是不同的:对于信号检测接收机,主要由接收电路所采用的快速响应隧道管的物理特性决定;对于信号采样接收机,主要由采集电路瞬时带宽和实时采样速率决定。

(2) 瞬时带宽:脉冲持续时间内,接收机能够接收的最大工作频带宽度,用 $B_{\max}$ 表示。瞬时带宽与最小可响应脉宽大致满足如下关系: $B_{\max} \approx 1/t_{w\min}$。瞬时带宽,借助常用的频域带宽的概念,有助于我们在接收机设计中完成对器件、采集卡参数的基本选择,因为一般的器件参数多是在频域定义的。

3. 连续脉冲到达时间最小分辨力

连续脉冲到达时间最小分辨力是指可分辨的两个脉冲之间的最小时间间隔。

如果接收机选取的时间窗宽度远大于目标空间尺度所对应的回波持续时间宽度, $T_w \gg t_w$,则有可能在单个时间窗内出现两个甚至多个目标回波信号。连续脉冲到达时间最小分辨力在一定意义上刻画的是接收机对相邻目标的区分能力。

另一方面,对于单个目标而言,如果目标径向尺度较大,目标的强散射中心在时间轴上可分,则对于目标更高效率的探测和识别也是有利的。

对于采样接收机,由于整个波形被完整记录,因此几乎不存在连续脉冲到达最小分辨力的问题,可以认为约等于最小脉冲宽度本身 $t_{w\min}$。

而对于前沿检测接收机,由于波形并不被完整记录,只能反映脉冲前沿到达时间,因此它的连续脉冲到达最小分辨力必须予以足够考虑和重视。

4. 误警概率

误警概率:接收机单位时间内的误警次数,具体包括虚警概率和漏警概率,与常规雷达定义相同。

最小误警概率的要求将限定时间窗内最小可检测信噪能量比。

5. 时基稳定度

时基稳定度:接收机内部时钟的稳定度以及其与发射机之间的时基同步。

收发时基同步:除了采用高精度晶体振荡电路或者其他形式的高精度时钟外,冲激雷达还需要发射机与接收机之间时钟精确同步,这样才可以保证脉冲收发延时间隔的精确测量。在准单站冲激雷达系统中,可以让发射机和接收机共享同一时钟信号,来实现收发时基的严格同步。

3.3.2 超宽带冲激雷达时域最优相关接收机理论

在传统的窄带雷达设计中,频域匹配滤波和最优接收机的概念得到了广泛应用。

本节讨论冲激雷达的时域最优接收机理论。

1. 白噪声中脉冲信号的检测

假设在单个时间窗内,只存在一个目标回波,且目标信号确知。而接收机检测是典型的二元假设问题:

$$\begin{cases} H_0: z(t) = n(t), & t \in [T_{Dmin} + (n-1)T_w, T_{Dmin} + nT_w] \\ H_1: z(t) = s_r(t) + n(t), & t \in [T_{Dmin} + (n-1)T_w, T_{Dmin} + nT_w] \end{cases} \quad (3.53)$$

式中

$$s_r(t) = \begin{cases} s_r(t), & t \in \left[\dfrac{2R}{c}, t_w + \dfrac{2R}{c}\right] \\ 0, & t \notin \left[\dfrac{2R}{c}, t_w + \dfrac{2R}{c}\right] \end{cases}, \quad \left[\dfrac{2R}{c}, t_w + \dfrac{2R}{c}\right] \subset [T_{Dmin} + (n-1)T_w, T_{Dmin} + nT_w]$$

$n(t)$ 为高斯白噪声,R 为目标距离。

假定对回波进行离散采样观测,计算似然比,得到 K 个样本。

$$\begin{cases} H_0: & z(t_k) = n(t_k) \\ H_1: & z(t_k) = s_r(t_k) + n(t_k) \end{cases}, \quad k \in 1, 2, \cdots, K \quad (3.54)$$

$z(t_k)$ 简记作 z_k,似然比为

$$\Lambda(z) = \frac{p(z_1, z_2, \cdots, z_K | H_1)}{p(z_1, z_2, \cdots, z_K | H_0)} \quad (3.55)$$

从而判决表达式为

$$\Lambda(z(t)) = \lim_{K \to \infty} \Lambda(z) \begin{cases} > \eta_0, & H_1 \\ < \eta_0, & H_0 \end{cases} \quad (3.56)$$

由于 $n(t)$ 为高斯信号,因此 $n(t_k)$ ($k = 1, 2, \cdots, K$) 相互独立。假设噪声的方差为 σ_n^2,则有

$$p(z_1, z_2, \cdots, z_K | H_0) = \prod_{k=1}^{K} p(z_k | H_0) = \left(\frac{1}{2\pi\sigma_n^2}\right)^{K/2} \exp\left(-\frac{\sum_{k=1}^{K} z_k^2}{2\sigma_n^2}\right) \quad (3.57)$$

同理有

$$p(z_1, z_2, \cdots, z_K | H_1) = \prod_{k=1}^{K} p(z_k | H_1) = \left(\frac{1}{2\pi\sigma_n^2}\right)^{K/2} \exp\left(-\frac{\sum_{k=1}^{K} (z_k - s_{rk})^2}{2\sigma_n^2}\right)$$

$$(3.58)$$

因此,可进一步推导如下:

$$\begin{aligned}
\Lambda(z(t)) &= \lim_{K\to\infty} \Lambda(z) \\
&= \lim_{K\to\infty} \exp\left(-\frac{\sum_{k=1}^{K}(z_k - s_{rk})^2}{2\sigma_n^2} + \frac{\sum_{k=1}^{K} z_k^2}{2\sigma_n^2}\right) \\
&= \lim_{K\to\infty} \exp\left(\frac{1}{2\sigma_n^2}\sum_{k=1}^{K}(2z_k s_{rk} - s_{rk}^2)\right) \\
&= \exp\left(\frac{1}{2\sigma_n^2 \Delta t}\left(\int_{T_{\text{Dmin}}+(n-1)T_w}^{T_{\text{Dmin}}+nT_w} 2z(t)s_r(t)\,dt - \int_{T_{\text{Dmin}}+(n-1)T_w}^{T_{\text{Dmin}}+nT_w} s_r^2(t)\,dt\right)\right)
\end{aligned}$$

(3.59)

所以判决表达式可进一步改写为

$$\frac{1}{2\sigma_n^2 \Delta t}\left(\int_{T_{\text{Dmin}}+(n-1)T_w}^{T_{\text{Dmin}}+nT_w} 2z(t)s_r(t)\,dt - \int_{T_{\text{Dmin}}+(n-1)T_w}^{T_{\text{Dmin}}+nT_w} s_r^2(t)\,dt\right)\begin{cases} > \ln\eta_0, & H_1 \\ < \ln\eta_0, & H_0 \end{cases} \quad (3.60)$$

或者

$$\int_{T_{\text{Dmin}}+(n-1)T_w}^{T_{\text{Dmin}}+nT_w} z(t)s_r(t)\,dt \begin{cases} > \eta, & H_1 \\ < \eta, & H_0 \end{cases} \quad (3.61)$$

可以看出,在白噪声环境下,脉冲信号的检测问题,理论上仍可以利用相关接收机来实现,接收机的结构如图 3.30 所示。

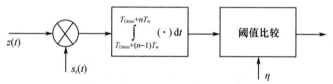

图 3.30 脉冲信号的相关接收机结构

2. 相关接收机的性能分析

假设上述冲激脉冲的相关接收机可实现,下面分析该接收机的性能。
首先定义检测统计量

$$I = \int_{T_{\text{Dmin}}+(n-1)T_w}^{T_{\text{Dmin}}+nT_w} z(t)s_r(t)\,dt \quad (3.62)$$

则式(3.61)可简写为

$$I\begin{cases} > \eta, & H_1 \\ < \eta, & H_0 \end{cases} \quad (3.63)$$

故虚警概率和漏警概率分别为

$$\begin{cases} P_\mathrm{F} = \int_{\eta}^{\infty} p(I \mid H_0) \mathrm{d}I \\ P_\mathrm{M} = \int_{-\infty}^{\eta} p(I \mid H_1) \mathrm{d}I \end{cases} \quad (3.64)$$

因此需要确定检测统计量 I 分别在有无目标假设下的概率分布密度。由于假设噪声 $n(t)$ 是高斯随机过程,双边功率谱密度为 $N_0/2$,那么观测过程 $z(t)$ 也是高斯随机过程,检测统计量 I 是高斯随机变量,对于高斯随机变量,只要确定它的均值和方差即可确定其概率分布密度。

由于

$$\begin{cases} I \mid H_0 = \int_{T_{\mathrm{Dmin}}+(n-1)T_\mathrm{w}}^{T_{\mathrm{Dmin}}+nT_\mathrm{w}} n(t) s_\mathrm{r}(t) \mathrm{d}t \\ I \mid H_1 = \int_{T_{\mathrm{Dmin}}+(n-1)T_\mathrm{w}}^{T_{\mathrm{Dmin}}+nT_\mathrm{w}} n(t) s_\mathrm{r}(t) \mathrm{d}t + \int_{T_{\mathrm{Dmin}}+(n-1)T_\mathrm{w}}^{T_{\mathrm{Dmin}}+nT_\mathrm{w}} s_\mathrm{r}^2(t) \mathrm{d}t \end{cases} \quad (3.65)$$

因此

$$E(I \mid H_0) = E\left(\int_{T_{\mathrm{Dmin}}+(n-1)T_\mathrm{w}}^{T_{\mathrm{Dmin}}+nT_\mathrm{w}} n(t) s_\mathrm{r}(t) \mathrm{d}t \right) = \int_{T_{\mathrm{Dmin}}+(n-1)T_\mathrm{w}}^{T_{\mathrm{Dmin}}+nT_\mathrm{w}} E(n(t) s_\mathrm{r}(t)) \mathrm{d}t = 0 \quad (3.66)$$

$$\begin{aligned} \mathrm{Var}(I \mid H_0) &= E([I - E(I \mid H_0)]^2) \\ &= E\left(\left[\int_{T_{\mathrm{Dmin}}+(n-1)T_\mathrm{w}}^{T_{\mathrm{Dmin}}+nT_\mathrm{w}} (n(t) s_\mathrm{r}(t)) \mathrm{d}t \right]^2 \right) \\ &= E\left(\left[\int_{T_{\mathrm{Dmin}}+(n-1)T_\mathrm{w}}^{T_{\mathrm{Dmin}}+nT_\mathrm{w}} (n(t) s_\mathrm{r}(t)) \mathrm{d}t \int_{T_{\mathrm{Dmin}}+(n-1)T_\mathrm{w}}^{T_{\mathrm{Dmin}}+nT_\mathrm{w}} (n(\tau) s_\mathrm{r}(\tau)) \mathrm{d}\tau \right] \right) \\ &= E\left(\left[\int_{T_{\mathrm{Dmin}}+(n-1)T_\mathrm{w}}^{T_{\mathrm{Dmin}}+nT_\mathrm{w}} \int_{T_{\mathrm{Dmin}}+(n-1)T_\mathrm{w}}^{T_{\mathrm{Dmin}}+nT_\mathrm{w}} n(t) n(\tau) s_\mathrm{r}(t) s_\mathrm{r}(\tau) \mathrm{d}\tau \mathrm{d}t \right] \right) \\ &= E\left(\left[\int_{T_{\mathrm{Dmin}}+(n-1)T_\mathrm{w}}^{T_{\mathrm{Dmin}}+nT_\mathrm{w}} \int_{T_{\mathrm{Dmin}}+(n-1)T_\mathrm{w}}^{T_{\mathrm{Dmin}}+nT_\mathrm{w}} \frac{N_0}{2} \delta(\tau - t) s_\mathrm{r}(t) s_\mathrm{r}(\tau) \mathrm{d}t \mathrm{d}\tau \right] \right) \\ &= \frac{N_0 T_\mathrm{w}}{2} E\left(\left[\int_{T_{\mathrm{Dmin}}+(n-1)T_\mathrm{w}}^{T_{\mathrm{Dmin}}+nT_\mathrm{w}} s_\mathrm{r}^2(t) \mathrm{d}t \right] \right) \end{aligned}$$

$$= \frac{N_0 T_w}{2} \int_{T_{Dmin}+(n-1)T_w}^{T_{Dmin}+nT_w} s_r^2(t)\,dt \qquad (3.67)$$

$$E(I|H_1) = E\left(\int_{T_{Dmin}+(n-1)T_w}^{T_{Dmin}+nT_w} n(t)s_r(t)\,dt + \int_{T_{Dmin}+(n-1)T_w}^{T_{Dmin}+nT_w} s_r^2(t)\,dt\right) = \int_{T_{Dmin}+(n-1)T_w}^{T_{Dmin}+nT_w} s_r^2(t)\,dt \qquad (3.68)$$

$$\mathrm{Var}(I|H_1) = E([I - E(I|H_1)]^2)$$

$$= E\left(\left[\int_{T_{Dmin}+(n-1)T_w}^{T_{Dmin}+nT_w} n(t)s_r(t)\,dt + \int_{T_{Dmin}+(n-1)T_w}^{T_{Dmin}+nT_w} s_r^2(t)\,dt - \int_{T_{Dmin}+(n-1)T_w}^{T_{Dmin}+nT_w} s_r^2(t)\,dt\right]^2\right)$$

$$= E\left(\left[\int_{T_{Dmin}+(n-1)T_w}^{T_{Dmin}+nT_w} (n(t)s_r(t))\,dt\right]^2\right)$$

$$= \frac{N_0 T_w}{2}\int_{T_{Dmin}+(n-1)T_w}^{T_{Dmin}+nT_w} s_r^2(t)\,dt \qquad (3.69)$$

显然 $\int_{T_{Dmin}+(n-1)T_w}^{T_{Dmin}+nT_w} s_r^2(t)\,dt$ 为信号 $s_r(t)$ 总能量 $E_{sr}(t)$，且

$$E_{sr}(t) = \int_{T_{Dmin}+(n-1)T_w}^{T_{Dmin}+nT_w} s_r^2(t)\,dt = \int_{\frac{2R}{c}}^{t_w+\frac{2R}{c}} s_r^2(t)\,dt \qquad (3.70)$$

因此，检测统计量 I 在有无目标时的概率密度分别为

$$\begin{cases} p(I|H_0) = \dfrac{1}{\sqrt{\pi N_0 T_w E_{sr}}}\exp\left(-\dfrac{I^2}{N_0 T_w E_{sr}}\right) \\ p(I|H_1) = \dfrac{1}{\sqrt{\pi N_0 T_w E_{sr}}}\exp\left(-\dfrac{(I-E_{sr})^2}{N_0 T_w E_{sr}}\right) \end{cases} \qquad (3.71)$$

虚警概率和漏警概率分别为

$$\begin{cases} P_F = \int_\eta^\infty \dfrac{1}{\sqrt{\pi N_0 T_w E_{sr}}}\exp\left(-\dfrac{I^2}{N_0 T_w E_{sr}}\right)dI \\ P_M = \int_{-\infty}^\eta \dfrac{1}{\sqrt{\pi N_0 T_w E_{sr}}}\exp\left(-\dfrac{(I-E_{sr})^2}{N_0 T_w E_{sr}}\right)dI \end{cases} \qquad (3.72)$$

借助修正误差函数，有

$$\begin{cases} P_\mathrm{F} = \mathrm{erfc}_* \left(\dfrac{\sqrt{2}\eta}{\sqrt{N_0 T_\mathrm{w} E_\mathrm{sr}}} \right) \\ P_\mathrm{M} = 1 - \mathrm{erfc}_* \left(\dfrac{\sqrt{2}(\eta - E_\mathrm{sr})}{\sqrt{N_0 T_\mathrm{w} E_\mathrm{sr}}} \right) \end{cases} \quad (3.73)$$

假设目标有无的先验概率相等，$P(H_0) = P(H_1) = 1/2$，则总的误警概率为

$$P_\mathrm{e} = P_\mathrm{F} P(H_0) + P_\mathrm{M} P(H_1) = \dfrac{1}{2} \left(\mathrm{erfc}_* \left(\dfrac{\sqrt{2}\eta}{\sqrt{N_0 T_\mathrm{w} E_\mathrm{sr}}} \right) + 1 - \mathrm{erfc}_* \left(\dfrac{\sqrt{2}(\eta - E_\mathrm{sr})}{\sqrt{N_0 T_\mathrm{w} E_\mathrm{sr}}} \right) \right) \quad (3.74)$$

如果采用最小的总误警概率准则，则最佳判决门限 η_0 确定如下：

$$\left. \dfrac{\partial P_\mathrm{e}}{\partial \eta} \right|_{\eta = \eta_0} = 0 \quad (3.75)$$

即有

$$\left. \dfrac{\sqrt{2}}{\sqrt{N_0 T_\mathrm{w} E_\mathrm{sr}}} \mathrm{erfc}'_* \left(\dfrac{\sqrt{2}\eta}{\sqrt{N_0 T_\mathrm{w} E_\mathrm{sr}}} \right) \right|_{\eta = \eta_0} - \left. \dfrac{\sqrt{2}}{\sqrt{N_0 T_\mathrm{w} E_\mathrm{sr}}} \mathrm{erfc}'_* \left(\dfrac{\sqrt{2}(\eta - E_\mathrm{sr})}{\sqrt{N_0 T_\mathrm{w} E_\mathrm{sr}}} \right) \right|_{\eta = \eta_0} = 0$$

显然上式在 $\dfrac{\sqrt{2}\eta}{\sqrt{N_0 T_\mathrm{w} E_\mathrm{sr}}} = \pm \dfrac{\sqrt{2}(\eta - E_\mathrm{sr})}{\sqrt{N_0 T_\mathrm{w} E_\mathrm{sr}}}$ 时恒成立，同时 $E_\mathrm{sr} \neq 0$，因此有

$$\dfrac{\sqrt{2}\eta_0}{\sqrt{N_0 T_\mathrm{w} E_\mathrm{sr}}} = - \dfrac{\sqrt{2}(\eta_0 - E_\mathrm{sr})}{\sqrt{N_0 T_\mathrm{w} E_\mathrm{sr}}} \quad (3.76)$$

即最佳判决门限

$$\eta_0 = \dfrac{E_\mathrm{sr}}{2} \quad (3.77)$$

此时，有 $P_\mathrm{e} = P_\mathrm{F} = P_\mathrm{M}$，且

$$P_\mathrm{e} = \mathrm{erfc}_* \left(\sqrt{\dfrac{E_\mathrm{sr}}{2 N_0 T_\mathrm{w}}} \right) \quad (3.78)$$

可以看出，最小误警概率只与窗内总的信噪能量比有关。结合修正误差函数性质可知：窗内总的信噪能量比越大，最小误警概率越小；窗内总的信噪能量比越小，最小误警概率越大。式(3.78)也证明了关于信号检测性能决定于信噪能量比观点的正确性。

显然当信号确定后，时间窗越窄，最小误警概率越小，极限情况下，时间窗等于脉冲宽度，$T_\mathrm{w} = t_\mathrm{w}$ 时，最小误警概率达到理论最优值：

$$P_\mathrm{emin} = \mathrm{erfc}_* \left(\sqrt{\dfrac{E_\mathrm{sr}}{2 N_0 t_\mathrm{w}}} \right) = \mathrm{erfc}_* \left(\sqrt{\dfrac{\overline{P}_\mathrm{sr} t_\mathrm{w}}{2 N_0 t_\mathrm{w}}} \right) = \mathrm{erfc}_* \left(\sqrt{\dfrac{\overline{P}_\mathrm{sr}}{2 N_0}} \right) \quad (3.79)$$

式中：$\overline{P}_\mathrm{sr}$ 为脉冲持续时间 t_w 内信号的平均功率。

这就是超宽带冲激雷达理论上所能达到的最优的时域相关接收机及其性能。由上述分析结果容易得出,关于冲激雷达时域最优相关接收机的性质如下：

定理 3.3 超宽带冲激雷达时域最优相关接收机：假设在超宽带冲激雷达中,接收机所接收信号为真实目标回波与高斯噪声的叠加,则在目标回波信号 $s_r(t)$ 到达时间 $t_0 = 2R/c$ 以及持续时间 t_w 确知的条件下,最优的时域相关接收机应该选取时间窗严格等于 $[t_0, t_0 + t_w]$,且在时间窗内利用脉冲参考信号 $s_r(t)$ 与总的回波信号 $z(t)$ 相乘,并取积分作为检测量,即 $I = \int_{t_0}^{t_0+T_w} z(t)s_r(t)\mathrm{d}t$。最佳判决门限等于脉冲信号总能量的一半,即 $\eta_0 = E_{sr}/2$。若 $I > \eta_0$,则判断为有目标存在;若 $I < \eta_0$,则判断为无目标存在。其最小误警概率为

$$P_{emin} = \mathrm{erfc}_* \left(\sqrt{\frac{\overline{P}_{sr}}{2N_0}} \right)$$

3. 实现时域最优相关接收机的实际困难

上文得出了冲激雷达理论上所能达到的时域最优相关接收机及其性能,在实际工程中,要实现时域最优相关接收是非常困难的,甚至无法实现。主要存在的实际困难如下：

(1) 目标回波的精确时延和回波持续时间宽度无法提前精确预知。

由于目标精确位置无法预知,目标径向尺度也无法精确预知,因此脉冲回波的时延和持续时间宽度实际上是难以提前预知的,这直接导致了设置精确的时间窗 $[t_0, t_0 + t_w]$ 是难以实现的。

(2) 目标回波信号具体波形与发射信号存在差异且随时间变化。

由于目标强散射中心分布位置和反射强度未知,以及收发天线的带通特性,目标回波的具体波形与发射脉冲存在一定差异,特别是当目标处于非静止状态时,姿态的变化对脉冲波形将产生调制作用,回波信号将随时间剧烈变化,每次回波信号都将各不相同。这使得设置稳定的参考脉冲信号 $s_r(t)$ 变得非常困难。

(3) 当选取一定宽度的时间窗时,参考信号时延量难以精确确定。

实际中,由于目标精确位置未知及作用距离遍历扫描速度的需要,接收机选取的时间窗宽度 T_w 一般远大于脉冲持续时间, $T_w \gg t_w$,假设目标回波完全落在某个时间窗内 $[T_{Dmin} + (n-1)T_w, T_{Dmin} + nT_w]$,则参考信号的时延量 $\left[\frac{2R}{c}, t_w + \frac{2R}{c}\right]$ 的精确确定将变得异常困难。

参考图 3.31,可以看出：当且仅当时延量 $t_0 \in \left[\frac{2R}{c} - t_w, \frac{2R}{c} + t_w\right]$ 时,才有可能正确

检测存在的目标信号;在其余大部分区域,$t_0 \in \left[T_{\text{Dmin}} + (n-1)T_{\text{w}}, \dfrac{2R}{c} - t_{\text{w}}\right]$或者$t_0 \in \left[\dfrac{2R}{c} + t_{\text{w}}, T_{\text{Dmin}} + nT_{\text{w}}\right]$时,均无法正确检测目标信号。

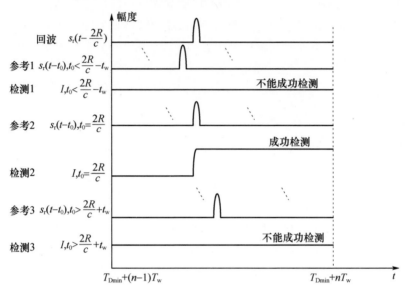

图 3.31　参考信号时延变化对检测结果的影响分析图

4. 可实现的准最优时域相关接收机

针对上述实际困难,可采取的弥补途径如下:

(1) 选取标准脉冲信号,多路相关时延作为参考,综合阈值比较。

参见图 3.32(a),选择标准脉冲信号作为固定的参考信号,延时不同的时间量,分别与总的回波信号进行相乘并积分,选取所有积分结果中最大值与阈值进行比较,从而得出检测结果,同时最大值对应的通道时延量还可以确定精确的目标距离。

显然,这种方法将大大增加系统的硬件重复程度,只对近距离或较窄的带状作用距离的冲激雷达较为适用。而对于一般的远距离冲激雷达并不合适,例如,当距离等间隔划分为150m,对应时间窗 $T_{\text{w}} = 10^{-6}$ s,脉宽为 2ns,即 $t_{\text{w}} = 2 \times 10^{-9}$ s,则 $T_{\text{w}} = 500 t_{\text{w}}$。当参考信号各路的时延间隔取为 1/2 脉宽时,则整个时间窗内需要 $2T_{\text{w}}/\tau = 1000$ 个通道进行延时并作同样的相关处理,这种硬件复杂度几乎是无法接受的。

(2) 回波信号自身时延加权,取自相关作为输出,进行阈值检测。

参见图 3.32(b),这种方法以回波信号时延一定的时间量作为参考信号进行自相关处理,对相关输出信号进行峰值检测,判断目标的有无。具体的输出波形可参见图 3.33。

由于脉冲持续时间极窄,目标尺度有限,显然它所需的时延通道数目较上一种方法大大减小,但是它的时延量以及权值选择需要优化设计和试验学习。一般如果取

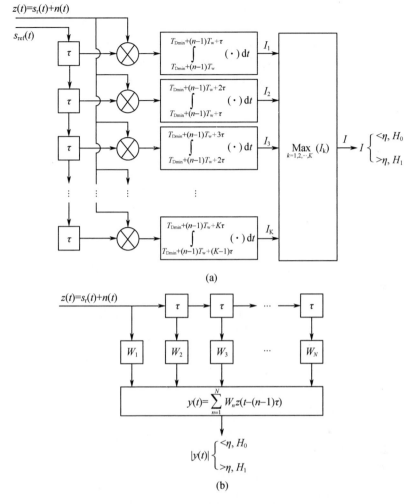

图 3.32 可实现的准最优时域相关接收机

N 个时延通道,则每个通道时延间隔初值可以设为 $t_w/(N-1)$,权值为 $W_1,W_2,\cdots,W_N$,初始值设置可以模拟上一方法中波形乘积的概念,对 $s_r(t)$ 在脉冲主瓣宽度 t_w 内,以 $t_w/(N-1)$ 为间隔抽样,并倒序排列。

这种方式的接收机结构相对简单,对远距离冲激雷达比较适宜,可以采用硬件实现或者在高速采样后借助软件算法实现。

必须指出,由于冲激雷达信号时域持续时间极窄,因此,冲激雷达信号时域相关前后,信噪比的改善效果要远小于窄带雷达的改善效果,也就是说冲激雷达相关处理增益远小于窄带雷达的相关处理增益。其物理本质在于:对与窄带雷达甚至于超宽带线性调频雷达,信号持续时间长达数十微秒甚至数百微秒,信号能量分布在整个脉冲持续时间内,通过脉冲相关技术,可以对整个脉内信号进行延时叠加积累,使之形

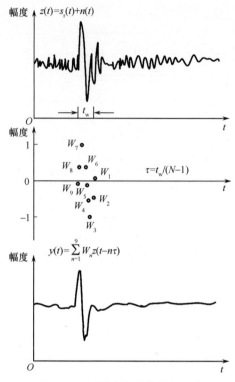

图 3.33 回波自相关接收机示图

成纳秒量级的瞬时输出。但对于冲激脉冲雷达则不同,其信号持续时间本身就在(亚)纳秒量级,整个信号能量已经主要集中于脉冲主峰,利用相关检测的方法,对信号能量进一步的集中效果将非常有限。

由于时域相关对冲激雷达而言处理增益有限,因此在综合考虑系统复杂度、运算速度和生产成本时,也可以不进行相关,直接对回波信号进行接收处理。这种直接接收检测的方式,在冲激雷达中也比较多见。

3.3.3 接收机类型介绍

3.3.2 节分析了理想情况下最优的时域相关接收机。实际工程应用中,按照超宽带冲激雷达系统自身的功能要求,接收机设计主要有两种技术途径:①前沿检测。只判断目标有无以及到达时间,不保留回波信号,因此只能够实现目标的检测功能。②高速采样。除了可以实现目标的检测功能之外,回波信息的完整保留还将有助于后端的目标识别,可以充分发挥出超宽带冲激雷达的潜在特性。

1. 前沿检测接收机设计

前沿检测是一种较为简单的脉冲接收机电路形式,已经在冲激雷达领域获得了广泛应用。

前沿检测一般是利用隧道二极管进行设计。由于隧道二极管的重掺杂特性,因此具有超高速的响应特性,可以对纳秒甚至几百皮秒的脉冲成功实现积分、展宽、放大,从而很方便后端进行检测。

最简单的电路形式如图 3.34 所示:利用选通开关对一定的时间窗内回波信号进行接收;利用电容隔直,同时可以对信号具有一定的积分效果;当脉冲上升沿到来时,电容充电,电平达到一定数值后,隧道二极管导通形成检测脉冲;检测脉冲经放大器放大,利用后端判断电路完成检测脉冲有无以及上升延时的判断。

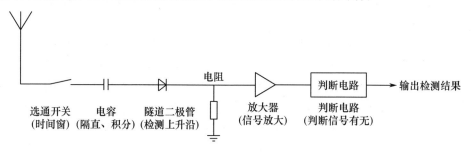

图 3.34　前沿检测接收机原理示图

图中电容值、电阻值的选取,将决定单次充放电恢复时间,也就是接收机连续脉冲到达时间最小分辨力,必须综合灵敏度等因素一起考虑。

上述电路只能完成对脉冲上升沿的检测,而更一般的实际情况是经过目标调制,脉冲的极性将互有正负,不可确知。因此可以设计更复杂的差分电路形式。图 3.35 给出了实际设计的实验印制电路板(PCB)图。

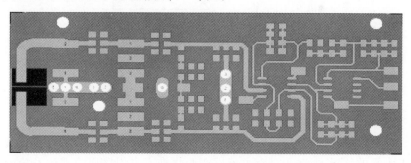

图 3.35　前沿检测接收机电路设计 PCB 图

前沿检测接收机电路,具有很好的灵敏度特性,对几至十几毫伏的纳秒级脉冲仍可以成功检测;但是它的多目标区分能力较差,同时丢失掉了目标回波的大部分有用信息,不利于发挥冲激雷达目标识别的潜在特性。较高的灵敏度也带来了较高的虚警概率,当外部干扰信号较大时,必须对隧道二极管外加适当的偏压以提高检测触发电平条件,降低虚警概率,特别是对于远距离超宽带冲激雷达,距离跨度较大,最小作用距离单元与最大作用距离单元内,回波信号的强度差异较大,隧道二极管上的外置偏压还必须随着距离单元的扫描而进行相应的微调。

2. 高速采样接收机设计

采样接收是利用单位脉冲信号的取样原理对连续信号进行离散采样。

利用奈奎斯特采样原理,采样频率f_{sample}与信号最高频率f_{max}之间应满足如下条件:

$$f_{sample} \geqslant 2f_{max} \tag{3.80}$$

一般采样频率f_{sample}取$(5\sim10)f_{max}$。则对于1ns的脉冲信号,其最高频率约为1GHz,采样频率应不小于5GSa/s。

随着以Tektronix和Keysight(Agilent)为代表的世界电子仪器开发商对示波器产品的不断推陈出新,高速数字采样技术已经趋于成熟。例如:Tektronix TDS5104 数字采样示波器,最高采样速率5GSa/s,采样带宽1GHz;Agilent DSO81204a 数字采样示波器,最高采样速率40GSa/s,采样带宽12GHz。显然这些示波器,完全可实现对纳秒冲激雷达回波信号的高速采样;但是受存储深度的限制,仍然必须对作用距离进行单元划分,分段采样。

Tektronix 相关技术手册中给出了一种典型的桥式高速采样电路,如图3.36所示。

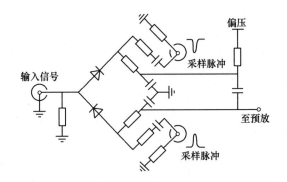

图3.36 桥式高速采样电路示图

3. 正交解调采样接收机设计

要实现对原始波形的直接高速采样,对硬件的要求是非常高的,几乎需要采用现有的顶级水平的仪器;而对于具有大规模产业化推广应用性质的雷达系统的设计而言,则需要综合考虑性价比。

正交解调在窄带雷达系统中被广泛采用,是用来降低系统单个通道带宽要求的常见方法。

理论分析及实验证明,采用适当的电路结构,正交解调对于冲激脉冲信号同样适用。依靠正交解调可以降低一半的带宽要求,则现有的中高档数字采集卡即可完全胜任冲激雷达回波的高速采样任务,雷达成本将大大降低。

图 3.37、图 3.38 给出了实际设计的正交解调接收机整体框图以及详细的正交解调电路结构设计:首先利用开关进行时间窗选择;接着为避免由于脉冲频谱分布过宽,后端混频产生混叠,加 200~800MHz 带通滤波器进行频带选择,经过带通滤波器后,脉冲波形将会有一定的变化,但是因为系统中选用的脉冲信号频谱主要集中在 500MHz 附近,因此波形畸变并不会太严重;加宽带低噪放大后,进行正交解调;正交解调 I、Q 两路信号接入采集卡进行采样分析。正交解调过程中,首先对信号进行上变频,使得信号相对带宽"窄带化",功分两路后,分别下变频,即完成正交解调过程。

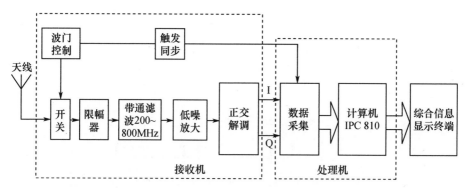

图 3.37 超宽带冲激雷达正交解调接收机整体框图

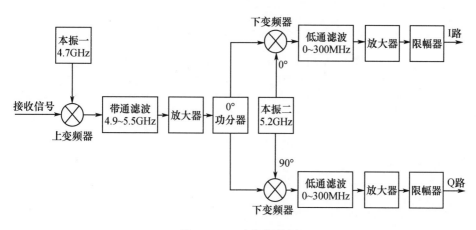

图 3.38 正交解调框图

对于 I、Q 两路信号的数字采集,选用加拿大 Gage 公司的 CompuScope 85G A/D 采集卡。CompuScope 85G 是一款较新的 PCI 总线采集卡,采用 Tektronic 公司先进的快进慢出(Fast In Slow Out, FISO)技术,两个通道可以以 8 位分辨力、5GSa/s 采样率同时采样,模拟带宽分别为 500MHz,满足 I、Q 两路 300MHz 的带宽要求。图 3.39 给出了该卡的实物照片及其工作原理简化方框图,其具体的性能参数见表 3.5。

109

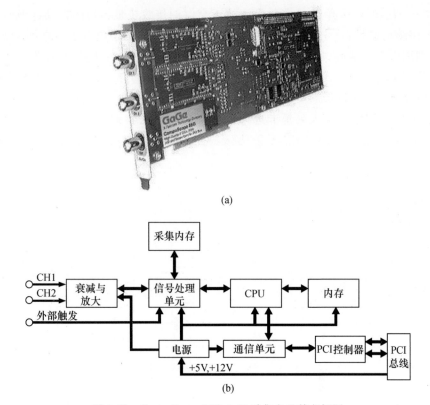

图 3.39 CompuScope 85G A/D 采集卡及其方框图

表 3.5 CompuScope 85G A/D 采集卡性能指标

参 数		指 标
通道数		2
耦合方式		交流(AC)和直流(DC)
DC 耦合带宽	−20~20mV	0~500MHz
	其他	0~300MHz
AC 耦合带宽	1MΩ 耦合	10Hz
	50Ω 耦合	140kHz
电压范围	1MΩ 输入	±20mV,±50mV,±100mV,±200mV,±500mV, ±1V,±2V,±5V,±10V,±20V
	50Ω 输入	±20mV,±50mV,±100mV,±200mV,±500mV,±1V,±2V,±5V
分辨力(ENOB)		8bit(6.01bit)
最高采样率		5GSa/s
采集内存		每通道 10000 样本点

(续)

参数		指标
触发	源	CH1、CH2、EXT 或软件触发
	方式	上升沿、下降沿或软件触发
	电平	由卡上数模转换器控制

图 3.40、图 3.41 给出了实际的正交解调模块实物照片和正交解调接收机、主控计算机实物照片。

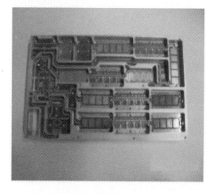 

图 3.40　超宽带正交解调接收机电路布局　　图 3.41　超宽带正交解调接收机及主控系统

正交解调接收的优点在于,既降低了系统对硬件的指标要求,又比较完整地保留了目标回波信息;缺点在于对原始回波信号产生有一定的畸变,特别是带通滤波对脉冲主峰电压具有一定的"削弱"效应,这对于目标检测和识别是不利的。

3.3.4　高速等效采样接收机设计[14,15]

1. 基本原理

高速实时采样,对硬件性能要求及成本极高。高速等效采样,可有效降低硬件性能要求及成本。等效采样即在超宽带雷达发射脉冲信号的每一个信号周期内对回波信号采集一个样本或多个样本,经过多个信号周期后对采集到的样本数据在按照一定的采样时序关系进行合成组成一个新的信号,即信号重构,重构信号保持了原信号的波形信息,但是在时间维度上比原信号增长了数倍,或者说原信号被展宽了,这就是等效采样的过程。

根据采样方式[16]的不同可以将等效采样分为随机等效采样和顺序等效采样。一般高速采样接收机均以顺序等效采样为基础进行设计。在时序系统的严格控制下,接收机与发射机之间的基准时基保持一致,等效采样电路在触发信号的控制下进行采样。每当检测到触发信号,采样电路在一个极短的时间窗内完成一个采样点的采样。在时序系统的控制下每两次采样脉冲采样时基之间都会设定一个采样延时步进,基于这个采样延时步进,每次对回波信号都会按照这个延时向后推延进行采样,直至完成整个时间窗的采样任务。最后根据采集到的样本数据在时序控制下进行回波信号的重构。等效采样过程如图3.42所示。

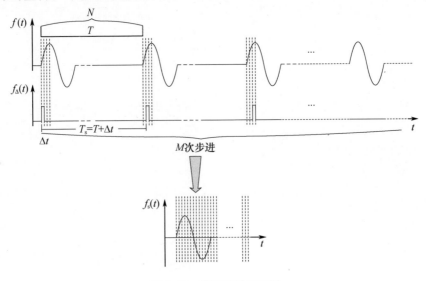

图3.42 等效采样原理图

重构采样时间点有如下规律:

$$t_{mn} = t_c + mT + n\tau_\Delta + m\Delta t = t_c + mT_s + n\tau_\Delta \tag{3.81}$$

式中:$m = 0, \cdots, M-1$;$n = 0, \cdots, N-1$;t_c为延时信号的传播延时;Δt为采样步进时间。

M为采样步进次数:

$$M = \tau_\Delta / \Delta t \tag{3.82}$$

N为单个脉冲重复间隔内采样点数:

$$N = t_d / \tau_\Delta \tag{3.83}$$

式中:t_d表示探测距离所用的时间;τ_Δ表示距离方向上每一个扫描单元扫描时的时间窗的大小。

设采样周期$T_s = T + \Delta t$(T为脉冲重复周期)。采样保持时间τ_{hold}决定后续采样最小间隔。

设待采信号为$f(t)$,取样脉冲信号为

$$f_\Delta(t) = \sum_{m=0}^{\infty} \sum_{n=0}^{\infty} \delta(t - t_{mn}) \tag{3.84}$$

信号采样结果为

$$f_s(t) = f(t) \cdot f_\Delta(t) = f(t) \cdot \sum_{n=0}^{\infty} \delta(t - nT_s) \qquad (3.85)$$

在等效采样过程中,因为被采样信号的周期性:

$$f(t) = f(t + T) \qquad (3.86)$$

所以等效采样信号为

$$f_e(t) = f(nT_s) \cdot \sum_{n=0}^{\infty} \delta(t - nT_s) = f(n\Delta t) \cdot \sum_{n=0}^{\infty} \delta(t - nT_s) \qquad (3.87)$$

等效采样过程中,在采样时延精确控制下按照一定的时间规律对信号样本采集,并对采样保持后的样本数据进行重组,按采集先后重组起来的信号与保持电路的时间参数的关系可以表示为

$$f_s(t) = f_e\left(\frac{\Delta t}{\tau_{\text{hold}}} t\right) \qquad (3.88)$$

对上式进行傅里叶变换

$$F(f_s(t)) = F_s(\omega) = \frac{\tau_{\text{hold}}}{\Delta t} \cdot F_e\left(\frac{\tau_{\text{hold}}}{\Delta t} \omega\right) \qquad (3.89)$$

可得

$$F_s(\omega) = \frac{1}{\Delta t} \cdot \sum_{n=0}^{\infty} F_e\left(\frac{\tau_{\text{hold}}}{\Delta t}(\omega - n\omega_e)\right) \qquad (3.90)$$

式中:等效采样频率 ω_e 为

$$\omega_e = \frac{2\pi}{\Delta t} \qquad (3.91)$$

传统的等效采样方法又称为单点采样,即在每一个脉冲周期内对信号进行单点采样只采集一个样本,实时性较差。针对这个问题进行改进,在每一个脉冲周期内对信号进行多点采样,采样效率成倍提高,这样相对于单点采样就极大地提高了脉冲重频的利用率和等效采样的实时性。

2. 设计方法

高速等效采样接收机主要包括皮秒级精控时延电路、电平转换电路、取样脉冲产生电路、取样及保持电路等,如图 3.43 所示。其工作原理主要如下:皮秒级精控时延电路产生严格的接收时钟信号,通过接口电路进入接收机分系统电路,经过电平转换电路对时钟信号进行处理产生一定脉冲宽度和幅度的方波信号,方波信号一分为二:一路方波信号进入取样脉冲发生电路,通过对采样门电路进行选通控制,实现对回波信号的采样处理;另一路方波信号通过钳位门开关反向处理,对采样门电路采集的样本信号进行保持处理。采样保持信号经过低噪放大器进行放大处理后进入数据采集与处理分系统进行数据的分析处理。

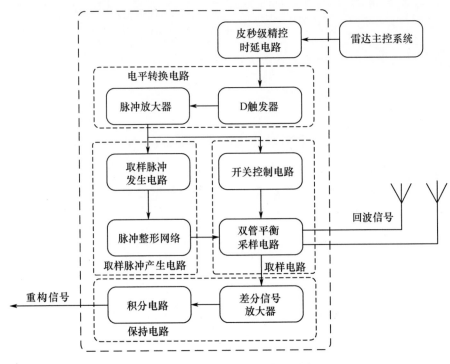

图 3.43 高速采样接收机系统组成框图

1) 皮秒级精控时延电路

皮秒级精控时延电路以现场可编程门阵列 FPGA 及皮秒级精控时延芯片为核心,产生精确时延触发信号。详细介绍可参见 3.5.2 节。

2) 电平转换电路

电平转换电路,如图 3.44 所示,主要用来增加触发信号的驱动能力。精控时延触发信号首先进入 D 触发器 U60,对触发信号窄化处理。在每一个时钟信号的上升沿,D 触发器置为高电平,在外围设定的参数之下保持一定时间。Q 脚输出电平反馈到 R 脚对 D 触发器进行清除恢复初始状态,之后每当遇到时钟上升沿就如此重复一次。D 触发器窄化后的时钟信号通过低噪高速脉冲放大器 U70(AD8009)进行放大处理,提高时钟信号的幅度,经过 D 触发器 U60 和脉冲放大器 U70 进行脉冲窄化、放大处理获得所需的快速上升沿、高幅值的方波信号,送至取样脉冲发生电路和钳位门开关产生取样脉冲和开关控制信号。

3) 取样脉冲发生电路

取样脉冲一方面控制采样门的采样频率,另一方面脉冲质量直接影响开关的响应速度,进而影响采样结果。取样脉冲信号不同于发射脉冲信号,对于脉冲信号的幅值要求不高,电路如图 3.45 所示。电路主要分为两部分:雪崩电路产生窄脉冲信号;整形网络电路对雪崩电路产生的脉冲信号进行分压、整形处理。

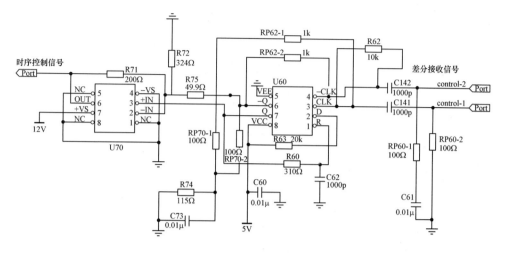

图 3.44 电平转换电路图

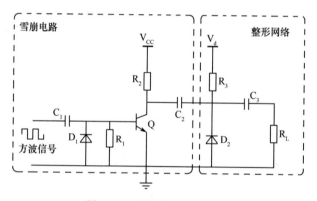

图 3.45 取样脉冲发生电路

利用仿真软件 Pspice 对电路进行分析,所建立的仿真电路和仿真实验结果,分别如图 3.46、图 3.47 所示,产生的取样脉冲信号,信号脉宽大于 2ns,幅度在 2.5V 左右。2ns 的取样脉宽显得稍宽,实际的采样选通过程中,该脉冲仅在尖峰处进行信号选通,因此完全可满足采样选通精度要求。

4) 取样电路

能够作为采样保持器内部开关器件的基本上是双极性晶体管和场效应管等半导体材料器件。常见的取样门电路有单管取样门、双管平衡取样门、双管非平衡取样门、桥式取样门等形式[17]。基于双管平衡采样电路设计一种取样门电路组成框图如图 3.48 所示。图 3.49 给出了具体的电路形式。

从图 3.49 中可以看出,取样门由两个双极性晶体管发射极连接,辅以外围电阻电容等元器件组成对称结构。回波信号为天线端产生的差分信号,在 Bias 偏置电压作用下,晶体管受驱动脉冲控制对回波信号进行采样。

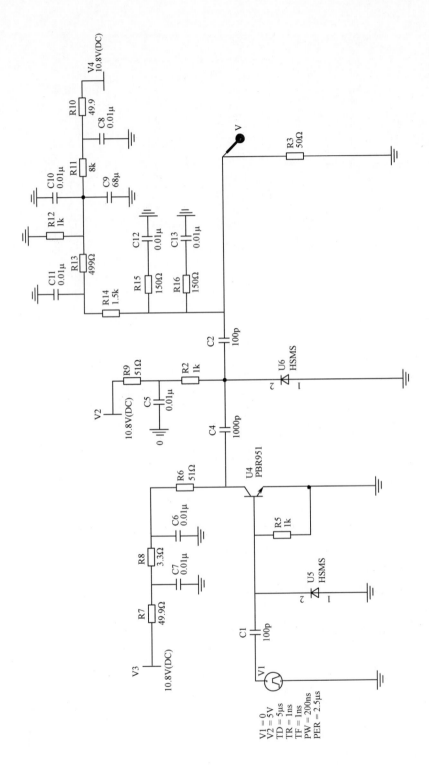

图3.46 取样脉冲发生电路仿真电路图

116

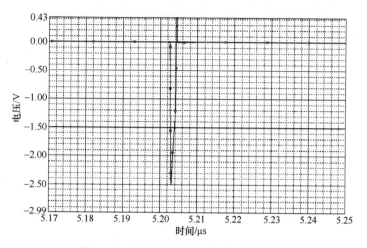

图 3.47 取样脉冲产生电路仿真结果图

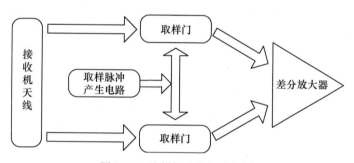

图 3.48 取样门电路组成框图

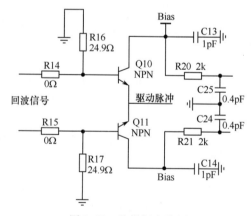

图 3.49 取样门电路图

5）信号保持电路

回波信号经过采样门电路之后产生采样信号,对所采样信号的保持电路,如图 3.50 所示。

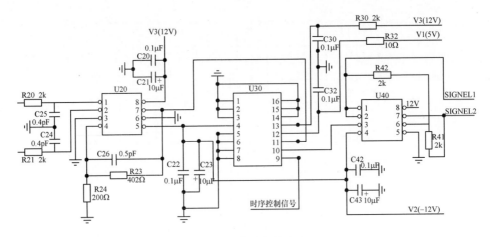

图 3.50　信号保持电路

电路从左向右工作,采样信号从左端进入电路,信号保持器前端为一个差分信号放大器 U20(AD830),该放大器对采样门采集到的脉冲信号进行差分放大。为了更好地保持采样门采集的脉冲信号,由 ADG 系列 U30(LC2MOS)快速通断开关组成的钳位门电路,接收来自钳位门开关控制器发出的控制信号,与采样门同时通断,对回波信号进行采样保持。由于 ADG 系列芯片的开关时间为纳秒量级,具有很好的开关特性,配合后面的 RC 积分电路能够提高等效采样的精确度,更好地进行回波信号的重构。

接收机设计中需要考虑噪声抑制问题。采样过程中的噪声主要来自以下三个方面:时基抖动噪声;外部干扰噪声;量化噪声。为降低采样噪声,要求时钟基准源采用高稳定的低相噪源、采样前端要良好屏蔽。同时通过多次采样平均也可以降低采样噪声、改善信噪比[18]。

3. 性能指标

目前基于单点等效采样方法已经研制出系列超宽带雷达接收机,具体指标如下:

动态范围:80dB。　　　　　　　等效采样:5~20GSa/s。
灵敏度:-90dBmW。　　　　　 AD 实时采样率:200kSa/s。
带宽:1~2GHz。　　　　　　　 AD 位数:18~24bit。
通道数:1/2/4。　　　　　　　　 触发方式:ECL。

3.4　超宽带冲激雷达天线

3.2 节、3.3 节讲述了冲激雷达的发射机、接收机设计。除此之外,高增益、高保真时域脉冲天线设计也是超宽带冲激雷达系统设计的重要内容,天线的基本性能对雷达系统也具有重要作用。

3.4.1 天线参数的规范化定义[19-21]

一般的窄带天线基于稳态时谐场进行分析,而超宽带冲激脉冲天线则需要基于瞬态时变场进行分析。二者之间具有明显差异。在讨论冲激脉冲天线设计之前,首先对冲激脉冲天线参数进行规范性定义。

1. 方向性系数

采用信号能量定义:

$$D(\theta,\varphi) = \frac{\int_{-\infty}^{\infty} |E_{\text{trans}}(\theta,\varphi,t)|^2 \mathrm{d}t}{\frac{1}{4\pi}\int_{0}^{4\pi}\int_{-\infty}^{\infty} |E_{\text{trans}}(\theta,\varphi,t)|^2 \mathrm{d}t\mathrm{d}\Omega} \quad (3.92)$$

式中:Ω 为单位立体角度;E_{trans} 为发射场强。分子表示在某一方向由天线辐射的能量,分母表示天线辐射的总能量,二者之比称为能量方向性系数。

从以上定义的方向性系数可以看出,天线的方向性系数与脉冲持续时间有关[22,23]。

2. 辐射阻抗

$$R_{\text{rad}} = \frac{\int_{0}^{4\pi}\int_{-\infty}^{\infty} \frac{|E_{\text{trans}}(\theta,\varphi,t)|^2}{\eta_0}\mathrm{d}t\mathrm{d}\Omega}{\int_{-\infty}^{\infty} |I_{\text{in}}(t)|^2 \mathrm{d}t} \quad (3.93)$$

式中:$I_{\text{in}}(t)$ 为天线输入电流;η_0 为天线效率。

3. 有效面积

天线用作接收天线时,有效面积可以衡量天线的接收能力,即

$$A_e(\theta,\varphi) = \frac{\int_{-\infty}^{\infty} |V_{\text{re}}(t)I_{\text{re}}(t)|\mathrm{d}t}{\int_{-\infty}^{\infty} \frac{|E_{\text{in}}(t)|^2}{\eta_0}\mathrm{d}t} \quad (3.94)$$

式中:$V_{\text{re}}(t)$、$I_{\text{re}}(t)$ 分别为有效电压和电流;$E_{\text{in}}(t)$ 为入射电场的电场强度。

4. 增益

$$G(\theta,\varphi) = 4\pi r^2 \frac{\int_{-\infty}^{\infty} \frac{|E_{\text{trans}}(\theta,\varphi,t)|^2}{\eta_0}\mathrm{d}t}{\int_{-\infty}^{+\infty} |V_{\text{in}}(t)I_{\text{in}}(t)|\mathrm{d}t} \quad (3.95)$$

式中:$V_{\text{in}}(t)$、$I_{\text{in}}(t)$ 分别为天线输入电压和电流。

5. 波形保真系数

波形保真系数作为脉冲天线性能的重要衡量参数,发射天线波形保真系数定义

为输入电压的时间导数与辐射场的互相关系数,接收天线波形保真系数定义为入射场与接收电压的互相关系数,其值介于 0~1 之间。发射天线的归一化波形保真系数为

$$F = \frac{|\rho_{12}(\tau)|}{\sqrt{\rho_{11}(\tau)\rho_{22}(\tau)}} \quad (3.96)$$

式中:$\rho_{11}(\tau)$ 为输入电压微分的自相关系数;$\rho_{12}(\tau)$ 为输入电压的微分与辐射电场的互相关系数;$\rho_{22}(\tau)$ 为辐射电场的自相关系数。$\rho_{11}(\tau)$、$\rho_{12}(\tau)$、$\rho_{22}(\tau)$ 可分别表示为

$$\rho_{11}(\tau) = \int_{-\infty}^{+\infty} \frac{dV_{in}(t)}{t} \frac{dV_{in}(\tau-t)}{\tau-t} dt \quad (3.97)$$

$$\rho_{12}(\tau) = \int_{-\infty}^{+\infty} \frac{dV_{in}(t)}{t} E_{trans}(\tau-t) dt \quad (3.98)$$

$$\rho_{22}(\tau) = \int_{-\infty}^{+\infty} E_{trans}(t) E_{trans}(\tau-t) dt \quad (3.99)$$

超宽带时域脉冲天线不再满足互易原理,天线辐射瞬态响应与其接收瞬态响应的微分成正比关系。对于接收天线,保真系数由入射电场的电场强度与接收电压直接求相关系数得出。同时发现,波形保真系数对脉冲形状是敏感的,同一副天线对一种脉冲波形的保真系数大,可能对另一种脉冲波形的保真系数小。

3.4.2　时域超宽带天线基本类型介绍[24]

时域超宽带天线形式多样、不胜枚举。实际工程应用中,天线设计主要考虑增益、波形保真、体积、重量等因素来选择合适的天线形式。

1. TEM 喇叭天线

TEM 喇叭天线如图 3.51 所示,由一个双导体组成,由于这种天线的结构形状与喇叭相似,故称 TEM 喇叭。其张角、长度及宽度的适当选择可使天线的特性阻抗为渐变,实现很小的端口反射。天线的输入阻抗与馈源阻抗匹配,开口端特性阻抗取为自由空间的特性阻抗。这种天线实质上相当于一个阻抗变换器,但为了有良好的辐射特性,终端应有大的口径张角。另外,这种天线应为 TEM 波传输系统,否则将因色散而引起波形畸变[25]。

2. 双锥天线

双锥天线具有非频变结构,因此具有超宽频带[26]。其几何形状如图 3.52 所示。在半锥角较大时,双锥天线的特性阻抗是很低的。在实际工程中,只要双锥天线有足够的电长度,锥角足够大,它就具有优良的宽带特性。无限长双锥天线的工作带宽应为无限宽,但实际应用时,双锥天线的两臂总是有一定长度的。对于有限长双锥天线,其输入阻抗不仅与锥角有关,也随两臂的长度变化。因此,天线的两臂长度对

带宽也有很大制约作用。一般地,锥角越大天线的输入阻抗在频带内变化越平稳,即带宽越宽。在实际应用中,天线的锥角应取 60°~90°即可获得较宽的带宽。

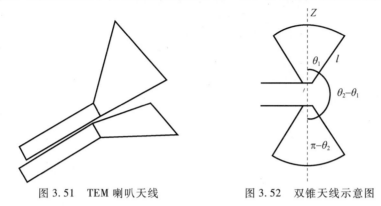

图 3.51　TEM 喇叭天线　　　　图 3.52　双锥天线示意图

3. 领结(蝴蝶结)天线

大锥角的双锥天线具有良好的宽频带特性,但它是三维结构,不易安装,尤其当波长较长时更甚。因此,工程上常用它的变形形式——领结(蝴蝶结)天线。由于它是一种平面结构,因此具有重量轻、易安装等机械优点。常用的领结天线的结构如图 3.53 所示,振子两臂做成等腰三角形或扇形等形状,天线振子为敷在薄的介质基板上的铜箔或其他导电材料。

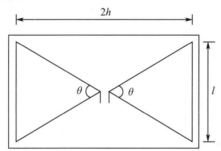

图 3.53　领结天线的结构图

与圆锥天线一样,当张角较大时,领结天线仍然具有良好的宽频带特性。领结天线也可近似看成一种行波结构天线形式,电流从中央馈电点逐渐流向两边,且越来越小,到末端有少量电流发生反射。因此,为了再增大领结天线的频带宽度,可采用行波天线常用的加载的方式,即在天线的近末端离散地或连续地加上电阻或电抗元件,改善天线上的电流分布,使天线上的电流尽可能接近行波电流分布,从而进一步增大领结天线的频带宽度,减小天线接收电压脉冲拖尾。

4. 渐变开槽(Vivaldi)天线

Vivaldi 天线是由 Gibson 在 1979 年提出的一种天线形式,如图 3.54 所示。

图 3.54　Vivaldi 天线原型

Vivaldi 天线是由较窄的槽线过渡到较宽的槽线构成的,槽线呈指数规律变化,宽度向外逐渐加大,形成喇叭口向外辐射或向内接收电磁波。理论上,它有很宽的频带,而且这种天线线极化、高增益,可以随频率变化增益恒定。一般地,Vivaldi 天线的馈电为微带线 - 槽线耦合馈电。因此,此类 Vivaldi 天线又可称为耦合型 Vivaldi 天线,此天线由于受到微带线 - 槽线变换的限制,通常可在 5∶1 的频带范围内实现 VSWR <2。Vivaldi 天线由于具有结构简单、超宽频带、带内增益平坦等优点,因此常用作超宽带相控阵雷达的单元天线和冲激脉冲雷达的收发天线[27-29]。

TEM 喇叭天线、双锥天线、领结天线和 Vivaldi 天线等,各自有着不同的优缺点。表 3.6 对几种常见的时域超宽带天线的性能进行了对比。可以看出：TEM 喇叭天线增益高,而且单向辐射,但它们的体积和重量都较大,不利于雷达的小型化和轻便化;领结天线是由双锥天线变形的平面结构,它具有带宽很宽、结构简单、体积小等优点,但它的效率不高,增益较低,不太适用于远距离探测;Vivaldi 天线具有结构简单、体积小、时域带宽很宽的优点,但是功率容量有限。

表 3.6　几种常用时域超宽带天线性能对比

天线类型	优点	缺点
TEM 喇叭	增益高、功率容量大	尺寸大、馈电困难
双锥天线	相位中心固定、频带宽	效率低、增益低、功率容量低
螺旋天线	频带宽、增益较大	功率容量低、极化损耗
加脊喇叭	频带宽、功率容量大	多模、损耗大
领结天线	结构简单、体积小	效率低、功率容量低
Vivaldi 天线	结构简单、体积小、制作简单、时域带宽很宽	功率容量低

3.4.3　渐变开槽天线设计

一般情况下,开槽天线有三种基本的开槽轮廓形状：①非线性渐变(包括指数或 Vivaldi、正切和抛物线)[30-32];②线性渐变[33,34];③恒定宽度[35,36]。目前广泛应用的开槽天线有 Vivaldi 天线和线性渐变开槽天线(LTSA)。

开槽天线的几何结构对天线的辐射性能有较大影响。对于具有不同渐变轮廓线的开槽天线,一般说来,在相同介质、相同长度、相同口径尺寸的条件下:恒定宽度开槽天线(CWSA)的波束宽度最窄,旁瓣最高;线性渐变开槽天线次之;Vivaldi 天线的波束宽度最宽,旁瓣最低。由于 Vivaldi 天线具有宽频带的特点,所以它非常适合作冲激雷达的接收天线。

天线印制在电路板上(介质材料为聚四氟乙烯,厚度为 2mm,相对介电常数为 4.8),采用共面波导到槽线的馈电结构,如图 3.55 所示。天线由同轴线接入共面波导,然后共面波导的一臂接开路环,另一臂就形成了槽线。开路环形状为椭圆,在不增加天线尺寸的前提下,提供了更大的周长,使巴仑的工作频带下限得到了扩展,从而使天线能够工作在 200MHz 以下[37-39]。

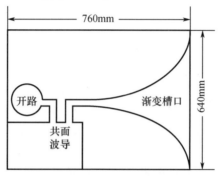

图 3.55 印制开槽天线结构图

天线巴仑部分共面波导和槽线的特性阻抗可以采用保角变换计算。天线的开口部分是指数渐变的轮廓曲线,一端连接共面波导一臂形成槽线,然后槽线以指数关系不断增大直至天线末端。天线的实物图如图 3.56 所示,图 3.57 是单个天线的驻波测试结果,表明天线具有良好的匹配[40-42]。

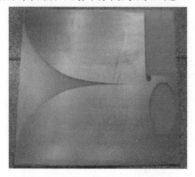 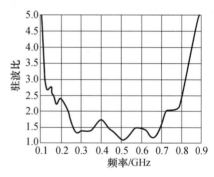

图 3.56 渐变开槽印制天线实物　　　　图 3.57 单个天线的驻波比

采用示波器测得渐变开槽印制天线的时域波形如图 3.58 所示。测量时,接收天线也采用渐变开槽印制天线,固定不动,两天线正对着时为 0°,发射天线每隔 45°测一个波形,脉冲源输出波形是单极脉冲,脉宽 1.2ns。

从图 3.58 可以看到,脉冲在 0°主轴方向,具有正负双峰,近似于单极脉冲的微分形式,拖尾比较小,说明该天线具有较好的波形保真性,适于用来接收超宽带短脉冲。随着偏离主方向,脉冲幅度不断减小,拖尾加长。

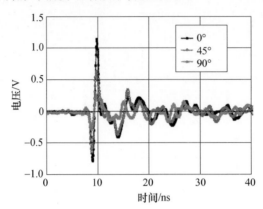

图 3.58 渐变开槽天线 H 面时域脉冲波形(见彩图)

3.4.4 蝴蝶结天线设计

平面蝴蝶结天线具有很宽的频带,适合脉冲信号的辐射,特别是在探地雷达系统中,背腔式蝴蝶结天线有很好的应用。

如图 3.59 所示,通过背腔设计及吸波材料的填充,天线系统背面的辐射场被明显抑制。利用宽带阻抗匹配传输线的办法来解决发射机与天线馈点间的失配问题。宽带阻抗匹配传输线由几段不同间距的平行传输线组成,如图 3.60 所示。每段传输线的长度与间距由仿真软件优化得到,优化目标是每段匹配线之间及匹配线与天线和发射机之间反射最小[43,44]。

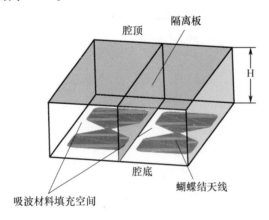

图 3.59 收发天线背腔安装结构

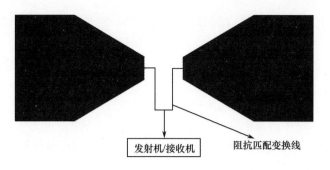

图 3.60 蝴蝶结天线

1. 不加载振子

不加载振子即图 3.61 所示天线,由纯良导体构成,因此理论上无损耗,有较高的辐射效率。但是末端反射会造成波形拖尾,与目标混淆。为了增加正向辐射效果,一般在背向加电磁屏蔽腔,此时正向、背向辐射效果如图 3.62 所示。振子越短,拖尾幅度越大,距离越近,振荡越多,因此是不利因素。

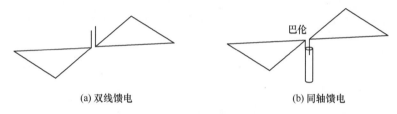

图 3.61 不加载振子天线

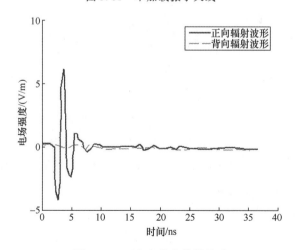

图 3.62 正向和背向信号波形

图 3.63 表示几种长度蝶形振子在相同高斯微分激励下,振子的输入电流和法向辐射的仿真波形(每单位时间步长为 20ps)。图中蝶形振子全长分别为 40cm、80cm、

125

160cm,导体片是等边三角形。图3.63(a)中起始段的波形近似微分高斯脉冲,代表入射波电流,三种尺寸振子是相同的,不同的是后续波形,最短的振子电流反冲位置,幅度最大。振子长度越长,反冲位置越远,幅度越小。图3.63(b)的辐射波,观察点在振子前方60cm,也有相似的特点。主波接近高斯微分是天线臂上入射波激励的,振子越短,后续的反射波形越近,拖尾越长,两臂长1.6m时,反射波幅度降为入射波的1/7。对于1GHz中心频率的高斯微分脉冲,就是这个小值也仍然可与许多目标的回波相比较。注意到此振子的长度是中心波长的5倍以上,因此完全不加载蝶形振子天线想要有良好效果,尺寸就太大了。

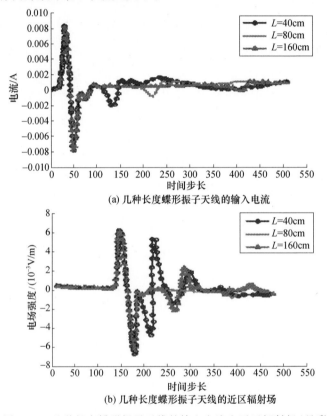

图3.63 几种长度蝶形振子天线的输入电流和近区辐射场(见彩图)

2. 末端集中加载蝶形振子

为了使振子较短而不致引起末端大反射,一种做法是在末端加集中电阻负载,负载阻抗等于振子的特性阻抗。按照电路的概念,这将获得阻抗匹配,不会产生反射波。在结构上需要有负载的通路,否则负载是无效的,因此需要在振子外围有金属盒或者接地板。如图3.64所示,屏蔽盒和接地板就成了振子电流的通路。图3.64(b)中振子是弯折的。

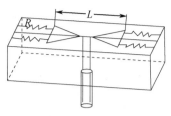
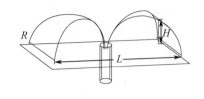

(a) 末端加载蝶形振子和屏蔽盒　　　　(b) 末端加载蝶形振子和接地板

图 3.64　末端加载蝶形振子天线

图 3.65 是图 3.64(b) 集中加载蝶形振子天线输入电流和辐射场的仿真波形图,激励场仍是高斯微分脉冲。输入电流的主波形基本是高斯微分的形式,但余波波纹较多,光滑性不如平面振子。近区辐射场的情况更严重,这是由于弯曲振子和接地板之间互相耦合的影响。图 3.64(a) 加屏蔽盒振子,由于盒本身的反射作用,会形成强烈的波形振荡,它必须和吸波材料配合才能应用。

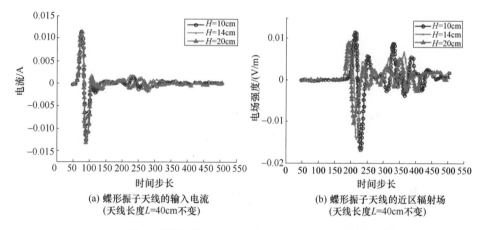

(a) 蝶形振子天线的输入电流
(天线长度 L=40cm 不变)

(b) 蝶形振子天线的近区辐射场
(天线长度 L=40cm 不变)

图 3.65　集中加载蝶形振子天线的输入电流和近区辐射场(见彩图)

3. 分布加载蝶形振子

分布加载是缩短振子长度的一种有效方法,它相当于有损耗传输线,电磁波在其上传播时不仅有辐射,还有电阻损耗。因此电流受到较快的衰减,到末端时行波电流趋于零,将不再产生反射,因此波形是较好的。它的缺点是由于电流损耗,辐射场也有所减小,因此加载要适度,一般应取不均匀加载。例如指数加载,天线从馈电端起,始端加载轻,尾部加载重,辐射场的主要波形在天线前部已经产生,因而损失较小。分布加载不需要负载通路,因此不像集中加载需要屏蔽盒或接地板,它的辐射场可以和不加载振子直接比较。

图 3.66 的加载蝶形振子天线的两臂长仅为 40cm,输入电流主波形和不加载振子天线的主波形一致,而且尾部平滑,是几种振子天线中波形最好的。辐射波形也是

如此。辐射波形的幅度有所下降,但不显著,因此用这种振子天线较好。但是不加屏蔽盒或接地板的振子天线是双向辐射的,除了向地面辐射外还有朝天空及周围辐射。因而周围环境会显著影响辐射和接收的波形,造成误判。因此蝶形振子天线工作时通常要加屏蔽盒,减小环境影响。但是屏蔽盒本身就是强烈的反射源,在加屏蔽盒的同时,盒的内侧要有吸收层覆盖,吸收层要能有效吸收,并且厚度适当。这并不是容易做到的,这是蝶形振子天线应用的最大障碍所在[45]。

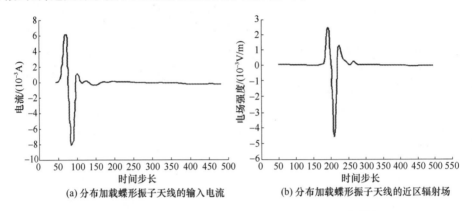

(a) 分布加载蝶形振子天线的输入电流　　(b) 分布加载蝶形振子天线的近区辐射场

图 3.66　分布加载蝶形振子天线的输入电流和近区辐射场

3.4.5　平面 TEM 喇叭天线设计

平面 TEM 喇叭压缩 H 面尺寸,减小结构的维数,且在该方向尺寸无变化,使 TEM 喇叭变成一种准平面结构,如图 3.67 所示,称为平面 TEM 喇叭天线。这种天线设计简单,结构紧凑,重量轻,易于安装,既可用作独立辐射元,又可用作阵列天线阵元或反射面天线的馈源,是一种多功能瞬态天线[46-47]。

平面 TEM 喇叭天线的驻波仿真与测量结果如图 3.68 所示。

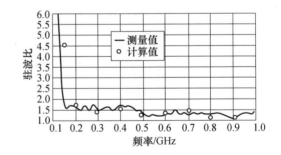

图 3.67　平面 TEM 喇叭天线　　图 3.68　平面 TEM 喇叭天线驻波仿真与测量结果对比

图 3.69 是用 FDTD 法计算的平面 TEM 喇叭在 800MHz 正弦波激励下不同时刻的近场分布灰度图,其中 n 表示 FDTD 计算的时间步数,灰度的深浅对应辐射场幅度

的大小。由此可以看出,天线前端的尖角拐角部分对场的二次激励作用是非常明显的,会影响天线的波形保真性和方向图特性,也会影响天线的输入驻波比和效率,天线的后向辐射先是后端开路部分缝隙泄漏,随后整个天线结构均参与了辐射。这些都说明,需要把尖角部分改成平滑过渡,减小二次辐射。图 3.70 是 CST MWS 软件模拟的平面 TEM 喇叭天线 800MHz 激励时不同时刻表面电流分布,可以看出,表面电流主要分布在馈电同轴线和 TEM 喇叭天线内表面 A 处(图 3.71),而在 B、C 区域几乎没有电流分布。通过这些分析,可以对平面 TEM 喇叭天线作如图 3.71 所示的结构优化,将 B、C 两部分去掉,改变口径边缘天线的形状,将突变改为光滑渐变,并适当增大天线口径,不但进一步减轻了天线的体积和重量,而天线性能还有所提高[48]。

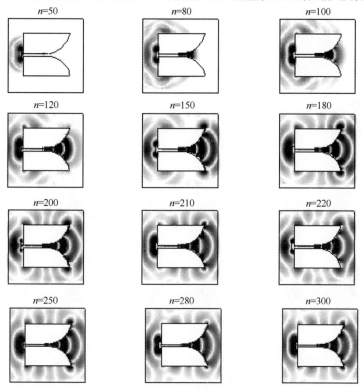

图 3.69 平面 TEM 喇叭不同时刻近场分布(800MHz)

图 3.72 为改型后的平面 TEM 喇叭天线的实测驻波结果,在 100MHz 时,天线的驻波比为 3,而在 150MHz~1.5GHz 范围内驻波小于 2,可见上述优化措施进一步展宽了天线的频带。改型天线测量的方向图及仿真的方向图如图 3.73 所示,此处仅仅给出 400MHz 及 800MHz 的仿真及测量结果,可以看出两者吻合较好。仿真及测量结果表明,虽然驻波在 1~1.5GHz 很好,但方向图在 1GHz 以上开始分裂,这是由于适当增加天线口径面尺寸导致口径面高频相位严重畸变的结果。

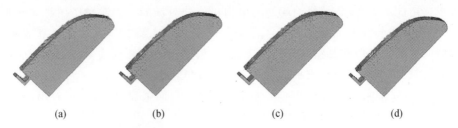

图 3.70 平面 TEM 喇叭表面电流分布

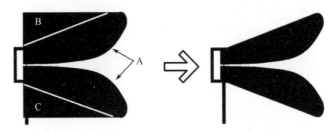

图 3.71 平面 TEM 喇叭结构优化

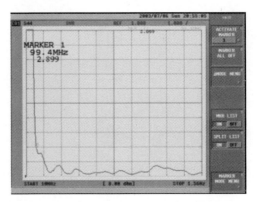

图 3.72 改型平面 TEM 喇叭天线驻波测量结果

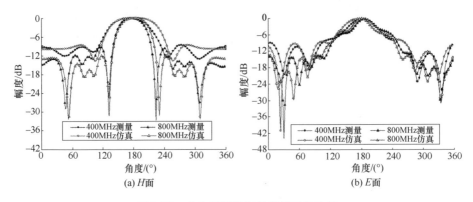

图 3.73 方向图测量与仿真结果的比较

3.4.6 时域天线阵列

1. UWB 天线阵时域描述

UWB 天线与窄带天线有许多本质的不同。对于窄带天线,可以简单地认为其辐射和接收的是某一频率的正弦(或余弦)信号,信号波形始终不变,变化的只是波形参数(如幅度和相位)。由于频率一定,故只需用幅度和相位就可以衡量天线的方向图信息。而对于辐射或接收无载波脉冲信号的 UWB 天线来说,天线辐射或接收的信号波形与激励波形不同,是时间的函数,其完整的方向图信息是整个时域波形的函数。

从信号持续时间上来看,假设天线口径为 L,真空中光速为 c,信号持续时间为 τ,则窄带信号满足

$$c\tau \gg L \tag{3.100}$$

超宽带信号满足

$$c\tau \leq L \tag{3.101}$$

由于超宽带信号是短脉冲,假设天线辐射的脉冲信号宽度等于馈入天线的信号宽度,则当 $\theta > \theta_{\text{interf}}$ ($\theta_{\text{interf}} = \arccos\left(\dfrac{c\tau}{d}\right)$ 时,阵列方向图中就存在非相干区域,如图 3.74 所示。而对于窄带天线,由于 $\dfrac{c\tau}{d} \gg 1$,所以就不存在非相干区域。其中 d 为阵元间距。

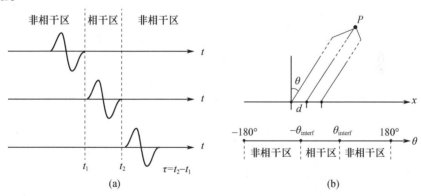

图 3.74 UWB 天线阵方向图形成区域划分示意图

2. 理想情况下 UWB 天线阵方向图和窄带天线阵方向图比较

如图 3.75、图 3.76 所示,为了比较理想情况下 UWB 天线方向图和窄带天线方向图的区别,我们选取 21 元均匀直线阵,不考虑阵元之间的耦合,假设 UWB 天线辐射双高斯脉冲,且具有全向性,即在各个方向上辐射的波形相同。由于超宽带天线辐射的是短脉冲,所以当阵元间距 d 满足关系 $d > c\tau$ 时,存在非相干区域,不存在窄带

天线具有的栅瓣现象。从图中可以看出,阵元间距越大,波瓣宽度越窄。对应于窄带天线频域方向图,当阵元间距满足关系

$$d > \tau \tag{3.102}$$

时,有栅瓣现象存在。但是对于超宽带天线阵无栅瓣现象。

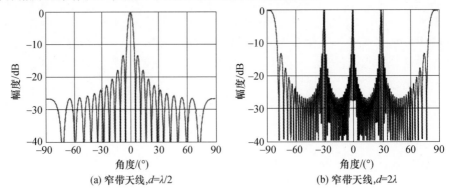

(a) 窄带天线,$d=\lambda/2$　　　　(b) 窄带天线,$d=2\lambda$

图 3.75　窄带天线阵方向图

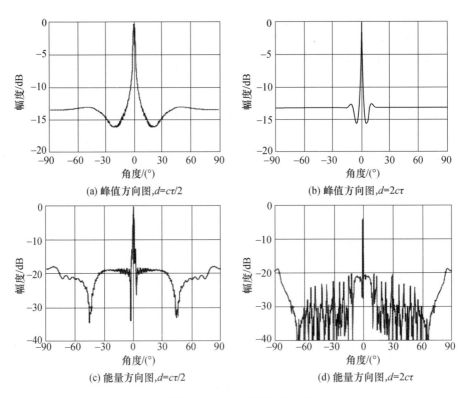

(a) 峰值方向图,$d=c\tau/2$　　　　(b) 峰值方向图,$d=2c\tau$

(c) 能量方向图,$d=c\tau/2$　　　　(d) 能量方向图,$d=2c\tau$

图 3.76　UWB 天线阵方向图

对于窄带天线阵,为了降低副瓣电平,可以采取加权的方法来实现,比较常用的有泰勒加权、三角形加权、正弦和余弦加权。对于超宽带天线阵,同样可以按窄带天线加权的设计理论设计。图3.77是按泰勒加权方法得到的UWB天线阵方向图。副瓣电平为 -30dB,阵元数为21个,阵元间距 $d=c\tau/2$,UWB天线辐射双高斯脉冲。和窄带天线阵相反,副瓣电平抬高,主瓣宽度也变宽。

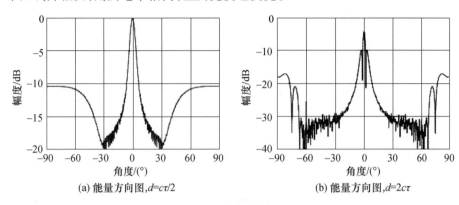

(a) 能量方向图,$d=c\tau/2$ (b) 能量方向图,$d=2c\tau$

图3.77　泰勒加权UWB天线阵方向图

对于窄带加权天线阵,如果中间天线权值低,两端权值高,则阵列方向图副瓣电平升高,主瓣宽度变窄。这里取泰勒权值分布的反对称形式,称为反向泰勒加权,如图3.78(b)所示。反向泰勒加权UWB天线阵的方向图如图3.79所示,规律和窄带天线相似,主瓣宽度变窄,副瓣电平升高。

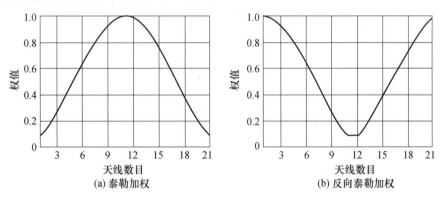

(a) 泰勒加权   (b) 反向泰勒加权

图3.78　加权权值分布图

3. 时域天线阵测量与分析

1) 单个阵列的时域特性

以渐变开槽天线阵(图3.80)为例对实测结果进行介绍。测量得到单个天线接收波形如图3.81所示,随着偏离主轴方向角度的增大,接收到的波形峰值逐渐减小,

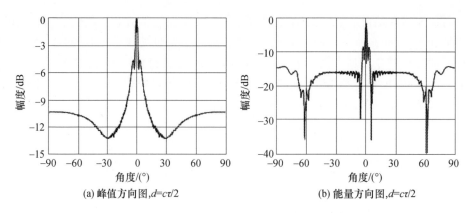

(a) 峰值方向图,$d=c\tau/2$　　　　　(b) 能量方向图,$d=c\tau/2$

图 3.79　反向泰勒加权 UWB 天线阵方向图

说明该天线具有一定的方向性。图 3.82 是测量得到的能量方向图和峰值方向图,单个天线的 3dB 波束宽度大约有 90°,波束较宽,必须组阵才有较强的方向性。

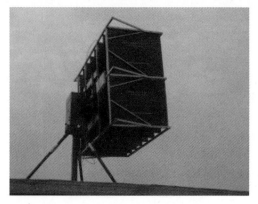

图 3.80　渐变开槽天线阵

2) 二元阵列的时域特性

测量二元阵时,采用和测量单个天线相同的脉冲源,脉冲源的输出信号利用功分器分为两路,分别接到两个阵元上。

测量得到的二元阵接收波形如图 3.83 所示,其波形最大值约为图 3.81 波形最大值的 1.4 倍(即$\sqrt{2}$倍),由此可见,二元阵的接收能量约为单个天线的 2 倍,这和频域天线阵理想情况下二元阵的增益比单个天线提高 3dB 的结论一致。随着角度变化,接收到的波形峰值逐渐减小,说明该天线阵具有一定的方向性,波形随角度的变化比单个天线变化得快,这是由于阵元之间的叠加效应所致。图 3.84 是测量得到的能量方向图和峰值方向图,当阵元间距增加时,波束宽度减小,其方向性明显强于单个天线。方向图的对称性不是很好,是因为被测天线不是放在阵列中心,由于其他天线的互耦影响所致。

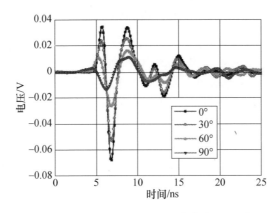

图 3.81　单个天线不同方向接收脉冲波形(见彩图)

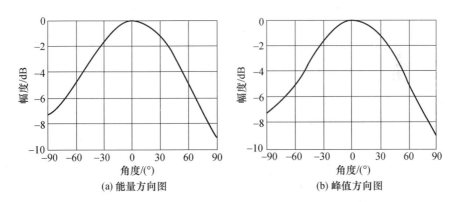

(a) 能量方向图　　　　　　　　　(b) 峰值方向图

图 3.82　单个天线的 H 面方向图

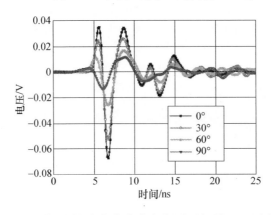

图 3.83　二元阵不同方向接收脉冲波形(阵元间距 25cm)(见彩图)

图 3.84 中,阵元间距为 150cm 的二元阵的波束宽度明显比阵元间距为 75cm 时窄,这是因为阵元之间的时延为

$$\tau = d\sin\theta/c \qquad (3.103)$$

式中:d 为阵元间距;θ 为方位角,两天线正对着时为 0°;c 为真空中的光速。当阵元间距 d 增大时,各方向的时延也加大,所以阵列叠加效应随角度变化也越明显,方向图波束也越窄。当阵元之间的距离大于脉冲宽度和光速的乘积时,就存在非相干区域,方向图的副瓣电平就会升高,但因为是短脉冲,所以不会出现频域窄带阵列特有的栅瓣现象。

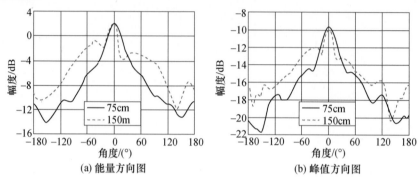

图 3.84 H 面二元阵方向图

3) 四元阵列的时域特性

测量得到的四元阵接收波形如图 3.85 和图 3.86 所示。可以看出,4×1 四元阵随偏离主轴方向角度波形变化更加剧烈,这是因为图 3.86 H 面阵元较多,但是波形的最大值基本相同,当阵元间距增加时,接收到的波形最大值稍有增加,这是因为阵元间距增加时,天线的有效接收面积也略有增加。从图 3.87 和图 3.88 可以看出,4×1 四元阵的方向图比二元阵波束窄,但是 2×2 四元阵和二元阵的 H 面波束宽度大致相同(阵元间距相同时),这是因为在 H 面阵元数相同,阵元间距也相同。

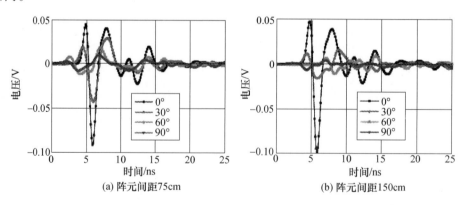

图 3.85 4×1 四元阵接收脉冲波形(见彩图)

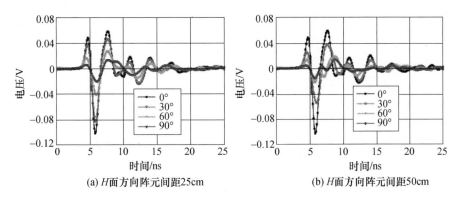

(a) H面方向阵元间距25cm (b) H面方向阵元间距50cm

图 3.86 2×2 四元阵接收脉冲波形

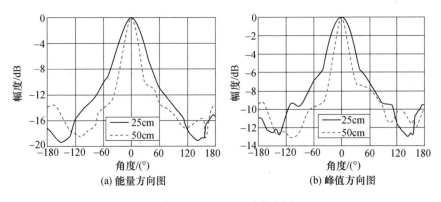

(a) 能量方向图 (b) 峰值方向图

图 3.87 4×1 四元阵方向图

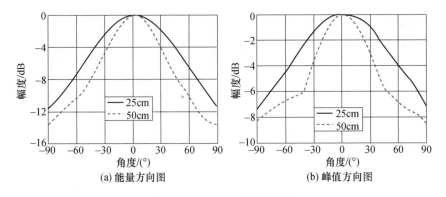

(a) 能量方向图 (b) 峰值方向图

图 3.88 2×2 四元阵方向图

4）八元阵列的时域特性

测量得到的八元阵接收波形如图 3.89 和图 3.90 所示。可以看出图 3.90 比图 3.89 随偏离主轴方向角度波形变化剧烈，这是因为图 3.90 H 面阵元较多，但是波形的最大值基本相同，当阵元间距增加时，接收到的波形最大值稍有增加，这是因为阵元间距增加时,天线的有效接收面积也略有增加。从八元阵方向图(图 3.91 和图 3.92)可以看出,8×1 排列的阵方向图比四元阵 4×1 排列的波束窄,但是 4×2 排列的八元阵和 4×1 排列的四元阵的 H 面波束宽度大致相同(阵元间距相同时),这是因为在 H 面阵元数相同,阵元间距也相同。

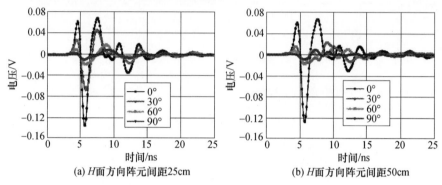

图 3.89　4×2 八元阵接收脉冲波形(见彩图)

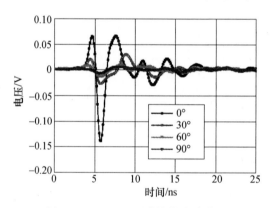

图 3.90　8×1 八元阵接收脉冲波形

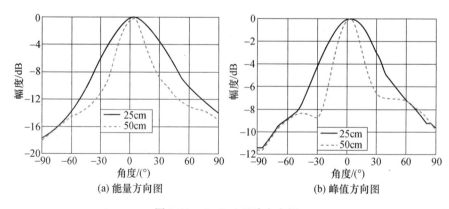

图 3.91　4×2 八元阵方向图

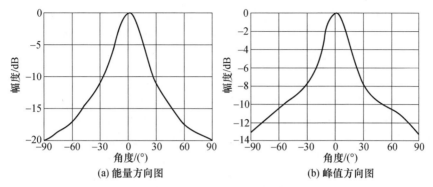

(a) 能量方向图　　　　　　　　(b) 峰值方向图

图 3.92　8×1 八元阵方向图

5) 十六元阵列的时域特性

测量得到的十六元阵列天线远场接收波形如图 3.93 所示,其方向图如图 3.94 所示。其变化规律和四元阵、八元阵一致。

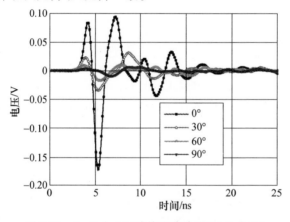

图 3.93　8×2 十六元阵接收脉冲波形(见彩图)

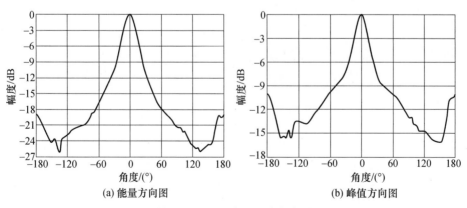

(a) 能量方向图　　　　　　　　(b) 峰值方向图

图 3.94　8×2 十六元阵方向图

6）综合分析

图 3.95 和图 3.96 是测得的不同阵元数、不同阵元排列方式、不同阵元间距的天线和天线阵在主轴方向接收的脉冲波形,其中"$4\times2,25\mathrm{cm}$"表示 H 面 4 个阵元、间距 $25\mathrm{cm}$、E 面 2 个阵元、间距为 $64\mathrm{cm}$ 的平面阵列。可以看出,对于主轴方向,接收波形的峰值和接收阵元数的平方根大致成正比,当阵元数相同时,其接收波形也大致相同。这说明在主轴方向,总的接收波形是单个接收波形的叠加,满足能量守恒原理。

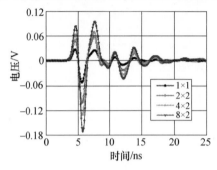

图 3.95 不同阵元数的接收
脉冲波形(见彩图)

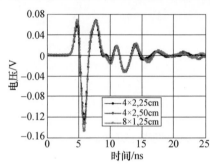

图 3.96 不同排列方式的接收
脉冲波形(见彩图)

图 3.97 是测得的 H 面二元阵列不同间距的能量方向图和峰值方向图。从该图可以看出,对于 H 面排列的天线阵,H 面的能量方向图随着阵元间距的增加,波束宽度逐渐变窄。

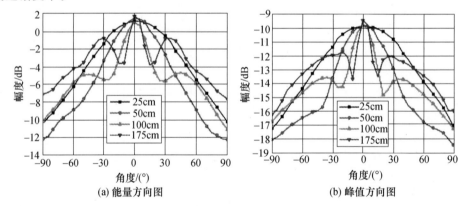

图 3.97 二元接收阵列 H 面方向图(见彩图)

图 3.98 是测量不同阵元数的能量方向图和峰值方向图,H 面阵元间距均为 $25\mathrm{cm}$。可以看出,最大值和阵元数的平方根成正比,这和前面的分析一致。当 H 面的阵元数增多时,虽然相邻阵元之间的时延相同,但是阵元间的最大时延随阵元数的增加呈线性增加,所以波束变窄。

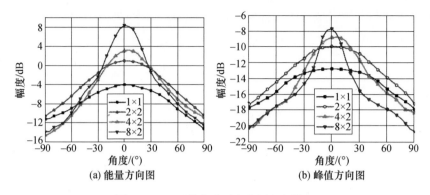

(a) 能量方向图　　　　(b) 峰值方向图

图3.98　H面接收阵列方向图(见彩图)

3.4.7　时域波束扫描

当前,传统雷达领域中,相控阵天线理论及其技术已经颇为成熟。相比于机械扫描,相控扫描具有极大优势:扫描速度快,可实现多目标跟踪扫描、跳跃扫描等功能。

正是相控阵雷达的这些优点,激发着超宽带雷达研究领域的相关学者提出了超宽带雷达时域波束扫描的概念。

超宽带冲激雷达时域波束扫描的概念从窄带雷达相控阵技术借鉴而来,因此二者有着相似之处:都是利用阵元之间的相位或者延时调整,实现方向图的空间扫描。但是同时超宽带时域波束扫描又具有了其自身的特点:①不需利用移相器,而是依靠单元间的精确延时控制实现阵列波束扫描,系统结构简化,造价相对低廉;②超宽带天线阵列,无论是峰值方向图还是能量方向图,一般都不会出现栅瓣。概括来讲,超宽带时域波束扫描的基本思想如下:利用有源天线阵单元之间的精确延时控制,实现空间波束合成与扫描。

冲激脉冲持续时间宽度仅为几纳秒,而且要实现各个辐射单元之间的精确延时控制,对单元辐射的时基延时控制精度将要求更高。显然,高稳定度、全固态、多路相干合成纳秒脉冲源技术的突破,为超宽带天线阵时域波束扫描奠定了坚实的技术基础。本节仅对超宽带时域波束扫描进行简要分析介绍。

1. UWB时域波束扫描理论

对于波束扫描,这里以最简单的N元线阵进行分析,如图3.99所示。假设各个脉冲辐射天线单元同时全向性辐射,则对于远场区域,法线方向上,各单元波程相等,波程差为零,成为方向图阵因子的增益最大方向;而对于与法线成θ夹角方向,各个单元与第N个单元之间的波程差分别为

$$\Delta R_n = (N-n)d\sin\theta \tag{3.104}$$

显然,对于远处(R,θ)点,各个辐射单元脉冲到达时间差为$\Delta R_n/c$,其中c为自由

空间光速。各辐射单元脉冲未能同时到达,显然,在(R,θ)处的空间合成电磁场强度将受此影响而减弱,将小于法线方向$(R,0)$点。

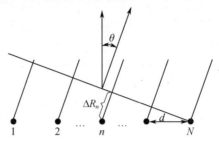

图 3.99　天线 N 元线阵

现在,只需使得各辐射单元脉冲同时达到远处(R,θ)点,即可使得与法线夹角θ向成为线阵方向图主瓣方向。

显然各辐射单元的脉冲发射时基依次延时为$-\Delta R_n/c$,对其波程差进行补偿,即可完成阵方向图由原来的法线方向到θ角度的扫描,这就是超宽带时域波束扫描的基本思想。

结合上式还可得出以下基本定理。

定理 3.4　不考虑单元天线子方向图,超宽带 N 元线阵方向图波束要扫描至与法线成θ夹角方向,各个辐射单元的脉冲辐射时基延时差应依次为$-(N-n)d\sin\theta/c$,其中$(-\pi/2\leqslant\theta\leqslant\pi/2)$,亦即第 n 个单元的发射时基较第 N 个单元提前$(N-n)d\sin\theta/c$。

这里,顺便对超宽带阵列天线的基本特性进行简要概括,有以下定理。

定理 3.5　超宽带天线阵列,无论是峰值方向图还是能量方向图,一般都不会出现栅瓣。

定理 3.5 说明超宽带波束扫描阵,阵元间距大小无须受波长的限制(一般窄带雷达天线阵为防止栅瓣出现,要求阵元间距不能太大,一般的侧射阵阵元间距需不大于一个波长,端射阵阵元间距需不大于半个波长)。

定理 3.5 描述的这种特性,其本质依然在于超宽带脉冲与窄带信号的时域差异性,图 3.100 给出了窄带雷达与超宽带雷达天线阵列波形时域叠加示意图。

窄带信号,持续时间很长,为多个波形周期,这样,当相邻阵元间距大于一个波长时,也就是说,存在着某个方向,在该方向上,阵元间的波程差为一个波形周期,那么便会产生这样的现象:前一阵元 n 辐射的波形第 k 个周期,与后一阵元 $n+1$ 辐射的波形第 $k+1$ 个周期相互重合,依次类推下去,所有的 N 个阵元辐射波形均在这一时刻同相相干叠加,从而在该方向上形成栅瓣。

而对于超宽带脉冲信号,则几乎不可能存在这种现象,因为信号持续时间很短,特别是对于单极脉冲和单周波而言,信号仅持续一个振荡周期,当阵元间距大于一个

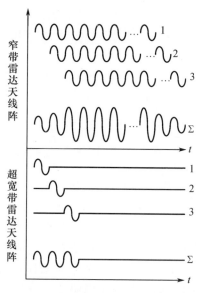

图 3.100　窄带/超宽带线阵波形时域叠加示意图

波长时,偏离主瓣方向越大,前一阵元 n 辐射的波形,与后一阵元 $n+1$ 辐射的波形,在时间上间隔越大,最后甚至完全分离,根本不可能期望与后者在下一个振荡周期内重合(因为在一个脉冲辐射波形内根本就不存在下一个振荡周期!),因此也就不可能出现栅瓣。超宽带阵列时域波束扫描没有栅瓣的独特特性,是超宽带雷达的又一大亮点。

2. UWB 时域波束扫描的工程化设计方案

关于超宽带冲激雷达时域波束扫描的工程化设计,主要是设计完成发射各个单元的触发延时网络。设计框图如图 3.101 所示,由主控系统发送语句,控制各个阵元触发信号延时时间,从而控制各个脉冲源脉冲辐射时间,最终完成波束空间扫描功能。目前,市场上数控延时线的步进精度可做到数百皮秒甚至数皮秒量级,完全满足纳秒级超宽带脉冲的波束扫描延时精度要求。

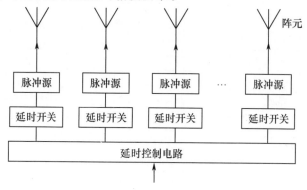

图 3.101　UWB 时域波束扫描系统框图

3.5 超宽带冲激雷达主控系统

上面讲述了超宽带冲激雷达的发射机、接收机及时域波形保真天线设计。超宽带冲激雷达主控系统是架接起发射机、接收机按照正确时序逻辑关系协调工作的桥梁，同时实现人机指令、状态、信息交互，对雷达系统同样具有重要作用。

3.5.1 超宽带冲激雷达主控系统基本任务与组成

超宽带冲激雷达主控系统基本任务主要包括[49]：①时序控制，实现收发时序，特别是等效采样的皮秒级精确延迟时序逻辑控制；②数据处理，实现采样后数字信号运算处理；③人机交互，实现指令下达、信息上传；④状态检测，实现状态检测与故障报警。

超宽带冲激雷达控制系统的实现，既可采用单片机、通用计算机，也可使用 FPGA、DSP、ARM 等专用控制芯片。随着 FPGA、ARM 技术的惊人发展，不仅可以解决系统小型化、低功耗、高可靠性等问题，而且其开发周期短、开发投入少。此外，FPGA 除了可完成雷达控制需求之外，还可完成数据预处理等工作。与 MCU、DSP 等芯片相比，FPGA 传输速度更快，时间控制精度更高，多兼容性接口，能够更快对系统做出响应。

超宽带冲激雷达主控系统基本组成如图 3.102 所示，主要由 ADC、可编程延时芯片、FPGA、USB 传输模块、CPU 处理器以及人机交互界面构成。其基本工作原理如下：首先由用户通过人机交互界面发送控制指令，如重频周期、采样点数、低通滤波平

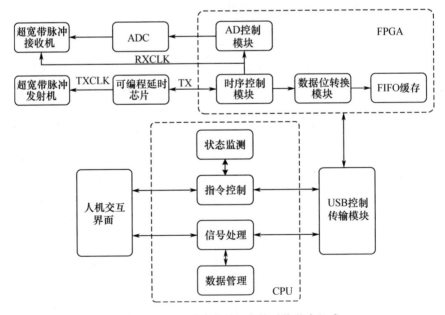

图 3.102 超宽带冲激雷达主控系统基本组成

均次数、采样延时点数等参数,通过 USB 传输到 FPGA 中的时序控制模块。时序控制模块接收到上位机的指令后开始发出固定重频周期的两路参考时钟信号。其中 TX 相对 RXCLK 固定提前几个时钟,RXCLK 作为接收机触发脉冲,TX 经过可编程延时芯片再延时一段时间保证 RXCLK 相对 TXCLK 有一个固定的延时量,TXCLK 作为发射机的同步触发脉冲。图 3.102 中所示为固定 RXCLK,靠时序控制模块控制延时控制字的设置和参考时钟信号 TX 产生的 TXCLK 依次提前 RXCLK 一个固定延时量来达到顺序等效采样。在参考时钟信号 RXCLK 之后 AD 开始启动采集窄脉冲回波信号,ADC 转换的数字信号经过数据位宽转换模块、FIFO 缓存和 USB 控制传输模块上传到 CPU 并显示于人机交互界面。

3.5.2 时序控制电路设计

目前常见的步进信号产生方式主要有模拟电路方法和数字可编程延时芯片方法两种。在较早的超宽带雷达接收系统中,大多使用快慢斜波比较模拟方法实现可变延迟,这种方法尽管有效,但需要复杂的模拟电路,现在已很少用到。另外,还有游标卡尺延迟发生器延迟法。它主要利用两个频差非常微小的时钟源来产生等效的时间延迟,这种方法尽管简单,但需要两个时钟沿抖动极小的时钟源,并且这两个时钟源需要进行精确的频率定标[50]。目前,利用数字可编程延时芯片来实现延时是最简单、有效的方法。数字可编程的延时芯片主要有 Maxim 公司的 DS10X 等系列、ADI 公司的 AD9500/9501、On Semi 公司的 MC100EP195、MC100EP196、Micrel 公司的 SY89297U、SY100EP195V 等。这些芯片通过数字或模拟的方法编程控制延时,其延时精度可达到 10ps 或 100ps 量级。表 3.7 是一些数字可编程延时芯片的性能比较。

表 3.7 几种常见的数字可编程延时芯片性能

生产厂商	产品型号	最小延时精度	最大延时量程	时钟抖动	电平格式
ADI	AD9500/9501	10ps	2.5ns	10ps	ECL
On Semi	MC100EP195	10ps	10ns	1.16ps	ECL
Micrel	SY100EP195V	10ps	10ns	0.2ps	PECL

使用数字可编程延时芯片的优点是精度高、使用方便、稳定性好。但其缺点是延时量程太短,这样就限制了采样系统的采样时间范围,缩短了雷达的可探测距离,如果要克服这种缺点,可以使用多个延时芯片串联使用,或结合 FPGA 实现大时间延时。

下面给出设计实例:精确延时电路原理图和框图分别如图 3.103 和图 3.104 所示,高稳定度系统时钟源为整个雷达系统提供时基。FPGA 发出固定重频的两路参考时钟信号 RX、TX。两路信号经过电平转换芯片由 LVDS/LVTTL 电平转换为 LVPECL 电平,并通过 D 触发器使得收发触发信号之间相位同步。在设计中,固定了 RXCLK,依靠可编程延时芯片实现发射延时 TXCLK,等效实现步进采样。

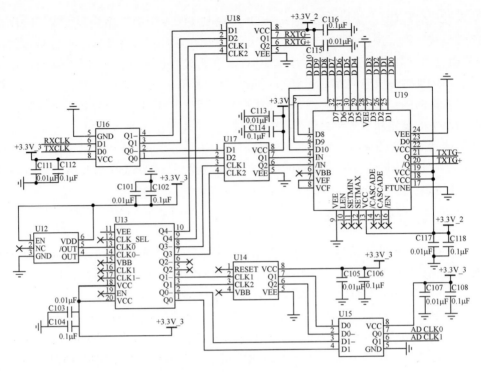

图 3.103 精确延时电路原理图

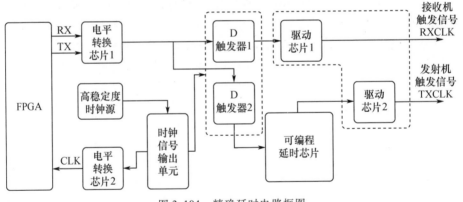

图 3.104 精确延时电路框图

3.6 超宽带冲激雷达信号处理算法

3.3 节~3.5 节介绍了冲激雷达系统的硬件设计理论,经过接收采样,后端数据处理算法同样重要,一个性能较好的数据处理算法将有效提高接收机的目标检测识别性能。

3.6.1 超宽带冲激雷达信号处理算法面临的主要任务

超宽带冲激雷达信号处理算法所面临的主要任务如下：

1. 射频抑制

超宽带雷达与常规的窄带雷达最大的差异在于接收机相对带宽很大，达到 20%~100%。如此宽的接收频带，大量的空间无线电信号将会伴随真正的系统回波信号同时进入接收机，构成射频干扰（RFI）问题。射频抑制是所有超宽带雷达系统必须解决的关键技术。

图 3.105 给出了长沙某实验场地的射频干扰信号分布测试结果。可以看出在 0~1GHz 频带范围内，存在着大量的调频广播、电视、手机基站等信号，这将完全落在纳秒脉冲信号的频谱范围内。利用时间窗技术，可以有效抑制窗外射频干扰；而对于窗内杂波，则需要通过算法进一步抑制。

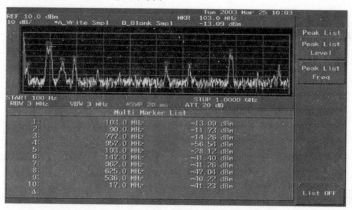

图 3.105 长沙某实验场射频信号分布检测结果

2. 地杂波抑制

除射频干扰抑制外，地杂波抑制也是冲激脉冲雷达必须解决的关键问题。地表及其覆盖物尺寸远大于所需探测的空域飞行器，其对雷达的反射回波从天线侧向进入雷达接收机，地杂波的强度一般远大于目标回波，如图 3.106 所示。要正确检测目标，必须对地杂波进行有效抑制。一般地，对于运动目标，假设地杂波静止不动，那么地杂波抑制可以通过回波对消实现，而对于静止目标或低速目标，地杂波抑制则必须借助专门的杂波抑制算法。实际上，由于水流、风力影响、地物运动，连续两次采样间的地杂波都是变化的。当地杂波变化较快时，必须借助专门的杂波抑制算法。

3. 目标检测

若不考虑检测算法的处理增益，目标的检测概率只与时间窗内信噪能量比有关。

图 3.106 冲激雷达目标探测中的地杂波干扰示意图

$$P_e = \mathrm{erfc}_* \left(\sqrt{\frac{E_{sr}}{2N_0 T_w}} \right) \tag{3.105}$$

由于冲激脉冲信号持续时间极短,远距离冲激雷达目标回波的能量将十分有限。为了提高检测概率,如果不借助后端处理算法,则所需要的发射机功率将非常庞大,甚至无法实现。一个性能良好的目标检测算法可以有效提高检测概率,大幅度降低对发射机功率的最低要求。

4. 参数测量

除了射频抑制、目标检测外,后端处理算法还需要完成雷达的基本测量功能。

1) 位置

测量目标的距离、角度信息。距离测量主要依靠精确测量脉冲的收发延时量进行计算。此外还应该包括目标的方位信息和俯仰信息,这主要依靠天线的机械扫描或者天线阵的时域电扫描来实现。

2) 速度

测量目标的速度信息,这主要依靠精确测量相邻多次回波的周期缩展量进行计算。

3) 识别

依靠回波信息,完成对目标尺寸、体积、种类的判断,实现最终目标识别功能。

综上所述,雷达信号处理主要实现目标位置及运动信息的解算,除此之外,还包括对射频干扰、杂波干扰的抑制。下面将重点对超宽带冲激雷达射频抑制、杂波抑制及低信杂比检测算法进行介绍。

3.6.2 时域射频抑制算法

对于超宽带系统,射频抑制(RFI)一直是研究热点。对于超宽带线性调频系统,已经有较为成熟的频域处理算法。

1. 超宽带线性调频雷达系统的频域射频抑制(FD RFIS)理论

超宽带线性调频雷达是 20 世纪雷达领域的重大突破之一,经过国内外学者的不懈努力,技术已经趋于成熟。

20世纪90年代以来,国内外同行针对超宽带线性调频雷达系统射频抑制问题提出了较多理论和方案,归纳起来可以分为非参数化方法和参数化方法两大类;非参数化方法如典型的频域陷波法;参数化方法如典型的多正弦波模型法和自回归滑动平均模型(ARMA)模型法等。特别是参数化方法得到了很好的应用效果。这些方法主要针对超宽带线性调频雷达系统,在频域内对回波信号进行模型分析和数据处理。

其主要的理论基于如下事实:

(1) 超宽带线性调频雷达单次调频辐射信号持续时间数十微秒以上,频谱能量分布在整个脉宽内;信号回波功率通常远小于随机射频功率,信噪比很低,一般在 -30dB 左右。

(2) 通过射频压缩技术,在时间轴上可将目标回波能量集中于目标反射中心。从而在理论上可提高信噪比约 30dB,以突出主瓣,压低旁瓣,增大检测概率。

(3) 超宽带线性调频雷达信号与系统噪声频谱分布较宽,可视为白噪声信号。射频干扰信号频带较窄,幅度较高,占回波能量主要成分,在 1ms 量级内可视为稳态信号,在波形分段处理中认为是多个常幅度、单频信号的叠加。

因此,大多数针对超宽带线性调频雷达系统的射频抑制算法,均采用"换位"思维方式:将射频干扰作为雷达接收信号的估计值;而将调频信号与系统热噪声却统一看作叠加在射频干扰信号上的白噪声。这样采用最小二乘等估计理论,估计出射频干扰信号频率个数及各自幅度、相位等参数。其与实际雷达接收信号的差值即被视为系统回波信号与系统噪声的估计值。忽略掉系统噪声,此差值即可视为剔除掉射频干扰后的调频信号回波。

用数学表述,则有

$$z(t) = s(t) + \text{rfi}(t) + n(t) \tag{3.106}$$

式中:$z(t)$ 为雷达接收信号;$s(t)$ 为目标回波;$n(t)$ 为系统噪声;$\text{rfi}(t)$ 为射频干扰信号。

以符号 E_* 表示信号 $*$ 的能量,则上述信号满足如下条件:

(1) $E_{\text{rfi}(t)} \gg E_{s(t)} + E_{n(t)} \geq E_{s(t)}$。

(2) $s(t)$、$n(t)$ 为非相关白噪声信号。二者相加,$s(t) + n(t) = e(t)$ 仍然为白噪声信号,从而有

$$z(t) = \text{rfi}(t) + e(t) \tag{3.107}$$

其估计值 $\hat{z}(t) = \hat{\text{rfi}}(t)$。

估计误差 $\hat{e}(t) = z(t) - \hat{z}(t) = \text{rfi}(t) + e(t) - \hat{\text{rfi}}(t)$,即为 $s(t) + n(t) = e(t)$ 的估计值,也被最终视作 $s(t)$ 的估计值 $\hat{s}(t)$。

对于超宽带冲激雷达,上述频域射频抑制理论及方法并不是十分适合。主要的原因有:

(1) 超宽带冲激雷达,单次脉冲持续时间在(亚)纳秒量级,远小于超宽带线性调频雷达信号单次脉冲持续时间(数十微秒)。

(2) 超宽带线性调频雷达系统,雷达接收信号信噪比可以很低,达到-30dB。射频抑制后,再通过脉冲压缩技术,仍然可将真实的回波能量集中于时间轴上的目标反射中心位置,形成时域窄脉冲,使得信噪比大幅度提高至0dB以上,以满足信号检测条件。超宽带冲激雷达,信号本身就是纳秒窄脉冲,相当于超宽带线性调频雷达脉冲压缩后波形,无法利用脉冲压缩手段对冲激脉冲能量进一步进行集中。如果借助峰值信噪比进行检测,则为了保证检测概率,其冲激脉冲峰值信噪比必须达到0dB左右的较高水平。仿真与实验也同时证明,纳秒级窄脉冲自身属于宽频带弱相关信号,相关算法对于信噪比的提高,效果有限。

(3) 超宽带线性调频雷达,回波信号与系统噪声在整个时间轴上均弱于射频干扰。在针对线性调频系统的频域RFI算法中,被视为叠加在射频信号上的白噪声。而射频干扰则被当作主信号。超宽带冲激雷达接收信号则不同,在采样时间窗内,脉冲回波集中在目标反射中心位置附近,在该区域内脉冲回波为主要信号,峰值功率应大于射频干扰信号,峰值信噪比在0dB以上。将脉冲回波仍视为均匀分布于整个时间轴的白噪声,并不合适。

2. 超宽带冲激雷达系统的时域射频抑制(TD RFIS)理论

1) 超宽带冲激雷达系统的时域回波信号分量特性分析

对于超宽带冲激雷达而言,目标回波集中在目标反射中心,持续时间几至几十纳秒。对于这种时域快变化的信号,上文分析得出,其射频抑制采用针对超宽带线性调频雷达系统的频域射频抑制方法(Frequency Domain RFI Suppression, FD RFIS)并不适合,而应在时域内采取新的算法,即时域射频抑制理论(Time Domain RFI Suppression, TD RFIS)。下面在时域内对雷达接收信号进行分析。

对于超宽带冲激雷达,其时域接收信号 $z(t)$ 主要包括四种分量,表述为

$$z(t) = s(t) + \text{rfi}(t) + \text{co}(t) + n(t) \tag{3.108}$$

式中: $s(t)$ 为脉冲回波信号; $\text{rfi}(t)$ 为射频干扰; $\text{co}(t)$ 为收发天线直接耦合; $n(t)$ 为系统噪声。

实验统计证明,射频信号在短时间内(小于1ms)可近似认为是稳态的,而在较长时间内则可认为是非稳态的随机信号。相对于超宽带冲激雷达系统重复周期(比如 $T=1$ms),在各个脉冲周期的采样样本序列,射频信号相对于序列号 k,完全可认为是随机信号,即有

$$\text{rfi}(k,t) = \text{rfi}(t+kT_p) = \text{noise}(0, \overline{P_{\text{rfi}(k,t)}})_k \tag{3.109}$$

式中: T_p 为脉冲重复周期。

同样的系统噪声也满足随机信号条件,即有

$$n(k,t) = n(t+kT_p) = \text{noise}(0, \overline{P_{n(k,t)}})_{k,t} \tag{3.110}$$

设 t_w 表示脉冲持续时间，r_0 表示准单站收发天线距离，c 表示电磁波传播速度，$\text{noise}(0,\sigma^2)_k$ 表示以 k 为变量的白噪声，$\text{noise}(0,\sigma^2)_{k,t}$ 表示以 (k,t) 为二维变量的白噪声。假设目标在连续采样间静止不动，则在 $0 \leq t < T_p$ 时，各信号分量满足如下条件：

$$\begin{cases} s(k,t) = s(t+kT_p)) = s(t) \\ \text{rfi}(k,t) = \text{rfi}(t+kT_p) = \text{noise}(0, \overline{P_{\text{rfi}(k,t)}})_k \\ \text{co}(k,t) = \text{co}(t+kT_p) = \text{co}(t) = \begin{cases} \text{co}(t), t < \dfrac{r_0}{c} + At_w \\ 0, t \geq \dfrac{r_0}{c} + At_w \end{cases}, 0 \leq t < T_p \\ n(k,t) = n(t+kT_p) = \text{noise}(0, \overline{P_{n(k,t)}})_{k,t} \end{cases} \tag{3.111}$$

在近距离脉冲雷达，如探地雷达、穿墙雷达系统中，直接耦合与目标回波时间间隔较短，容易产生混叠，且直接耦合信号往往大于目标回波，对目标探测非常有害，甚至容易造成接收机饱和或损伤。所以去除耦合是近距离脉冲雷达的关键性问题，包括硬件与软件技术。相反，由于作用距离较短，信噪比高，近距离脉冲雷达中，射频抑制问题反而变得相对次要。有些近距离脉冲雷达相关文献中，将系统采样噪声误作射频干扰信号来进行分析值得商榷。

对于中远距离超宽带冲激雷达，直接耦合信号虽仍为强信号，但是与目标回波之间，时间间隔很大，很容易在时间门上予以区分和隔离。而随着距离增大，信噪比的衰落，射频干扰影响大大增强，射频抑制成为系统解决的重要问题。

2）超宽带冲激雷达系统的时域射频抑制

超宽带冲激雷达系统中，时域射频抑制主要可采取以下方法实现：①波门选择；②相干积累；③回波识选。波门选择也就是时间窗选择，已经在上文中详细论述，它不仅对于窗外系统噪声具有良好的抑制作用，而且对于窗外射频干扰、地杂波干扰均有良好的抑制作用。这里重点对相干积累和回波识选进行讲述。

（1）相干积累。假设目标静止不动，对于较远距离，收发天线直接耦合信号 $\text{co}(t)$ 衰减为零；其余各个分量满足如下特性：

$$\begin{cases} s(k,t) = s(t+kT_p)) = s(t) \\ \text{rfi}(k,t) = \text{rfi}(t+kT_p) = \text{noise}(0, \overline{P_{\text{rfi}(k,t)}})_k, 0 \leq t < T_p \\ n(k,t) = n(t+kT_p) = \text{noise}(0, \overline{P_{n(k,t)}})_{k,t} \end{cases} \tag{3.112}$$

设连续采样 K 个样本，进行相干积累。则有

$$\sum_{k=1}^{K} z(k,t) \cdot G \big|_{[T_{\text{Dmin}}+(n-1)T_w, T_{\text{Dmin}}+nT_w]}(k,t)$$

$$= \sum_{k=1}^{K} s(k,t) + \sum_{k=1}^{K} [\text{rfi}(k,t) + n(k,t)] \cdot G \big|_{[T_{\text{Dmin}}+(n-1)T_w, T_{\text{Dmin}}+nT_w]}(k,t)$$

$$= K \cdot s(t) + \sum_{k=1}^{K} [\text{rfi}(k,t) + n(k,t)] \cdot G \big|_{[T_{\text{Dmin}}+(n-1)T_w, T_{\text{Dmin}}+nT_w]}(k,t) \quad (3.113)$$

式中：$G \big|_{[T_{\text{Dmin}}+(n-1)T_w, T_{\text{Dmin}}+nT_w]}$ 表示目标所处的第 n 个距离单元对应的采样波门。

显然，结合概率论相关知识，有

$$[\text{rfi}(k,t) + n(k,t)] \cdot G \big|_{[T_{\text{Dmin}}+(n-1)T_w, T_{\text{Dmin}}+nT_w]}(k,t)$$

$$= \text{noise}(0, \overline{P_{\text{rfi}(k,t)}} + \overline{P_{n(k,t)}})_k \cdot G \big|_{[T_{\text{Dmin}}+(n-1)T_w, T_{\text{Dmin}}+nT_w]}(k,t) \quad (3.114)$$

$$\sum_{k=1}^{K} [\text{rfi}(k,t) + n(k,t)] \cdot G \big|_{[T_{\text{Dmin}}+(n-1)T_w, T_{\text{Dmin}}+nT_w]}(k,t)$$

$$= \text{noise}(0, K(\overline{P_{\text{rfi}(k,t)}} + \overline{P_{n(k,t)}})) \cdot G \big|_{[T_{\text{Dmin}}+(n-1)T_w, T_{\text{Dmin}}+nT_w]}(t) \quad (3.115)$$

因此有

$$\sum_{k=1}^{K} z(k,t) \cdot G \big|_{[T_{\text{Dmin}}+(n-1)T_w, T_{\text{Dmin}}+nT_w]}(k,t)$$

$$= K \cdot s(t) + \text{noise}(0, K(\overline{P_{\text{rfi}(k,t)}} + \overline{P_{n(k,t)}})) \cdot G \big|_{[T_{\text{Dmin}}+(n-1)T_w, T_{\text{Dmin}}+nT_w]}(t) \quad (3.116)$$

对于超宽带冲激雷达系统，检测性能本质上决定于时间窗内信噪能量比。
对于上面的接收信号，计算相干积累后，信噪能量比如下：

$$\text{SNR}_{\text{Energy}} \big|_{K\_\text{Average}} = \frac{\int_{t \in G} K^2 \cdot s^2(t) \, dt}{\int_{t \in G} \text{noise}^2(0, K(\overline{P_{\text{rfi}(k,t)}} + \overline{P_{n(k,t)}})) \, dt} \quad (3.117)$$

其概率期望值为

$$E(\text{SNR}_{\text{Energy}} \big|_{K\_\text{Average}}) = \frac{E\left(\int_{t \in G} K^2 \cdot s^2(t) \, dt\right)}{E\left(\int_{t \in G} \text{noise}^2(0, K(\overline{P_{\text{rfi}(k,t)}} + \overline{P_{n(k,t)}})) \, dt\right)}$$

$$= \frac{K^2 E_s}{K(\overline{P_{\text{rfi}(k,t)}} + \overline{P_{n(k,t)}}) T_w}$$

$$= \frac{K E_s}{(\overline{P_{\text{rfi}(k,t)}} + \overline{P_{n(k,t)}}) T_w}$$

$$= K \cdot E(\text{SNR}_{\text{Energy}} \big|_{\text{Original}}) \quad (3.118)$$

显然相干积累后,波形信噪能量比改善为原始波形的 K 倍,取 dB 值,则有 $10\lg K$ (dB)。相干积累的基本条件在于雷达脉冲信号的相干性,这又一次显示了超宽带脉冲源波形稳定相干的重要性;同时对目标速度具有一定要求,最理想的情况下,在多次平均期间,目标应完全静止不动。这也对脉冲重频作出期望,重频越高,多次平均期间目标相对运动越小,显然这又与雷达最大非模糊距离相互制约。

(2) 回波识选。严格来讲,回波识选是属于目标检测阶段的处理算法,但是对于射频、噪声的抑制同样起着重要作用。特别是当目标运动速度较高,无法进行较多次样本相干积累时,回波识选对射频噪声的抑制更是起着决定性作用。

纳秒窄脉冲,所形成的目标回波是时域脉冲串序列。这种信号波形,与射频干扰的类正弦信号、系统噪声的类白噪声信号,差别较大,特征较为明显。实验表明,完全可通过适宜的回波识选算法对回波进行研判。在硬件采样波门内,对目标反射区添加更小的软件波门(简称软波门)。对软波门内波形予以保留,而将软波门外的杂波信号进行数字滤除。这种软波门的成功实现,将是对上文中时域最优相关接收机的最佳模拟,将大大实现射频抑制、提高检测特性。

回波识选主要包括如下主要特征匹配量:峰值信噪比、组峰数目、组峰间距、坡线斜率等。

峰值信噪比:采样样本中信号峰值电压平方与噪声电压均方差之比。虽然目标检测性能的物理本质取决于窗内信噪能量比,但是由于窗内信号分布区域很难确定,因此信噪能量比的确定也将是困难的,而且一般的脉冲接收机多采用峰值信号实现对目标的检测,因而也需要定义峰值信噪比。

组峰数目:单极脉冲经天线辐射,在主方向上由于"微分"效应,成为双极脉冲,再加上实际探测的复杂目标散射中心一般都不止 1 个,因此采样波形中,一般的在主峰相邻位置应该出现有一组波峰。设置波峰数目门限,可以有效减少虚警。

组峰间距:探测目标的常规尺寸决定了组峰间距,设置组峰间距门限,可以有效区分多目标与单目标。同时也可以减少虚警概率。

坡线斜率:组峰间的波线斜率也是一个有效的特征量,设置斜率门限,可以有效区分真实回波与射频噪声形成的虚假目标回波,减少虚警概率。

设 I 个特征量规范化值分别为 g_i,代表该特征量的匹配概率;$g_i \in [0,1], 1 \leq i \leq I$。取特征矢量 $\boldsymbol{g} = (g_1, g_2 \cdots g_I)^T$,则采样波门内存在目标的似然概率为

$$p = \boldsymbol{w}^T \cdot \boldsymbol{g} \tag{3.119}$$

式中:w 表示各特征量的权重矢量,$\boldsymbol{w} = (w_1, w_2, \cdots, w_I)^T \in R^M$,其中元素 w_i 表示第 i 个特征量的权重,满足 $w_i > 0$,且 $\sum\limits_{i=1}^{I} w_i = 1$。

这种对目标回波的识选算法,本质上也是对真实目标信号与射频干扰等虚假信号的研判,自然对射频噪声抑制具有一定效果。

3. 时域射频抑制算法实验效果

在已经完成的超宽带冲激雷达样机的多次外场实验中,时域射频抑制算法取得了很好的实验效果。图 3.107 分别给出了系统对于 2000m 远处某雷达目标在采样窗内的单次采样波形、100 次相干积累波形和波形识选后的软波门输出波形,峰值信噪比分别为 10dB、14.6dB、15.2dB。可以看出对采样时间窗内的射频噪声,相干积累以及波形识选方法对射频抑制具有显著效果。

100 次积累,峰值信噪比未能得到理想的 20dB 的改善,主要原因有两个:射频信号的白噪声假设只有在样本无限多的条件下才完全成立;回波信号受目标在空域的随机漂浮产生抖动。

同时值得说明,峰值信噪比的概念与窗内信噪能量比的概念虽均属于冲激雷达信噪比的定义,但是二者却具有很大差别。峰值信噪比为 10dB 的原始回波,窗内信噪能量比已经远小于 0dB,如不进行时域射频抑制,直接利用峰值检测算法几乎是无法进行目标检测的。而大约 5dB 左右的峰值信噪比改善,反映在波形上,效果已经十分显著。

最后还需指出,波形识选的软波门算法对于采样窗内的地杂波抑制同样有效。波形识选算法的最大优点在于无须破坏原始波形,便可完成射频信号和杂波信号的抑制;但是对于原始波形信噪比的改善增益较小,特别是当原始波形信噪比较差时,波形识选算法的使用将受到一定制约。3.6.3 节还将介绍一种基于波形斜率变化的杂波抑制算法,它对于更低信噪比时,较为有效,但是是以改变信号原始波形为代价的。

3.6.3 时域杂波抑制算法

上文介绍了基于回波识选 - 软件加窗方法的射频抑制算法。该算法借助信号时域特征对信号识别检测的同时,对射频干扰、杂波干扰均具有较好的抑制作用。实验证明,对峰值信杂比高于 10dB 的原始回波信号,这种回波保真的杂波/射频抑制算法性能较好,但对于原始回波峰值信杂比更低的情况,并不能满足低误警概率检测要求。

结合真实回波数据时域特征分析,本节介绍一种基于时域波形斜率变化差异,实现放大目标回波、抑制周围杂波的时域射频抑制算法,命名为时域滤斜 - 杂波抑制算法(Time - Domain Slope - Filter Clutter Suppression Algorithm,TDSF - CS Algorithm)。

1. 脉冲回波信号时域斜率特征分析

参照图 3.107,对于超宽带冲激雷达而言,目标回波集中在目标反射中心,持续时间几至几十纳秒。这种时域快变化的回波信号,与周围地杂波以及射频干扰时域特征有着明显差异。最主要地反映在波形斜率上,去除采样噪声后,目标回波区域明显在斜率上高于周围背景区域。图 3.108 给出超宽带冲激雷达外场实验中典型的目

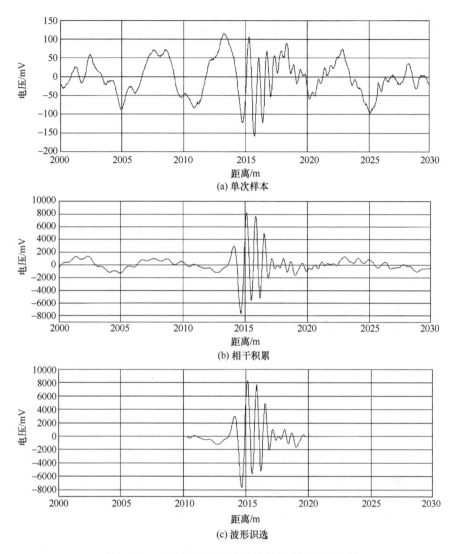

图 3.107 某真实目标回波时域射频抑制效果比较

标回波采样波形以及斜率近似值。需要说明,图 3.108(b) 给出的是各采样点与邻点之间的离散差值与采样步长之比,即波形的数字斜率。设采样时间间隔 Δt,距离步长 $\Delta r = c\Delta t/2$,回波波形 $x(t)$ 对应的采样序列为 $x(n)$,则数字斜率可表示为

$$k(n) = (x(n) - x(n-1))/\Delta r \tag{3.120}$$

这种数字斜率对于研究波形的斜率特征同样有效,而且大大简化了运算量,下文中的滤斜算法均采用这种数字斜率进行计算。由图 3.108(b) 可以看出目标回波区域的斜率变化强度明显高于周围背景区域,这为时域滤斜 – 射频抑制算法提供了基本的成立条件。

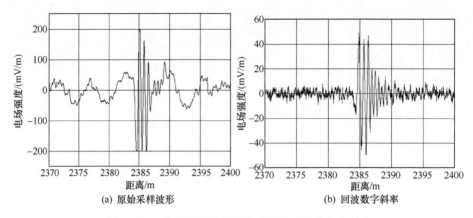

图 3.108　典型目标回波原始采样波形及其数字斜率

2. 时域滤斜－杂波抑制算法基本思想

基于回波斜率特征与周围杂波之间的差异,可以构造时域滤斜函数,实现滤除杂波、凸现目标的功能。

定义 3.1　在冲激脉冲雷达中,为实现时域采集回波中目标信号的局部凸显和周围杂波/射频干扰的抑制,可基于目标区域回波与周围杂波、射频干扰反映波形上的斜率差异,对回波各点斜率进行变换,对该斜率差异进行放大。新斜率与原斜率之间所满足的函数关系,称为滤斜函数。

假设回波波形为 $x(t)$,对应的导函数为 $x'(t) = \mathrm{d}x(t)/\mathrm{d}t$,时域滤斜函数 $f(x'(t))$ 必须满足如下基本性能:导数 $x'(t)$ 绝对值大的点,$f(x'(t))$ 放大增益大;导数 $x'(t)$ 绝对值小的点,$f(x'(t))$ 放大增益小。进一步分析可得,$f(x'(t))$ 应是 $x'(t)$ 的奇函数,并且关于 $x'(t)$ 单调递增。同时函数 $f(x'(t))$ 关于 $x'(t)$ 的幂级数展开式最高次幂不小于1,且幂级数越高,滤斜函数 $f(x'(t))$ 的斜率分辨力越高,即有如下关系:

$$f(x'(t)) = \sum_{i=0}^{I} k_i (x'(t))^i + \sigma (x'(t))^{I+1}, \quad I \geq 1 \qquad (3.121)$$

1) 滤斜函数 $f(x'(t))$ 导函数 $f'(x'(t))$ 的基本性质

结合微积分相关数学理论,可知:

若函数 $f(x'(t))$ 的导函数 $f'(x'(t)) = \dfrac{\mathrm{d}(f'(x'(t)))}{\mathrm{d}x'}$ 关于 $x'(t)$ 的幂级数展开式最高次幂等于 $(I-1) > 1$,则函数 $f(x'(t))$ 关于 $x'(t)$ 的幂级数展开式最高次幂必然等于 $I > 2$。

简单的推导如下:

假设

$$\frac{\mathrm{d}f(x'(t))}{\mathrm{d}x'} = \sum_{i=0}^{I-1} g_i(x'(t))^i + \sigma(x'(t))^I, \quad I-1 > 1 \qquad (3.122)$$

则有

$$f(x'(t)) = \sum_{i=0}^{I-1} \frac{g_i}{i+1}(x'(t))^{i+1} + g_0 + \sigma(x'(t))^{I+1}$$

$$= \sum_{i=1}^{I} \frac{g_{i-1}}{i}(x'(t))^i + g_0 + \sigma(x'(t))^{I+1}$$

$$= \sum_{i=0}^{I} k_i(x'(t))^i + \sigma(x'(t))^{I+1}, \quad I > 2 \qquad (3.123)$$

同时 $f(x'(t))$ 的导函数 $f'(x'(t))$ 还应满足如下基本性能：

(1) $f'(x'(t))$ 恒为非负数，即对于 $\forall t_0 \in T$，如果 $x'(t)|_{t=t_0} \neq 0$，则 $f'(x'(t))|_{t=t_0} > 0$；否则，如果 $x'(t)|_{t=t_0} = 0$，则 $f'(x'(t))|_{t=t_0} = 0$。

(2) $f'(x'(t))$ 与 $|x'(t)|$ 具有一致的增减趋势，即对于 $\forall t_0 \in T, \forall \Delta t \in R$，如果 $|x'(t)||_{t=t_0} - |x'(t)||_{t=t_0+\Delta t} \neq 0$，则 $(f'(x'(t))|_{t=t_0} - f'(x'(t))|_{t=t_0+\Delta t}) \cdot (|x'(t)||_{t=t_0} - |x'(t)||_{t=t_0+\Delta t}) > 0$；否则，如果 $|x'(t)||_{t=t_0} - |x'(t)||_{t=t_0+\Delta t} = 0$，则 $(f'(x'(t))|_{t=t_0} - f'(x'(t))|_{t=t_0+\Delta t}) = 0$。

综上所述，可以推导出如下结论。

结论 3.3 $f(x'(t))$ 的导函数 $f'(x'(t))$ 是关于 $x'(t)$ 的偶函数；$f'(x'(t))$ 关于 $x'(t)$ 的幂级数展开式均为偶次幂，且最高次幂不小于 2。

证明过程如下：

基于 $x'(t)$ 函数值本身具有正负符号，函数值空间为 $(-\infty, +\infty)$。而 $f(x'(t))$ 是 $x(t)$ 的导函数 $x'(t)$ 的奇函数，由微积分相关理论可知，假设 $f(x'(t))$ 关于 $x'(t)$ 处处解析，则 $f'(x'(t))$ 是关于 $x'(t)$ 的偶函数。

假设 $f'(x'(t))$ 关于 $x'(t)$ 的幂级数展开式如下：

$$f'(x'(t)) = \sum_{i=0}^{I-1} g_i(x'(t))^i + \sigma(x'(t))^I, \quad I-1 > 1 \qquad (3.124)$$

因为 $f'(x'(t))$ 是关于 $x'(t)$ 的偶函数，所以有

$$f'(-x'(t)) = f'(x'(t)) \qquad (3.125)$$

即

$$\sum_{i=0}^{I-1} g_i(-x'(t))^i + \sigma(-x'(t))^I = \sum_{i=0}^{I-1} g_i(x'(t))^i + \sigma(x'(t))^I, \quad I-1 > 1$$

$$(3.126)$$

显然，式 (3.126) 要满足对于任意回波 $x(t)$ 的 $x'(t)$ 均成立，则在 i 奇数时，g_i 必须为 0。即结论 3.3 正确。

2) 滤斜函数 $f(x'(t))$ 的基本性质

基于以上对 $f(x'(t))$ 的导函数 $f'(x'(t))$ 的性质分析，容易得出 $f(x'(t))$ 的基本性质如以下结论。

结论 3.4 $f(x'(t))$ 是关于 $x'(t)$ 的奇函数；$f(x'(t))$ 关于 $x'(t)$ 的幂级数展开式均为奇次幂，且最高次幂不小于 3。

证明过程如下：

基于上文对 $f(x'(t))$ 基本性质的分析已知，$f(x'(t))$ 是 $x(t)$ 的导函数 $x'(t)$ 的奇函数，并且 $f(x'(t))$ 导函数 $f'(x'(t))$ 关于 $x'(t)$ 的幂级数展开式均为偶次幂，且最高次幂不小于 2。

假设 $f'(x'(t))$ 关于 $x'(t)$ 的幂级数展开式如下：

$$f'(x'(t)) = \sum_{j=0}^{J} g_{2j}(x'(t))^{2j} + \sigma(x'(t))^{2J+1}, \quad 2J \geq 2 \tag{3.127}$$

同时，已知 $f(x'(t))$ 为奇函数，因此无常数项，则由微积分相关理论可知

$$\begin{aligned} f(x'(t)) &= \sum_{j=0}^{J} \frac{g_{2j}}{2j+1}(x'(t))^{2j+1} + \sigma(x'(t))^{2J+2} \\ &= \sum_{j=0}^{J} k_{2j+1}(x'(t))^{2j+1} + \sigma(x'(t))^{2J+2} \\ &= \sum_{j=0}^{J} k_{2j+1}(x'(t))^{2j+1} + \sigma(x'(t))^{2J+2}, \quad 2J+1 \geq 3 \end{aligned} \tag{3.128}$$

3) 典型的滤斜函数形式

基于如上数学分析，在实际工程中，我们可以构造形式相对简单的各种滤斜函数表达式。

由结论 3.3 可知，$f(x'(t))$ 的导函数 $f'(x'(t))$ 关于 $x'(t)$ 的幂级数展开式均为偶次幂，且最高次幂不小于 2。我们可以构造形式简单的 $x'(t)$ 幂级数表达式作为 $f'(x'(t))$，则在整个 (X,T) 空间，$f(x'(t))$ 由 $f'(x'(t))$ 的不定积分可得。

而幂函数形式是最为简单的幂级数一阶展开式，因此工程中为实现快速的杂波及射频抑制，算法可以选择滤斜函数，表达式如下：

$$f'(x'(t)) = g_{2J}(x'(t))^{2J}, \quad J \geq 1 \tag{3.129}$$

$$f(x'(t)) = k_{2J+1}(x'(t))^{2J+1}, \quad J \geq 1 \tag{3.130}$$

最常用的为

$$f'(x'(t)) = (x'(t))^2 \tag{3.131}$$

$$f(x'(t)) = (x'(t))^3 \tag{3.132}$$

4)波形重新构建及其数值解

接收回波经滤斜函数后,输出的仅仅是回波各点新的斜率值,要得到杂波抑制后的新回波波形,还需要进一步进行回波重构。

假设采样得到波门 $t \in [t_0, t_0 + T_w]$ 内单次样本, $x(t) \in X$,则 $t \in [t_0, t_0 + T_w]$ 内 $x'(t)|_{t \in [t_0, t_0 + T_w]}$ 可求。从而,关于该样本 $x(t)|_{t \in [t_0, t_0 + T_w]}$ 的滤斜函数输出表达式 $f(x'(t))$ 可求。由定积分理论,结合采样样本在 $t = t_0$ 时刻的初值, $x_0 = x(t_0)$,则波门 $t \in [t_0, t_0 + T]$ 内,重构波形 $y(t)$ 如下:

$$y(t)|_{t \in [t_0, t_0 + T]} = \int_{t_0}^{t} f(x'(t')) \mathrm{d}t' + x_0 \qquad (3.133)$$

由于实际采样所得是 $x(t)$ 的离散采样点, $x(n)$,因此也仅能得到 $x'(t)|_{t \in [t_0, t_0 + T]}$ 的数值解, $x'(n)|_{n \in [1,N]}$,从而 $f(x'(t))$ 也是数值解 $f(x'(n))|_{n \in [1,N]}$,最终重构波形 $y(n)$ 的数值表达式为

$$y(n)|_{n \in [1,N]} = \sum_{n'=1}^{n} f(x'(n')) + x(0) \qquad (3.134)$$

3. 算法实际效果验证

时域滤斜 - 杂波抑制算法在系统实验中成功实现了对低信噪比回波信号的高速、高效射频/杂波抑制。

图 3.109 给出某雷达目标在采样窗内的单次采样回波波形(图 3.109(a)、(b))以及时域滤斜 - 杂波抑制算法以后波形重构结果(图 3.109(c)、(d))。各波形峰值信噪比分别为 10dB、9.6dB、25.1dB、22.3dB。可以看出采样窗内的杂波及射频噪声得到了显著抑制,从而验证了针对 UWB 冲激雷达系统,采用时域滤斜 - 杂波抑制理论的正确性。同时系统的准实时处理速度,也侧面反映了时域滤斜 - 杂波抑制方法的时效性。

实际应用效果表明,无论是对于较高的信杂比还是较低的信杂比,该算法均有效,信杂比平均提高 13dB 左右。特别对于远距离、小目标、强背景条件下,低信杂比信号,只有经过时域滤斜 - 杂波抑制以后,才能成功实现目标信号检测。值得说明的是,时域滤斜 - 杂波抑制算法对于射频信号抑制同样有效,其最终的输出波形并非原始回波信号,而是对信号斜率放大后的重构结果。

3.6.4 时域低信杂比检测算法

对于雷达系统,目标检测是其基本功能。对于超宽带线性调频系统,已经有较为成熟的脉冲压缩相关检测算法。

1. 超宽带线性调频雷达系统的脉冲压缩与相关检测理论

超宽带线性调频雷达系统,发射大时宽带宽积线性调频信号,基于经典的匹配滤

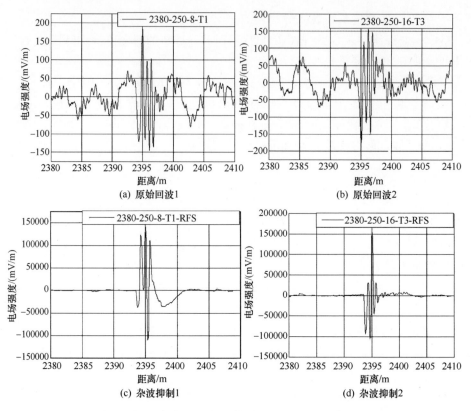

图 3.109 典型目标回波原始采样波形及其时域滤斜-杂波抑制后输出结果

波器理论,采用脉冲压缩进行相关检测。下面对其工作原理作简要介绍。

发射机发射线性调频信号,信号形式如下:

$$s(t) = A \cdot \text{rect}(t/\tau)\cos(\omega_0 t + \mu t^2/2) \quad (3.135)$$

式中:τ 为脉冲宽度;$\text{rect}(t/\tau)$ 为矩形函数。易有该信号的调频带宽 $B_M = \mu\tau/(2\pi)$。在通过接收机匹配滤波器 $h(t) = ks(t_0 - t)$ 后,输出的脉冲压缩波形 $s_o(t) = \int_{-\infty}^{+\infty} s(x)h(t-x)\mathrm{d}x$。

根据参考文献,可得

$$s_o(t) = \begin{cases} \dfrac{kA^2\tau}{2} \cdot \dfrac{\sin\left[\dfrac{\tau\mu t'}{2}\left(1 - \dfrac{|t'|}{\tau}\right)\right]}{\dfrac{\tau\mu t'}{2}} \cdot \cos\omega_0 t', & |t'| \leq \tau \\ 0, & \text{其他} \end{cases} \quad (3.136)$$

当 $t' \ll \tau$ 时,其包络近似为辛克函数。

同时易有,压缩后其脉冲宽度 $\tau' = \dfrac{2\pi}{\tau\mu} = \dfrac{1}{B_M}$,系统脉冲压缩比(时宽带宽积)$D = \tau/\tau' = \tau B_M$。

输出端最大瞬时信噪比 $\mathrm{SNR}_{\max} = 2E/N_0$,其中 $E = A^2\tau/2$ 为调频脉冲能量,$N_0/2$ 为输入噪声双边功率谱密度。

通过脉冲压缩技术可以极大改善线性调频系统信噪比。脉冲压缩理论可以从频域、时域同时予以理解:频域上是典型的匹配滤波器理论的应用,滤波器频率响应为输入信号的频谱复共轭,从而对各个频谱分量进行幅度加权和同相叠加;时域上则是典型的相关检测理论的应用,利用信号之间的相关函数特性的差异,进行背景噪声下回波信号的检测接收。

但是对于超宽带冲激雷达,上述经典的脉冲压缩检测理论及方法并不是十分适用。主要的原因有:

(1)时域分布特性。从时域理解,线性调频信号持续时间长达数十微秒,其信号能量分布在整个脉冲持续时间内,通过脉冲压缩相关检测技术,可以对整个脉内各个频率分量信号进行同相叠加积累,使之形成纳秒量级的瞬时输出。但对于超宽带冲激雷达信号则不同,其信号持续时间本身就在(亚)纳秒量级。整个信号频谱分量已经主要集中于脉冲主峰。利用相关检测(匹配滤波)的方法,无法得到将信号能量进一步集中瞬时输出的期望结果。

(2)频谱分布特性。从频域理解,匹配滤波器对信号所包含的频谱分量进行幅度加权和同相叠加,使得信号分量强的频点增益大、信号弱的频点增益小,而假设噪声频谱均匀,则相应的可以加强信号、抑制噪声。对于线性调频信号,信号持续时间长、总能量大,在带内各个频率分量的分布能量远大于噪声能量,滤波器依然可以加强信号、抑制噪声。但对于冲激脉冲信号,信号持续时间短、峰值功率虽大,平均能量却很小,在带内的分布能量与噪声能量几乎在同一数量级。使用滤波器理论,加强带内信号的同时,带内噪声将得到同步加强。二者依然无法进行有效区分和检测。

(3)背景信号特性。相关检测基于背景噪声是频谱均匀分布高斯噪声的假设条件,对于信噪比较高的传统雷达,背景噪声的非理想,对信号相关检测影响较小。对于信噪比较低的脉冲雷达,背景噪声的分布特性则对检测影响很大。相关文献和实验数据均证明,对高分辨力脉冲雷达,地杂波、射频干扰信号更适合于用对数 – 正态分布或韦伯尔分布来表征。这两种分布的特点是比高斯分布在高振幅端有更大的出现概率,这些杂波在时间分布上有较多的"尖峰"。这和真正的脉冲回波有相似之处。常规的相关检测理论容易造成虚警误判。

图 3.110 给出了超宽带冲激雷达实验样机外场实验典型的单次样本数据和采用相关算法后的输出结果。容易看出,信噪比在相关前后的改善效果十分有限。

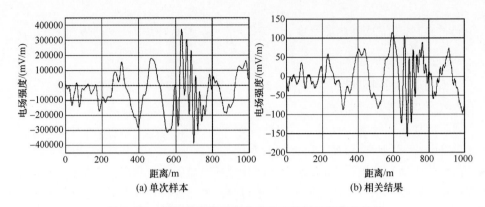

图 3.110 超宽带冲激雷达单次样本数据及其相关结果

2. 超宽带冲激雷达系统的回波匹配与识别检测理论

针对超宽带冲激雷达系统的回波特性,可以采用时域回波匹配与识别检测方法。

1) 广义检测与回波特征识别检测原理

观察图 3.110(a) 单次样本数据,可以发现信号回波虽然与背景噪声(主要是射频干扰信号和地杂波)在幅度上无明显差距,但是在信号波形细节上,与背景噪声仍然有较为明显的差异性。经过对大量外场实验数据分析,结合广义检测理论,可以基于冲激雷达回波特征的匹配识别来设计新的检测算法。

信号系统中的广义检测理论认为,雷达回波检测本质上是由似然比计算器和门限判决器两部分组成。普适性的系统框图如图 3.111 所示。

图 3.111 雷达信号的广义检测系统框图

针对超宽带冲激雷达系统,似然比计算器可以采用脉冲回波特征匹配算法进行设计。首先,基于大量的外场实验数据对脉冲回波进行特征提取和算法描述;其次,在检测中基于各个特征分量进行矢量匹配,结合统计验证,按照系统恒虚警概率要求设置匹配度门限,最终进行信号有无判读。

2) 回波特征描述与提取算法

具有高分辨力潜力的超宽带冲激雷达回波,可以刻画出目标的细微结构,包含有丰富的目标信息。目标回波与噪声、背景杂波之间具有较大差异,其特征量提取适当,完全可以作为广义检测中的似然比判断标准。特征量提取主要基于单个波形内和波形组之间的特征分量进行。

单个波形包含有目标回波的瞬态特性，同时也是波形组特征分析的基础。主要提取出如下特征分量：峰值信噪比、组峰数目、组峰间距、坡线斜率、波峰宽度、波峰光滑度、峰值强度、峰峰强度比、波峰质心偏差、波峰扭矩等。

（1）峰值信噪比：采样样本中信号峰值电压平方与噪声电压均方差之比。

（2）组峰数目：回波样本峰值点数目。适当设置波峰数目门限，可以有效减少虚警。

（3）组峰间距：探测目标的常规尺寸决定了组峰间距，设置组峰间距门限，可以有效地区分多目标与单目标，同时也可以减少虚警。

（4）坡线斜率：组峰间的坡线斜率也是一个有效的特征量，设置斜率门限，可以有效区分真实回波与射频噪声形成的虚假目标回波，减少虚警。

（5）波峰宽度：回波样本单个波峰宽度，反映着辐射脉冲宽度和主要频谱范围。

（6）波峰光滑度：回波样本单个波峰峰顶变化率。

（7）峰值强度：回波样本单个波峰强度。

（8）峰峰强度比：回波脉冲振荡间的相互强度关联性。

（9）波峰质心偏差：回波波峰的能量分布对称性。

（10）波峰扭矩：回波波峰的能量分布中心偏离度。

对两次或多次连续采样样本间的变化规律的特征分量的提取，可以获得波形的变迁规律，它主要反映运动目标的位置及姿态变化。主要包括以下分量。

（1）多波形间波形的变化趋势：包括多个采样间峰值的生成、移动和消灭等变化规律，以及峰值的跳动和扭动分析。

（2）多波形间特征量的变化趋势：对单次回波特征分量进行统计分析，获得目标在该时间段特征量的变化趋势。

结合上述各个特征量的基本定义，利用计算机语言进行算法描述，基于时域采集信号，提取特征分量，将各个特征分量进行联合，构造回波特征矢量。

进一步，可以将特征矢量提取核心算法，生成动态链接库，集成在雷达系统操作软件中。同时，算法还应具有智能学习能力，基于实验数据进行智能训练，最终可得到一般目标回波各个特征分量的统计值空间分布范围，以进一步提高算法检测识别的成功概率。

特征矢量提取的基本过程如图 3.112 所示。

3）特征矢量匹配与双门限检测

设 I 个特征量的表征值分别为 $g_i \in R(1 \leqslant i \leqslant I)$。而对于二元假设（$H_0$ 为无信号；H_1 为有信号），g_i 分别满足如下正态分布：

$$\begin{cases} p_0(g_i) = n(g_{i0}, \sigma_{i0}^2), & H_0 \\ p_1(g_i) = n(g_{i1}, \sigma_{i1}^2), & H_1 \end{cases} \quad (3.137)$$

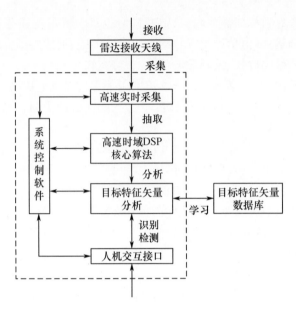

图 3.112 特征矢量提取框图

定义单个回波的特征矢量 $\boldsymbol{g}=(g_1,g_2,\cdots,g_I)$，特征矢量为 I 维正态分布变量：

$$\boldsymbol{g}=\begin{cases}(n(g_{10},\sigma_{10}^2),n(g_{20},\sigma_{20}^2),\cdots,n(g_{I0},\sigma_{I0}^2)), & H_0 \\ (n(g_{11},\sigma_{11}^2),n(g_{21},\sigma_{21}^2),\cdots,n(g_{I1},\sigma_{I1}^2)), & H_1\end{cases} \quad (3.138)$$

由概率统计理论，$\boldsymbol{g}$ 的 I 维概率密度为

$$p(g_1,g_2,\cdots,g_I)=p(g_1)\cdot p(g_2|g_1)\cdot p(g_3|g_1,g_2)\cdots p(g_I|g_1,g_2,\cdots,g_{I-1}) \quad (3.139)$$

假设 I 维特征分量满足正交基，则各 g_i 分量相互独立，式(3.139)变为

$$p(g_1,g_2,\cdots,g_I)=p(g_1)\cdot p(g_2)\cdot p(g_3)\cdots p(g_I) \quad (3.140)$$

结合特征矢量 $\boldsymbol{g}$，二元检测门限定义为矢量形式，$\boldsymbol{G}=(G_1,G_2,\cdots,G_I)$。判断规则如下：

$$\begin{cases}\forall i\in[1,I],\text{均满足 } g_i\geq G_i \text{ 判为有信号} \\ \exists i\in[1,I],\text{满足 } g_i<G_i \text{ 判为无信号}\end{cases} \quad (3.141)$$

则单次采样发现概率 P_{d1} 与虚警概率 P_{fa1} 分别为

$$\begin{aligned}P_{d1}&=\int_{G_1}^{+\infty}\int_{G_2}^{+\infty}\cdots\int_{G_I}^{+\infty}p_1(g_1,g_2,\cdots,g_I)\mathrm{d}g_1\mathrm{d}g_2\cdots\mathrm{d}g_I \\ &=\int_{G_1}^{+\infty}p_1(g_1)\mathrm{d}g_1\int_{G_2}^{+\infty}p_1(g_2)\mathrm{d}g_2\cdots\int_{G_I}^{+\infty}p_1(g_I)\mathrm{d}g_I\end{aligned}$$

$$= \int_{G_1}^{+\infty} n(g_{11},\sigma_{11}^2)\mathrm{d}g_1 \int_{G_2}^{+\infty} n(g_{21},\sigma_{21}^2)\mathrm{d}g_2 \cdots \int_{G_I}^{+\infty} n(g_{I1},\sigma_{I1}^2)\mathrm{d}g_I \quad (3.142)$$

$$P_{\mathrm{fa1}} = \int_{G_1}^{+\infty} \int_{G_2}^{+\infty} \cdots \int_{G_I}^{+\infty} p_0(g_1,g_2,\cdots,g_I)\mathrm{d}g_1\mathrm{d}g_2\cdots\mathrm{d}g_I$$

$$= \int_{G_1}^{+\infty} p_0(g_1)\mathrm{d}g_1 \int_{G_2}^{+\infty} p_0(g_2)\mathrm{d}g_2 \cdots \int_{G_I}^{+\infty} p_0(g_I)\mathrm{d}g_I$$

$$= \int_{G_1}^{+\infty} n(g_{10},\sigma_{10}^2)\mathrm{d}g_1 \int_{G_2}^{+\infty} n(g_{20},\sigma_{20}^2)\mathrm{d}g_2 \cdots \int_{G_I}^{+\infty} n(g_{I0},\sigma_{I0}^2)\mathrm{d}g_I \quad (3.143)$$

通过单次采样样本进行回波检测,由于冲激脉冲雷达回波信噪比较低,其误警概率较高。为降低误警概率,可采用了双门限积累检测方法。检测步骤可参考图3.113:首先基于单次样本进行特征矢量门限检测,检测门限 Λ_1 为矢量形式,$\Lambda_1 = G$。按照同

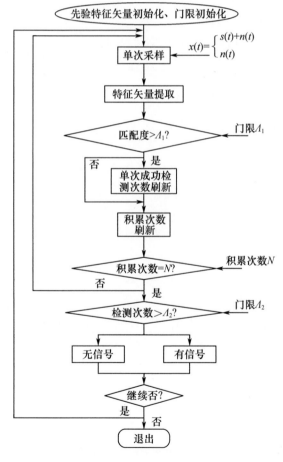

图 3.113 双门限积累检测

样步骤,对 N 个样本进行重复检测后,对成功检测次数 k 与成功检测次数门限 Λ_2 进行比较,最终作出有无信号的判读。

这种对目标回波的双门限积累检测算法,本质上是对真实目标信号与射频干扰等虚假信号的特征多次统计研判,自然对射频、噪声抑制具有一定效果,从而可以较好地提高信噪比与目标检测概率,有效降低误警概率。

值得说明,双门限积累检测与3.6.2节中的相干积累具有一定的差别:相干积累只适合于静止目标,而双门限积累检测对于运动目标依然有效。它属于检测结果积累,而非波形积累。

显然,对连续采样的 N 个独立样本,提取特征矢量,有 k 个样本特征矢量超过检测门限 Λ_1 的概率 $P(k)$ 满足二项式分布:

$$P(k) = C_N^k P^k (1-P)^{N-k} \tag{3.144}$$

式中:P 为单次采样特征矢量超过检测门限 Λ_1 的概率,针对二元假设情形,分别代表发现概率 P_{d1} 与虚警概率 P_{fa1};二项式系数 $C_N^k = \dfrac{N!}{k!(N-k)!}$。

第二检测门限 Λ_2 为 K/N,即 N 个样本中有 K 个单次样本超过第一检测门限 Λ_1 则判为有信号。这样,最终判为有信号的总概率为

$$P(k \geqslant K) = \sum_{k=K}^{N} P(k) = \sum_{k=K}^{N} C_N^k P^k (1-P)^{N-k} \tag{3.145}$$

P 分别用单次样本发现概率 P_{d1} 与虚警概率 P_{fa1} 代入,即得双门限积累检测的发现概率与虚警概率:

$$P_d = \sum_{k=K}^{N} C_N^k P_{d1}^k (1-P_{d1})^{N-k} \tag{3.146}$$

$$P_{fa} = \sum_{k=K}^{N} C_N^k P_{fa1}^k (1-P_{fa1})^{N-k} \tag{3.147}$$

4) 特征矢量正交基的讨论

上述分析是基于各个特征分量相互统计独立,满足正交基关系进行的,而实际上算法定义和选取的各个特征分量,其相互统计独立的数学证明是困难的,而且也并不一定完全满足正交基关系。

但是结合数学分析子空间相关理论,只要所选取的特征分量涵盖整个子空间,便可以将其投影于理想存在的各个正交基分量上。假设特征矢量 g 为 I 维矢量,正交基 g_0' 为 L 维空间单位正交基矢量。特征矢量 $g = (g_1, g_2, \cdots, g_I)$ 在单位正交基 g_0' 上的投影为 $g' = (g_1', g_2', \cdots, g_L')$。则上面的特征矢量分布概率与正交基矢量分布对应关系如下:

$$p(\boldsymbol{g}) = p(g_1, g_2, \cdots, g_I) = p(g'_1, g'_2, \cdots, g'_L) = p(\boldsymbol{g}') \qquad (3.148)$$

即有

$$p(g_1) \cdot p(g_2|g_1) \cdot p(g_3|g_1,g_2) \cdots p(g_I|g_1,g_2,\cdots,g_{I-1})$$
$$= p(g'_1) \cdot p(g'_2) \cdot p(g'_3) \cdots p(g'_L) \qquad (3.149)$$

可以看出，即使所选择的特征分量并不完全满足正交基，但是仍可与理想存在的正交基矢量存在一定的对应关系，并不影响后续的双门限识别检测算法的有效性。当然特征量选取的好坏，对算法的效率、速度和收敛性具有一定影响。特征分量维数过多，算法收敛性增强，但是运算速度降低；特征分量维数过小，算法运算速度提高，但是收敛性变差。实际工程应用中，必须结合实际系统和探测目标回波特征，对特征分量进行有效甄别和恰当的选取。更可取的方式是，采取特征分量加权，初始时选取较多可能的特征分量，等值加权，并使算法具有学习功能，在大量的实验统计学习过程中，算法对各个分量权值进行优化调整，经过一段时间的学习过程，最后依据权值大小进行特征分量取舍。

3. 系统检测算法实验效果

在对大量的外场实验数据统计验证中，上述基于回波特征提取识别的回波检测算法，取得了较为理想的检测效果。结合实验数据，对传统的相关检测算法、简单的峰值检测算法、特征识别检测算法进行了效果对比，表 3.8 列出了不同峰值信噪比下单次回波检测的比较结果。

可以看出，对于冲激雷达回波信号，传统的相关检测算法工作条件非常苛刻，简单的峰值检测算法也无法满足系统性能要求，而基于信号特征矢量分析的识别检测算法则有效地降低了误警概率，提高了系统信号检测能力。

表 3.8 多种检测算法误警率统计值

算法\误警率 SNR_{Peak}	30dB	20dB	10dB	0dB
相关检测	0.05	0.5	0.9	0.99
峰值检测	0.01	0.1	0.5	0.9
识别检测	0.0001	0.0005	0.001	0.005

图 3.114 给出了系统典型的单次实时采样样本波形与识别检测相干积累灰度显示的软件界面。可以计算，此时的峰值信噪比统计值仅有 5dB，而识别检测算法仍然表现出了较出色的性能。初步的统计实验证明，识别检测算法，对于峰值信噪比大于 5dB 以上的回波信号，算法误警概率小于 10^{-3}。识别检测算法完全适合于峰值信杂比在 10~5dB 的低信杂比脉冲回波的信号检测。

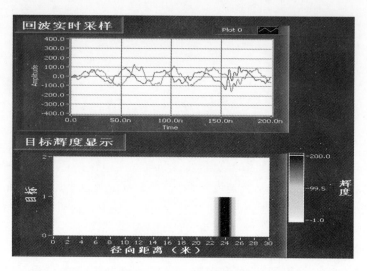

图 3.114　单次样本与识别检测灰度显示界面

第4章 反隐身雷达

自20世纪末F-117等隐身战斗机投入战场以来,传统的雷达防空体系受到了巨大挑战。由于超宽带雷达具有潜在的反隐身优势,各国科研人员纷纷投入其中,积极开展相关研究工作。

本章对超宽带冲激脉冲雷达反隐身机理进行详细介绍,并初步设计了原理样机,进行了相关实验。

4.1 隐身与反隐身的基本理论

隐身技术的出现是一次具有划时代意义的军事技术变革,同时使得反隐身技术相伴而生。可以预料,在未来高技术条件下的信息战争中,以外形隐身、材料隐身、等离子体隐身等为代表的隐身技术和以冲激脉冲雷达、超视距雷达、雷达组网等为代表的反隐身技术将在相互制约中不断发展,使未来战争的技术含量更高;同时,对武器装备的先进性也提出了更高的要求。

4.1.1 雷达目标隐身的基本原理

隐身飞机,理解为"偷潜飞机"更符合原意。为了达到隐身的目的,它自身的雷达散射截面积(RCS)应该很小,同时它的雷达、无线电设备在完成特定功能的前提下辐射的电磁波能量应该尽量小,也可以理解为目标隐身和雷达隐身。目标隐身主要有以下方法。

1. 外形RCS缩减隐身

外形RCS缩减是实现武器系统高性能隐身最直接有效的手段。外形RCS缩减技术的应用原则是将目标强散射中心转化为弱散射,或将强散射方向移出受雷达威胁的主要探测区域方向。一般多采取多棱面外形和融合外形两种技术手段。多棱面外形技术是将目标设计成多棱面体,使得整个目标散射峰值只出现在几个较窄的角度方向,而在其他较宽的角度范围内(特别是前向、后向等重点方向)RCS都很小。多棱面外形技术的典型应用实例是美军的F-117隐身战斗机。融合外形技术将目标表面、曲线设计得尽可能光滑连续,减少不连续界面引起的强反射与折射。融合外形技术的典型应用实例是美军的B-2隐身轰炸机。

外形 RCS 缩减隐身设计的理论基础是高频散射的几何光学近似,因此外形隐身技术对频率是敏感的。在高频段,外形隐身技术比较有效;在低频段,当目标部件或整体尺寸与雷达工作波长近似甚至更小时,改变目标外形对 RCS 的影响很小,甚至会起到增强 RCS 的作用。例如,圆滑的翼身融合体更利于低频段爬行波的传播。

2. 雷达吸波材料隐身

使用吸波材料(RAM)也是雷达隐身的重要措施之一。按照功能可分为涂敷型和结构型。涂敷型 RAM 是将吸收剂与黏结剂混合后涂敷于目标表面形成电磁波吸收涂层。涂敷型 RAM 因方便、灵活、吸收性能好等优点而被广泛应用,全世界几乎所有隐身装备上都使用了涂敷型 RAM。结构型 RAM 是将吸收剂分散在特种纤维(如玻璃纤维、石英纤维等)所组成的结构材料内部,形成结构复合材料,其典型特点是承载和构形的同时又可吸收电磁波。结构型 RAM 的技术含量更高,是 RAM 发展的一种趋势。

同样,RAM 对频率也是敏感的,具有实用意义的 RAM 均是针对窄带雷达而设计的。尤其是涂敷型 RAM,为达到与空气表面的最佳匹配,其厚度一般被设计为对抗波长的 1/4,因此,对于一定厚度的 RAM,只能对某一小段频率范围的雷达波起吸收作用。虽然人们在努力寻找和研制工作频带更宽的 RAM,但目前的结果还不是很理想。若雷达频率跳出目前 RAM 所能对抗的频段,将使目标的隐身性能大大降低或失效。

除了以上两种最主要的隐身技术手段,目前还出现了一些新的隐身技术,如等离子体隐身、手性材料、纳米隐身、导电高聚物、多晶铁纤维吸收剂等。但是这些技术均不够成熟,尚未大量使用在装备上。

4.1.2 超宽带雷达的反隐身机理

超宽带冲激脉冲雷达,发射纳秒级时域窄脉冲,等效到频域相当于主要集中于 0~2GHz 超宽频谱,且主要频率分量集中在 HF、UHF、VHF 等较低频段。冲激脉冲频谱宽、频段低,因此具有潜在的反隐身优势。下面从时域角度进行更深入的机理分析。

1. 雷达目标的散射特性

对于稳态场而言,设雷达的发射功率为 P_t,最小可接收信号电平为 P_{min},收发天线增益均为 G,工作波长为 λ,目标的 RCS 为 σ,则该雷达最大作用距离 R_{max} 为

$$R_{max} = \left[\frac{P_t G^2 \lambda^2 \sigma}{(4\pi)^3 P_{min}} \right]^{1/4} \tag{4.1}$$

可见,雷达在自由空间的最大探测距离与 RCS 的四次方根成正比,要使雷达最大探测距离降低一半,就要求目标的 RCS 降低 12dB,当 RCS 降低 20dB 和 40dB 时,雷达作用距离分别降低至 $0.316R_{max}$ 和 $0.1R_{max}$。

目标的雷达散射截面与目标的尺寸、形状和涂覆的吸波材料密切相关,一个目标的雷达散射截面与波长的关系可分为瑞利区、谐振区和光学区三个区域。

在瑞利区,入射波沿散射体基本上没有相位变化,在每一个给定的时刻,散射体各部分可感应相同的入射场,感应电荷是低频散射的主要物理机理,整个目标都参与了散射过程,其形状的细节并不重要,散射体的体积才是重要的。瑞利区雷达散射截面积可由如下的经验公式给出:

$$\sigma = \frac{4}{\pi} k^4 V^2 F^2 \tag{4.2}$$

式中:k 为波数,$k = 2\pi/\lambda$;V 为金属散射体的体积;F 为散射体形状系数,不同形状的目标此系数不同。瑞利区的突出特点是雷达散射截面正比于频率的四次方,即 $\sigma \propto f^4$,正比于体积的二次方,因此目标的 RCS 随频率和体积单调增大。

当目标的尺寸与波长是同一量级时,沿目标长度上入射场的相位变化十分显著,这就是谐振区。在这个区域,散射体的每一部分都会影响另外的部分,散射体各部分间相互影响的总效果决定了最终的电流分布,即使小尺寸的细节不那么重要,总的几何形状也是重要的。谐振区目标的雷达截面随频率的变化呈现振荡,最大值比按光学区方法计算值大许多倍。例如,金属球在谐振区的单站最大散射截面约是光学区散射截面的 3.63 倍。

在光学区,目标的尺寸比雷达波长大得多,即 $\lambda \ll L$。在这个区域,累积的相互影响很小,以致一个散射体可作为各独立的散射中心的集合来处理,因而散射过程中细节的几何结构变得十分重要,目标的 RCS 随视角急剧变化,对于实际的目标,在不到 1°的视角变化可引起其高频散射截面 1~2 个数量级的变化,而总的 RCS 方向图的动态范围可高达 80dB。高频散射主要包括 7 种散射机理,即镜面反射、表面不连续性散射(边缘、拐角和尖端)、表面导数不连续性散射、爬行波散射、行波散射、凹形区域散射(进气道、两面角和三面角)和相互作用散射(多路径叠加)。其中镜面反射、边缘绕射、行波散射和凹形区域的散射属于较强的散射机理,其余的几种是较弱的散射机理。

这是雷达目标在连续波照射下所表现出的散射特性,在非常短的电磁脉冲照射下,雷达目标的散射呈现出瞬态特性,与稳态时相比,其 RCS 表现不同。图 4.1 是舰船和飞机模型在短脉冲照射下的典型回波信号,当脉冲宽度 τ 很小时,其所对应的空间宽度 $d = c\tau$ 远小于目标长度 L 时,就能分辨出目标上分离的各个散射中心,回波信号反映了目标沿入射方向的结构细节,这就是目标的一维距离像。对此仔细分析,则可发现目标在瞬态信号和稳态信号下 RCS 的异同。

由于超宽带冲激雷达与窄带雷达发射波形的不同,其目标回波波形自然也存在差别。如图 4.2 所示,对于同一目标,设具有 5 个离散的强散射中心 $\sigma_1, \sigma_2, \cdots, \sigma_5$。窄带雷达总的接收回波为这些散射中心回波的相干和,结果是单个回波信号。超宽带冲激雷达接收回波则为这些散射中心回波的时序和,结果是多个回波信号,分别对应不同的散射中心。

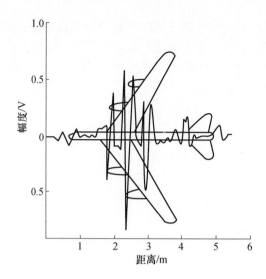

图 4.1 短脉冲照射下的典型回波信号

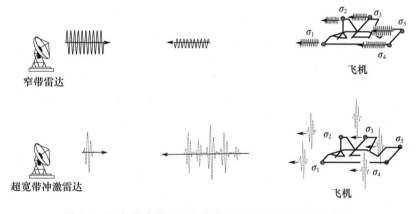

图 4.2 超宽带冲激雷达和窄带雷达目标回波波形的差别

进一步对冲激雷达回波脉冲形式进行简单分析。参考图 4.3，假设采用 N 元阵列天线发射，目标强散射中心点为 M 个，目标与天线阵主瓣方向存在微小的夹角 Θ，脉冲重复周期为 T。设脉冲源单次输出脉冲波形为 $s_1(t)$，则单个阵元在主瓣内辐射波形 $s_2(t)$ 近似为原始脉冲的微分，故有

$$s_2(t) = \frac{\mathrm{d}s_1(t)}{\mathrm{d}t} \tag{4.3}$$

考虑脉冲源输出脉冲串时，则单元天线辐射的脉冲串为

$$s_2(t) = \sum_{k=0}^{+\infty} \frac{\mathrm{d}s_1(t-kT)}{\mathrm{d}t} \tag{4.4}$$

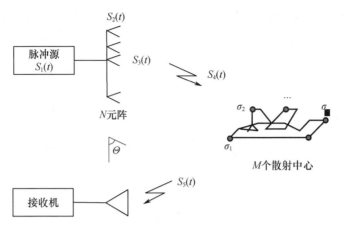

图 4.3 UWB 雷达回波波形分析

整个阵列对于目标方向辐射的总脉冲为

$$s_3(t) = \sum_{k=0}^{+\infty} \sum_{n=1}^{N} \frac{\mathrm{d}s_1(t - kT + n\Delta L\cos\Theta/c)}{\mathrm{d}t} \quad (4.5)$$

假设空间传输波形无色散,则到达距离 R 处目标,脉冲仅存在延时和衰减效应:

$$s_4(t) = f(1/R) \sum_{k=0}^{+\infty} \sum_{n=1}^{N} \frac{\mathrm{d}s_1(t - kT + n\Delta L\cos\Theta/c - R/c)}{\mathrm{d}t} \quad (4.6)$$

设目标每个散射中心各自的散射函数为 $h_m(t)$,其径向分布对应径向延时 τ_m,则总的目标回波为

$$\begin{aligned} s_5(t) &= f(1/R) \sum_{k=0}^{+\infty} \sum_{n=1}^{N} \sum_{m=1}^{M} \frac{\mathrm{d}s_1(t - kT + n\Delta L\cos\Theta/c - R/c)}{\mathrm{d}t} * h(t - \tau_m) \\ &= f(1/R) \sum_{k=0}^{+\infty} \sum_{n=1}^{N} \sum_{m=1}^{M} \frac{\mathrm{d}s_1(t - kT + n\Delta L\cos\Theta/c - R/c)}{\mathrm{d}\tau} * h(t - \tau_m - \tau)\mathrm{d}\tau \end{aligned}$$

$$(4.7)$$

由上述分析可知,对冲激雷达,当目标尺寸足够大时,各个散射中心点的回波将是完全可分的,这对于探测隐身目标是有利的。

参见图 4.4,传统的窄带连续波雷达的总的回波信号是各个散射中心回波的相干叠加,所以其总的雷达截面 σ_{NB} 也将是各个散射中心雷达截面的相干叠加和:

$$\sigma_{\mathrm{NB}} = \left| \sum_{m=1}^{M} \sqrt{\sigma_m} \mathrm{e}^{\mathrm{j}\frac{2\pi\tau_m}{\lambda}} \right|^2 \quad (4.8)$$

式中:$\sqrt{\sigma_m}$ 一般视为复数,指数项表示各散射中心的空间相对相位延时。

而对于超宽带冲激雷达,由于时序上各个散射中心点的回波是完全可分的,通过时间上目标回波的数字积累,目标的总雷达截面 σ_{UWB} 将是各个散射中心雷达截面的代数和。

$$\sigma_{UWB} = \sum_{m=1}^{M} \sigma_m \tag{4.9}$$

显然 $\sigma_{UWB} \geqslant \sigma_{NB}$。

由此可见,冲激雷达相对于窄带雷达的反隐身优势。由于隐身飞行器一般是针对窄带雷达设计的,其 RCS 减缩的目标也是连续波照射下的 RCS,但对于短脉冲信号,目标瞬态散射的特性与连续波不同,所以各种隐身手段的效果都大打折扣,这就是短脉冲信号具有反隐身潜力的本质原因。

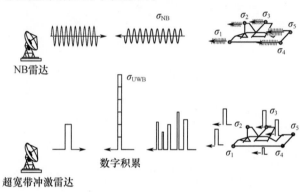

图 4.4 超宽带冲激雷达和窄带雷达目标雷达截面的差别

2. 冲激雷达反外形隐身机理

外形隐身是通过翼身融合、座舱与机身融合等方式来减小目标的雷达截面积,它不能吸收入射的雷达波,只能通过适当的外形设计将能量反射到无关紧要的方向上去。改变目标的形状不能保证空中目标在观测角的全部范围内的隐蔽度,或者对地面目标和海上目标,不能保证在上半球范围内的隐蔽度。这表明目标在观测角的全部范围内,或者对地面、海上目标在上半球范围内的反射能力的综合有效散射面积是一个常数,而与它们的形状无关。换而言之,改变目标的形状只是使目标的反射能力在空间作了重新分配,而在全空间的总的能见度不变。

不同形状、尺寸和材料的目标,其谐振频率差别很大。当用常规窄频带雷达照射目标时,若经过外形隐身的目标处于瑞利区、光学区或谐振区的极小值频率附近时,外形隐身的作用得到充分的发挥。但是对于工作在谐振区的超宽带雷达,有可能通过目标谐振频率的提取进行目标识别。

3. 冲激雷达反材料隐身机理

材料隐身是通过在飞行器表面涂覆吸波材料来减小 RCS,目前大量使用的表面涂覆型铁氧体材料可使反射回波降低 20~30dB。在目前的技术条件下,吸波材料一般是窄频带的,而且是针对常规雷达的频段设计的,因此它对窄频带雷达具有良好的隐身能力,另一方面,它对入射波的方向非常敏感,稍稍偏离一点角度,其吸收效果差别很大。然而,冲激雷达由于具有很大的带宽,其频谱包含几乎从直流到数吉赫的带宽,因而吸波材料即使有吸收,也只是总能量的极小部分。对于常规的 3cm 雷达,当目标反射 1% 的能量时,所需的涂层的厚度为 2.8cm,反射 0.1% 的能量时,所需的厚度为 16.5cm。而对于冲激雷达的频率范围来说,当中心波长为 0.2m 时,反向 1% 的能量与反射 0.1% 的能量所需的涂层厚度达几十到几百厘米,这是任何飞行器都无法承受的。

图 4.5 是实验室中对金属平板覆盖吸波材料与不覆盖吸波材料单站瞬态散射的测试结果。铝质平板的尺寸为 20cm×40cm,所用吸波材料是中国科学院大连化学研究所研制的 RAC-1GHz 型吸波材料,厂方给出的性能测试结果如表 4.1 所示。可以看出,吸波材料在瞬态信号作用下,仅对其工作频率范围内的电磁波起作用,在吸收带之外,尤其是在低频区,覆盖与不覆盖吸波材料的结果几乎完全一样,从时域上来看,除了在脉冲幅度和时延上稍有变化外,涂覆吸波材料的平板散射和不涂覆时几乎完全一样,这说明超宽带信号反材料隐身的能力来自于其超宽带特性。

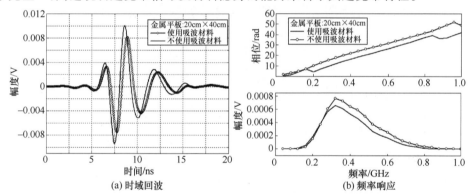

(a) 时域回波 (b) 频率响应

图 4.5 金属平板覆盖与不覆盖吸波材料时对双高斯脉冲的散射

表 4.1 RAC-1GHz 型吸波材料吸波性能

测试频率	1.3GHz	1.0GHz	0.8GHz	0.6GHz
衰减值/dB	-4	-7	-7	-7

4. 反隐身机理的时域分析

冲激雷达发射的脉冲宽度极窄,除了包含的频谱极宽以外,它还是一种瞬态的过程。因此,在对它进行研究时,还应从瞬变电磁场和时域理论来分析考虑。经典的雷达方程是在窄频带情况下推导的,式中目标的 RCS 和其他参数在瞬态情况下需要新的定义和寻找更合理的表征参数。在瞬态情况下,吸波材料的吸收机理和电磁波散射和传播的特性也将大大不同于稳态情况。

由于吸波材料的分子具有质量,因此具有一定的惯性,它们不能对入射电磁场在瞬间就做出响应。分子弛豫现象表明,由于在吸波材料中,分子对入射场的响应需要时间,故脉冲越短,传播时的衰减越小。当脉冲宽度的入射时间比吸波材料的弛豫时间更短时,则可无衰减传播。这个与极窄脉冲的电磁防护问题类似,即使在单频稳态情况下屏蔽效果良好的设备,在极短脉冲入射条件下其效果将大打折扣,就是因为脉冲短的原因。

隐身中采用的吸波材料通常为涂覆型吸波材料。它们大部分为铁氧体的电波吸收体,铁氧体吸波材料的吸收机理是磁壁共振和磁畴旋转共振引起的电磁损耗。这就是铁氧体的弛豫现象。由于磁壁共振和磁畴旋转共振的建立需要一定的时间(T)。当一个冲激脉冲(τ)作用于吸收体时,若作用的时间极短($\tau < T$),在这一个时间间隔内共振没有建立起来,则吸波材料就不会吸收波的能量,因而从其中传播而衰减很小。我们可以从铁氧体的磁滞回线来说明这一点。

具有 $\varepsilon_r = \mu_r$ 的理想铁氧体吸波材料,具有相同的磁滞回线和电滞回线,如图4.6所示。为了说明冲激脉冲的作用,把它与有载频长脉冲作比较。当有载频电磁脉冲照射吸收材料时,吸波材料将受到磁化(或电极化)。在一个载频周期内,吸波材料中的磁场 H 和磁感 B 将沿图4.6(b)所示的磁滞回线绕行一周,吸波材料吸收的能量正比于回线的面积,其值设为 S。对一部 X 频段的雷达($f = 10 \text{GHz}$),若脉宽为 $1\mu s$,则一个脉冲内包含了 10000 个载频周期,于是总损耗为 $10000S$。当图4.6(a)所示的无载频电磁脉冲照射吸波材料时,情况就大不相同了。这时,磁场 H 和磁感应强度 B 将在饱和磁感和剩余磁感所定的一个很小的磁滞回线上绕行,它的面积为 S_0,而且每一周期内只绕行一次,因 $S \gg S_0$,故在一个重复周期内有载频电磁脉冲的

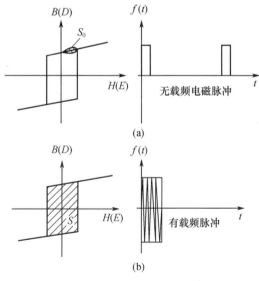

图 4.6　铁氧体材料的磁滞回线和电滞回线

能量损耗与无载频冲激电磁脉冲的能量损耗相比,前者的损耗要大4个量级以上。这种理想吸收材料对无载频冲激电磁脉冲几乎不起吸收作用,因而不能降低目标在瞬态电磁波照射情况下的雷达散射截面。

物理研究表明,吸波材料的磁化强度不是对激励的瞬时响应,而是在它之后有一个延迟,材料的瞬态磁化强度 M_0 可以表示为

$$M_0 = M e^{\frac{t}{T}} \tag{4.10}$$

式中:T 为特征弛豫时间;M 为稳态磁化强度。分析表明,对于涂敷型吸波材料,材料的弛豫时间与入射脉冲宽度对反射信号的影响很大。具体地说,弛豫时间对反射信号的后沿部分影响大,随着弛豫时间的减小,反射信号的能量也随之减少。入射脉冲宽度对反射也有很大影响,入射脉冲宽度增大时,弛豫效应的影响增强,材料的吸收增大。此外,当入射脉冲的幅值大于 RAM 的磁饱和强度时,RAM 目标产生的非线性效应使得反射信号出现很大畸变,反射信号的能量也随之增大。由此可以得出结果,吸波材料的弛豫时间越长,入射脉冲越窄,脉冲幅值越大,则 RAM 的吸收性能越差。

4.2 反隐身雷达原理样机系统设计

由于军事技术的敏感与保密,目前各国虽然积极开展反隐身雷达的研究工作,但是相关文献资料尚不多见。为更好地表述中远距离超宽带冲激雷达的设计思路,本节给出一套超宽带冲激反隐身雷达原理样机设计方案介绍。

4.2.1 反隐身雷达的主要技术参数[51]

反隐身雷达的技术参数主要有最小可探测目标 RCS、最大作用距离、工作频段、极化方式、发射机功率、接收机动态范围、收发天线增益等。

1. 最小可探测目标 RCS

最小可探测目标 RCS 指雷达可探测的最小目标雷达散射截面积。由于 RCS 与频率有关,因此最小可探测目标 RCS 指标需明确所对应的频段。对于外形隐身,有效频带目前为 1~20GHz,可设目标 RCS 为 σ_0,在 VHF 和 UHF 高端(200~1000MHz),隐身平台的 RCS(σ_0)与频率(f,单位 MHz)的平方成反比,大致满足如下关系:

$$\sigma = \left(\frac{1200}{f}\right)^2 \sigma_0 \tag{4.11}$$

对于材料隐身,吸波材料的有效频带目前为 1~20GHz,其损耗作用在 1GHz 以下失效,仅考虑吸波材料的反隐身效果时,吸收损耗下降值一般为 6~9dB。

综上所述,雷达最小可探测目标 RCS 值最粗略情况下也应包含两个对应频段进

行刻画,即可定义为

$$\sigma = \begin{cases} \sigma_0 & L \text{ 和 } S \text{ 频段} \\ \left(\dfrac{1200}{f}\right)^2 (\sigma_0 + 8), & \text{VHF 和 UHF 频段} \end{cases} \quad (4.12)$$

2. 最大作用距离

最大作用距离指雷达对目标最远探测距离。最大作用距离主要与目标 RCS、工作频段、发射机功率、接收机灵敏度、收发天线增益等参数有关。

3. 工作频段

工作频段相关参数属于传统雷达的频域定义方式,主要有中心频率、频带宽度等指标。对于冲激脉冲雷达,可以借鉴频域参数,也可以采用时域参数,主要有脉冲持续时间、脉内周期数等指标进行描述。具体定义参见第 3.2.1 节,发射机参数的规范化定义。

目前,隐身飞机通常采用的外形隐身和材料隐身,主要针对 L、S 以更高频段雷达,已知的目标 RCS 值一般指该频段对应取值。冲激脉冲雷达,脉冲持续时间为纳秒量级,主要频率集中在 VHF 和 UHF 频段,目标 RCS 变大,隐身效果减弱,有利于目标探测。

4. 极化方式

极化方式指雷达收发天线极化方式。隐身飞行器 RCS 的大小与雷达极化方向有密切关系,通过改变雷达极化方向等方法,能使隐身目标的 RCS 达到最大值,从而抑制隐身效果。随着对极化研究的深入,在极化测量、极化滤波、极化增强和利用极化信息进行目标探测与识别等方面都取得了重要突破。

5. 发射机功率

发射功率是雷达性能的一项重要衡量指标。相对于峰值功率而言,平均功率更能决定和影响雷达最大作用距离。平均功率还将分为脉间平均功率和脉内平均功率。具体定义参见第 3.2.1 节,发射机参数的规范化定义。

6. 收发天线增益

天线增益的定义参见第 3.4.1 节,天线参数的规范化定义。

7. 接收机动态范围

接收机动态范围的定义参见第 3.3.1 节,接收机参数的规范化定义。

4.2.2 反隐身雷达原理实验样机设计

为研究超宽带雷达在反隐身目标探测方面的潜力,设计了超宽带冲激脉冲反隐身雷达原理实验样机。基本参数要求如下:最小可探测目标 RCS 为 0.01m^2(VHF、UHF 频段);最大作用距离为 5~10km。系统包括峰值功率达 30MW 的超宽带多路相干合成纳秒脉冲发射机、超宽带脉冲正交解调采样接收机、超宽谱脉冲收发 16 元阵列天线、主控计算机等子系统。

1. 超宽带多路相干合成纳秒脉冲发射机

根据实验系统总体方案,脉冲源基本参数:单极脉冲、重频 1~1000kHz 可调、脉冲全底宽度 1ns、脉冲幅度大于 1000V,可以多源合成形成更高功率输出。

在设计中采用全固态微波电路进行设计,利用雪崩三极管的雪崩效应产生纳秒级脉冲源。基本的超宽谱纳秒脉冲源由固态脉冲产生源、高电压直流源和触发产生电路组成(图 4.7),用数字电路产生可控重频触发信号,利用雪崩晶体管雪崩级联放电效应工作,雪崩电路设计成为脉冲源设计技术的关键。设计的大功率发射机如图 4.8 所示。

图 4.7 超宽带雷达发射机框图

图 4.8 超宽带大功率发射机

由于固态雪崩三极管 MARX 电路输出的功率有限,对雷达应用来讲,当作用距离增加时,要求脉冲源输出更高的峰值功率,就必须采用多个脉冲源功率相干合成方案。在实际研究中,成功实现 256 路子源的 16×16 电路-空间综合合成 30MW 全固态高稳定度纳秒脉冲源,并投入试验使用。

图 4.9 给出了 16×16 电路-空间综合合成 30MW 全固态高稳定度纳秒脉冲源实物照片。图 4.10 是使用大功率衰减器(图 4.11)在 Agilent infiniium DSO81204a 数

图 4.9 16×16 电路-空间综合合成 30MW 全固态高稳定度纳秒脉冲源

字采样示波器上典型的通道间输出波形及输出时基对比测试结果。DSO81204A 最高采样速率 40GSa/s,采样带宽 12GHz,可实现对纳秒级脉冲的高保真采样。更详细的各通道调试结果指标见表 4.2。

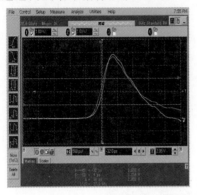

图 4.10 CH1-CH6 时基-波形对比结果

图 4.11 MW 级纳秒脉冲大功率衰减器

表 4.2 30MW 全固态高稳定度相干合成纳秒脉冲源各通道测试指标

通道	输出波形		输出时基		输出脉宽		输出功率 /MW
	波形幅度 /kV	幅度抖动 /%	时基间隔 /ps	时基抖动 /ps	脉冲宽度 /ns	脉宽抖动 /%	
CH1	9.3	≤1	0	≤10	2.3	≤1	1.73
CH2	9.4	≤1	0	≤10	2.3	≤1	1.77
CH3	9.5	≤1	15	≤10	2.2	≤1	1.81
CH4	9.2	≤1	0	≤10	2.3	≤1	1.69
CH5	9.4	≤1	-10	≤10	2.2	≤1	1.77
CH6	9.4	≤1	15	≤10	2.2	≤1	1.77
CH7	9.3	≤1	0	≤10	2.3	≤1	1.73
CH8	9.2	≤1	25	≤10	2.3	≤1	1.69
CH9	9.3	≤1	0	≤10	2.3	≤1	1.73
CH10	9.5	≤1	-10	≤10	2.1	≤1	1.81
CH11	9.4	≤1	10	≤10	2.2	≤1	1.77
CH12	9.4	≤1	30	≤10	2.2	≤1	1.77
CH13	9.4	≤1	0	≤10	2.3	≤1	1.77
CH14	9.5	≤1	25	≤10	2.1	≤1	1.81
CH15	9.3	≤1	-15	≤10	2.3	≤1	1.73
CH16	9.5	≤1	0	≤10	2.1	≤1	1.81

2. 超宽带脉冲正交解调采样接收机

根据总体设计方案,辐射脉冲工作频率范围主要集中在200~800MHz,其绝对带宽600MHz,接收机应具有超宽频带、高灵敏度、高信噪比和实时处理等特性。针对超宽带雷达的特点,通道式结构的接收机得到广泛采用。通道式接收机有频域多通道接收机和时域多通道接收机两种典型结构。本系统采用频域模拟正交解调双通道接收方式。它利用零中频混频,信号带宽减小一半,0~300MHz的低通信号使A/D采样的设计变得简单。接收机的主要指标见表4.3。

表4.3 超宽谱正交解调采样接收机主要技术指标

参数	技术指标	参数	技术指标
工作频段	200~800MHz	瞬时动态范围	40dB
瞬时带宽	600MHz	带内幅度起伏	<5dB
接收形式	正交解调	带内相位误差	±10°
噪声系数	10dB	I、Q幅相平衡度	0.5dB/5°
总增益	60dB		

在本系统中,信号频率范围为200~800MHz,相对于中心频率500MHz的相对带宽为120%。对其直接用本振500MHz,进行正交解调得到I、Q两路0~300MHz信号,是不可能实现的,原因在于:

(1) 射频(200~800MHz)、本振(500MHz)和中频信号(0~300MHz)的频率相互重叠,无法有效隔离,组合频率干扰的影响也无法消除;后端滤波器将无法实现。

(2) 功分器、混频器的宽带性能不理想。200~800MHz的宽带功分器、混频器较难实现。它们的插入损耗、幅度平衡度、相位平衡度在200~800MHz,相对带宽120%的频域上宽频特性很难保证。而它们都是正交解调的关键部件,其性能的好坏决定了正交解调可能达到的技术指标。

从上面的分析可以看出,限制系统性能的关键因素就是系统的相对带宽太大。对窄带信号而言,器件的频率特性可以认为接近理想,这就促使我们采用上变频的方法压缩相对带宽,使宽带信号"窄带化"。系统进行两次变频,先上变频,本振选为4.7GHz,信号上变频至4.9~5.5GHz。然后,I、Q两路正交解调,本振5.2GHz,下变频为0~300MHz两路信号。综上所述,超宽谱接收机和正交解调方框图如图4.12和图4.13所示。

图4.14是接收机电路布局图,图4.15是超宽带正交解调接收机及主控系统的实物照片。这套系统不仅尺寸小,重量轻,而且噪声电平大大降低,灵敏度高,性能好。

3. 超宽谱脉冲收发16元阵列天线

系统收发分置,分别采用超宽带冲激雷达收发阵列天线,如图4.16所示。

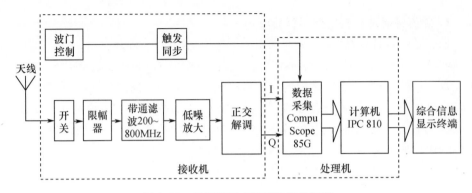

图 4.12　超宽谱正交解调接收机框图

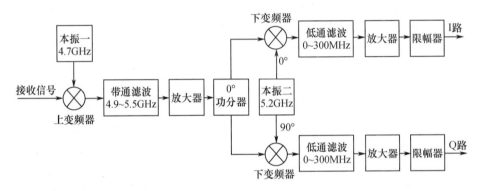

图 4.13　模拟正交解调框图

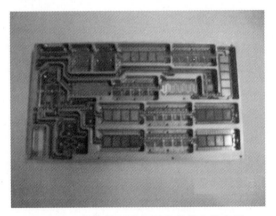

图 4.14　超宽带正交解调接收机电路布局

4. 主控计算机

主控计算机内置高速数字采集卡和同步触发卡,安装专门研制的超宽带冲激雷达样机实验系统软件,完成收发之间的时基同步、距离波门扫描、回波显示、目标检测等功能,参见图 4.17。

图 4.15　超宽带正交解调接收机及主控系统

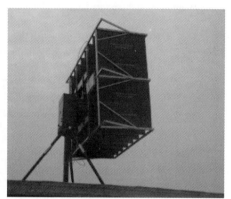

(a) 发射阵列天线　　　　　　　　　(b) 接收阵列天线

图 4.16　收发天线阵列

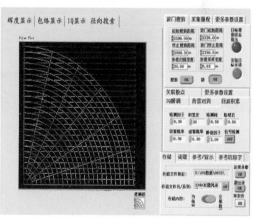

(a) 主控计算机　　　　　　　　　　(b) 软件界面

图 4.17　主控计算机及软件界面

4.2.3 反隐身雷达原理样机的数据测量

利用样机系统,进行 1~5km 远距离静止目标外场探测试验,取得成功,验证了整套系统方案的可行性。实验场地地势平整,视角 60°、距离 5km 内无较高建筑和山体遮挡,是比较理想的外场实验场所。

整套雷达原理样机系统由完全自主研发的 30MW 多路相干合成纳秒脉冲发射机、超宽带正交解调接收机、收发天线阵列、高速数字采集卡、同步触发 PCI 卡、主控计算机组成,如图 4.18 所示。目标悬吊于远处 100~400m 低空;收发天线空间间隔 5~10m,构成准单站系统。发射机通过发射天线正对目标发射纳秒级短脉冲,经过地表及目标反射回接收天线,接收机进行接收,通过高速数字采集卡进行实时采样。后端信号处理由主控计算机完成。同步触发 PCI 卡对发射机、接收机提供适当的触发及延时信号,使得接收机仅在适当的距离门内进行数据采集和处理,从而滤除收发直接耦合、窗外地表杂波等,对接收机进行高功率保护并提高信噪比。

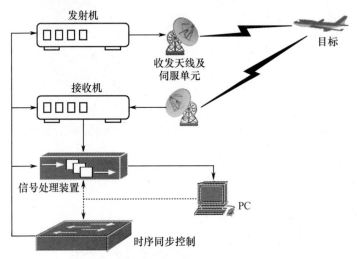

图 4.18 系统连接图

图 4.19 所示为探测时系统连接及外场试验场景。发射天线为 2×8 平面 TEM 喇叭阵列,接收天线为 2×8 平面印制阵列天线。收发天线相距 15m,架设于高度 2.5m 的天线台,保持一定的空间隔离,正前方悬吊目标。整套系统放置于收发天线附近的电磁屏蔽小室中,对信号进行实时处理。

对于静止目标的探测,主要采取波门选择、背景对消和积累平均等方法来消除地杂波及抑制射频,并且取得了较好的效果。对于运动目标以上方法则需要进行针对性地改进。

利用超宽带雷达原理样机系统分别对各种标准目标、典型目标缩比模型进行了大

(a) 实验场景　　　　　　　　　　(b) 场地外的开阔视角

图 4.19　实验外场

图 4.20　悬吊目标的氢气球

量试验,对系统脉冲恢复算法、射频抑制算法、识别检测算法进行了实验验证及优化。

试验分别对 F-117A 隐身飞机缩比模型、F-22 隐身飞机缩比模型、边长 1.5m 三面角、高度 1.6m 未涂敷锥桶、高度 1.6m 涂敷锥桶等多种典型目标进行了探测试验,特别是光学区 RCS 仅有 $0.01m^2$ 的涂敷锥桶,在 2.4km 处成功实现了低掠角探测,与作用距离理论估算值基本吻合,从而也验证了该系统设计方案的可行性和算法的有效性。

下面将给出一些典型目标不同距离、不同高度、不同发射功率下的探测结果。图形给出单次采样未进行射频抑制的原始回波典型样本;表格为连续多次采样原始波形参数统计值。

图形命名按照目标径向距离 - 目标悬吊高度 - 相干合成脉冲源工作通道数 - 目标(- RFS)的格式。

表格单元内连续多次采样记录文件命名按照"目标径向距离 - 目标悬吊高度 - 相干合成脉冲源单个通道功率 × 工作通道数 - 目标(- RFS)"的格式。

（1）径向距离。1000～2400m 距离在同一视角、地形特征相同，进行系列探测，结果具有可比性；4000m 以外受限于场地，视角改变较多，沿途地形有较大变化，与 2400m 以内测试结果不进行比较。同时由于气球拽曳线长达几百米，单次测试时间花费较长，受风向、风力改变影响，容易造成空中目标的前后飘移，即使同一地点两次放飞，测试距离也稍有变化，其距离以实测结果给出。

（2）悬吊高度。悬吊高度的改变影响探测视角，同时对角度敏感反射目标的 RCS 有较大影响。

（3）通道数目。通道数目直接决定输出脉冲功率，由于其与天线形成空间功率合成，满足如下规律：在单个子源完全相同，且全相干的理想情况下，合成峰值电压将随子源数目按照线性关系增长；合成峰值功率将随子源数目按照平方关系增长。

（4）目标只给出 3 个典型目标，T1 表示三面角，T2 表示未涂敷锥桶，T3 表示涂敷锥桶。

（5）后缀有 RFS 的图形或文件均指射频抑制后结果。

图 4.21 给出了三面角目标单次采样回波波形，表 4.4 给出了三面角目标连续多次采样原始波形参数统计值；图 4.22 给出了未涂敷锥桶目标单次采样回波波形，表 4.5 给出了未涂敷锥桶目标连续多次采样原始波形参数统计值；图 4.23 给出了涂敷锥桶目标单次采样回波，表 4.6 给出了涂敷锥桶目标连续多次采样原始波形参数统计值。

1. 边长 1.5m 三面角

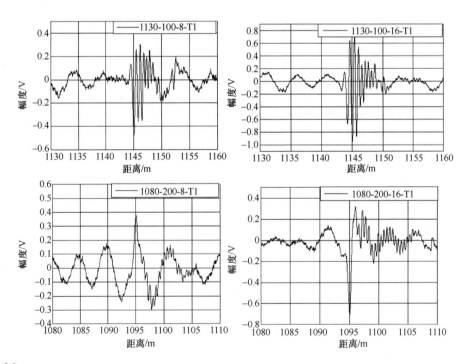

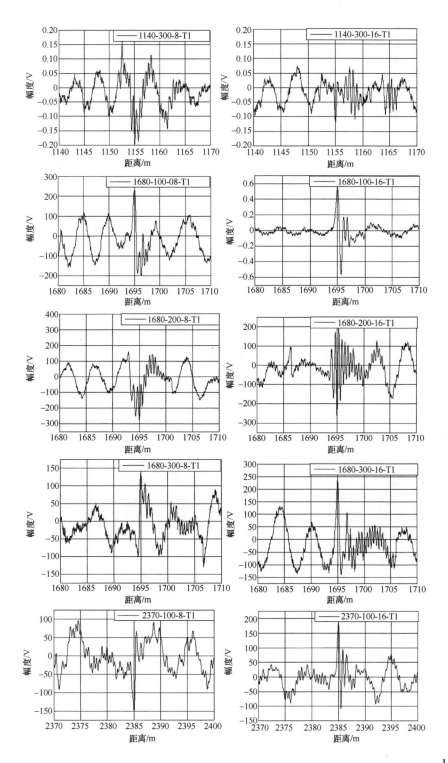

187

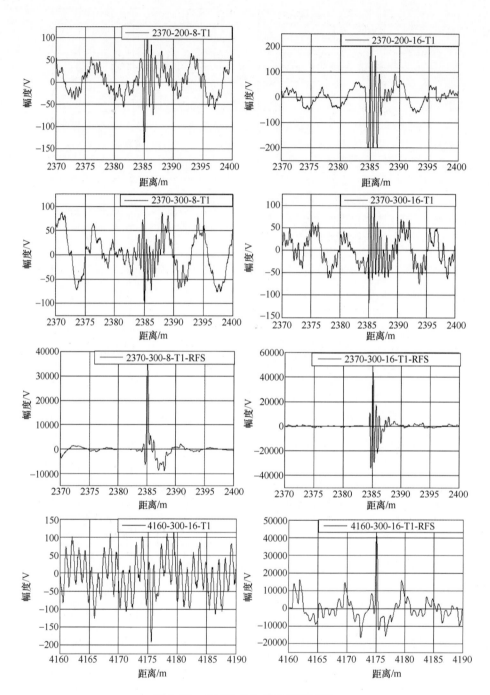

图 4.21 三面角目标单次采样回波

表 4.4 三面角目标连续多次采样原始波形参数统计值

多次采样记录文件	峰值电平统计值/mV		峰值信杂比统计值/dB	
	I 通道	Q 通道	I 通道	Q 通道
1km－100m－2MW×8CH－T1	391	420	14.35	14.09
1km－100m－2MW×16CH－T1	720	689	17.84	16.94
1km－200m－2MW×8CH－T1	250	280	12.63	12.24
1km－200m－2MW×16CH－T1	462	491	16.81	16.12
1km－300m－2MW×8CH－T1	106	139	10.45	10.73
1km－300m－2MW×16CH－T1	173	204	10.91	10.90
1.5km－100m－2MW×8CH－T1	225	248	12.07	11.54
1.5km－100m－2MW×16CH－T1	415	452	16.15	15.66
1.5km－200m－2MW×8CH－T1	175	215	10.84	11.15
1.5km－200m－2MW×16CH－T1	295	329	14.42	13.90
1.5km－300m－2MW×8CH－T1	149	169	10.86	10.49
1.5km－300m－2MW×16CH－T1	212	245	13.38	13.21
2.4km－100m－2MW×8CH－T1	104	117	11.31	11.01
2.4km－100m－2MW×16CH－T1	139	160	12.75	12.80
2.4km－200m－2MW×8CH－T1	127	150	12.44	12.86
2.4km－200m－2MW×16CH－T1	161	165	14.14	13.18
2.4km－300m－2MW×8CH－T1	91	105	10.80	10.84
2.4km－300m－2MW×16CH－T1	125	120	11.92	11.72
2.4km－300m－2MW×8CH－T1－RFS	—	—	25.85	22.24
2.4km－300m－2MW×16CH－T1－RFS	—	—	28.80	27.19
4.2km－300m－2MW×16CH－T1	135	121	9.85	10.01
4.2km－300m－2MW×16CH－T1－RFS	—	—	21.76	20.30

2. 高度 1.6m 未涂敷锥桶

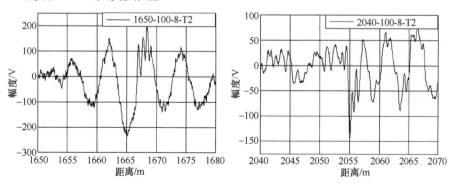

图 4.22 未涂敷锥桶目标单次采样回波

表 4.5　未涂敷锥桶目标连续多次采样原始波形参数统计值

多次采样记录文件	峰值电平统计值/mV		峰值信杂比统计值/dB	
	I 通道	Q 通道	I 通道	Q 通道
1.5km – 100m – 2MW × 8CH – T2	192	210	10.70	10.62
2km – 100m – 2MW × 8CH – T2	143	161	9.82	9.82

3. 高度 1.6m 涂敷锥桶

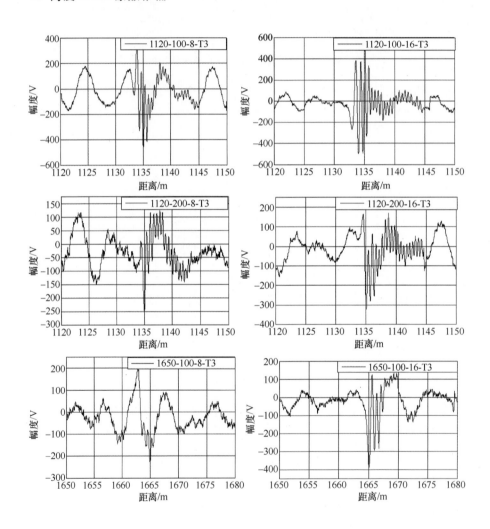

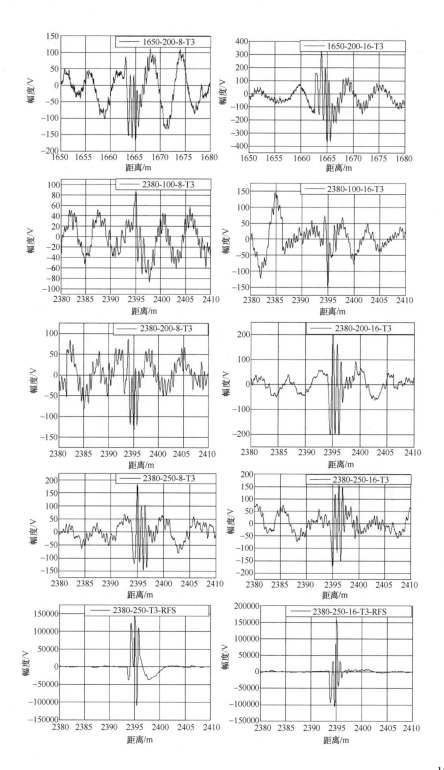

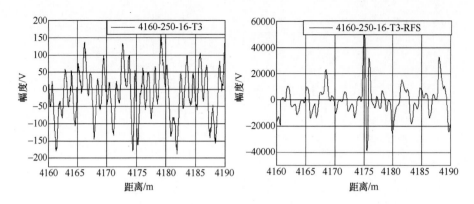

图 4.23 涂敷锥桶目标单次采样回波

表 4.6 涂敷锥桶目标连续多次采样原始波形参数统计值

多次采样记录文件	峰值电平统计值/mV		峰值信杂比统计值/dB	
	I 通道	Q 通道	I 通道	Q 通道
1km – 100m – 2MW × 8CH – T3	364	410	14.41	13.96
1km – 100m – 2MW × 16CH – T3	596	628	16.99	16.39
1km – 200m – 2MW × 8CH – T3	158	190	10.72	10.70
1km – 200m – 2MW × 16CH – T3	226	260	13.08	12.71
1.5km – 100m – 2MW × 8CH – T3	166	191	10.50	10.28
1.5km – 100m – 2MW × 16CH – T3	239	273	13.01	12.78
1.5km – 200m – 2MW × 8CH – T3	145	188	10.94	11.78
1.5km – 200m – 2MW × 16CH – T3	294	351	15.24	15.66
2.4km – 100m – 2MW × 8CH – T3	92	108	10.09	10.34
2.4km – 100m – 2MW × 16CH – T3	115	135	11.00	11.12
2.4km – 200m – 2MW × 8CH – T3	114	130	11.05	11.12
2.4km – 200m – 2MW × 16CH – T3	171	182	14.16	13.47
2.4km – 250m – 2MW × 8CH – T3	107	112	11.42	11.44
2.4km – 250m – 2MW × 16CH – T3	185	195	14.24	13.84
2.4km – 250m – 2MW × 8CH – T3 – RFS	—	—	23.87	23.77
2.4km – 250m – 2MW × 16CH – T3 – RFS	—	—	25.24	28.15
4.2km – 250m – 2MW × 16CH – T3	141	123	9.53	9.56
4.2km – 250m – 2MW × 16CH – T3 – RFS	—	—	19.72	20.15

经过大量的外场试验,系统性能得到了初步验证。特别是对距离 4.2km 的涂敷锥桶目标低掠角的探测,初步证明了脉冲探测对隐身目标及低掠角的探测能力。受场地、试验设施及时间限制,未继续进行 5km 以外更远距离试验,但结合相关探测理论,可以对系统性能包括最大作用距离进行理论估算。

4.3 反隐身雷达原理样机数据处理

第 2 章、第 3 章分别详细讲述目标距离、速度、角度的测量方法,以及射频抑制、杂波抑制、低信杂比检测算法。这些算法适用于反隐身雷达原理样机,但是作为中远距离雷达系统,其数据处理算法还应考虑其特殊性。

4.3.1 测距范围与距离门搜索

1. 测距范围

超宽带冲激雷达受极低的占空比限制,即使峰值功率很高,总的信号能量仍然较低,因此作用距离一般较近。为有效提高冲激雷达作用距离,在峰值功率受限的情况下,需要通过提高信号重复频率来增大总的信号能量。重复频率的提高,将带来最大非模糊距离缩短问题。

一般地,超宽带冲激雷达测距范围包括最小可测距离和最大单值测量距离。最小可测距离是指雷达能测量的最近目标的距离。冲激雷达收发天线分置,但距离较近,在发射脉冲宽度 τ 时间内,接收机和天线馈线系统间是"断开"的,不能正常接收目标回波,发射脉冲过去后天线收发开关恢复到接收状态,也需要一段时间 t_0。在这段时间内,由于不能正常接收回波信号,雷达是很难进行测距的。因此,雷达的最小可测距离为

$$R_{\min} = \frac{1}{2}c(\tau + t_0) \tag{4.13}$$

雷达的最大单值测量距离就是指最大非模糊距离,由其脉冲重复周期 T_r 决定:

$$R_{\max} = \frac{T_r c}{2} \tag{4.14}$$

式中:$R_{\max}$ 为被测目标的最大单值测量距离。

参考第 2 章算例,假设脉冲重复频率 $F_{\text{pmax}} = 1/T_{\text{pmin}} = 10\text{kHz}$,则最大作用距离 $R_{\max} \geqslant 15\text{km}$。

2. 距离门搜索

在上述雷达测距范围内,受接收机采样率和存储深度限制,中远距离冲激雷达往往还需要进行距离门搜索,可参考第 2 章算例。

假设接收机采样率 f_{sam} 为 5GSa/s,存储深度 N_{sam} 为 10000 点,分为 I、Q 两路,各路存储深度 5000 点。则采样时窗内所接收回波的距离宽度 ΔR_{sam} 为

$$\Delta R_{\text{sam}} = \frac{N_{\text{sam}} c}{2 f_{\text{sam}}} = 5000 \times 0.15 \times 0.2 = 150\text{m} \tag{4.15}$$

所以算例中设置150m的距离门是合理的。在实际接收中,需要对15km内距离范围进行遍历搜索。

4.3.2 距离解模糊

为实现更远的作用距离,上述雷达重复频率显然不能满足单值测距的要求。这时在重复频率不变的情况下,应考虑距离模糊问题及解模糊方法。

假设超出最大单值测量距离以外的目标回波仍可被雷达接收到,该目标回波对应的距离 R 为

$$R = \frac{c}{2}(mT_r + t_R), \quad m \text{ 为正整数} \tag{4.16}$$

式中:t_R 为测得的回波信号与发射脉冲间的时延。这时将产生测距模糊,为了得到目标的真实距离 R,必须判明式(4.16)中的模糊值 m。下面讨论判定 m 的方法。

1. 多种重复频率判模糊

先讨论用双重高重复频率判测距模糊的原理。设重复频率分别为 f_{r1} 和 f_{r2},它们都不能满足不模糊测距的要求。f_{r1} 和 f_{r2} 具有公约频率 f_r:

$$f_r = \frac{f_{r1}}{N} = \frac{f_{r2}}{N+a} \tag{4.17}$$

式中:N 和 a 为正整数,常选 $a=1$,使 N 和 $N+a$ 为互质数;f_r 的选择应保证不模糊测距。

雷达以 f_{r1} 和 f_{r2} 的重复频率交替发射脉冲信号。将不同的 f_r 发射信号进行重合,重合后的输出是重复频率 f_r 的脉冲串。同样也可得到重合后的接收脉冲串,二者之间的时延代表目标的真实距离,如图4.24(a)所示。

$$t_R = t_1 + \frac{n_1}{f_{r1}} = t_2 + \frac{n_2}{f_{r2}} \tag{4.18}$$

式中:n_1 和 n_2 分别为用 f_{r1} 和 f_{r2} 测距时的模糊数。当 $a=1$ 时,n_1 和 n_2 的关系可能有 $n_1 = n_2$ 或者 $n_1 = n_2 + 1$ 两种,此时可算得

$$t_R = \frac{t_1 f_{r1} - t_2 f_{r2}}{f_{r1} - f_{r2}} \tag{4.19a}$$

$$t_R = \frac{t_1 f_{r1} - t_2 f_{r2} + 1}{f_{r1} - f_{r2}} \tag{4.19b}$$

如果按式(4.19a)算出 t_R 为负值,则应采用式(4.19b)。

如果采用多个高重复频率测距,就能给出更大的不模糊距离。下面举出采用3种高重复频率的例子来说明。例如,取 $f_{r1}:f_{r2}:f_{r3}=7:8:9$,则不模糊距离是单独采用

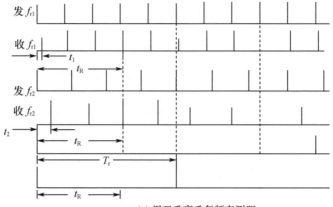

(a) 用双重高重复频率测距

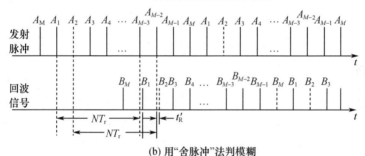

(b) 用"舍脉冲"法判模糊

图 4.24 判测距模糊

f_{r2} 时的 $7 \times 9 = 63$ 倍。这时在测距系统中可以根据几个模糊的测量值来解出其真实距离。根据中国余数定理,以三种重复频率为例,真实距离 R_c 为

$$R_c \equiv (C_1 A_1 + C_2 A_2 + C_3 A_3) \bmod (m_1 m_2 m_3) \tag{4.20}$$

式中:A_1、A_2、A_3 分别为三种重复频率测量时的模糊距离;m_1、m_2、m_3 分别为三个重复频率的比值。

常数 C_1、C_2、C_3 分别为

$$C_1 = b_1 m_2 m_3 \bmod (m_1) \equiv 1 \tag{4.21}$$

$$C_2 = b_2 m_1 m_3 \bmod (m_2) \equiv 1 \tag{4.22}$$

$$C_3 = b_3 m_1 m_2 \bmod (m_3) \equiv 1 \tag{4.23}$$

式中:b_1 为一个最小的整数,它被 $m_2 m_3$ 乘后再被 m_1 除,所得余数为 1(b_2、b_3 与此类似);mod 表示"模"。当 m_1、m_2、m_3 选定后,便可确定 C 值,并利用探测到的模糊距离直接计算真实距离 R_c。

例如,设 $m_1 = 7, m_2 = 8, m_3 = 9, A_1 = 3, A_2 = 5, A_3 = 7$,则

$$\begin{cases} m_1 m_2 m_3 = 504 \\ b_3 = 5, 5 \times 7 \times 8 = 280 \bmod 9 \equiv 1, C_3 = 280 \\ b_2 = 7, 7 \times 7 \times 9 = 441 \bmod 8 \equiv 1, C_2 = 441 \\ b_1 = 4, 4 \times 8 \times 9 = 288 \bmod 7 \equiv 1, C_1 = 288 \end{cases} \quad (4.24)$$

按式(4.20)有

$$\begin{cases} C_1 A_1 + C_2 A_2 + C_3 A_3 = 5029 \\ R_c \equiv 5029 \bmod 504 = 493 \end{cases} \quad (4.25)$$

即目标真实距离(或称不模糊距离)的单元数 $R_c = 493$。当脉冲重复频率选定(即 $m_1 m_2 m_3$ 值已定)后，即可按式(4.21)~式(4.23)求得 C_1、C_2、C_3 的数值。只要实际测距时分别测到 A_1、A_2、A_3 的值，就可按式(4.25)算出目标真实距离。

2. "舍脉冲"法判模糊

当发射高重复频率的脉冲信号而产生测距模糊时，还可采用"舍脉冲"法来判断 m 值。所谓"舍脉冲"，就是每发射 M 个脉冲舍弃一个，作为发射脉冲串的附加标志。如图4.24(b)所示，发射脉冲从 A_1 到 A_M，其中 A_2 不发射。与发射脉冲相对应，接收到的回波脉冲串同样是每 M 个回波脉冲中缺少一个。只要从 A_2 以后，逐个累计发射脉冲数，直到某一发射脉冲(在图中是 A_{M-2})后没有回波脉冲(如图中缺 B_2)时停止计数，则累计的数值就是回波跨越的重复周期数 m。

采用"舍脉冲"法判模糊时，每组脉冲数 M 应满足以下关系：

$$MT_r > m_{\max} T_r + t'_R \quad (4.26)$$

式中：$m_{\max}$ 是雷达需测量的最远目标所对应的跨周期数；t'_R 的值在 $0 \sim T_r$ 之间。这就是说，MT_r 值应保证全部距离上不模糊测距。而 M 和 $m_{\max}$ 之间的关系为

$$M > m_{\max} + 1 \quad (4.27)$$

上述距离门搜索和距离解模糊方法，可以有效解决中远距离雷达因重复频率提高后的距离模糊问题，有效扩展雷达作用距离。

4.4 反隐身雷达应用与发展趋势

4.4.1 反隐身雷达在战场的成功应用

20世纪80年代，美国取得隐身技术的重大突破，先后研制成功F-117隐身战斗机和B-2隐身轰炸机。美国在轰炸巴拿马军营的行动中第一次使用隐身战斗机，躲过了加勒比地区数个国家的防空警戒雷达。海湾战争中，隐身飞机如入无人之

境,轰炸了伊拉克的大部分重要军事目标,全世界为之哗然。科索沃战争中,却有一架隐身飞机折戟沙场。

1999年3月24日,以美国为首的北约对南联盟发动空袭。在3月27日夜,一架美国F-117A隐形飞机在空袭南联盟首都贝尔格莱德时被南联盟军击落。美国《新闻周刊》1999年7月5日刊文,根据美国国防部和美航空工业界有关人士透露的情报报道了F-117A隐形飞机被击落的情况。被击落的F-117A隐形飞机隶属新墨西哥州霍洛曼空军基地第49战斗机联队,编号为AF82-806,从3月24日空袭南联盟起就一直在执行轰炸贝尔格莱德的任务。为避开南联盟军地空导弹的攻击,在空袭前利用卫星和电子侦察飞机探明安全飞行航线,并将有关导航数据存入F-117A飞机的数字式战术轰炸导航装置中,连续三个夜晚执行空袭任务的F-117A都通过这条安全航线。南联盟军防空导弹部队根据空袭情况,在空袭的第4天晚上将地空导弹等防空系统转移到北约可能空袭的目标附近,导弹的火控雷达间断开机,等待目标。南联盟军使用最新的导弹火控雷达(即1993年进行现代化改进的SA-3C雷达)避开了隐身飞机的电子探测系统。当这架隐身飞机飞近目标时,下方南联盟军的红外监视探测器首先发现目标,在这架飞机打开弹舱门投弹时被防空导弹火控雷达捕捉到,并立即发射了导弹。驾驶员虽听到导弹逼近告警装置发出告警,但由于紧张而犯下不可弥补的错误,即为避开导弹攻击而大角度下滑冲出云层,漆黑的隐身飞机暴露在明亮的月光下。当这架飞机在3000m左右高度时,南联盟军的57mm防空炮(57mmS-60高炮和ZSU-57-2自动高炮有效射程都为6000m)猛烈向其开火。数枚炮弹穿透了飞机一侧的主翼,使主翼断裂,F-117A隐身飞机坠落地面。南联盟成功击落F-117隐身飞机,并不仅仅是运气使然,里面还有战术及技术的合理性成分存在。SA-3C雷达虽然落后老旧,但是其所工作的VHF米波频段,具有天然的反隐身效果。

4.4.2 反隐身雷达的技术发展趋势

南联盟成功击落F-117,是目前全世界唯一实战中击落隐身飞机事件,但是它打破了隐身飞机不可被探测击落的神话,更激发了各国军事科研人员研究反隐身雷达的热情和信心。目前,雷达反隐身技术的研究百花齐放,主要有以下发展方向[52]。

1. 长波雷达

长波雷达超出正常雷达工作频段之外,能通过谐振作用有效克服隐身目标外形设计引起的散射衰减,也能使吸波材料涂层厚度过高而难以实现,对探测微弱目标具有重要作用。

2. 空基、天基雷达

隐身飞机主要针对鼻锥前向探测及机腹照射探测,隐身效果较好。空基、天基雷达将雷达探测系统安装在飞机或卫星上对隐身目标进行俯视或侧视探测,以获取较大的目标 RCS,因此具有较强反隐身能力。

3. 多基站雷达组网

隐身飞机的隐身效果具有一定的角度范围,超出该角度范围则隐身效果将大打折扣。雷达组网技术基于对隐身目标进行多角度探测,以期获取较大的目标 RCS。目前雷达组网技术发展较快,综合运用无源雷达、MIMO 雷达、扩谱技术、雷达接力等手段,通过优化部署和信息融合实现高精度、高效率探测。

4. 超宽带雷达

如本章所述,超宽带雷达所在频段较低、波长较长,脉冲持续时间较短,具有天然的反隐身潜力。

除此之外,受单一技术手段的局限性,综合运用多种反隐身技术探测隐身目标已是必然发展趋势。如将雷达与红外、声纳、光电等探测技术结合起来,组成综合反隐身的信息融合系统。

第5章 探地雷达

自20世纪70年代以来,探地雷达在地质探测、管线探测、地下水探测、沉积物探测、冰川探测和考古探测等方面得到了广泛的使用。本章首先讲述探地雷达基本理论,然后对其系统设计和数据处理进行详细介绍,最后结合实际工程应用分析探地雷达的发展趋势。

5.1 探地雷达的基本理论

探地雷达(Ground Penetrating Radar,GPR)是利用高频无线电波来确定地表内部物质分布规律的一种地球物理勘探设备。探地雷达多数采用超宽带冲激脉冲形式,一般作用距离在几厘米至上百米以内,属于最常用的一种近距离超宽带雷达设备。

探地雷达与常规雷达工作原理基本相同,都是利用反射的电磁波对特定对象进行探测。但是又存在许多不同之处,主要在于探测对象和电磁波传播路径的差异:常规雷达主要针对空域环境下几十千米甚至上千千米外的飞机、舰船等大型、高速运动目标进行探测;探地雷达主要针对地表以下几十米范围内的土壤、岩层的介质不连续表面分布进行探测,属于介质环境下的静止目标探测,需要考虑介质色散衰减、近距离盲区等问题。

常规雷达的数据处理一般是基于奈曼-皮尔逊准则进行阈值检测、采用恒虚警检测、脉冲积累,最终实现对目标的距离、角度、速度等特性的提取。而探地雷达需要利用雷达的相对运动来实现目标探测与成像,数据处理过程近似于合成孔径雷达(SAR),同时还需要对接收的数据进行时间校正、地形校正,最终实现对数据的解析。

5.1.1 介质中电磁场波动方程

介质中的电磁场传播特性可利用波动方程进行分析。首先基于麦克斯韦方程组推导波动方程。

考虑无源均匀媒质,电容率为 ε,磁导率为 μ,电导率为 σ。在此条件下,麦克斯韦方程组如下:

$$\nabla \times \boldsymbol{E} = -\mu \frac{\partial \boldsymbol{H}}{\partial t} \tag{5.1}$$

$$\nabla \times \boldsymbol{H} = \sigma \boldsymbol{E} + \varepsilon \frac{\partial \boldsymbol{E}}{\partial t} \tag{5.2}$$

$$\nabla \boldsymbol{B} = 0 \Rightarrow \nabla \boldsymbol{H} = 0 \tag{5.3}$$

$$\nabla \boldsymbol{D} = 0 \Rightarrow \nabla \boldsymbol{E} = 0 \tag{5.4}$$

式中：$\boldsymbol{B} = \mu \boldsymbol{H}$；$\boldsymbol{D} = \varepsilon \boldsymbol{E}$。对于线性均匀、各向同性媒质，$\mu$ 和 ε 均为常数。

上述耦合方程式只与两个变量（$\boldsymbol{E}$ 和 $\boldsymbol{H}$）有关。对式(5.1)取旋度得

$$\nabla \times \nabla \times \boldsymbol{E} = -\mu \times \frac{\partial \boldsymbol{H}}{\partial t} \tag{5.5}$$

利用矢量恒等式

$$\nabla \times \nabla \times \boldsymbol{E} = \nabla(\nabla \cdot \boldsymbol{E}) - \nabla^2 \boldsymbol{E} \tag{5.6}$$

并以 $\nabla \cdot \boldsymbol{E} = 0$ 代入，得到

$$\nabla \times \nabla \times \boldsymbol{E} = -\nabla^2 \boldsymbol{E} \tag{5.7}$$

式中：拉普拉斯算子对矢量的运算在直角坐标系下的形式为

$$\nabla^2 \boldsymbol{E}_x = \nabla^2 E_x \boldsymbol{a}_x + \nabla^2 E_y \boldsymbol{a}_y + \nabla^2 E_z \boldsymbol{a}_z \tag{5.8}$$

而拉普拉斯算子为

$$\nabla^2 = \frac{\partial^2}{\partial x^2} + \frac{\partial^2}{\partial y^2} + \frac{\partial^2}{\partial z^2} \tag{5.9}$$

改变对空间和时间的微分顺序，式(5.5)能重写成为

$$\nabla^2 \boldsymbol{E} = \mu \frac{\partial}{\partial t}[\nabla \times \boldsymbol{H}] \tag{5.10}$$

将式(5.2)的 $\nabla \times \boldsymbol{H}$ 代入式(5.10)得

$$\nabla^2 \boldsymbol{E} = \mu\sigma \frac{\partial \boldsymbol{E}}{\partial t} + \mu\varepsilon \frac{\partial^2 \boldsymbol{E}}{\partial t^2} \tag{5.11}$$

这是导电媒质中 $\boldsymbol{E}$ 场分量的三个标量方程的集合。也能得出 $\boldsymbol{H}$ 场的三个方程的类似集合为

$$\nabla^2 \boldsymbol{H} = \mu\sigma \frac{\partial \boldsymbol{H}}{\partial t} + \mu\varepsilon \frac{\partial^2 \boldsymbol{H}}{\partial t^2} \tag{5.12}$$

式(5.11)和式(5.12)称为一般波动方程。现在考虑具有有限电导率 σ、有限磁导率 μ 和电容率 ε 的媒质中传播的一般情况，并将场作为正弦变化来求解波动方程。为此，将波动方程写成相量形式：

$$\nabla^2 \boldsymbol{E} = (j\omega\mu\sigma - \omega^2\mu\varepsilon)\boldsymbol{E} \tag{5.13}$$

$$\nabla^2 \boldsymbol{H} = (j\omega\mu\sigma - \omega^2\mu\varepsilon)\boldsymbol{H} \tag{5.14}$$

复系数写成较为紧凑的形式：

$$j\omega\mu\sigma - \omega^2\mu\varepsilon = j\omega\mu(\sigma + j\omega\varepsilon) = -\omega^2\mu\varepsilon\left[1 - j\frac{\sigma}{\omega\varepsilon}\right] = -\omega^2\mu\hat{\varepsilon} \qquad (5.15)$$

式中

$$\hat{\varepsilon} = \varepsilon\left[1 - j\frac{\sigma}{\omega\varepsilon}\right] \qquad (5.16)$$

称为媒质的复电容率。复电容率为频率的函数，记作

$$\hat{\varepsilon} = \varepsilon' - j\varepsilon'' \qquad (5.17)$$

式中：ε'、ε''分别表征$\hat{\varepsilon}$的实部和虚部。式(5.16)中的项$\sigma/\omega\varepsilon$称为损耗正切。复电容率也可以用某一定频率下的损耗正切给出：

$$\tan\delta = \frac{\sigma}{\omega\varepsilon} \qquad (5.18)$$

式中：$\tan\delta$是损耗正切，而δ是损耗正切角，是导电媒质中位移电流密度和总电流密度之间的夹角。对完全电介质δ为零，而对完全导体δ接近$90°$。因而，损耗正切为媒质的导电性提供了一种间接的测度。

按照损耗正切的定义，由式(5.18)可以看出复电容率的表达式如下：

$$\hat{\varepsilon} = \varepsilon[1 - j\tan\delta] \qquad (5.19)$$

比较式(5.17)和式(5.19)可以得到

$$\varepsilon'' = \varepsilon\tan\delta \qquad (5.20)$$

用复电容率将波动方程表示为

$$\nabla^2 \boldsymbol{E} = -\omega^2\mu\hat{\varepsilon}\boldsymbol{E} \qquad (5.21)$$

$$\nabla^2 \boldsymbol{H} = -\omega^2\mu\hat{\varepsilon}\boldsymbol{H} \qquad (5.22)$$

在这些方程中以ε代替$\hat{\varepsilon}$，即得到完全电介质的波动方程。只要用$\hat{\varepsilon}$代替ε，则对导电媒质也是有效的。通常把式(5.21)和式(5.22)写作

$$\nabla^2 \boldsymbol{E} = \hat{\gamma}^2 \boldsymbol{E} \qquad (5.23)$$

$$\nabla^2 \boldsymbol{H} = \hat{\gamma}^2 \boldsymbol{H} \qquad (5.24)$$

式中

$$\hat{\gamma}^2 = -\omega^2\mu\hat{\varepsilon} \qquad (5.25)$$

而$\hat{\gamma}$称为传播常数，一般是复数。

假设波沿着z方向传播，$\boldsymbol{E}$和$\boldsymbol{H}$场的横向分量都不随x和y变化，且场没有纵向分量。时间变化是隐含的，因此$\boldsymbol{E}$和$\boldsymbol{H}$场的偏导数能作常数倒数来处理。按此假设，

可以写出 **E** 场 x 分量的标量方程。y 分量同理。

$$\frac{\mathrm{d}^2 E_x(z)}{\mathrm{d}z^2} = \hat{\gamma}^2 E_x \tag{5.26}$$

此二阶微分方程解的形式为

$$E_x(z) = \hat{E}_\mathrm{f} \mathrm{e}^{-\hat{\gamma}z} + \hat{E}_\mathrm{b} \mathrm{e}^{\hat{\gamma}x} \tag{5.27}$$

式中：$\hat{E}_\mathrm{f}$ 和 $\hat{E}_\mathrm{b}$ 是任意积分常数，且

$$\hat{E}_\mathrm{f} = E_\mathrm{f} \mathrm{e}^{\mathrm{j}\theta_\mathrm{f}} \tag{5.28}$$

$$\hat{E}_\mathrm{b} = E_\mathrm{b} \mathrm{e}^{\mathrm{j}\theta_\mathrm{B}} \tag{5.29}$$

$\hat{\gamma}$ 为复数，表示为

$$\hat{\gamma} = \mathrm{j}\omega \sqrt{\mu\varepsilon'} = \sqrt{\mathrm{j}\omega\mu(\sigma + \mathrm{j}\omega\varepsilon)} = \alpha + \mathrm{j}\beta \tag{5.30}$$

式中：α 为实部，称为衰减常数；β 为虚部，是相位常数。

$$\alpha = \omega \sqrt{\mu\varepsilon \sec\delta} \sin(\delta/2) \tag{5.31}$$

$$\beta = \omega \sqrt{\mu\varepsilon \sec\delta} \cos(\delta/2) \tag{5.32}$$

用上述定义可以写成相量形式（频域）：

$$E_x(z) = E_\mathrm{f} \mathrm{e}^{-\alpha z} \mathrm{e}^{\mathrm{j}(\theta_\mathrm{f}-\beta z)} + E_\mathrm{b} \mathrm{e}^{\alpha z} \mathrm{e}^{\mathrm{j}(\theta_\mathrm{b}+\beta z)} \tag{5.33}$$

写成时域形式为

$$E_x(z,t) = E_\mathrm{f} \mathrm{e}^{-\alpha z} \cos(\omega t - \beta z + \theta_\mathrm{f}) + E_\mathrm{b} \mathrm{e}^{\alpha z} \cos(\omega t + \beta z + \theta_\mathrm{b}) \tag{5.34}$$

式中：右端第一个项表示了一个沿着正 z 方向传播的时谐均匀平面波（前向行波）；因子 $\mathrm{e}^{-\alpha z}$ 表明波沿着 z 方向前进时是衰减的，如图 5.1(a) 所示；第二项是后向行波，向 $-z$ 方向前进也是衰减的，如图 5.1(b) 所示。

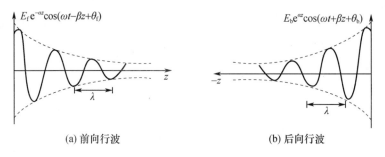

(a) 前向行波　　　　　　　　(b) 后向行波

图 5.1　t 为常数时导电介质中的平面波

由式(5.33)和式(5.34)得出的结论是导电媒质中波动方程的解是衰减（阻尼）波。衰减系数取决于媒质的电导率。媒质的电导率越高，衰减越大。在波的振幅小

到没有意义之前,它的传播距离一般可用趋肤深度来衡量。趋肤深度是导电媒质中的波在其振幅降为导电媒质表面处振幅的 1/e 时传播的距离。将趋肤深度记为 δ_c,则当 $\alpha\delta_c = 1$ 时波的振幅降为 1/e,因此

$$\delta_c = \frac{1}{\alpha} \tag{5.35}$$

波透入 $5\delta_c$ 的距离后,其振幅降至 1% 以下,基本可以认为已经衰减殆尽。

5.1.2 介质的电参数对电磁波传播的影响

1. 介质的介电常数

一般情况下,所有物质都具有一定的导电能力和介电能力,也就是说既是导体又是电介质。物质的介电性质一般用介电常数来描述:

$$\varepsilon = \varepsilon_0(1 + \chi_e) \tag{5.36}$$

或者,更常见的

$$\varepsilon = \varepsilon_0 \cdot \varepsilon_r \tag{5.37}$$

式中:ε_0 表示真空的介电常数;ε_r 为相对介电常数,它是指介质介电常数与真空介电常数的比值。在探地雷达中,相对介电常数是反映地下介质分布情况的最关键参数。

探地雷达主要针对的探测对象包括岩石、土壤、植被等,下面介绍常见物质的介电常数。

1) 水

水作为一种物质在自然界广泛存在,而且由于含量的不同、存在状态的不同而表现出不同的介电性质。水的介电常数研究对于探地雷达应用也非常重要。首先,由表 5.1 的测量结果可以看出,温度对水的介电常数影响明显,因为随着温度的升高,热运动越来越阻碍偶极分子按电场方向的转向,并呈现出介电常数降低的特征。其次,如图 5.2 所示,水的介电常数还与电磁波频率有关。水的介电常数与电导率不同,受溶解矿化度影响很弱,在双电解质的情况下,这种影响可以用如下关系来表示:

$$\varepsilon_r^l = \varepsilon_r^\omega + 3.79\sqrt{\kappa} \tag{5.38}$$

式中:ε_r^l、ε_r^ω 分别为溶液的相对介电常数和纯水的介电常数;κ 为溶液浓度(mol/L)。对于盐水,当 κ 等于 1 时,即溶液中盐的含量达到 57g/L 时,相对介电常数增加只有 5%,而电导率将发生很大的变化。因此对探地雷达测量的影响将主要体现在吸收系数的增加。另外,冰的介电常数很低。

表 5.1　水的介电常数随温度的变化

温度/℃	0	20	40	60	80	100
ε_r	88	80	73	67	61	55

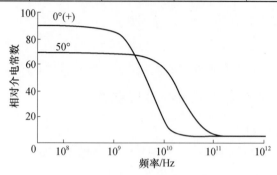

图 5.2　高频段水的介电常数与频率关系

2) 矿物

矿物的介电常数在相当宽的范围内变化,且与密度有关。绝大多数矿物具有电子或离子位移极化,介电常数较低,$\varepsilon_r = 4 \sim 12$。某些钛、锰化合物具有较高的介电常数值,如金红石,$\varepsilon_r = 170$。如图 5.3 显示了矿物介电常数与密度的相关性。实验还表明,矿物的介电常数与温度也有一定的关系。

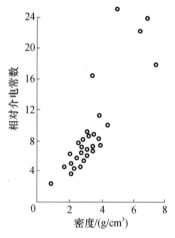

图 5.3　矿物的介电常数与密度相关性

3) 岩石

岩石由各种不同成分组成。它的介电常数与构成岩石的固体、液体、气体的成分和相对百分比有关。如上所述,主要造岩矿物的相对介电常数为 4~7,而水等于 80。所以具有较大孔隙度岩石的介电常数主要取决于它的含水量。这种岩石骨架的矿物成分对介电常数的影响比对低孔隙度岩石的影响要小。含较多泥质的岩石除外,它们的介电常数与泥质含量有明显的关系。很多火成岩的孔隙度常常只有千分之几,这时,介电常数主要取决于造岩矿物的介电常数,一般变化范围为 6~12。

岩石的含水量与介电常数的关系在探地雷达的应用中非常重要。苏联学者欧杰列夫斯基研究了饱含淡水砂子的孔隙度和介电常数间的关系,如图 5.4 所示,可以认为这种情况下的孔隙度等于砂子的体积含水量。在 12MHz 的条件下,对不同孔隙度样品的介电常数进行了测量。其结果表明介电常数与孔隙度具有线性关系。

欧杰列夫斯基给出计算双向混合物介电常数的建议公式:

$$\varepsilon_c = B + \sqrt{B^2 + (\varepsilon_{r1}\varepsilon_{r2}/2)} \tag{5.39}$$

式中:ε_c 为混合物的相对介电常数;$B = [(3\theta_1 - 1)\varepsilon_{r1} + (3\theta_2 - 1)\varepsilon_{r2}]$,其中 ε_{r1}、ε_{r2} 为组分的相对介电常数,θ_1、θ_2 为组分的体积百分比。欧杰列夫斯基的公式计算结果与实验测量数据吻合较好。

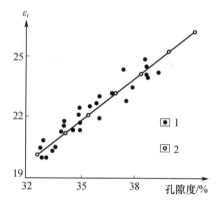

图 5.4 含水石英砂的介电常数与孔隙度的关系曲线
1—实验点;2—根据欧杰列夫斯基公式计算点。

介电常数随频率变化也较明显,随频率的增加,介电常数衰减很大。由于岩石介电常数与频率有关,而超宽带雷达频带很宽,因此在传播中将产生色散效应。

岩石的介电常数与温度关系也较密切。在孔隙度、含水量高的岩石中,其介电常数随温度的升高而降低。不同的岩石类型、岩石中含不同浓度的流体,这种影响有较大的差别。在致密或低含水量岩样实验中,其介电常数随着温度的升高而增大。

4) 土壤

土壤的成因与岩石有关。因而以上对岩石的分析,大部分规律在土壤中也适用。但土壤的成分、结构等更加复杂。

通常情况下,干土的介电常数实部 ε'_{soil} 的变化范围为 2~4,而且基本上与频率、温度无关。虚部 ε''_{soil} 的数值一般小于 0.05。如果用数学模型来表示,干土可以认为是由空气和具有介电常数 ε_{ss}、密度 ρ_b 的干土以及土壤骨架物质(密度 ρ_{ss})组成的混

合物,其介电常数公式为

$$\varepsilon'_{\text{soil}} = \left[1 + \frac{\rho_b}{\rho_{\text{ss}}}(\sqrt{\varepsilon_{\text{ss}}} - 1)\right]^2 \tag{5.40}$$

湿土一般认为是由土壤固体、孔隙、结合水与自由水组成的四相混合物。其中:结合水是指在物理力的作用下,被土壤粒子紧紧束缚在它周围的水;自由水是在结合水外面,能够相对自由移动的水。湿土的介电常数非常复杂。

Dobson 等提出了一个土壤介电常数模型,该模型把土壤溶液分为结合水与自由水两部分,其简化形式为

$$\varepsilon^{\alpha}_{\text{soil}} = (1-\varphi)\varepsilon^{\alpha}_{\text{ss}} + (\varphi - m_v) + \varphi_{\text{f}\omega}\varepsilon^{\alpha}_{\text{f}\omega} + \varphi_{\text{b}\omega}\varepsilon^{\alpha}_{\text{b}\omega} \tag{5.41}$$

式中:$\varepsilon^{\alpha}_{\text{soil}}$ 为土壤的介电常数;$\varepsilon^{\alpha}_{\text{ss}}$ 为土壤固体成分的介电常数;$\varepsilon^{\alpha}_{\text{f}\omega}$ 和 $\varepsilon^{\alpha}_{\text{b}\omega}$ 分别为自由水和结合水的介电常数;φ 为除土壤固体以外的成分含量;m_v 为土壤的体积含水量;$\varphi_{\text{f}\omega}$、$\varphi_{\text{b}\omega}$ 分别为自由水和结合水的含量。

Topp 给出了土壤介电常数与含水量之间的经验公式:

$$\varepsilon_r = 3.03 + 9.3\theta_v + 146.0\theta_v^2 - 76.6\theta_v^3 \tag{5.42}$$

$$\theta_v = 5.3 \times 10^{-2} + 2.92 \times 10^{-2}\varepsilon_r - 5.5 \times 10^{-4}\varepsilon_r^2 + 4.3 \times 10^{-6}\varepsilon_r^3 \tag{5.43}$$

式(5.42)是利用含水量来推导相对介电常数;式(5.43)是利用相对介电常数确定含水量。但是,自然界的土壤非常复杂,利用这一个公式进行拟合时,具有较大变化,这种变化需要利用实验数据对公式中的系数进行校正。含水量与相对介电常数校正结果如图 5.5 所示。

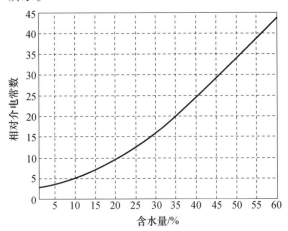

图 5.5 土壤的相对介电常数与含水量的关系

5) 植被

植被对探地雷达测量也将产生干扰影响。植被是空气和植物材料组成的混合

物,植物材料又由植物体、结合水和自由水三部分组成。

植被介电常数经验公式如下:

$$\sqrt{\varepsilon_c} = \varepsilon_{air} + V_v(\sqrt{\varepsilon_v} - \sqrt{\varepsilon_{air}}) \tag{5.44}$$

式中:ε_c、ε_{air}、ε_v 分别为植被、空气、植物材料的介电常数;V_v 为植物材料的体积含量。

表 5.2 列出了常见介质的介电常数、电导率和电磁波传播速度、衰减系数等参数。

表 5.2 常见介质的介电常数、电导率、速度和衰减系数

介质	相对介电常数	电导率/(mS/m)	电磁波速度/(m/ns)	衰减/(dB/m)
空气	1	0	0.3	0
蒸馏水	80	0.01	0.033	2×10^3
淡水	80	0.5	0.033	0.1
海水	80	3×10^3	0.1	10^3
干砂	3~5	0.01	0.15	0.01
饱和砂	23~30	0.1~1.0	0.06	0.03~0.3
灰岩	4~8	0.5~2.0	0.12	0.4~1
页岩	5~15	1~100	0.09	1~100
石英	5~30	1~100	0.07	1~100
黏土	5~40	2~1000	0.06	1~300
花岗岩	4~6	0.01~1	0.13	0.01~1
盐岩	5~6	0.01~1	0.13	0.01~1
冰	3~4	0.01	0.16	0.01

2. 介质的电参数与电磁波传播关系

探地雷达探测过程中,岩石、土壤等介质对电磁波的影响主要包括电磁波速度的变化及能量的衰减两方面。介质对电磁波速度的影响,将直接影响雷达测距的准确度;介质对电磁波的衰减作用,将直接影响探地雷达的最大探测距离。

1) 电参数对相速度的影响

色散介质中,电磁波相速度与介质电参数关系可以表示为 $v = \omega/\beta$。在低频的情况下,当介质电导率不同时,相速度与频率呈线性变化。但是当频率增加到一定程度时,相速度不会一直增加,而是趋于一个常数,即 $c/\sqrt{\varepsilon_r}$,色散效应减弱。雷达电磁波传播的相速度不仅与电导率有关,而且与介电常数也有着密切关系。在相同的介电常数下,电阻率越大,电磁波的传播速度达到常数的趋势就越快。

2) 电性参数对衰减系数的影响

电磁波在介质中传播,各点的场值随距离的增大而减少,这表明在介质中电磁波将快速衰减。这种衰减趋势同样与电磁波频率、介质介电常数有着密切的关系。在

低频情况下,这种衰减系数与频率呈线性变化;但是当频率增加到一定程度时,衰减系数趋于一个常数。同时,介质的电参数不同,这种变化趋势也将不同。电磁波的衰减系数不仅与电导率有关,还与介电常数有着密切关系。在同一介电常数下,电阻率越大,电磁波传播的衰减系数达到常数的趋势就越快;在相同的电阻率下,介电常数越小,雷达波传播的衰减系数达到常数的趋势就越慢。

5.1.3 电磁波在多层介质中的传播

探地雷达主要利用电磁波在介质不连续表面产生反射来实现对地质结构的探测,因此还需要对电磁波在多层不连续介质中的传播过程进行分析。

1. 电磁波的反射和折射

当电磁波在传播过程中遇到不同媒质的分界面时会发生反射与折射。图 5.6 就是入射波在界面所引起的反射与折射,θ_i、θ_r、θ_t 分别表示入射角、反射角和折射角,入射波和反射波的波速为 v_1,折射波的波速为 v_2,入射波反射波与折射波的方向遵守反射定律与折射定律,即

$$\theta_i = \theta_r \quad (\text{反射定律}) \tag{5.45}$$

$$\frac{\sin\theta_i}{\sin\theta_t} = \frac{v_1}{v_2} \quad (\text{折射定律}) \tag{5.46}$$

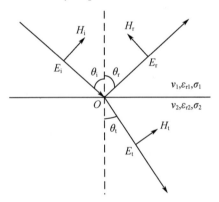

图 5.6 雷达波在分界面上的横电波和横磁波

式(5.46)的比值用 n 表示,称为折射率:

$$n = \frac{\sin\theta_i}{\sin\theta_t} = \frac{v_1}{v_2} = \sqrt{\frac{\varepsilon_2}{\varepsilon_1}} \tag{5.47}$$

这两个定律表明入射角等于反射角,该规律与介质本身的性质无关,而折射角与界面两边的介质性质有关。

从图 5.16 中可以看出,入射波、反射波和折射波在界面处的电场与磁场的变化

关系,其中 E_i、E_t、E_r 分别为入射波、折射波和反射波的电场强度幅度值,它们的磁化强度的值则相应地为 $H_i = E_i/\eta_1$,$H_r = E_r/\eta_1$,$H_t = E_t/\eta_2$,η_1、η_2 分别为上层和下层媒质的波阻抗。根据能量守恒定律,电磁波在跨越介质交界面时,紧靠界面两侧的电场强度和磁场强度的切向分量分别相等,则

$$\begin{cases} E_i + E_r = E_t \\ H_i\cos\theta_i - H_r\cos\theta_i = \cos\theta_t \end{cases} \tag{5.48}$$

设 $R_{12} = E_r/E_i$,$T_{12} = E_t/E_i$ 分别表示 TE 波从第一层介质入射到第二层介质分界面时的反射系数和透射系数。则由式(5.48)可得

$$\begin{cases} R_{12} = \dfrac{\cos\theta_i - \sqrt{\varepsilon_2/\varepsilon_1 - \sin^2\theta_i}}{\cos\theta_i + \sqrt{\varepsilon_2/\varepsilon_1 - \sin^2\theta_i}} \\ T_{12} = \dfrac{2\cos\theta_i}{\cos\theta_i + \sqrt{\varepsilon_2/\varepsilon_1 - \sin^2\theta_i}} \end{cases} \tag{5.49}$$

对于探地雷达,大多数情况下,发射天线与接收天线靠得很近,几乎是垂直入射和反射,此时入射角 $\theta_i \approx 0$,代入式(5.48)可得

$$R_{12\perp} = \frac{1 - \sqrt{\varepsilon_2/\varepsilon_1}}{1 + \sqrt{\varepsilon_2/\varepsilon_1}} = \frac{\sqrt{\varepsilon_1} - \sqrt{\varepsilon_2}}{\sqrt{\varepsilon_1} + \sqrt{\varepsilon_2}} \tag{5.50}$$

由式(5.50)可知,在位移电流远大于传导电流的情况下,反射波能量与透射波能量的分配除与入射角有关外,仅与分界面两侧介质介电常数的大小有关。当两种介质的介电常数相同时,反射系数为0,不发生反射,仅有透射。

2. 电磁波在多层介质中的传播

为了研究方便,假设地下介质是按照不同电磁性质水平分层分布,同一层是均匀的同性电磁介质。

图5.7为多层介质中电磁波的传播示图。当电磁波 P_1 以一定的入射角入射到第一层介质分界面时,在该分解面电磁波 P_1 就会产生反射波 R_{12} 和折射波 T_{12}。而对于第二层介质分界面来说,折射波 T_{12} 就是它的入射波;当 T_{12} 入射到第二层介质分解面同样会产生反射和折射,其反射波和折射波分别表示 R_{122}、T_{123}。依照这样方法就可以在各层界面产生反射和折射。在同一层内部,其反射波也将形成多次反射。

这里仅对三层媒质进行分析,建立模型如图5.7所示。

电磁波首先斜入射至区域1和2的交界面上,产生了反射波和透射波。区域2中的透射波传播至区域2和3的交界面上时,同样产生反射波和透射波。从而电磁波在区域2中传播,每遇到上下界面时将不断地被反射并有能量以折射波的形式传播至区域1和3。单位幅度的波在传播过程中的等效信号流图表示如图5.8所示。

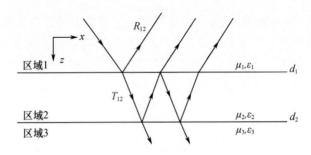

图 5.7 三层媒质中波的传播

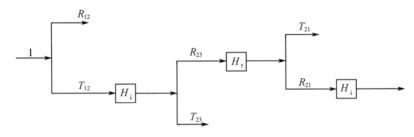

图 5.8 波传播的信号流图表示

图中 $H_\uparrow$ 表示区域 2 对于在其中传播的上行波的传递函数,即区域 2 和 3 交界面处的反射波传播至区域 2 和 1 交界面时的传递函数;$H_\downarrow$ 则表示区域 2 对于在其中传播的下行波的传递函数,即区域 1 和 2 交界面处的透射波传播至区域 2 和 3 交界面时的传递函数,且有 $H_\downarrow = H_\uparrow = e^{-jk_{2z}(d_2-d_1)}$。$R_{12}$、$T_{12}$ 分别表示电磁波由区域 1 投射到区域 2 上表面处的反射系数和折射系数。R_{23}、T_{23} 则表示电磁波由区域 2 投射到区域 3 上表面处的反射系数和折射系数。T_{21}、R_{21} 表示电磁波由区域 2 投射到区域 1 下表面处的反射系数和折射系数。从整体上看,区域 1 中有向 $+z$ 方向传播的入射波和向 $-z$ 方向传播的多次折射波,区域 2 中有向 $+z$ 方向和 $-z$ 方向传播的反射波,区域 3 中只存在向 $+z$ 方向传播的折射波。考虑 TE 波入射的情况,入射零相位对应 $z=0$ 处,则区域 1 中电场表达式可表示为

$$E_{1y} = A_1(e^{-jk_{1z}z} + \widetilde{R}_{12}e^{-j2k_{1z}d_1+jk_{1z}z}) \tag{5.51}$$

式中:A_1 表示入射波的幅值;$\widetilde{R}_{12}$ 表示区域 1、2 交界面处的广义反射系数,可表示为交界面处的下行波和上行波幅值之比;k_{1z} 表示区域 1 中波数矢量 $\boldsymbol{k}_1$ 在 z 方向的分量,定义 $\boldsymbol{k}_1$ 在 x 方向的分量为 k_{1x},则有等式 $k_1^2 = k_{1x}^2 + k_{1z}^2$。

区域 2 中电场的表达式为

$$E_{2y} = A_2(e^{-jk_{2z}z} + R_{23}e^{-j2k_{2z}d_2+jk_{2z}z}) \tag{5.52}$$

式中:R_{23} 表示区域 2、3 交界面处的反射系数,可参考式(5.49);k_{2z} 表示区域 2 中的波数矢量 $\boldsymbol{k}_2$ 在 z 方向的分量。

区域 3 中下行波的电场分量可表示为

$$E_{3y} = A_3 \mathrm{e}^{-jk_{3z}z} \tag{5.53}$$

电磁波幅值 A_1、A_2、A_3 和反射系数 $\widetilde{R}_{12}$ 可由界面处的边界条件获得。由波的传播路径可知,区域 2 中的下行波为区域 1 中下行波的透射波和区域 2 中上行波的反射波的叠加。在区域 1、2 交界面 $z = d_1$ 处,边界条件可表示为

$$A_2 \mathrm{e}^{-jk_{2z}d_1} = A_1 \mathrm{e}^{-jk_{1z}d_1} T_{12} + A_2 R_{23} \mathrm{e}^{-j2k_{2z}d_2 + jk_{2z}d_1} R_{21} \tag{5.54}$$

而区域 1 中的上行波是由区域 1 中下行波的反射和区域 2 中上行波的透射形成的。因此有如下约束条件

$$A_1 \widetilde{R}_{12} \mathrm{e}^{-jk_{1z}d_1} = A_1 R_{12} \mathrm{e}^{-jk_{1z}d_1} + A_2 R_{23} \mathrm{e}^{-j2k_{2z}d_2 + jk_{2z}d_1} T_{21} \tag{5.55}$$

联立式(5.54)和式(5.55),可得广义反射系数 $\widetilde{R}_{12}$ 的表达式为

$$\widetilde{R}_{12} = R_{12} + \frac{T_{12} R_{23} T_{21} \mathrm{e}^{j2k_{2z}(d_1 - d_2)}}{1 - R_{21} R_{23} \mathrm{e}^{j2k_{2z}(d_1 - d_2)}} \tag{5.56}$$

式中,广义反射系数 $\widetilde{R}_{12}$ 描述了区域 1 中上行波幅值和下行波幅值之比,包含了下层界面的反射以及第一层界面的反射,其级数展开形式如下:

$$\widetilde{R}_{12} = R_{12} + T_{12} R_{23} T_{21} \mathrm{e}^{j2k_{2z}(d_1 - d_2)} + T_{12} R_{23}^2 R_{21} T_{21} \mathrm{e}^{j4k_{2z}(d_1 - d_2)} + \cdots +$$
$$T_{12} R_{23}^{n-1} R_{21}^{n-2} T_{21} \mathrm{e}^{j2(n-1)k_{2z}(d_1 - d_2)} + \cdots \tag{5.57}$$

式中:第一项表示第一界面的单次反射;第 n 项表示由三层介质的第 n 次反射形成的区域 1 中的透射波。若在区域 3 下面再加一层,则前面的推导过程中要把反射系数 R_{23} 用广义反射系数 $\widetilde{R}_{23}$ 代替。一般而言,对于 N 层介质结构,广义反射系数 $\widetilde{R}_{i,i+1}$ 可表示为

$$\widetilde{R}_{i,i+1} = R_{i,i+1} + \frac{T_{i,i+1} \widetilde{R}_{i+1,i+2} T_{i+1,i} \mathrm{e}^{j2k_{i+1,z}(d_i - d_{i+1})}}{1 - R_{i+1,i} \widetilde{R}_{i+1,i+2} \mathrm{e}^{j2k_{i+1,z}(d_i - d_{i+1})}} \tag{5.58}$$

对 TM 波入射而言,以上公式推导中的反射系数和透射系数要进行相应的替换才能使用。当电磁波正投射在多层媒质表面时,波数矢量方向为 $+z$,没有 x 方向分量,因此以上各式中的 $k_{iz} = k_i (i = 1, \cdots, N)$。已知地质结构,由公式可以求解任意入射波的反射、折射情况;反之,也可以从接收到的回波信号反演地下分层信息,即层数、各层厚度及材料构成,这是典型的一维逆散射问题。

5.2 探地雷达的系统设计

与反隐身雷达相比,探地雷达属于近距离超宽带雷达系统,无论在功率、体积、质量上均远小于远距离雷达。下面讲述探地雷达系统设计相关问题。

5.2.1 探地雷达的主要技术参数

探地雷达关键技术参数包括雷达体制、脉宽及中心频率、最大探测深度、分辨力、天线形式、发射机功率、接收机动态范围、收发天线增益、人机交互方式等。

（1）雷达体制：目前商用探地雷达主要采用冲激脉冲体制,研究性质的探地雷达也有频率步进体制,二者各有优缺点。冲激脉冲体制优点在于数据处理较为简单、探测结果比较直观,对于浅层应用而言,冲激脉冲体制具有优势。频域体制的优点主要表现在雷达信号源输出的频率分量能够精确地获取,并且各频率分量的能量可控;通过控制雷达接收机的中频带宽,能够有效地抑制接收信号中的噪声,进而提高雷达接收机的灵敏度和作用距离。本书主要讲述冲激脉冲体制。

（2）脉宽及中心频率：脉冲宽度及中心频率将决定雷达的探测深度和距离分辨力。脉冲越宽、中心频率越低,探测深度越深、分辨力越低;脉冲越窄、中心频率越高,探测深度越浅、分辨力越高;脉冲宽度的选择在探测深度与分辨力之间必须综合考虑。对于数十米以上作用距离的地质雷达,一般频段在 100MHz 以下;对于几米左右深度的道路层析、管线探测雷达,频段在 500~1000MHz;对于几十厘米厚的墙壁内管线、渗漏成像,频段在 1000MHz 以上。

（3）最大探测深度：一般雷达的最大作用距离的概念。

（4）距离分辨力：雷达地质成像的最小距离分辨单元,一般而言,可采用半功率宽度作为距离分辨的临界点。它与雷达发射脉冲宽度及接收采样率等指标有关,同时还必须考虑天线、大地探测环境以及目标体的频率选择性色散问题。常用的经验公式表示如下：

$$R_{res} = \frac{1.39c}{2B\sqrt{\varepsilon_r}} \quad (5.59)$$

式中：c 为光速；B 为带宽；ε_r 为相对介电常数。

（5）横向分辨力：指在横向方向对目标体的分辨能力。横向距离分辨力可用下式描述：

$$\Delta l \geqslant \sqrt{\frac{vr\tau}{2}} \quad (5.60)$$

式中：v 为电磁波在媒质中的传播速度；r 为测线距目标的距离；τ 为脉冲的宽度。横向分辨力受波速、脉冲宽度和距离的影响。距离越远,横向分辨力越差。

（6）天线形式：探地雷达天线有阵子天线、蝶形天线、喇叭天线等多种形式。一般而言,为减少后向反射和操作人员干扰,高频天线一般采用带屏蔽后腔的屏蔽天线;受体积、质量限制,低频天线多采用非屏蔽天线。

（7）人机交互方式：为减少操作人员对探测效果的干扰,操作人员通过平板电脑、PDA与雷达之间采用同轴、光纤等有线方式或Wi-Fi、蓝牙等无线控制方式进行指令、数据交互。

发射机功率、接收机动态范围、收发天线增益等指标参见第3章定义,其他还包括续航时间、三防、尺寸、质量等指标参数。

5.2.2 探地雷达的系统设计

下面介绍探地雷达系统设计。

1. 电路设计

探地雷达系统组成框图如图5.9所示,整个系统主要由发射电路、时序控制、接收电路和天线等组成。

发射电路主要由电压源、高压电源、脉冲产生器和波形整形器组成。高压电源和脉冲产生器,一般采用Marx电路。这种电路采用雪崩晶体管来产生一个快速上升沿的时域脉冲信号。波形整形器是与天线相连的匹配器件,用于抑制信号振铃等不良效应,通常集成在天线结构中。

时序控制主要由时钟源和时间控制组成,用来统一控制系统脉冲的产生、增益调节、接收机放大器以及采样器的工作时序。

接收电路放大器、采样器和模数转换器等组成。一般采用等效采样方式,采样的位数可达24位,可以获得接近140dB的采样动态范围,能满足系统对信号采集的需要。系统需要对时变增益控制进行合理设置,以保证回波信号被正确映射在采样动态范围内,同时需要保证不超过ADC的上限或低于最小可检测电平。

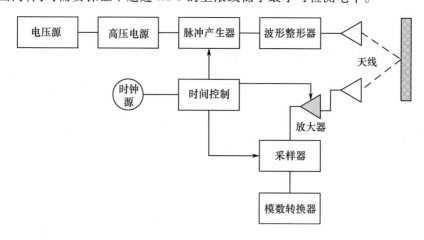

图5.9 探地雷达系统组成框图

2. 探地雷达的结构形式

探地雷达已经发展较为成熟,一般主要包括接收天线、雷达接收机、发射天线、雷达发射机以及主控系统。根据探地雷达硬件的级连关系,可分为分离式与组合式。

分离式主要有两种形式:①将发射机、接收机与天线独立出来,采用不同的天线与其配合使用。这种结构成本低,但是由于收发天线较多,野外使用不方便。这种分离式设计常常在振子非屏蔽天线上使用。②将显控单元与雷达主机分离,显控单元采用加固笔记本或工业计算机,通过并口、串口与控制单元连接。这种分离式设计的优点是可随时更换主机,缺点是接线太多,不便于野外复杂地区使用。分离式设计的典型代表是加拿大的 SSI 探地雷达系统,如图 5.10 所示。

组合式是将发射机与接收机进行有机组合,其显著特点是系统便于移动与操作。组合式设计的典型代表是美国 GSSI 探地雷达系统 SIR - 3000,如图 5.11 所示。

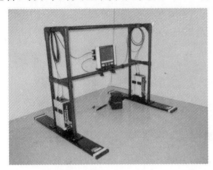 

图 5.10　加拿大的 SSI 探地雷达系统　　图 5.11　美国 GSSI 探地雷达系统 SIR - 3000

5.2.3　探地雷达的野外测量方式

探地雷达采用电磁波进行地下结构探测,其野外测量方式与地震勘探方法类似,以反射和折射两种测量方式为主。

1. 反射测量方式

目前采用的双天线反射测量方式主要有剖面法和宽角法两种。

1)剖面法

剖面法是发射天线(T)和接收天线(R)以固定间距沿测线同步移动的一种测量方式,如图 5.12 所示。当发射天线与接收天线间距为零,亦即发射天线与接收天线合二为一时称为单天线形式,反之称为双天线形式。剖面法的测量结果可以用探地雷达时间剖面图像来表示。该图像的横坐标记录了天线在地表的位置;纵坐标为反射波双程走时,表示雷达脉冲从发射天线出发经地下界面反射回到接收天线所需的时间。这种记录能准确反映测线下方地下各反射界面的形态。

由于介质对电磁波的吸收,来自深部界面的反射波会由于信噪比过小而不易识别,这时应进行距离衰减补偿,来增强对地下深部介质的分辨能力。

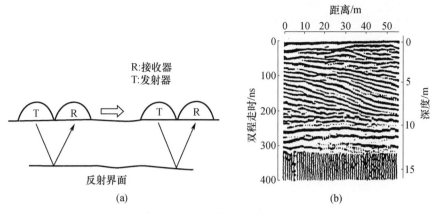

图 5.12　剖面法示意图及其雷达图像剖面

2）宽角法

当一个天线固定在地面某一点上不动,而另一个天线沿测线移动,记录地下各个不同界面反射波的双程走时,这种测量方式称为宽角法。其测量方式和数据处理方式与反射地震勘探的 CMP 和 CDP 方式类似。用两个天线,在保持中心点位置不变的情况下,不断改变两个天线之间的距离,记录反射波双程走时,这种方法称为共中心点法(CMP)(图 5.13(c))。当发射天线不动而接收天线移动,或接收天线不动而发射天线移动时,则为共深度点测量(CDP)(图 5.13(a)、(b))。当地下界面平直时,这两种方法结果一致。

宽角法测量方式的目的是求取地下介质的电磁波传播速度,也可用其进行剖面的多点测量。测量的结果通过静校正和动校正后,在速度分析的基础上,进行水平叠加,可获得信噪比较高的探地雷达资料,如图 5.13(d)所示。

深度为 D 的地下水平界面的反射波双程走时 t 满足

$$t^2 = \frac{x^2}{v^2} + \frac{4h^2}{v^2} \tag{5.61}$$

式中:x 为发射天线与接收天线之间的距离;h 为反射界面的深度;v 为电磁波的传播速度。地表直达波可看成是 $h=0$ 的反射波。式(5.61)表示当地层电磁波速度不变时,t^2 与 x^2 成线性关系。因此由宽角法所得到的地下界面反射波双程走时 t,再利用公式就可求得到地层的电磁波速度。

3）多天线法

这种方法是利用多个天线进行测量。每个天线使用的频率可以相同也可以不同。每个天线道的参数如点位、测量时窗、增益等都可以单独用程序设置。多天线法主要采用两种工作方式:第一种方式是所有天线相继工作,形成多次单独扫描,多次扫描使得一次测量所覆盖的横切面面积扩大,从而提高工作效率;第二种方式是所有天线同时工作,利用时控阵原理,改善系统的方向图特性。

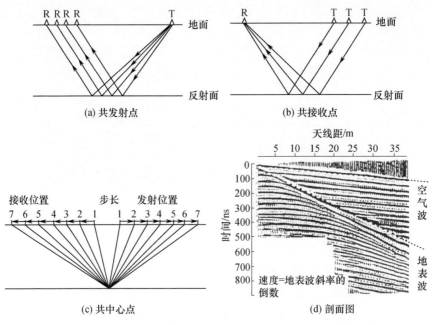

图 5.13　共中心点和共深度点测量方式示意图及其雷达图像

2. 折射测量方式

折射测量方法实际上是宽角测量的一种形式。折射测量方式有两个条件：①雷达波的入射角足够大，或发射天线和接收天线的距离足够大；②雷达波在下伏地层中的传播速度大于上覆介质的速度。

满足上述条件时（图 5.14），雷达波以一定角度入射，当电磁波达到层 1 和层 2 界面时，电磁波将发生反射和折射。当入射角足够大时，折射角将等于 90°，沿界面

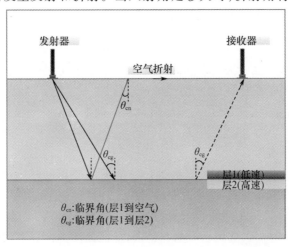

图 5.14　电磁波入射到界面时发射折射的示意图

传播。当天线置于地面时,在接收天线处将接收到如图 5.15 所示的波形图。通过对波形图的到时进行分析,可以得到时距曲线图。根据时距曲线可以确定界面的深度、界面的起伏形态和界面上下层的介电参数等。

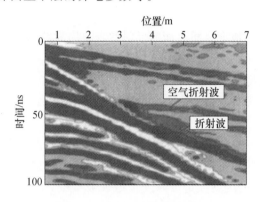

图 5.15　接收天线获得的波形图

5.3　探地雷达数据处理与解释

探地雷达软件算法是探地雷达系统中的重要组成部分,算法的好坏将直接决定系统性能和用户体验效果。算法的主要作用是去除或减少噪声的影响,提高回波数据信噪比。

5.3.1　常规处理

1. 数字滤波处理

数字滤波处理在探地雷达中信号处理中起到的作用主要体现在:①去除探地雷达信号中存在的不同频率的干扰;②抑制采集系统中存在的低频干扰。通过减少或排除干扰,提高剖面的信噪比,方便提取地下介质的响应特征信号等。

数字滤波处理主要包括 FIR 滤波和 IIR 滤波。数字滤波器所要完成的功与模拟滤波器相同,如低通、带通、高通等。常用的低通滤波器有巴特沃思滤波器和切比雪夫滤波器,任何形式的滤波器都可以通过低通滤波器进行转换。

2. 反卷积运算

反卷积是通过压缩雷达子波以提高雷达剖面时间分辨力的过程。因为地层由不同成分和物理性质的岩石组成,不同的介质具有不同阻抗特性,在相邻岩石之间的阻抗差产生电磁波的反射,反射信号被接收天线所接收。这样,所记录的雷达信号可表示为一个卷积模型,即地层波阻抗产生的脉冲响应与雷达子波卷积。地层脉冲响应包括一次反射及所有的多次反射波。理想的反卷积是通过压缩子波,并消除多次波处理,在雷达记录上只保留地层波阻抗差产生的反射系数,从而提高雷达剖面分辨力。

5.3.2 偏移处理

探地雷达接收来自地下介质界面的反射波。在回波数据处理中需要把雷达回波记录中的每个反射点还原到其真实对应的空间位置,这种处理方法称为偏移归位处理。经过偏移处理的雷达回波剖面可反映地下介质的真实位置。

实际中的偏移处理技术有两大类,分别为绕射扫描叠加和相移偏移方法。

1. 绕射扫描叠加

绕射扫描叠加建立在射线理论基础上,是反射波自动偏移归位到其空间真实位置上的一种方法。按照惠更斯原理,地下界面的每一个反射点都可以认为是一个子波源,这些子波源产生的绕射波都可以到达地表被接收天线接收。地面接收到的子波源绕射波的时距曲线为双曲线形状,应用绕射扫描偏移叠加处理时,把地下划分为网格,把每个网格点看成是一个反射点。如果反射点 P 深度为 H,反射点所处的记录道为 S_i(其地表水平位置为 x_i),则扫描点对应任意记录道 S_j(地表水平位置 x_j)的反射波或绕射波延时为

$$t_{ij} = \frac{2}{v}\sqrt{H^2 + (x_j - x_i)^2}, j = 1,2,\cdots,m \quad (5.62)$$

式中:m 为参与偏移叠加的记录道;v 为地层的电磁波传播速度。

把每个记录道 S_j 上 t_{ij} 时刻的振幅值 a_{ij} 叠加起来,作为 P 点的总振幅值:

$$a_i = \sum_{j=1}^{m} a_{ij} \quad (5.63)$$

按照上述方法进行绕射偏移叠加得到的深度剖面,在有反射界面或绕射点的地方,由于各记录道的振幅值 a_{ij} 接近同相叠加,叠加后的振幅值增大;反之,在没有反射界面或绕射点的地方,由于各记录道的随机振幅值非同相叠加,彼此互相抵销,叠加后的总振幅值相对减小,从而完成了反射波和绕射波的自动归位。

2. 相移偏移方法

相移偏移方法以波动方程为基础发展而成,成像位置准确,能量恢复相对保真,效果更好。

1)相移法

相移法(PS)是由盖兹达戈(1978)首先提出。在二维情况下,标量波动方程可表示为

$$\frac{\partial^2 p}{\partial z^2} = \frac{1}{v^2}\frac{\partial^2 p}{\partial t^2} - \frac{\partial^2 p}{\partial x^2} \quad (5.64)$$

式中:$p=p(x,z,t)$ 为电场强度;z 为深度;x 为水平距离;t 为时间。

令

$$p(x,z,t) = \sum_{k_x}\sum_{\omega} p(k_x,z,\omega)\exp[\mathrm{i}(k_x+\omega t)] \tag{5.65}$$

式中:k_x 为水平波数;ω 为频率。

将式(5.65)代入式(5.64),可得

$$\frac{\partial^2 p}{\partial z^2} = -k_z^2 p \tag{5.66}$$

其解析解为

$$p(k_x,z+\Delta z,\omega) = p(k_x,z,\omega)\exp(\mathrm{i}k_z\Delta z) \tag{5.67}$$

式(5.67)中 k_z 可表示为

$$k_z = \pm\frac{\omega}{v}\left[1-\left(\frac{vk_x}{\omega}\right)^2\right]^{\frac{1}{2}} \tag{5.68}$$

式中:"+"和"-"分别对应于雷达波正向及反向的传播过程。对于地表电磁波向下的传播过程,式(5.68)应取"+",即

$$k_z = \frac{\omega}{v}\left[1-\left(\frac{vk_x}{\omega}\right)^2\right]^{\frac{1}{2}} \tag{5.69}$$

将式(5.69)代入式(5.67),可得

$$p(k_x,z+\Delta z,\omega) = p(k_x,z,\omega)\exp\left\{\frac{\mathrm{i}\omega}{v}\left[1-\left(\frac{vk_x}{\omega}\right)^2\right]^{\frac{1}{2}}\Delta z\right\} \tag{5.70}$$

式(5.70)为式(5.71)的解:

$$\frac{\partial p(k_x,z,\omega)}{\partial z} = \mathrm{i}\left(\frac{\omega}{v}\right)\left[1-\left(\frac{v(k_x)}{\omega}\right)^2\right]^{\frac{1}{2}} \tag{5.71}$$

式(5.70)即为盖兹达戈(1978)提出的相移法原型。从以上推导可以看出,相移法没有任何倾角限制。显而易见,式(5.70)只适用于速度横向均匀的介质。

相移法优点是计算速度快、精度高;缺点是不能适用于横向速度变化的介质。

2)相移加内插法

当介质存在横向速度变化时,直接应用式(5.70)会产生较大误差。为克服介质中存在的横向速度变化,盖兹达戈(1984)又提出加内插的相移法(PSPI)。其具体做法为,将式(5.67)分解为以下两式:

$$P^*(z) = P(z)\exp\left(\frac{\mathrm{i}\omega}{v}\Delta z\right) \tag{5.72}$$

$$P(z+\Delta z)=P^*(z)\exp\left[\mathrm{i}\left(k_z-\frac{\omega}{v'}\right)\Delta z\right] \tag{5.73}$$

式中：$v'\neq v(x,z)$ 为 $v(x,z)$ 的某种近似。在把雷达数据进行关于时间的傅里叶变换后，首先由时移方程求出 P^*，然后分别选取速度

$$v_1(z)=\min[v(x,z)] \tag{5.74}$$

$$v_2(z)=\max[v(x,z)] \tag{5.75}$$

作为 v' 进行相移计算。v_1 和 v_2 称为参考速度。

设 v_1 和 v_2 对应的参考相移波场分别为 $P_1(k_x,z+\Delta z,\omega)$ 及 $P_2(k_x,z+\Delta z,\omega)$，则 P_1 和 P_2 可表示为

$$P_1(k_x,z+\Delta z,\omega)=A_1\exp[\mathrm{i}\theta_1] \tag{5.76}$$

$$P_2(k_x,z+\Delta z,\omega)=A_2\exp[\mathrm{i}\theta_2] \tag{5.77}$$

根据式(5.76)、式(5.77)对 $P(k_x,z+\Delta z,\omega)$ 作关于 v 的线性插值，可得

$$P(k_x,z+\Delta z,\omega)=A\exp[\mathrm{i}\theta] \tag{5.78}$$

$$A=\frac{A_1(v_2-v)+A_2(v-v_1)}{v_2-v_1} \tag{5.79}$$

$$\theta=\frac{\theta_1(v_2-v)+\theta_2(v-v_1)}{v_2-v_1} \tag{5.80}$$

式(5.78)~式(5.80)就是加内插的相移法的计算公式。

在实际应用中，在某一深度 $z=z'$，当 $\max[v(x,z')]$ 与 $\min[v(x,z')]$ 的比值大于 $\rho_{\max}=1.5$ 时，则需要两个以上参考速度，其具体数目 l 由

$$(\rho_{\max})^{l-1}\geq R \tag{5.81}$$

确定，其中 l 为满足式(5.81)的最小整数，且参考速度的选择应满足

$$\frac{v_{i+1}}{v_i}=\frac{v_i}{v_{i-1}}=\rho\quad(2\leq i\leq l-1) \tag{5.82}$$

当 $l>2$ 时，式(5.81)及式(5.82)的插值由与 $v(x,z)$ 最接近的两个参考速度对应的参考波场完成。

加内插的相移法的计算流程如图5.16所示。从实际效果看，加内插的相移法具有适应较强横向速度变化的能力，但因其需要频繁地计算参考波场，所以计算效率较低。

5.3.3　雷达图像的增强处理

由于干扰以及地下介质分布复杂，即使进行了数据处理，有时也难以从雷达图像上对其进行地质解释，需要对图像信息进一步作增强处理，以改善图像质量。实际中

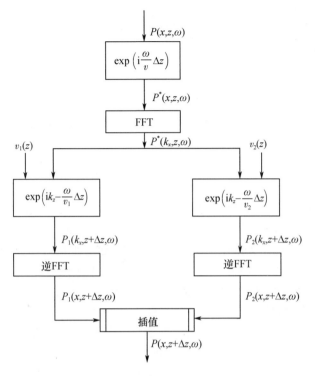

图 5.16 加内插的相移法计算流程

的增强处理主要有振幅恢复和道间均衡两种方法。

1. 距离衰减补偿

由于波前扩散和介质吸收,雷达接收到的反射波振幅在时间轴上逐渐衰减。雷达数据经处理后,通常浅层能量很强,深层能量很弱,这给信息输出显示造成困难,为了使浅、中、深层都能清晰显示,需要进行反射振幅恢复。其基本思想是进行回波幅度距离–衰减补偿,从而使得反射回波振幅与距离无关。

在均匀介质中,距发射天线为 r 处的电磁波振幅为

$$A = \frac{A_0}{r} e^{-\alpha t} \tag{5.83}$$

式中:A_0 为雷达发射天线发射出的电磁波的振幅;$\frac{1}{r}$ 为波前扩散因子;α 为吸收系数;t 为收发延时。

若接收到反射波,则入射波振幅可由反射波进行恢复:

$$A_0 = A r e^{\alpha t} \tag{5.84}$$

由于反射波的实际路径 $r = vt$(v 是电磁波的平均速度),则式(5.84)变为

$$A_0 = Avte^{\alpha t} \tag{5.85}$$

于是,可由雷达记录的反射波幅度 A 与反射波延时 t 对回波振幅进行距离－衰减补偿。

2. 道间能量均衡

一般情况下,由于接收条件的差异,雷达记录道与道之间的能量不均衡,这会影响剖面上雷达回波图像的连续性,为了改善剖面的回波质量,需要进行道间均衡处理,道与道之间加权使各道的能量达到强弱均衡,处于一定范围内。

5.3.4 数据解释

雷达回波数据的地质解释是探地雷达测量的根本目的,然而雷达回波反映的是地下介质的电性分布,要把地下介质的电性分布转化为地质体的分布,必须把地质、钻探、探地雷达和其他相关的资料有机结合起来,建立被测区的地质－地球物理模型,并以此获得地下地质分布信息。时间剖面解释、正演模型和反演模型、雷达波速求取是探地雷达数据解释的主要内容。

1. 时间剖面的解释

时间剖面解释的基础是拾取反射层。通常从勘探孔的测线开始,根据勘探孔与雷达图像的对比,建立各种地层的反射波组特征。识别反射波组的标志有同相性、相似性与波形特征等。

探地雷达图像剖面是探地雷达数据地质解释的基础,只要地下介质中存在电性差异,就可以在雷达图像剖面中找到相应的反射波与之对应。根据相邻道上反射波的对比,把不同道上同一个反射波相同相位连结起来的对比线称为同相轴。一般在无构造区,同一波组往往有一组光滑平行的同根轴与之对应,这一特性称为反射波组的同相性。

探地雷达测量使用的点距很小(小于2m),地下介质的地质变化在一般情况下比较缓慢,因此相邻记录道上同一反射波组的特征会保持不变,这一特征称为反射波形的相似性。同一地层的电性特征接近,其反射波组的波形、振幅、周期及其包络线形态等有一定特征。确定具有一定特征的反射波组是反射层识别的基础,而反射波组的同相性与相似性为反射层的追踪提供了依据。

不同测量目的对地层的划分是不同的。如在进行考古调查时,特别关注文化层的识别。在进行工程地质调查时,常以地层的承载力作为地层划分依据,因此不仅要划分基岩,而且对基岩风化程度也需要加以区分。需要根据测量目的,对比雷达图像与钻探结果,建立测量区地层的反射波组特征。

根据反射波组的特征可以在雷达图像剖面中拾取反射层。一般是从垂直走向的测线开始,逐条测线进行。最后拾取的反射层必须能在全部测线中连接起来,并保证在全部测线交点上相互一致。

根据地层反射波组特征与钻孔对应的位置划分反射波组后,还需要依据反射波组的同相性与相似性进行地层的追索与对比。

在进行剖面的对比之前,要掌握区域地质资料,了解测区所处的构造背景。在此基础上,充分利用时间剖面的直观性和范围大的特点,统观整条测线,研究重要波组的特征及其相互关系,掌握重要波组的地质构造特征,其中要重点研究特征波的同相轴变化。特征波是指能长距离连续追踪、振幅强、波形稳定的反射波,一般是主要岩性分界面的有效波,特征明显,易于识别。掌握了它们就能研究剖面的主要地质构造特点。

时间剖面上主要表现如下特征:

(1) 雷达反射波同相轴发生明显错动。破碎带及大的风化裂缝、含水量变化大造成正常地层发生突变,两侧地层或土壤层性质发生变化,表现在地质雷达时间剖面上雷达反射波同相轴将明显错动,断层或土壤层性质发生变化越大,这一特征越明显。

(2) 雷达反射波同相轴局部缺失。地下裂缝、地层性质突变和风化发育情况和程度往往是不均衡的,那么由于其对雷达反射波的吸收和衰减作用,往往使得在裂缝、裂隙的发育位置造成可连续追踪对比的雷达反射波同相轴局部缺失,而缺失的范围与地下裂缝横向发育范围、土壤性质突变大小有关。

(3) 雷达反射波波形发生畸变。地下裂缝、裂隙等在地质雷达时间剖面上的另一表现特征为,由于地下裂缝、不均匀体对于雷达波的电磁弛豫效应、衰减、吸收造成雷达反射波在局部发生波形畸变,畸变程度与地下裂缝、裂隙及不均匀体的规模有关。

(4) 雷达反射波频率发生变化。由于土壤各种成分含量及盐碱性质对雷达波的电磁弛豫效应和衰减吸收作用差异,往往会对雷达波波形产生不同改变,造成雷达反射波在局部频率变化,这也是在地质雷达时间剖面上识别不同土壤性质边界的一个重要标志。

上述现象在地质雷达时间剖面上特征往往不是孤立的,即有时几种特征同时存在,只是有的特征更突出,有的特征不明显,这就需要对区域地质条件充分了解,还必须具有丰富的实践和解释经验,去伪存真,得到更准确的地下地质信息。

2. 雷达波速度的求取

雷达波速度是探地雷达资料解释的重要内容,也是距离转化的重要参数,其准确与否直接关系到解释结果的准确程度。电磁波在介质中传播速度的获取常用的方法有已知目标换算方法、几何刻度法、CDP速度分析法、反射系数法、介电常数法等。

已知目标换算方法最简单,同时是常用的方法。该方法是采用钻探的方法获取已知地层或目标体的深度,根据电磁波的传播时间计算电波在介质中的传播速度。然后基于速度来推断没有钻孔的区域地质体的深度。

几何刻度法通过考虑天线移动过程中,地下目标对电磁波的不同反射路径而求得电磁波在地下介质中的传播速度。

$$t(x) = \frac{\omega}{v} = \frac{2\sqrt{x^2+z^2}}{v} = \sqrt{\frac{4x^2}{v^2}+t_0^2} \quad (5.86)$$

式中:$t(x)$ 为当前位置 x 到目标的双程时间;t_0 为沿垂直路径到目标的双程时间。可见,由此式能获得电磁波的速度值。

CDP 速度分析法与地震勘探中的速度分析一致,也是常用的方法。

反射系数法在浅层检测如公路路面的检测中常用。通常是采用金属板反射法。由于介质的反射波振幅与反射系数成正比,因此通过观测金属板的反射波振幅(反射系数为1)和介质的反射振幅可以获得电磁波在介质中传播速度。

$$v = \frac{1-A/A_m}{1+A/A_m} \times c \quad (5.87)$$

式中:A_m 为金属板的反射振幅;A 为介质的反射振幅;c 为光速。

3. 正演模型与反演模型

地下地层、构造千变万化,电磁波传播过程十分复杂,加上近地表的人类扰动,使探地雷达剖面中的图像有时难以解释。建立雷达模型是检验解释方案是否正确的一种必不可少的工具。探地雷达模型可分为正演模型与反演模型两大类。

1) 正演模型

正演模型利用地下介质模拟探地雷达响应,主要由三步组成:首先假设一个地下介质分布模型,其次根据模型计算反射系数,最后利用相应的数学方法计算探地雷达响应。编制模型的目的是将求得的雷达响应特征与实际测量剖面进行比较,以检验所假设的地下介质分布模型是否正确。

2) 一维模型

一维模型是模拟地下地层岩石物性只在垂向上发生变化。一维模型编制简单,并且十分有用,编制时需要四个基本参数。模拟过程实际是雷达波与层状介质物理界面反射系数的卷积。其编制步骤如下:

(1) 根据钻孔、雷达剖面及其他勘查方法获得的资料假设地层模型。设第 i 层的介电常数 ε_i、吸收系数 β_i 和地层厚度 h_i。

(2) 根据地层模型计算反射系数剖面,第 i 层与 $i+1$ 层之间的反射系数为

$$R_i = (\sqrt{\varepsilon_i} - \sqrt{\varepsilon_{i+1}})/(\sqrt{\varepsilon_i} + \sqrt{\varepsilon_{i+1}}) \quad (5.88)$$

若考虑地层的吸收 A_i、球面扩散 S_i 及透射系数 $T_i = (1-R_{i-1}^2)$,则修正的反射系数为

$$R'_i = R_i S_i \prod_{j \neq i}^{i} A_j (1-R_i^2) \quad (5.89)$$

（3）反射系数序列与雷达波进行卷积运算获得合成雷达记录。

（4）将合成雷达记录与实际雷达记录比较,如果两者相近,说明所设一维地质模型正确。如果两者相差较大,则需调整模型,重复上述步骤。

3）二维模型

二维模型是模拟地下地层岩石物性在垂向和横向上均存在变化。其编制步骤与一维模型基本相同。计算二维模型的方法大致可以分为两类：一类是基于几何光学原理的射线追踪法,适用于起伏变化较为缓慢的电性界面的合成雷达记录；另一类是基于波动方程的计算方法,适用于界面曲率较大的目标体的合成雷达记录。

4）反演模型

反演模型利用雷达响应推断地下介质分布。反演模型是从实际雷达回波出发,通过运算反演出一条介电常数剖面,并进一步推断岩性。

对于非磁性地层,反演运算中涉及地层的介电常数与电导率两个电性参数。地层的复介电常数为

$$\hat{\varepsilon}_i = \varepsilon_i \left(1 - j\frac{\sigma_i}{\omega \varepsilon_i}\right) \tag{5.90}$$

反射系数 R 是电性界面上反射波振幅与入射波振幅之比。垂直入射时,第 i 层界面的反射系数为

$$R_i = \frac{\sqrt{\hat{\varepsilon}_i} - \sqrt{\hat{\varepsilon}_{i+1}}}{\sqrt{\hat{\varepsilon}_i} + \sqrt{\hat{\varepsilon}_{i+1}}} \tag{5.91}$$

当地层的电导率很小时,则式(5.91)变为

$$R_i = \frac{\sqrt{\varepsilon_i} - \sqrt{\varepsilon_{i+1}}}{\sqrt{\varepsilon_i} + \sqrt{\varepsilon_{i+1}}} \tag{5.92}$$

反射系数介于 +1.0 ~ -1.0 之间,大小取决于反射界面上下的介电常数及电导率的差异。反演模型假定雷达记录 $S(t)$ 由

$$S(t) = R(t) * W(t) \tag{5.93}$$

可求。其中,$R(t)$ 为反射系数序列,$W(t)$ 为子波函数。在进行反演模型计算之前,需要对雷达图像进行预处理,消除噪声与多次反射波。递归法是最常用的反演计算方法。首先用反子波 $\widetilde{W}(t)$ 对雷达记录进行反卷积运算：

$$R(t_i) = S(t) * \widetilde{W}(t) = R(t) * \sigma(t_i) \tag{5.94}$$

$$\sigma(t_i) = \begin{cases} 1, & t_i = 0 \\ 0, & t_i \neq 0 \end{cases} \tag{5.95}$$

由此可得到反射系数剖面。再利用下面的递归公式计算各地层的反射系数：

$$\varepsilon_{i+1} = \left(\frac{1-R(t_i)}{1+R(t_i)}\right)^2 \varepsilon_i, \ i=0,1,2,\cdots,n-1 \quad (5.96)$$

递归法优点是快速简单,缺点是该方法需要知道初始介电常数。反演运算之前为了减少干扰常对雷达数据进行高通滤波,它抹掉了某些电性界面,使反演中无法保持所有的介电常数界面；当存在大幅度反射系数和噪声脉冲时,计算结果不稳定。其原因是式(5.96)中 $\frac{1-R(t_i)}{1+R(t_i)}$ 在反射系数 $R(t_i)$ 趋于 -1.0 或 $+1.0$ 时,值为 ∞ 或 0,造成反演畸变。为了改善反演结果,出现了一些广义线性反演法等新的模型,这里不作赘述。

5.4 探地雷达技术的应用与发展趋势

随着探地雷达理论与技术的深入发展,它在实际工程中的应用已经非常成熟。下面结合管线探测、隧道超前预报两种典型应用场景介绍探地雷达在实际工程中的应用情况,并对探地雷达技术发展趋势进行探讨。

5.4.1 探地雷达的工程应用

1. 管线探测

管线探测就是对地下管线进行精确定位和定深。不论是电磁感应法还是其他物探方法,都是利用目标管线与周围介质的物性差异来进行探测。不同的物性差异决定了不同的探测方法。探地雷达法与其他物探方法相比,具有以下优点:无损探测；数据采集速度快；测量精度高,分辨力可达厘米级；图像比较直观；设备轻便,单人即可携带整套仪器完成探测工作。

在用探地雷达进行地下管道探测时,常用的采集方式如图 5.17(a)所示。分别由 $T_1,T_2,\cdots,T_n$ 发出的电磁波传播到地下管道的管壁时发生反射,该反射波对应由 $R_1,R_2,\cdots,R_n$ 接收,实际采集的剖面如 5.17(b)所示,明显可以看出剖面上具有双曲线形态的反射波。管道反射波的反射曲线方程可表示为

$$t_j = \frac{2}{v}\sqrt{\left(\frac{Tv}{2}+r\right)^2+(x_j-X)^2}-\frac{2r}{v}, \ j=1,2,\cdots,n \quad (5.97)$$

式中:v 为电磁波在地下介质中的传播速度；r 为管道半径；X 为管道位置；T 为在地表 X 处电磁波垂直入射时对应的反射时间(回声时间)。X 和 T 就是需要提取的管道参数。x_j 和 t_j 为地表任意位置的横坐标和接收到电磁波回波信号的延迟时间。由于管道介质参数的不同以及管道内填充物的不同,探地雷达剖面上的管道反射波曲

线也会有不同的特征。在某些信噪比较高的情况下,可以在剖面上分辨出两组双曲线弧,呈上下分布,其中上面反射波的顶点对应管道上壁,下面反射波的顶点对应管道下壁。受实际环境干扰以及管道的材质的影响,一般采集的剖面只能分辨出上半弧。

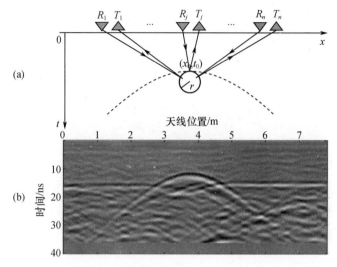

图 5.17 管道波形图(去掉波形图)

采用自研的探地雷达对某小区排污水泥管进行探测的场景如图 5.18 所示,探地雷达中心频率为 280MHz,雷达图像如图 5.19 所示,通过先验信息估算出该地区相对介电常数为 16,电磁波在地下传播的速度为 0.075m/ns,由探测图像可知,管线在剖面 1.7m 处,反射在 43ns 处,换算为深度 1.61m,与真实值接近。

2. 隧道超前预报

隧道超前预报是采用高频电磁波探测掌子面前方岩体介质中地质结构与特征,以指导下一步掘进方案,它是探地雷达常见应用之一。

下面给出在应用探地雷达进行隧道超前预报的实例,探地雷达中心频率为 100MHz。某隧道为双洞单向交通隧道。隧道左洞设计桩号为 ZK109+850~ZK114+650,长 4800m;右洞设计桩号为 YK109+830~YK114+605,长 4775m。隧道所在区为侵蚀构造低山丘岭谷地地貌,所在山地地形起伏大,山高坡陡,沿线地表植被发育。地层岩性主要是微风化泥质灰岩和微风化石英砂岩等。隧道区内发育 F8、F9、F10、F11 四条断层构造,区域地质稳定性一般。

根据雷达的现场测试数据,经软件处理得到掌子面前方雷达剖面图,如图 5.20 所示,结合现场的围岩情况(图 5.21)判别与分析得出:

(1)掌子面(YK110+330)前方 0~10m(YK110+289~298)范围内雷达反射波振幅均匀,频段单一,围岩整体性较好,而掌子面前方 10~15m(YK110+340~345)

图 5.18　某小区地下排污管的探测场景

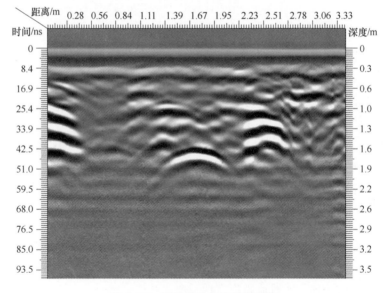

图 5.19　探地雷达管线探测图像

范围内雷达反射波振幅剧增,由较大振幅的高频、中频率成分初步推测该段岩体破碎且含少量裂隙水。

(2)掌子面前方及右侧 15～20m(YK110+345～350)范围内雷达反射波强

烈,其中高频成分较多,时强时弱,初步推断该段节理裂隙发育,局部有节理带或断裂带。

(3) 隧道掌子面前方左侧 12～22m(YK110+342～352)范围内局部出现较强雷达反射波,振幅较大且频率较低,初步判断该范围内岩层含裂隙水,总体来看,隧道左侧岩层整体性比右侧好。

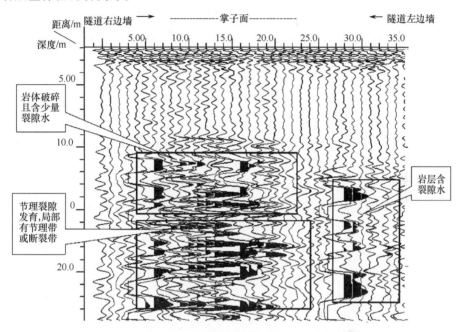

图 5.20　某隧道掌子面 YK110+330 到前方 YK110+354 雷达 100MHz 天线剖面图

图 5.21　某隧道掌子面照片

5.4.2 探地雷达的技术发展趋势

探地雷达作为一种比较成熟的地质探测装备,应用广泛,并且还在不断更新发展。目前主要呈现以下技术发展趋势:

(1)多通道、多频段阵列成像逐渐成熟。传统的探地雷达多采用单通道接收体制,受到单天线的频段及辐射角度限制,探地雷达探测结果只能给出一条剖面图,无法判断目标的横向特征。采用多通道、多频段天线阵接收技术,可以对下方目标进行高分辨力和三维成像,更加详细地给出目标特征信息。

(2)步进频体制快速发展。步进扫频体制的探地雷达以发射能量大、动态范围宽、灵敏度高等优点而具有探测距离更大、分辨力更高等技术优势,在探地雷达领域正不断发展,并日益成熟。

(3)反演多解性等理论及软件不断完善。根据探地雷达的原理,当探测环境非常复杂时,会造成反演多解性问题,技术人员的经验往往会影响对图像的最终解释,造成结果的不准确性。当前基于人工智能技术的快速发展,专业的探地雷达图像反演解释数理算法和软件系统正不断丰富完善。

第6章 雷达生命探测仪

对于地震、塌方等复杂灾害现场救援任务需求,现有的生命搜索装备主要有音视频、微振、雷达几种技术体制。其中,雷达生命探测仪无须孔缝开挖,对现场噪声、振动免疫性好,可以有效提高救援效能,汶川地震后逐渐得到了广泛应用。本章对超宽带雷达生命探测仪基本理论、设计、数据处理及应用与发展进行详细介绍。

6.1 雷达生命探测仪的基本理论

雷达生命探测仪是一款综合微功率超宽带雷达技术与生物医学工程技术研制而成的高科技救生设备,专业用于地震灾害、塌方事故等紧急救援任务中幸存人员的搜索定位。它利用纳秒级电磁波脉冲频谱宽、穿透性强、分辨力高、抗干扰性好、功耗低等特性,在地震灾害、坍塌事故等救援现场,由废墟表面向废墟内发射纳秒级脉冲电磁波,基于人体运动在雷达回波上产生的时域多普勒效应,来分析判断废墟内有无生命体存在以及生命体的具体位置信息。

6.1.1 人体生命特征信号的时域多普勒效应

多普勒效应是指当发射源与接收者之间有相对径向运动时,接收到的信号频率发生改变的现象。当雷达波穿透一定障碍物而遇到人体时,反射的回波信号被人体生命活动(如呼吸、心跳等)引起的微动所调制,使得回波信号的一些参数发生改变。通过对回波信号相参接收后,滤除墙壁、瓦砾等静止目标回波,仅仅对运动的肢体、心肺等动目标回波进行检测,就能从中提取出与人体相关的生命特征信息,从而在不接触人体的情况下,探测出在废墟、瓦砾、建筑物下是否有活的生命体存在。

研究表明,生命信号(主要是心肺运动、胸腔起伏、肢体动作等)对雷达回波的调制具有以下特征:

(1)生命信号具有低速运动目标的特性。心跳和呼吸的频率很低,通常情况下,心跳次数大约为 70~80 次/min,即使是剧烈运动也不过 130 次/min 左右,而呼吸引起的胸腔起伏通常为 20~30 次/min,呼吸急促时也仅在 60 次/min 左右。所以人体生命信号对雷达回波的调制频率对应在 0.2~2Hz 范围,其信号检测是典型的低速目标检测问题,需要进行长时积累观察。

（2）生命信号具有准周期特征。在人情绪平稳的时候，心跳和呼吸的频率维持在一个稳定的范围，呈周期性的变化，可以从时域和频域的积累上观察到这一特性。但是心跳和呼吸并不满足严格的正弦曲线，而且人和人之间的差异造成信号的频率和幅度等参数也是不同的。即使是同一个人，参数也会发生变化，情绪的变化、人体位置的变化都会对信号有所影响。

雷达生命探测仪通过检测人体生命活动所引起的各种微动信息，达到辨识生命体并提取生命信息的目的，如图 6.1 所示。

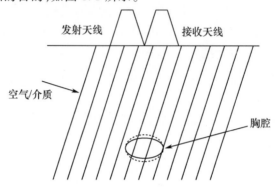

图 6.1　雷达生命探测示意图

人体的心跳、呼吸等活动引起的胸腔扩张收缩等规律性运动导致回波信号相较于原始波形发生规律性变化，其变化频率与人体体表运动频率一致，如图 6.2 所示，采样回来的多道回波图像表明了人体周期性微动和静止目标的区别。

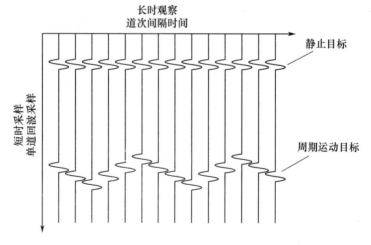

图 6.2　人体生命特征信号的时域多普勒效应模拟图

假设人体呼吸、心跳等造成胸腔微动 $g(t)$ 以正弦信号的规律变化，频率为 f_b，胸腔振动的最大幅度为 Δd，则此时胸腔的振动可用公式表示为

$$g(t) = \Delta d \cdot \sin 2\pi f_b t \tag{6.1}$$

假设胸腔到雷达距离为 d_1，则 d_1 可以表达为

$$d_1 = d_0 + g(t) = d_0 + \Delta d \cdot \sin 2\pi f_b t \tag{6.2}$$

式中：d_0 为胸腔到雷达平均距离。

假设辐射脉冲为 $p(t)$，整个空间的通道传输函数为 $h(t,\tau)$，背景信号可视为静态函数，则胸腔周期性的起伏必将在信号传输函数上表现为一个周期性的函数：

$$h(t,\tau) = \underbrace{\sum_i \alpha_i \delta(\tau - \tau_i)}_{\text{静态函数}} + \underbrace{\alpha_b \delta(\tau - \tau_b(t))}_{\text{周期函数}} \tag{6.3}$$

胸腔起伏对电磁脉冲信号的反射回波时延变化 $\tau_b(t)$ 可表示为

$$\tau_b(t) = \frac{2d_1(t)}{c} = \frac{2(d_0 + \Delta_d \sin 2\pi f_b t)}{c} = \tau_0 + \tau_d \sin 2\pi f_b t \tag{6.4}$$

式中，c 为电磁波在空气中的传播速度。从式中可以看出，胸腔起伏微动对反射回波时延起到了调制作用，引起周期性变化，变化频率与呼吸频率相同。更加具体的，若人体静止不动，则每次反射时延位置相同；胸腔周期运动特征表现为时延位置呈一定周期变化。

如果不考虑脉冲传输形变等非线性因素，接收天线对于反射回波的接收信号，即接收机所接收到的回波可以记作发射脉冲与通道传输函数的卷积。暂不考虑噪声因素，长时观察到的接收回波可以记作

$$r(t,\tau) = p(t) * h(t,\tau) = \sum_i \alpha_i p(\tau - \tau_i) + \alpha_b p(\tau - \tau_b(t)) \tag{6.5}$$

因此，如果我们长时观察的道次之间时间间隔为 T_s，即 $t = mT_s$（$m = 1,2,\cdots,N_w$），则长时观察到的接收回波：

$$r(mT_s,\tau) = \sum_i \alpha_i p(\tau - \tau_i) + \alpha_b p(\tau - \tau_b(mT_s)) \tag{6.6}$$

综合以上分析可知，根据回波数据中是否存在周期变化特征，可以初步判断生命特征信号有无检测并进行参数提取。

6.1.2 人体目标散射特性及影响因素

雷达生命探测仪属于军用雷达技术应用在安防救援领域的典型成功案例。雷达生命探测仪与常规军用雷达主要区别在于探测对象和环境的不同：常规的雷达主要针对空域、海域环境下几十千米甚至上千千米外的飞机、舰船等大型、高速运动目标进行探测；雷达生命探测仪主要针对废墟介质环境下几十米范围内静止或微动的幸存者进行探测。雷达生命探测仪所探测的人体对象属于典型的"低、小、慢、介、近"

目标。众所周知,"低、小、慢"目标是雷达研究领域的一大难点,同时还要考虑复杂介质环境下、近距离盲区等问题。为有效提高雷达生命探测仪探测效果,需要对人体目标散射特性及影响因素进行深入分析[53,54]。

1. 人体目标散射特性

人体掩埋在废墟中,其主要包含躯干、肢体及心肺等各种运动。雷达利用这些运动所产生的散射回波实现目标检测。人体目标 RCS 将直接决定回波反射强弱和检测效果。

目标散射截面积 σ 的定义为

$$\sigma = \frac{P_r}{S_t} \tag{6.7}$$

式中:S_t 为目标上的雷达照射功率密度;P_r 为目标反射回雷达接收角度的总功率。

脉冲雷达的特点是存在一个"三维分辨单元",此分辨单元就是电磁脉冲瞬时照射并散射的体积 V。

$$V = \frac{\Theta R^2 c\tau}{2} \tag{6.8}$$

式中:Θ 为雷达波束立体角;R 为雷达到特定分辨单元的距离;τ 为脉冲宽度;c 为光速。

如果一个目标全部包含在体积 V 中,便认为该目标属于点目标,否则就应当看作是分布在空间的散射体的集合体目标。虽然人体目标物理尺寸较小,但是在几十米的近距离探测范围内,其究竟应视为点目标还是体目标,还需结合雷达分辨单元综合考虑。

当雷达分辨单元小于人体目标时,应将人体视为体目标。此时还需要对人体躯干、肢体各部分运动特征进行分别研究,以提高雷达目标检测识别效率。由于人体各关节、部位运动方式不同,对雷达回波的多普勒调制也将不同,应该分别进行研究。例如,当人体挥动上肢时,头部与躯干的雷达回波将基本保持在一个稳定的值,而手臂关节部位雷达回波多普勒频率则会出现较有规律的变化。另一方面,当这些部位(如头、胸腔、大腿等)在探测过程中以整体出现运动,各散射点对雷达回波的多普勒调制基本一致时,可以将该部位看作一个散射中心。

基于以上考虑,当利用雷达进行生命探测,目标建模时可将人体看成多散射中心模型。

如图 6.3 所示,该模型将人体建模成十散射中心模型,十个散射中心分别为头部(c_1)、躯干(O)、左上臂(c_3)、左下臂(c_5)、右上臂(c_2)、右下臂(c_4)、左大腿(c_7)、左小腿(c_9)、右大腿(c_6)、右小腿(c_8)。在该模型中,以关节运动为基础来模拟人体各散射中心的运动,人体各散射中心的运动有的为关节运动的本身或者旋转,有的是多个关节运动位移的叠加。

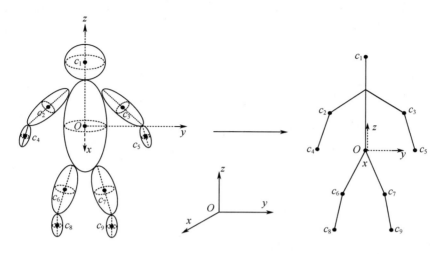

图 6.3 人体多散射中心模型

由于雷达探测到的多普勒特征是目标相对于雷达径向的运动,假设雷达正面照射人体目标,则人体各散射中心对雷达回波产生的多普勒调制主要是沿雷达径向方向的运动调制。以脊椎末端为坐标原点,以人体相对于雷达的径向运动方向为 x 轴,以人体脊椎为 z 轴,建立空间坐标系,人体各散射中心的运动模型如下。

1) 躯干

躯干相对于 x 轴的起伏、运动表示为

$$x_{Os}(t) = A_{Os}\cos(2\pi f_{Os}t) \tag{6.9}$$

式中:A_{Os} 为躯干散射中心的振动幅度;f_{Os} 为躯干散射中心的振动频率。

躯干散射中心的相位变化表示为

$$\varphi_{Os}(t) = A_{\varphi}\cos(2\pi f_{Os}t + \theta_0) \tag{6.10}$$

式中:A_{φ} 为胸部旋转引起的相位变化最大值;θ_0 为初始相位。

2) 头部

头部相对于坐标系原点 O 相对静止,即运动模型与躯干散射中心运动模型基本一致。

3) 上臂

以右上臂为例,其相对于 x 轴的运动表示为

$$x_{c2}(t) = x_{Os}(t) + R_{Os}\sin(\varphi_{Os}(t)) + \left(\frac{L_{c2}}{2}\right) \cdot \sin(\varphi_{Rsh}(t)) \tag{6.11}$$

式中:R_{Os} 和 L_{c2} 分别为躯干散射中心的半径和右上臂的长度;$\varphi_{Rsh}(t)$ 为肩关节旋转角度。

4) 下臂

以右下臂为例,其相对于 x 轴的运动表示为

$$x_{c4}(t) = x_{Os}(t) + R_{Os}\sin(\varphi_{Os}(t)) + L_{c2}\sin(\varphi_{Rsh}(t)) + \left(\frac{H_{c4}}{2}\right)\cdot\sin(\varphi_{Re}(t) + \varphi_{Rsh}(t))$$
(6.12)

式中:H_{c4} 为前臂的长度;φ_{Re} 为肘关节的旋转角度。

5) 大腿

以右大腿为例,其相对于 x 轴的运动表示为

$$x_{c6}(t) = x_{Os}(t) - \left(\frac{L_{c6}}{2}\right)\cdot\sin(\varphi_{Rhi}(t))$$
(6.13)

式中:L_{c6} 为大腿长度;$\varphi_{Rhi}(t)$ 为臀部旋转角度,表达式为

$$\varphi_{Rhi}(t) = A_{hi}\cos(2\pi f_{hi}t + \pi)$$
(6.14)

式中:A_{hi} 为旋转幅度;$f_{hi} = f_{gait}$ 为臀部旋转频率。

6) 小腿

以右小腿为例,其相对于 x 轴的运动表示为

$$x_{c8}(t) = x_{Os}(t) - L_{c6}\sin(\varphi_{Rhi}(t)) - (L_{c8}/2)\cdot\sin(\varphi_{Rhi}(t) + \varphi_{Rn}(t))$$
(6.15)

式中:L_{c8} 为小腿的长度。相位 $\varphi_{Rn}(t)$ 的表达式为

$$\varphi_{Rn}(t) = \begin{cases} A_{n1}\sin^2(2\pi f_{n1}t), & 0 \leq t < 0.4T_{gait} \\ A_{n2}\sin^2(2\pi f_{n2}t + \theta_{n2}), & 0.4T_{gait} \leq t < T_{gait} \end{cases}$$
(6.16)

式中:A_{n1}、A_{n2} 为旋转角度的幅值;f_{n1}、f_{n2} 为膝关节旋转频率;θ_{n2} 为初始相位。

除了需要考虑以上肢体、躯干、心肺运动特征之外,人体目标 RCS 还受人体健康、年龄、性别、情绪等医学生理因素,人体介电参数、体积、投影面积、收发天线极化、角度等电磁物理参数以及探测环境影响。

2. 人体目标 RCS 影响因素

影响决定人体目标 RCS 大小的主要参数和影响因素包含医学生理因素、电磁物理因素和环境影响因素三大方面。

1) 医学生理因素

在废墟掩埋环境下,雷达生命探测仪对于人体目标的探测主要是通过检测生命体的呼吸、心跳和微动等生命特征信息来实现。这些生命体运动引起的人体体表变化幅度相当小,在回波上的时域多普勒效应也将非常微弱。同时这些医学信号参数与个体性别、年龄、身高、体重、胖瘦、健康状况、情绪等均有关系。

呼吸信号：一个正常人的呼吸运动应该是一个连续和不间断重复的过程，根据医疗机构统计，正常成年人在平静时的呼吸频率约为 16~20 次/min，女性较男性稍快 2~3 次/min。新生儿呼吸频率最快，为每分钟 40~44 次。老年人每分钟的呼吸次数可能会有所减少，运动员的呼吸次数也略少，一般少于 10 次会造成缺氧。在重度缺氧的情况下，呼吸次数会明显减少、变得微弱。综上，在通常情况下正常人体的呼吸频率集中在 0.2~0.75Hz 之间。

心跳信号：人体的心跳行为也是一个周期性运动，成年人心跳是 70~80 次/min，在 60~100 次/min 之间都属正常。运动过后比安静时要跳得快些，女性心跳要比男性跳得快些，孩子的心跳也会比大人跳得快些，新生儿的心跳次数可达到 150 次/min。有心脏疾病的患者的心跳次数可能会达到 180 次/min 以上。可以得出结论，一般人体的心跳信号的频率在 1~2.5Hz 之间。

微动信号：人体在一般情况下手指、四肢、头部等会有微弱的运动，尤其是在地震等灾害过后，被埋人员手指的颤动和四肢的蠕动对于搜救人员来说都是很重要的信号。这些运动的频率也集中在 0.5~1Hz 之间，它们也能帮助我们对有无生命信息做出判断。

人体的呼吸和心跳是一个相关的过程，心跳信号与呼吸信号相比，其振幅更小，人体在呼吸时，腹部的前后振幅在几厘米左右，而心跳引起的胸部振幅则在几毫米量级。由此说明人体的呼吸信号的强度比心跳信号大得多，这就造成了从生命信号中提取呼吸信号相对来说容易，而同时提取心跳信号则有很大难度。

此外，生命体不同阶段状况差异必将引起其生命体征变化，其雷达回波信号也将存在差异。受困人员与正常人相比，多处于缺水缺食、挤压、受伤、失血、休克等非正常状态。随着受困时间的推移，从压埋到死亡大致经历四个阶段，即代偿期、适应期、耗竭期和濒死期。在不同阶段，其呼吸、心跳等生命特征与正常人相比会发生变化，生命体征各有特点，总体来说会逐渐变弱甚至发生变异。针对受困人员生命体征变化规律，如缺水缺食情况、骨折失血情况、高温高湿情况、恐惧应急情况等，探索研究这些信号规律及其在雷达电磁回波的表征特性，有助探测效能的提高。

2）电磁物理因素

在单纯研究上述医学生理信号变化的基础上，还需要研究这些生命特征信号间接反应在电磁回波上的映像关系。可以通过理论分析、仿真实验、实测数据等方法，实现对特征参数的提取，以及特征参数的快速比对分析，实现人体目标识别与虚假干扰目标滤除。

人体目标电磁物理参数包括人体介电参数、体积、相对雷达投影面积、收发天线极化、入射/反射角度等参数。医学生理参数在电磁学上的映像便反映在这些参数的变化上。而这些电磁物理参数的变化又将最终影响人体目标回波特征变化。

人体目标回波特征参数主要包括时域特征（波形质心、扭矩、前后沿、振铃拖尾等)、频域特征(幅相谱主峰、次峰、谐波等)、空域特征(到达角度、相对姿态等)、极化域特征(人体极化、雷达极化相对关系等)以及各个域的关联耦合。

目标检测中,需要对回波特征谱进行运算提取,并与样本特征进行比对分析,实现人体目标特征的快速匹配与检测,主要包括数据预处理、特征谱提取、样本库的建立与持续完善、目标特征的匹配与检测、目标识别等步骤。对于人体目标电磁回波特征参数的分析学习,可以实现人体生命体征信号的有效识别;同时对其他动物生命体征、物体机械振动、液体的流动渗漏等虚假目标进行有效滤除。

3) 环境影响因素

雷达生命探测仪主要在废墟环境下实现人体目标检测,因此还需要考虑废墟复杂环境下的适用性问题。废墟环境的诸多因素,如材质、介电常数、厚度、密度、反射系数、不连续界面分布等都将影响目标探测效果。

雷达在工作时,可以专门设计特殊的接收参考通道,利用接收参考通道对雷达回波幅度、相位、周期压缩变化等参数分析,并与前期环境样本库的参数阈值快速比对分析,实现环境特征快速识别以及雷达软硬件参数的自适应优化调整,包括发射波形、带宽、重频、功率、匹配滤波器、相关补偿、检测门限、特征矢量优化等,通过参数优化调整形成稳定的闭环学习系统,使雷达对复杂多变的探测环境更具适应性。

6.2 雷达生命探测仪的系统设计

下面详细讲述雷达生命探测仪的系统设计。

6.2.1 雷达生命探测仪的主要功能及技术参数

雷达生命探测仪的主要包括以下功能及技术参数:

(1) 雷达体制:目前的雷达生命探测仪产品,发射机均为超宽带冲激脉冲体制,接收机有窄波门分段积分检测和高速等效采样两种体制。窄波门分段积分检测属于前沿检测接收机的变形发展。由于前沿检测接收机当最近的一个目标回波进入接收机后,便触发积分检测,无法对后面较远距离的目标回波进行接收检测,因此逐渐发展出接收触发延时的窄波门分段积分检测接收机技术,将整个作用距离范围分割成一个个距离单元,逐个进行检测接收。窄波门分段积分检测在电路复杂度上较为简单,成本更低,但是无法保留原始回波信息,不能实现对全局范围内目标的快速实时准确检测。高速等效采样接收机电路更为复杂,但可以保留原始回波信息,有利于雷达性能包括灵敏度、实时性、准确性、全局性的整体提高。

(2) 脉宽及中心频率:为提高雷达废墟穿透性,所设计脉冲应尽可能宽,对应到中心频率应尽量低。但是受限于便携性考虑,所设计脉冲宽度一般在 2ns 左右,中心频率为 200~500MHz。

（3）穿透性：一般要求穿透 5~10m 实体废墟。废墟包括混凝土、土壤、岩石、木材等非金属、低含水量物体。

（4）探测目标：运动或静止人体目标。静止目标将主要探测其心肺运动信号的多普勒效应。

（5）探测距离：在空气或穿墙测试条件下，一般要求在 10~30m。运动目标稍远于静止目标。

（6）探测张角：探测张角过小，影响探测效率；张角过大，影响定位精度。一般以 60°~90°为宜。

（7）响应时间：窄波门分段积分检测体制，由于分段扫描速度限制，遍历整个探测距离范围，完成对运动、静止目标的检测时间均为 1~2min。高速等效采样体制，运动目标检测响应时间 0.1~1s；静止目标检测响应时间 10~60s。由于人体呼吸频率为每分钟 16~20 次，为提高检测准确度，检测 5~10 个周期的呼吸信号，耗时 20~40s 的时间后才进行检测目标结果显示是必要的。

（8）目标数量：单目标或多目标。为提高救援效率可以实现多目标探测，但是由于雷达生命探测仪基于信噪比在距离轴上的峰值点分布进行恒虚警目标检测，因此一味追求多目标检测数量，将导致虚警概率的提升，反而会浪费搜救资源，降低搜救效率。结合实际救援中边发掘边探测的实际战术，目标探测数量以 1~3 个为宜。

（9）测量维度：目前雷达生命探测仪多采用单发单收体制，仅能够实现径向距离测量，无法实现测角定位。要在相同的体积限制下实现多发多收测角，频段选择、穿透性、分辨力、收发隔离及电磁兼容等问题必须兼顾。

（10）人机交互方式：为减少操作人员走动对探测效果的干扰，操作人员通过平板电脑、PDA 与雷达之间采用 Wi-Fi、蓝牙等无线控制方式进行指令、数据交互。

（11）遥控距离：空旷环境下 10~100m 距离范围即可。

其他还包括续航时间、三防、尺寸、重量等指标参数。

对应以上整机功能参数要求，合理设计发射机、接收机等部件的电磁性能参数设计。

6.2.2 雷达生命探测仪的系统设计

系统框图如图 6.4 所示，主要分为手持终端和雷达主机两大分系统，包括以下几个独立单元：

（1）人机交互系统：使用工业 PDA 或加固平板电脑作为手持终端，安装人机交互系统，主要完成数据图像显示、参数设置、用户交互、无线指令控制等功能。

（2）控制与处理系统：包括主控系统、FPGA 时序控制、数控延迟、DSP 信号处理、A/D 波形等效采样等部件，主要完成信号处理、时序控制、参数调整等功能。

（3）收发射频前端：包括发射机、接收机两大核心电路。发射机主要是指脉冲源部件;接收机主要是指高速取样积分检测单元和波门选通组件。其主要完成电磁脉冲发射和回波的采样接收。

（4）收发天线:包括发射天线和接收天线。为减少后向反射和操作人员干扰,一般采用带屏蔽后腔的增强型介质耦合超宽带天线。

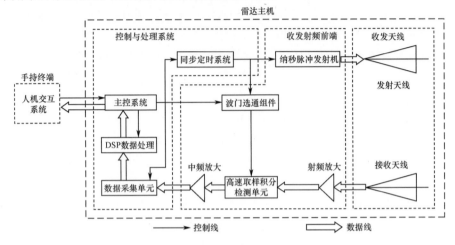

图 6.4 雷达生命探测仪系统组成

整个系统基本工作流程如下:发射机通过发射天线向建筑物废墟内发射超宽带纳秒电磁波脉冲串,超宽带电磁波脉冲遇到目标后产生反射回波。接收天线阵列接收微弱的目标回波后,经积分采样接收后送给多通道 A/D 采样,并将采样数据传输给 DSP 信号处理单元,经过信号处理算法实现目标检测、跟踪、定位与成像,由主控系统将结果传输给手持终端人机交互界面进行结果显示。

1. 雷达主机

生命探测仪雷达主机内部结构及外观,分别如图 6.5 和图 6.6 所示。

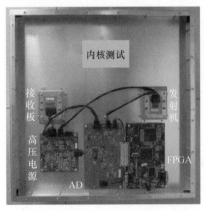

图 6.5 雷达主机内部结构

图 6.6 雷达主机外观

2. 手持终端

手持终端可直接选用成熟的商业产品,如 GETAC 公司的 PS535EC,实物结构如图 6.7 所示。

图 6.7 GETAC 公司的 PS535EC

其主要功能及指标如下:
(1)操作系统:Windows Mobile 2003 for Pocket PC。
(2)具有 Wi-Fi、蓝牙等无线端口。
(3)USB 接口可与电脑连接传递数据。
(4)可兼容 GPS 全球卫星定位系统。
(5)软件:雷达生命探测仪专业软件包。

6.2.3 雷达生命探测仪的数据测量

雷达生命探测仪数据测量可在暗室或外场以及实际废墟环境下进行,主要是对数据进行时频特性分析,提取出生命特征信号。

下面给出某典型数据分析处理结果。

原始数据文件名:File011006.DZT,原始回波补偿对消结果如图 6.8 所示,能量-距离图如图 6.9 所示,频率-距离检测结果如图 6.10 所示,呼吸波形及频谱如图

241

6.11 所示。经过处理后,可获得以下结果:

(1) 人体距离:5.05m。

(2) SNR:15.0dB。

(3) 呼吸频率:0.41Hz。

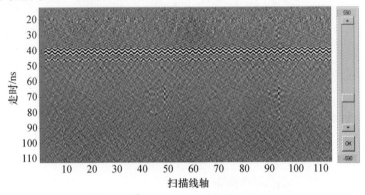

图 6.8　原始回波补偿对消结果

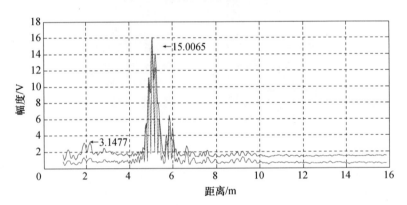

图 6.9　能量-距离图

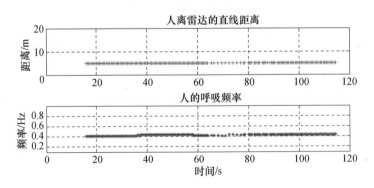

图 6.10　频率-距离检测结果

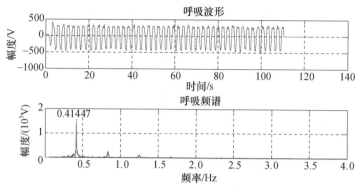

图 6.11 呼吸波形及频谱

6.3 雷达生命探测仪的数据处理

下面讲述上述数据测量分析的具体原理及方法。

1. 离散采样

由第 6.2 节分析指出,可以根据雷达回波数据中是否存在周期变化判断有无生命特征信号。

假设对回波进行离散采样,单道数据采样点数为 N_s,连续记录 N_w 道数据,接收回波离散化表达式为

$$r[m,n] = \sum_i \alpha_i p(n\delta_\tau - \tau_i) + \alpha_b p(n\delta_\tau - \tau_b(mT_s)) \quad (6.17)$$

矩阵化存储为 $R = \{r[m,n]\}(1 \leq m \leq N_w, 1 \leq n \leq N_s)$。它的每行单道数据为一维数组 $r_m[1,2,\cdots,N_s](1 \leq m \leq N_w)$。它的每列数据则对应不同时延采样点上的长时观察信号,记作 $x_n[1,2,\cdots,N_w](1 \leq n \leq N_s)$。如果该采样点上存在周期变化信号,通过 FFT 等手段,将可以提取到频率信息。

2. 对消平均

实际应用中,静止的环境物体和天线直接耦合信号往往比人体回波信号要强很多,会对接收机造成很强的杂波干扰,致使无法直接从回波数据中观测到周期性变化。一般要采取背景相消处理方法,对接收信号进行处理。具体方法为:取前一道接收信号或多道接收信号的平均值作为参考信号(背景信号),将本道接收信号与参考信号相减。这样就可以把背景杂波与天线直接耦合波对消掉[55]。

3. 目标检测

目标检测分别包括动目标(人体躯干或肢体运动)及静目标(呼吸、心跳活动)两种。对于前者可采用相邻道间数据对减进行检测,对于后者则需要长时积累提取其多普勒信息。

1) 动目标检测

对于人体躯干或肢体运动,由于其运动速度较快,利用相邻两次回波之间的变化即可判断出目标有无。假设相邻两次的回波分别为 s_{k-1} 和 s_k,则两次回波之差 Δs_k 则可以反映出动目标变化。在实际中采用等效采样,假设单次采样需要的周期数为 M,则两次采样回波之差,相当于相邻的前 M 个周期的回波采样与后 M 个周期的回波采样波形之差。

$$S_{k-1} = [s((k-1)T), s((k)T + \Delta t), s((k+1)T + 2\Delta t), \cdots, \\ s((k+M-2)T + (M-1)\Delta t)] \quad (6.18)$$

$$S_k = [s((k)T), s((k+1)T + \Delta t), s((k+2)T + 2\Delta t), \cdots, \\ s((k+M-1)T + M\Delta t)] \quad (6.19)$$

$$\Delta S_k = S_k - S_{k-1} \quad (6.20)$$

2) 静目标检测

对于心肺运动检测,由于心肺体积较小、运动速度较慢,因此必须依靠长时观察来对其运动进行检测。在强回波噪声背景中微弱生命信号,通过一段时间的信号积累,可在一定程度上提高信噪比。

频域积累:利用变换域的方法将需要处理的时域信号变换到频域中,在频域里进行信号积累。基于快速傅里叶变换将信号由时域转换到频域后进行积累,有两种方式:一种是不断增加参与 FFT 运算的时间点数,达到频域积累目的,简记为可变点数 FFT 积累;另一种是选取不同时段内相同时间长度的信号,分别进行固定点数 FFT 变换,再将相应频率成分进行累加,达到频域积累目的,简记为固定点数 FFT 积累。

可变点数 FFT 积累:快速傅里叶变换(FFT)是离散傅里叶变换(DFT)的快速计算方法,对点序列,在不改变采样频率的条件下,增加序列长度,能够起到频率分量累积的作用,这是利用了 FFT 自身的性能得到的积累,积累程度由 FFT 点数决定,由于在频域积累过程中噪声分量的积累不可避免,因此需要降低噪声成分的积累量,此时有

$$x(k) = \sum_{n=0}^{N-1} x(n) W_N^{nk} - \overline{X}_n(k), \quad k = 0,1,2,\cdots,N-1 \quad (6.21)$$

式中:$\overline{X}_n(k)$ 表示噪声成分频域内平均积累水平,由实测结果决定。

固定点数 FFT 积累:固定 FFT 计算点数,通过次点 FFT 的求和,使各个频率分量在频域内进行累加,达到频域积累的目的,积累程度由 FFT 累加次数决定。为降低噪声成分的积累量,设 $X(n)$ 是长度为 $N = M \times L$ 的待处理序列,其中 M 为积累次数,L 为 FFT 点数。则为

$$X(k) = \sum_{m=1}^{M}\sum_{l=0}^{L-1} x_m(l) W_L^{lk} - \overline{X}_m(k), \quad k = 0,1,2,\cdots,N-1 \tag{6.22}$$

利用长时间信号积累来提高低信噪比实现微动目标检测是一种有效方法。一般情况下，生命参数信号以心跳、呼吸信号为主，就个体心跳、呼吸而言，其频谱分布集中，频带较窄；但是，由于个体间差异性及生命极限状况（病重、濒临死亡）的存在，若要检测到各种状况下的心跳呼吸信号，则要求检测系统的心跳呼吸信号通道滤波器通频带加宽。在实际检测中，心跳呼吸信号常常受到体动干扰及环境动目标干扰影响，通频带的加宽将大幅增加动目标干扰成分。因此，如何去除环境动目标及体动信号干扰主能量，提取心跳呼吸信号是关键性技术问题。

3）谱估计快速算法

目前存在多种基于谱估计的快速算法，下面重点介绍 MUSIC 谱估计算法。

任取单列数据 $X_n[1,2,\cdots,N_w]$，记作 $x(m)$。假设数据 $x(m)$ 是由 L 个（复）正弦信号（呼吸、心跳特征）加白噪声组成，有理由假设，L 的数值一般不大于3。

其自相关函数记为

$$R_x(m) = \sum_{l=1}^{L} A_l \exp(j\omega_l m) + \sigma^2 \delta(m) \tag{6.23}$$

式中：A_l、w_l 分别为第 l 个（复）正弦信号的功率及频率；σ^2 为白噪声方差。如果由 M 个 $R_x(m)$ 组成相关阵：

$$\boldsymbol{R}_{xM} = \begin{bmatrix} R_x(1) & R_x^*(2) & \cdots & R_x^*(M) \\ R_x(2) & R_x(1) & \cdots & R_x^*(M-1) \\ \vdots & \vdots & & \vdots \\ R_x(M) & R_x(1) & \cdots & R_x(1) \end{bmatrix} \tag{6.24}$$

定义矢量

$$\boldsymbol{e}_l = [\exp(j\omega_l),\cdots,\exp(j\omega_l M)]^T \tag{6.25}$$

那么

$$\boldsymbol{R}_{xM} = \boldsymbol{S}_M + \sigma^2 \boldsymbol{I} \tag{6.26}$$

式中：$\boldsymbol{S}_M = \sum_{l=1}^{L} A_l \boldsymbol{e}_l \boldsymbol{e}_l^H$；$\boldsymbol{I}$ 为 $M \times M$ 单位阵。

显然，$\boldsymbol{S}_M$ 的最大秩为 L，若 $M > L$，其将有 $M-L$ 个零特征值，则 $\boldsymbol{S}_M$ 是奇异的，将其特征分解，得

$$\boldsymbol{S}_M = \sum_{l=1}^{L} \lambda_l \boldsymbol{V}_l \boldsymbol{V}_l^H \tag{6.27}$$

V_l 为对应特征值 λ_i 的特征矢量。它们之间相互正交,即

$$V_i V_j^H = \begin{cases} 1, & i=j \\ 0, & i \neq j \end{cases} \tag{6.28}$$

因此可得

$$R_{xM} = \sum_{l=1}^{L} \lambda_l V_l V_l^H + \sigma^2 I \tag{6.29}$$

显然,R_{xM} 和 S_M 有着相同的特征矢量。它们的所有特征矢量 $V_1, V_2, \cdots, V_L$ 形成了一个 L 维的矢量空间,且互相正交。那么根据最大似然谱估计,功率谱中对应最大功率的频率应由下式求得:

$$\hat{P}_x(w) = \max[\lambda_l | V_l |^2], l \in [1, L] \tag{6.30}$$

其峰值对应的频率即是周期信号的频率,也就是生命特征的频率。由于超宽带雷达距离分辨力高,因此,多个特征信号之间在空间点上的分布完全可区分,因此在一般的实际应用中,对每个采样距离点上只需要对前三个最大功率频点进行提取分析即可。

同时,由于 V_l 是由离散采样数据的相关矩阵分解得到的,而且相关阵是估计出的,必有误差。但是相对于 FFT 可以有效减少计算量,加速运算。

此外,还有跟踪谱峰二次滤波算法(Second Filtering Algorithm,SFA)等。跟踪谱峰二次滤波算法是假设待测呼吸信号的主谱峰为呼吸谱峰,将其与标准呼吸信号进行相关运算,结果为 ρ_{max1};假设待测呼吸信号的主谱峰为干扰谱峰,则设计数字陷波器将干扰谱峰滤除,将其第二谱峰作为呼吸主谱峰,进行同样运算,结果为 ρ_{max2}。若 $\rho_{max1} < \rho_{max2}$,则可认为第一谱峰为干扰主谱;反之,第二谱峰为干扰主谱。若呼吸信号具有多个干扰谱峰,则可继续利用此方法进行干扰谱峰跟踪。跟踪到干扰的谱峰,则可以设计相应的陷波器,对信号进行二次滤波。跟踪干扰谱峰的二次滤波算法,在一次滤波滤除呼吸信号频带外干扰信号基础上,运用 Yule – Walker 自回归功率谱估计方法检测出信号的多个谱峰,通过与标准心跳呼吸信号进行互相关系数 ρ 的计算,追踪到多个干扰信号主谱峰,动态设计出数字陷波器,二次窄带滤波滤除干扰信号主能量,可使心跳呼吸信号的质量得到改善。

4)区块化分析的快速检测算法

上述谱估计的加速算法,仅仅是针对减少后端运算量而言的加速,却并无法有效减少针对静止目标心肺信号的观测时长。由于人体心肺运动较为缓慢,要提取其多普勒效应,需要观测 5~10 个周期,耗时 20~40s 才可以进行检测结果输出,这大大限制了搜救速度。这里给出一种基于区块化数据分析的快速检测算法,可以在 5~10s、1~2 个呼吸周期内实现心肺运动信号快速检测,大幅提高目标检测速度和探测灵敏度。其基本原理及思想如下:

呼吸回波信号在空间域是一个带状数据,而并非是一条线数据,如图6.12所示。沿慢时间维看过去,回波的位置随着呼吸时胸腔的起伏前后移动,使整个波动的信号呈带状的,而整个带状区域上都携带着胸腔运动的信息,这是区块化快速检测算法的核心思想。

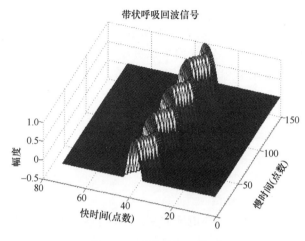

图6.12 带状呼吸回波图

普通慢时间频谱法忽略了呼吸回波是条带状数据,仅仅通过单点数据滑窗做FFT,造成数据浪费,导致对于信号的提取必须经过多个胸腔运动周期的能量积累才能获得,使检测时间变长。区块化FFT即针对呼吸回波是条带数据这一特性,将单点滑窗检测改为区块化滑窗检测。

如图6.13所示,滑窗沿快时间维的宽度根据发射脉冲宽度与微动目标运动幅度之和相适应。尽管区块化滑窗的长度较短,但滑窗内有多道一维短数据,将这些短数据粘贴起来后得到一维长数据,由于滑窗内每道短数据都携带有呼吸信号,所以拼接之后相当于完成了一次较长时间的数据积累,目标的信噪比大幅提高,检测时间仅需要1~2个呼吸周期即可完成。

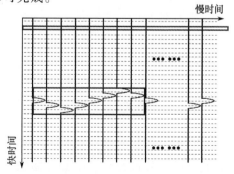

图6.13 区块化加速检测算法示意图

247

5) 多目标检测

以上是单个人体生命特征信号的检测情况,当存在多个生命特征信号需要同时检测时,可分为两种情况:

情况一:多个生命特征信号与天线之间距离可区分时,根据探测结果在不同时延处表现出的周期变化特征,从而判断和检测多个生命特征。

情况二:当多个生命特征信号与天线距离不可区分时,如某一延迟采样点上存在多个生命或者多个生命特征信号(它们可以处于空间的同一个不可区分的单元格内,也可以分布在与天线距离相等的不同角度上),此时,探测结果所呈现的周期变化特征就会相互重叠,造成无法直接判断检测多个生命特征信号。这时可以根据多个生命特征频率的差异,把存在周期变化特征处的数据提取出来进行频谱分析,从而判断是否存在多个生命特征并同时进行监测。由于每个人的呼吸频率差异不大,可以事先设定低通滤波器,频率范围小于 1Hz;如果是提取心跳信号,则可以设定带通滤波器,频率带通范围为 1~2Hz。

4. 废墟介电参数估计与补偿

一般雷达主要是实现对空气环境下的探测,而雷达生命探测仪主要针对废墟环境,因此还需要考虑废墟的介质衰减、色散和补偿等问题。

介质中电磁波能量变化规律可按如下公式得到:

$$G(z,\omega) = \frac{1}{2}\int_{-\infty}^{+\infty}\mathrm{Re}(E_x(z,\omega) \times H_y(z,\omega))\mathrm{d}\omega \tag{6.31}$$

设激励脉冲源中心频率为 f_c,信号功率下降 3dB 的上下限截止频率分别为 f_l 和 f_h,某一频率 ω 电场和磁场幅值分别为 E_ω 和 H_ω,则初始电磁波的能量值为

$$G(0) = \frac{1}{2}\int_{f_l}^{f_h}E_\omega \times H_\omega \mathrm{d}\omega \tag{6.32}$$

由于电磁波在有耗介质中传播时衰减大小取决于频率的数值,空间某点 z 处的电磁场用 $E(z,\omega)$ 和 $H(z,\omega)$ 表示,则在 z 点处电磁波的能量为

$$G(z) = \frac{1}{1}\int_{f_l}^{f_h}E(z,\omega) \times H(z,\omega)\mathrm{d}\omega \tag{6.33}$$

根据电磁波在介质中能量衰减特点,我们确定一个能量最小值,当电磁波传播能量衰减到这一固定值时,电磁波传播的距离就定义为穿透深度。

表 6.1 给出了常见介质的介电常数和穿透深度。可以看出超宽带雷达具有较明显的穿透深度优势。

同时由于相对介电常数的存在,在介质中电磁波的传播速度小于光速 c,需要进行波速补偿,介质内电磁波传播速度降低为 $c/\sqrt{\varepsilon_r}$,由于雷达基于收发延时实现目标距离测量,适当的介质补偿将可以提高距离测量准确度。

表6.1 常见介质介电常数和宽、窄带电磁波穿透深度比较

材料	电阻率 $\rho/\Omega\cdot m$	相对介电常数 ε_r	窄带电磁波穿透深度 δ/m	宽带电磁波穿透深度(同主频) δ/m	超宽带电磁波穿透深度 δ/m
花岗岩	9×10^3	4	18.78	41.46	63.72
耕作土(湿)	5×10^2	10	6.34	10.13	12.94
耕作土(干)	3×10^3	4	12.51	23.06	32.10
火成岩	1×10^4	10	25.71	60.43	96.43
变质岩	1×10^4	6	21.95	50.35	79.20
干冰	1×10^4	4	19.34	43.51	67.65
石英	6×10^3	3.3	15.48	31.56	46.36
海水	2.5	70	0.40	0.75	1.03
黏土(湿)	10	10	0.08	0.19	0.27
石灰石(干)	1×10^9	8	33.25	117.65	288.10

6.4 雷达生命探测仪的应用与发展趋势

6.4.1 雷达生命探测仪在灾害救援现场的应用

自汶川地震以来,由于中国政府对公共安全领域的大力扶持,加上科研同行们的不懈努力,雷达生命探测仪快速得到了应用推广。并且针对该新型装备,相关行业标准、测试环境(图6.14)也快速发展成熟。目前,我国在雷达生命探测仪技术及产业化方面进步巨大,紧追美国,居于国际领先地位。甚至与美国主流的技术指标相比,

图6.14 国家地震局训练场测试场景

已经具有一定的特色和优势。国产的雷达生命探测仪装备在汶川地震(图6.15)、玉树地震(图6.16)、雅安地震、深圳光明新区山体滑坡(图6.17)等多个重大灾害救援事故现场展现出了优于进口产品的性能优势,为最大限度地挽救被困人民群众生命安全发挥了重要作用,得到了用户的普遍认可[56,57](图6.18)。

图6.15　汶川映秀救援现场

图6.16　玉树禅古寺救援现场

6.4.2　雷达生命探测仪的技术发展趋势

雷达生命探测仪作为一种新型救援装备,技术含量高,应用前景广,但同时也存在不足之处,需要持续发展研究:①均为单发单收体制,仅能够实现目标径向距离测试,不能给出角度信息,从而无法实现准确定位;对多目标分辨能力弱。但是在相同

图 6.17 深圳光明新区山体滑坡救援现场

图 6.18 救援事后深圳南山大队西丽中队用户回访

体积重量限制条件下,设计多发多收,必将以提高频段、降低穿透性为代价。需要重点考虑穿透性与测角定位之间的兼顾问题。②不具备人与家畜动物的辨识能力,容易发生误救行为,浪费搜救资源。③复杂环境条件下的适应性不足,仅具有"空气、穿墙、废墟"三种典型介质环境的人工选择与介质补偿模式,不具备环境智能学习判读与自适应调整能力,导致在复杂救援环境下误报率较高,影响救援效率。④各台雷达之间,雷达与音视频、微振生命探测仪之间缺乏技术层面的协同配合,各自为战。多台雷达在同一作业面开机时,因为电磁兼容问题,容易发生互扰,产生虚警,导致出现 1+1<2 的尴尬局面。

针对生命搜索装备的不足,设计实现具有多发多收、多台组网、多传感器融合的生命探测定位装备与系统将是未来技术发展趋势。中国虽然在 UWB 雷达生命探测仪方面已处于国际领先地位,但为了继续保持技术领先优势需要提早进行战略布局,对我国在救援新技术、新设备的技术持续进步具有重要的战略价值。

第 7 章 穿墙雷达

自美国"9·11"事件以来,反恐维稳成为各个国家的重要任务之一。穿墙雷达在反恐、军事等领域具有重要应用价值。在军事巷战、人质解救等任务中,穿墙雷达可以帮助作战人员及时获取建筑物内人员位置信息,从而为精确打击隐匿其中的敌方人员、成功营救被挟持人质、有效增强己方作战与生存能力提供有效的信息支持。本章对穿墙雷达基本理论、系统设计、数据处理和发展趋势进行详细介绍。

7.1 穿墙雷达的基本理论

穿墙雷达是一款利用超宽带电磁波实现对建筑物内隐匿目标进行非侵入式探测定位的单兵手持雷达。它向墙壁内发射电磁脉冲,并对回波信号进行运算处理,实现对隐匿目标的定位、跟踪和识别。目前的穿墙雷达产品多数采用超宽带冲激脉冲形式,研究性质的穿墙雷达也有频率步进体制。一般作用距离 10~30m 以内,属于新兴发展的一种近距离超宽带雷达设备。相比其他探测手段,穿墙雷达具有非侵入、全天候、高精度等优点,可以很好地满足反恐、城市巷战等需求。

穿墙雷达与探地雷达、生命探测仪应用场景相近,均是在较短距离范围内、复杂介质环境下的目标探测。但是三者之间也有不同之处:①介质环境差异。穿墙雷达工作环境的介质分布相对于探地雷达和生命探测仪更为简单。相对而言,穿墙雷达电磁波传播路径中遇到的墙壁更为平整规则,且厚度较薄、含水量较小,介质衰减损耗要小于探地雷达和生命探测仪的传播环境;穿透墙壁后进入空气环境,属于典型的从质密介质到质疏介质的传播,在空气环境下与常规雷达工作环境无异。②探测目标不同。探地雷达基于类 SAR 雷达工作方式实现对介质分布的探测;生命探测仪主要基于长时观测方法实现对废墟压埋的心肺运动多普勒信号的检测和测距;穿墙雷达主要基于恒虚警检测对墙壁后隐匿的运动、微动人体进行探测和测距测角定位,实时性要求更强。探测目标的不同也导致了三者参数设计以及检测算法上的不同。③参数设计不同。探地雷达、生命探测仪为主要保证穿透性指标,目前多采用单发单收体制,频段较低。穿墙雷达要实现测角定位功能,必须采用单发多收、多发多收体制,在同样的体积重量限制条件下,频段较高。

为设计穿墙雷达系统,首先需要对电磁波穿墙传播特性进行研究分析。

7.1.1 墙体材质的介电性质

穿墙雷达电磁波穿墙传播特性很大程度上取决于墙体的材质类型和分布参数。通常情况下,墙体由绝缘材料组成,这些材质无磁性。然而,当这些材料遇到电场,其分子结构中会产生大量的电偶极子。这些偶极子沿外部电场 E 的方向排列。正电荷和负电荷在局部移动的累积效应称为极化 P,极化强弱取决于其分子结构。在墙体介质内部,电力线密度(如电流密度 D)会因极化得到增强。

$$D = D_0 + P \tag{7.1}$$

式中:D_0 为自由空间下的电流密度。

介质的绝缘系数或者相对介电常数 ε_r 计算如下:

$$\varepsilon_r = 1 + \frac{P}{\varepsilon_0 E} \tag{7.2}$$

介质介电常数等于自由空间介电常数乘以相对介电常数。表 7.1 列出了几种典型墙体材质的低频相对介电常数。

表 7.1 典型墙体材质的相对介电常数和损耗因子

材质	相对介电常数	损耗因子
树脂玻璃	3.4	4×10^{-2}
尼龙	3.8	2×10^{-2}
玻璃	4~9	1×10^{-3}
纸	3	8×10^{-3}
木头	1.2~4.5	1×10^{-2}
陶瓷	6	14×10^{-3}
混凝土	5~7	$1 \sim 7 \times 10^{-1}$

外部场的时变特性对材料的极化和介电常数具有很大影响。这种影响可以近似理解为随着频率的变化,材质介电参数及电导率也将发生变化,材质介电参数对频率的依赖会引起色散现象。为了研究材质电特性的时变影响,采用谐振模型来表达电偶极子,假设移动量为 l 的电偶极子电荷为 q,质量为 m,其角频率 ω 下的时域谐振电场响应可由微分方程表示:

$$m \frac{\partial^2 l}{\partial t^2} + k \frac{\partial l}{\partial t} + sl = qE_0 \mathrm{e}^{\mathrm{j}\omega t} \tag{7.3}$$

式中:k 为阻尼系数;s 为张力参数;E_0 为外加的电场幅度。

利用 $\frac{\partial}{\partial t} = \mathrm{j}\omega$,易求得稳态场下的偏移量 l,其表达式为

$$l(t) = \frac{\dfrac{qE_0 e^{j\omega t}}{m}}{\left(\dfrac{s}{m} - \omega^2\right) + j\omega\left(\dfrac{k}{m}\right)} \tag{7.4}$$

极化值取决于材质单位体积内电偶极子的个数 N，其公式如下：

$$p = Nql(t) \tag{7.5}$$

因此，相对介电常数为

$$\varepsilon_r = 1 + \frac{\dfrac{Nq^2}{\varepsilon_0 m}}{\left(\dfrac{s}{m} - \omega^2\right)^2 + j\omega\left(\dfrac{k}{m}\right)} = \varepsilon_r' - j\varepsilon_r'' \tag{7.6}$$

式(7.6)一般为复数，实部与虚部对应值为

$$\varepsilon_r' = 1 + \frac{\dfrac{Nq^2\left(\dfrac{s}{m} - \omega^2\right)}{\varepsilon_0 m}}{\left(\dfrac{s}{m} - \omega^2\right)^2 + \left(\dfrac{\omega k}{m}\right)^2} \tag{7.7}$$

$$\varepsilon_r'' = \frac{\dfrac{Nq^2\left(\dfrac{\omega k}{m}\right)}{\varepsilon_0 m}}{\left(\dfrac{s}{m} - \omega^2\right)^2 + \left(\dfrac{\omega k}{m}\right)^2} \tag{7.8}$$

相对介电常数的实部说明了材质存储能量的能力，而虚部引起电导率的持续变化。材质的有效电导率可表示为

$$\sigma_e = \sigma_s + \sigma_a = \sigma_s + \omega\varepsilon_0\varepsilon_r'' \tag{7.9}$$

式中：σ_s 为静态电导率，对应电材质材料内部的欧姆损耗，对良性电导体，其数值很小；σ_a 为交流电导率。由于偶极子振荡，交流电导率会对电介质材料加热。电导率引起的存储（偏移）能量与损耗能量的比值称为损耗因子。损耗因子可表示为

$$\tan\delta = \frac{\sigma_s + \sigma_a}{\omega\varepsilon_0\varepsilon_r'} = \frac{\sigma_s}{\omega\varepsilon_0\varepsilon_r'} + \frac{\varepsilon_r''}{\varepsilon_r'} \tag{7.10}$$

表7.1列出了常见的墙体材料的损耗因子典型值。

墙体电特性将影响穿墙雷达探测、成像等实际应用效果。下面对几种典型介质材料的特性进行介绍。

1. 混凝土和石灰砖

对于几乎所有的水分含量为零的干燥方砖而言，在超宽带频率范围下，其相对介

电常数实部值通常为 3.7~4,虚部值通常为 0.12~0.6。这一结果会随含水量的增加发生显著变化。据记录,相对介电常数的实部和虚部变化范围分别对应 3~10 和 0.12~2。对于未加固的干燥混凝土,复介电常数不会随着频率和材料混合比例的变化而发生显著的变化,其相对介电常数实部和虚部通常为 5~7 和 0.1~0.7。

2. 玻璃

玻璃的介电性能与玻璃成分相关性较大,受频率影响较小。熔融石英的相对介电常数在整个 UWB 频带内约为 4。玻璃的损耗因子会随着材料成分发生改变,其在微波频段的典型值为 0.00005~0.035。

3. 木材

在确定木材的介电性能时,需要考虑诸多因素,包括木材类型、木材密度、水的含量、温度以及工作频率。在 UWB 频率范围内,干燥的木材相对介电常数通常为 1.2~4.5,损耗因子为 0.007~0.061。在常温下,湿度在 0%~100% 时,这些值会显著提高。

7.1.2 电磁波穿墙传播中的衰减和色散

墙体对电磁波信号传播的影响主要表现为衰减和色散效应,在很大程度上取决于介电常数的实部和电导率。根据上述讨论,材质的总电流密度可表示为

$$J = \sigma_e E + j\omega\varepsilon_0\varepsilon_r' E = j\omega\varepsilon_0\varepsilon_r'(1 - j\tan\sigma)E \tag{7.11}$$

其时谐波方程为

$$\nabla^2 E = j\omega\mu\sigma_e E - \omega^2\mu\varepsilon_0\varepsilon_r' E = \gamma^2 E \tag{7.12}$$

式中:γ 为复传输常数,定义为

$$\gamma = \alpha + j\beta = \sqrt{j\omega\mu(\sigma_e + j\omega\varepsilon_0\varepsilon_r')} \tag{7.13}$$

参数 α 和 β 分别为衰减常数和相位常数。依据材料性质的频率,其计算式如下:

$$\alpha = \omega\sqrt{\frac{\mu\varepsilon_0\varepsilon_r'}{2}}\left[\sqrt{1 + \left(\frac{\sigma_e}{\omega\varepsilon_0\varepsilon_r'}\right)^2} - 1\right]^{\frac{1}{2}} \tag{7.14}$$

$$\beta = \omega\sqrt{\frac{\mu\varepsilon_0\varepsilon_r'}{2}}\left[\sqrt{1 + \left(\frac{\sigma_e}{\omega\varepsilon_0\varepsilon_r'}\right)^2} + 1\right]^{\frac{1}{2}} \tag{7.15}$$

1. 衰减

通常,信号作用于墙体而产生的衰减主要有电导率损失、反射损失以及墙体内部的多次反射。对高频信号或存在液体时,电导率损耗是重要的衰减因素。而对于大部分干燥的墙壁,电导率损耗并不明显。反射损耗依赖于墙体与自由空间电导率的比值以及入射角度。当墙体不是各态同性且墙体厚度远大于信号波长时,墙体内部

多次反射造成的影响就会变得严重。电磁波穿墙传播中的衰减易于补偿,可通过增加发射功率、接收机灵敏度等方式实现。

2. 色散

雷达回波成像需要正确的信号相位信息。穿墙传播中除了衰减外,还将产生色散效应,影响回波成像。超宽带信号的传播特性与频率相关。对于宽的频率范围,材料对不同频率的电磁波表现出不同的性能。当电磁场频率不断增加时,材料分子中的偶极子不能立刻做出响应,这种材料对电磁波的惰性就是色散效应产生的基本原因。色散现象造成超宽带信号不同频谱的传输速度不同。由于电抗损失(偶极子振荡)所造成的衰减也与频率相关,因而信号不同的频谱成分也对应不同程度的衰减。这些影响将导致时域脉冲展宽、幅度降低以及信号失真。从而直接导致雷达带宽及探测定位能力的降低。

在超宽带系统中,脉冲的传播特性可以用群速度很好地解释,群速度 v_g 是电磁能量传输的速度,其定义式如下:

$$v_g = \frac{d\omega}{d\beta} \tag{7.16}$$

对于非色散媒质,群速度与相位速度相同,对所有频率皆是常数;而对于色散媒质,群速度是关于频率的函数,不同频率成分的延时不同,这种延时的差异性造成脉冲的展宽,脉冲的时宽增大而带宽减小。对于极窄脉冲,其脉冲展宽现象会更加明显,甚至造成脉冲变形失真。由于衰减系数与频率有关,脉冲的部分谱成分会比其余谱成分的衰减更严重。

根据色散理论可知,在共振区以外,材料的介电常数会随频率的增加而增大。很多墙体材料的色散符合经典模型,如 Debye 和 Lorentz 模型。在 Debye 模型里,定义了松弛时间来描述电偶极子随施加电场的变化。在低频区,由于强极化的原因,偶极子与电场变化几乎同步;随着电场频率的增大,偶极子开始与电场不同步,极化变弱。因此,长松弛时间的材料表现出较弱的极化,而短松弛时间材料展现出较强程度的极化,对于电介质材料,色散关系可表示为

$$\varepsilon_r = \varepsilon_\infty + \frac{\varepsilon_s - \varepsilon_\infty}{(1 + j\omega\tau)} \tag{7.17}$$

式中:ε_∞ 为光学介电常数;ε_s 为静态介电常数;τ 为材料的松弛时间。Debye 模型是一个用于拟合实验数据的数学表达式。

Lorentz 模型考虑了材料的多重共振以及偶极子耦合效应。引入 $\omega_p^2 = Nq/\varepsilon_0 m$ 和 $\omega_0^2 = s/m$,式(7.17)可表达为

$$\varepsilon_r = \varepsilon_\infty + \frac{(\varepsilon_s - \varepsilon_\infty)\omega_p^2}{\omega_0^2 + 2j\omega\Gamma + \omega^2} \tag{7.18}$$

式中:ω_0 为材料的共振频率;Γ 为阻尼因子。

当频率远低于材料的共振频率时,介电常数是实数且与频率无关,因此没有色散。随着频率接近共振频率,介电常数增大,衰减、色散也变得明显。由于材料原子结构、物理性质的不同,不同的材料表现出不同的色散和衰减度。混凝土是迄今为止应用最广泛的建材,因而它的电特性得到了关注。水分含量、总密度、均匀性、孔隙度、添加物密度等因素,在确定精确的混凝土物理模型时起着重要的作用。上述结论同样适用于石灰砖。其他的建材,如木材、纸张、玻璃也有类似的一些研究问题。大量研究人员采用实验及理论的方法对不同应用、不同频率范围下的材料介电特性展开了研究,总结了超宽带频率范围下的典型墙体材料的介电性能。

7.1.3 穿墙雷达的基本工作原理

超宽带雷达发出窄脉冲信号可以用来探测和定位隐藏在墙体后的运动目标。穿墙雷达通常采用一发多收的结构形式,图 7.1 为一发两收的超宽带穿墙雷达目标椭圆定位示意图。

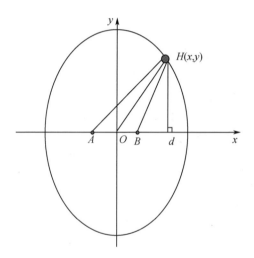

图 7.1 椭圆定位算法原理

两个接收天线分别位于不同两侧,发射天线位于中央。当发射天线发射一个脉冲信号,经过障碍物到达目标,然后回波被位于两端的接收天线分别接收。由于两个接收天线存在位置差异,导致接收到的信号时延不同,因此可以利用时延差来计算目标位置。

假定以发射天线为坐标中心建立坐标系,位于两侧的接收天线为椭圆的两个焦点。从发射天线 O 点经过目标 H 反射,分别被收天线 $A(-a,0)$、$B(a,0)$ 接收。设 $r_1 = \|AH\| + \|OH\|$,$r_2 = \|OH\| + \|HB\|$。由于 $\|AO\| \ll \|AH\|$,$\|OB\| \ll \|HB\|$,可以近似认为 $\|AH\| = \|HO\| = r_1/2$,$\|OH\| = \|HB\| = r_2/2$。

以 H 点向 x 轴坐标做垂线,垂于 d 点,则 $d(x,0)$。在图中可以看到 ΔHdB 和 ΔAHd 都是直角三角形。可以得到 H 点坐标:

$$x_{\text{temp}} = (r_1 \times r_2^2 - r_2 \times r_1^2 + r_2 \times a^2 - r_1 \times a^2)/(-2a \times (r_1 + r_2)) \tag{7.19}$$

$$\|OH\| = (r_1^2 - a^2 - 2x_{\text{temp}}a)/(2r_1) \tag{7.20}$$

$$y_{\text{temp}} = \sqrt{\|OH\|^2 - x_{\text{temp}}^2} \tag{7.21}$$

虽然计算出的目标位置可能存在两个,但是根据雷达原理可知,雷达背向的那个目标为虚假目标,可以舍去。

7.2 穿墙雷达的系统设计

7.2.1 穿墙雷达的主要功能及技术参数

穿墙雷达主要包括以下功能及技术参数。

(1) 雷达体制:目前穿墙雷达产品主要采用冲激脉冲体制,研究性质的穿墙雷达也有频率步进体制,二者各有优缺。冲激脉冲体制优点在于数据处理较为简单、探测结果比较直观,近距离盲区小,对于近距离应用而言,冲激脉冲体制具有优势。频率步进体制的优点主要表现在雷达信号源频率分量能够精确控制,信号调制方式可以更加复杂,信号总能量相对较大,雷达接收机的灵敏度和作用距离相对较高。缺点在于系统电路及后端信号处理更为复杂。功耗及体积重量限制条件下,设计难度较大。这里主要讲述冲激脉冲体制。

(2) 脉宽及中心频率:脉冲宽度及中心频率将决定雷达的穿透性和距离分辨力。脉冲越宽、中心频率越低,穿透性越好、作用距离越容易提高,但分辨力越低;脉冲越窄、中心频率越高,穿透性越低、作用距离越近,但分辨力越高;脉冲宽度的选择在穿透性与分辨力之间必须综合考虑。美国 FCC 标准建议穿墙雷达频段 4~6GHz,实验表明对于单层砖墙穿透性较好,对于较厚的钢筋混凝土承重墙体,穿透性较差。对于冲激脉冲体制数十米作用距离的穿墙雷达,结合实际工程经验,建议脉宽 0.5~2ns,频段 1~4GHz,中心频率 500~1000MHz。

(3) 测量维度:目前穿墙雷达多采用单发多收体制,能够实现径向距离、方位角度及俯仰角度的测量,进行目标二维、三维定位。

(4) 穿透性:一般要求穿透 1~3 堵、12~24cm 实体墙,包括混凝土、砖、岩石、木材等非金属、低含水量材质墙体。

(5) 探测目标:运动或微动人体目标。微动目标与雷达生命探测仪近似,将主要依靠长时观察,探测其微动多普勒效应。

(6) 探测距离:在空气或穿墙测试条件下,一般要求在 10~30m。

(7) 探测张角:探测张角过小,影响探测效率;张角过大,影响定位精度。一般以 60°~90°为宜。

(8) 响应时间:运动目标检测响应时间 0.1~1s;微动目标检测响应时间 10~60s。与生命探测仪主要探测准静止的压埋人体不同,穿墙雷达重点需要进行运动、微动人体的检测定位与跟踪,为提高检测跟踪连续性,运动目标检测响应时间小于 1s 是必要的。

(9) 目标数量:单目标或多目标。与生命探测仪工作方式不同,穿墙雷达对多目标探测能力要求更高,否则容易造成目标检测数量小于实际目标数量,产生漏警;但是一味追求多目标检测数量,将导致虚警概率的提升,因此,多目标检测数量的设定必须兼顾漏警率与虚警率两大指标,一般以 3~10 个为宜。

(10) 分辨力:分辨力指标将决定穿墙雷达对多目标的分辨及探测能力,包括距离分辨力、角度分辨力。它与雷达发射脉冲宽度及接收采样率等指标有关,同时还与天线基线分布、探测环境有关。

(11) 距离分辨力:穿墙雷达成像的最小距离分辨单元,一般而言,可采用半功率宽度作为距离分辨的临界点。

(12) 角度分辨力:指穿墙雷达对目标体方位、俯仰角度的分辨能力。

(13) 发射机功率、接收机动态范围、收发天线增益等指标参见第 3 章定义。

(14) 人机交互方式:为减少操作人员对探测效果的干扰,操作人员通过平板电脑、PDA 与雷达之间采用同轴、光纤等有线方式或 Wi-Fi、蓝牙等无线控制方式进行指令、数据交互。

其他还包括续航时间、三防、尺寸、重量等指标参数。

对应以上整机功能参数要求,合理设计发射机、接收机等部件的电磁性能参数设计。

7.2.2 穿墙雷达的系统组成

下面介绍一款一发四收冲激脉冲体制超宽带穿墙雷达系统设计。

1. 系统电路设计

图 7.2 是穿墙雷达的系统设计框图。整个穿墙雷达系统设计主要包括脉冲信号发生模块、回波信号采集模块、收发天线阵列、信号处理及数据通信模块等。在发射机中,产生窄脉冲,然后对信号进行放大,由发射天线向外辐射。在接收机中,将接收到的回波信号利用低噪声放大器进行放大,经相应的滤波处理和等效采样进行采集接收。采集到的数据送入数字信号处理进行目标的定位,通过定位算法计算出动目标的位置信息,并进行显示。

1) 脉冲信号发射模块

脉冲发射模块采用场效应管进行设计。图 7.3 所示为该模块实际测试触发信号

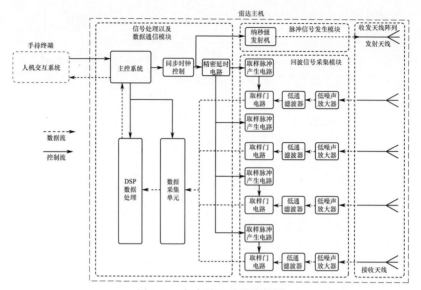

图 7.2 穿墙雷达的系统框图

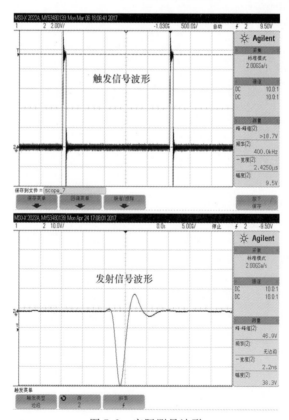

图 7.3 实际测量波形

波形以及发射波形。从图中可以看出,触发信号频率为400kHz,脉宽2.5μs,幅值为9.5V的方波信号。输出脉冲信号为幅值接近38.3V,全底脉宽约为2.2ns的极窄脉冲信号,由于器件和电路设计的影响,脉冲信号具有一定的拖尾现象,总体满足穿墙雷达系统探测需求。

2)回波信号采集模块

回波信号采集模块使用等效采样技术设计。主要通过可编程门阵列(FPGA)、精密延时电路、取样保持电路结合数模转换(ADC)实现回波信号采集。FPGA控制精密延时电路产生顺序延时触发信号,触发信号控制取样脉冲产生电路输出取样门选通脉冲,通过双管平衡采样电路有序对回波信号进行选通取样,并通过保持电路保持电平输出,最后由ADC转换为数字信号,经FPGA送至ARM处理器。图7.4为回波信号采集模块组成框图。

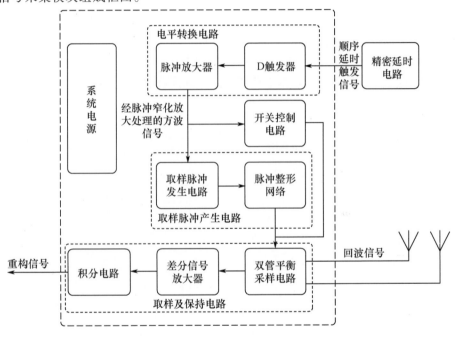

图7.4 回波信号采集模块组成框图

3)收发天线阵列

首先,由于穿墙雷达系统采用瞬时超宽带信号,要求收发天线必须为瞬时超宽带天线;其次,受穿墙雷达天线阵列尺寸限制,要求单个天线尺寸不能过大;最后,天线应保证脉冲辐射波形的高度保真性,使得辐射振铃拖尾小,变形小。

在传统蝶形天线基础上进行改进,采用屏蔽腔抑制后向辐射增大天线前向有效辐射增益,并通过在屏蔽腔中加载吸波材料抑制天线末端电流所引起的多次反射,并减小收发天线之间的直耦信号。由天线理论可知,屏蔽腔高度为信号中心频率对应波长的1/4时,天线辐射效率最大,但是1/4波长背腔高度不利于雷达系统小型化。通过高频仿真软件对天线臂长以及背腔高度进行优化设计,最终选定屏蔽腔高度为100mm,天线臂长为95mm,图7.5为穿墙雷达系统收发天线图。

图7.5 穿墙雷达系统收发天线图

4)信号处理系统

图7.6所示为穿墙雷达的信号处理系统,其主要由DSP、功耗监控模块、电源监控模块、显示模块、系统复位、数据采集模块、通信接口、外部中断、USB接口等部分组成。

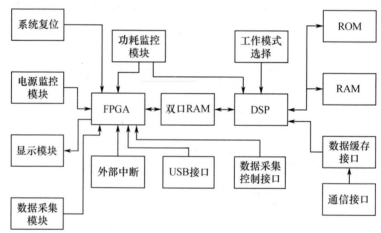

图7.6 信号处理部分系统框图

5)数据通信模块

考虑到穿墙雷达的使用场景,要求易用性、实时性,因此在雷达主机与显控终端之间设计可快速插拔式结构。选择ARM处理器作为穿墙雷达主机的核心控制组件。利用ARM处理器实时处理回波数据的同时,通过Wi-Fi模块与显控终端建立无线数据通信链路,进行双向数据和指令通信。用户通过显控终端给雷达下发工作参数和工作指令,雷达主机通过Wi-Fi上行数据流将探测结果传输至显控终端。

雷达主机通过 TCP/IP 协议与手持终端进行数据交互。TCP/IP 以数据包的形式传输穿墙雷达探测结果。TCP/IP 协议帧格式如图 7.7 所示。帧头由消息类型和数据长度两个字段组成。其中消息类型用于标识不同类型的帧,分为动目标探测消息、静目标探测消息;数据长度用于标识帧体中的数据长度。考虑到探测数据的实时传输,在帧体中添加时间戳字段用于区分数据的顺序。当手持终端获取到探测结果之后,根据时间戳将探测数据进行图形界面显示。

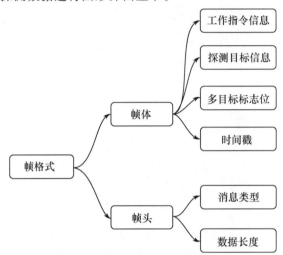

图 7.7　数据传输协议帧格式

2. 系统结构设计

1) 雷达主机

穿墙雷达主机内部结构及外观,分别如图 7.8 和图 7.9 所示。

图 7.8　雷达主机内部结构

2) 显控终端

显控终端可直接选用成熟的商业产品或研发定制,实物结构如图 7.10 所示。其主要功能及指标如下:

(1) 操作系统:Android 系统。

(2) 具有 Wi-Fi、蓝牙等无线模块。

图 7.9 雷达主机外观

图 7.10 显控终端

（3）具有前后摄像头，支持实时视频传输。

（4）USB 接口数据传输。

（5）软件支持极坐标系与直角坐标系两种方式显示。

本系统借鉴雷达生命探测仪的设计思路，雷达主机与手持终端之间通过 Wi-Fi 实现无线连接，手持终端可快速插拔在主机顶部区域，方便战术灵活使用。与国外雷达主机内置显示屏的技术方案相比，这是本系统一大技术特色。

7.2.3 穿墙雷达的数据测量

穿墙雷达数据测量可在暗室、外场及实际室内环境下进行。主要是对数据进行恒虚警检测，提取出运动目标信号并多通道干涉成像。下面给出某典型数据分析处理结果。

人体运动描述：沿雷达中心径向运动。

运动距离：1~14m。

墙体厚度：25cm。

穿墙探测场景如图 7.11 所示，目标运动轨迹图如图 7.12 所示，目标运动图像如

图 7.13 所示,回波干涉成像图如图 7.14 所示。

图 7.11　穿墙探测场景

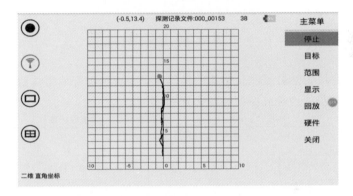

图 7.12　目标运动轨迹图

图 7.13　目标运动图像

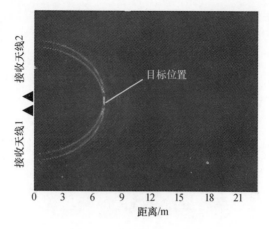

图 7.14　回波干涉成像图

7.3　穿墙雷达数据处理

下面讲述穿墙雷达数据测量分析的具体原理及方法。穿墙雷达数据处理主要可以分为回波数据预处理和成像处理两部分,如图 7.15 所示。

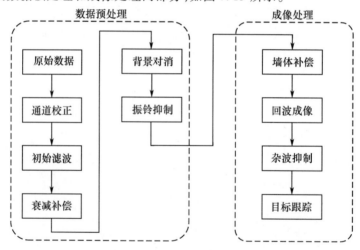

图 7.15　穿墙雷达数据处理流程图

7.3.1　穿墙雷达数据预处理

1. 通道校正

穿墙雷达对于墙后目标的定位主要根据多路接收天线的目标回波空间延时进行计算。在雷达实际生产过程中,由于穿墙雷达左右接收系统存在工装误差以及器件性能差异,使得各路回波存在不同的电路延时,这种系统固有的电路延时误差会叠加到目标回波空间延时上,最终导致对目标定位产生误差,并且还有通道幅度一致性误差,双通道误差如图7.16所示。在进行回波数据处理之前必须对通道信号进行一致化校正。双通道校正后输出效果如图7.17所示。

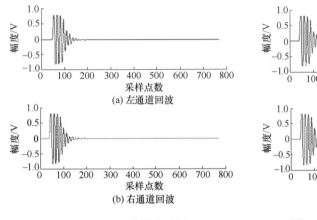

图 7.16 双通道误差示图

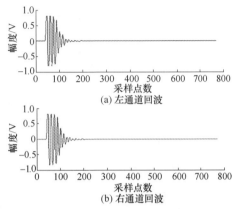

图 7.17 双通道校正后输出效果

2. 衰减补偿

参考图7.18所示的电振子与球坐标系统图,可知雷达天线辐射的电磁波强度随着传输距离增加逐渐衰减,天线振子单元辐射为

$$E_r = \frac{Il}{4\pi} \cdot \frac{2}{\omega\varepsilon_0} \cos\theta \left(\frac{-j}{r^3} + \frac{k}{r^2} \right) e^{-jkr} \quad (7.22)$$

$$E_\theta = \frac{Il}{4\pi} \cdot \frac{2}{\omega\varepsilon_0} \cos\theta \left(\frac{-j}{r^3} + \frac{k}{r^2} + \frac{jk^2}{r} \right) e^{-jkr} \quad (7.23)$$

$$E_\varphi = 0 \quad (7.24)$$

$$H_r = 0 \quad (7.25)$$

$$H_\theta = 0 \quad (7.26)$$

$$H_\varphi = \frac{Il}{4\pi} \cdot \frac{2}{\omega\varepsilon_0} \sin\theta \left(\frac{1}{r^2} + \frac{k}{r} \right) e^{-jkr} \quad (7.27)$$

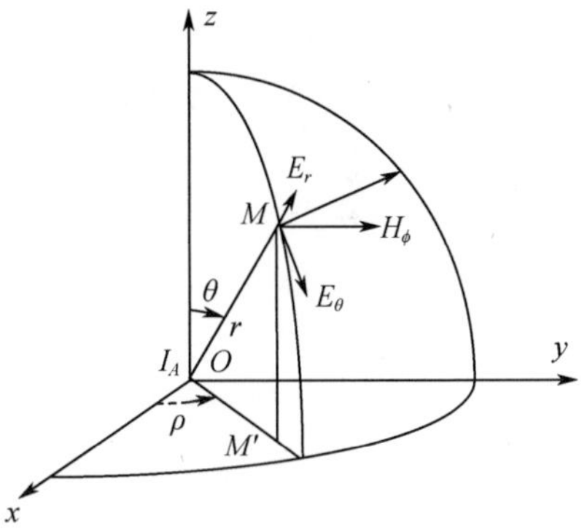

图 7.18 电振子与球坐标系统

式中:I 是振子上电流;ε_0 是自由空间的介电常数;相移常数 $k = 2\pi/\lambda_0$,λ_0 为工作波长;r、θ、φ 分别表示去坐标系中的各分量。可以看出各项随距离的变化分别与 r^{-1}、r^{-2}、r^{-3} 成比例。可将辐射场分为 $kr \ll 1$ 的近场区、$kr \gg 1$ 的远场区和两者之间的中间区三个区域讨论。

基于电磁波的传播衰减特性,必须对回波进行相应的补偿,使近处目标回波强度和远处目标回波强度维持大致相同,满足对于目标的恒虚警检测。原始回波如

图 7.19 所示,经过衰减补偿后的波形如图 7.20 所示。

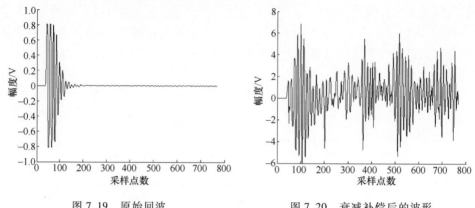

图 7.19　原始回波　　　　　　图 7.20　衰减补偿后的波形

3. 杂波抑制与背景对消

穿墙雷达系统接收的回波信号包含复杂的背景信号,而且其能量相对动目标回波较强。需要用背景对消方法进行动目标信号的检测,常见的背景对消法有两脉冲对消法和三脉冲对消法。用 $x[m,n]$ 表示当前的回波信号,用 $z[m,n]$ 表示动目标的信号,其中 m 表示慢时间,n 表示快时间。两脉冲对消法可以表示为

$$z[m,n] = x[m,n] - x[m-1,n] \tag{7.28}$$

脉冲对消法是对慢时间数据序列执行一个线性滤波处理,以抑制数据中的杂波分量。利用脉冲对消法,可以抑制静止背景杂波,保留动目标回波,提高信噪比。背景对消后目标回波示图如图 7.21 所示。

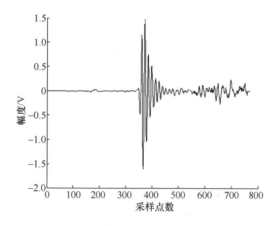

图 7.21　背景对消后目标回波示图

4. 振铃抑制

穿墙雷达所发射的冲激脉冲信号具有较宽瞬时带宽,天线端部阻抗不连续,脉冲

信号将会发生多次反射叠加,回波出现多次振铃拖尾,影响最终目标探测分辨力。为解决天线辐射信号拖尾振铃问题一般有电路抑制和算法抑制两种方法。电路抑制法在天线末端加负载,使断面处的阻抗连续。该方法较直观,但会损耗部分能量,影响辐射效率。算法抑制是在算法层面对信号振铃建模,用反卷积抑制回波中的振铃现象,是一种效率较高的方法。振铃抑制效果如图 7.22 所示。

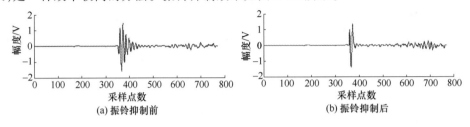

图 7.22　振铃抑制效果示图

7.3.2　穿墙雷达成像基本算法

对隐匿在房间内的人体目标实现成像定位是穿墙雷达的主要功能。由于 BP 算法属于时域类成像方法,与系统工作模式无关,对成像系统没有特殊的限制,鲁棒性好,在穿墙雷达中得到广泛使用。除此之外,还有直接频域成像算法,更适用于步进频体制。

1. 后向投影算法

后向投影算法(Back Projection,BP)是一种基于时域处理的精确成像算法。从数据处理角度,BP 算法可分为非相干 BP 成像以及相干 BP 成像。后向投影算法是一种直接进行逐点匹配滤波的时域方法。

在完成一次扫描后,得到接收信号 $Z(m,t)(m = 1,2,\cdots,M)$。由 BP 算法,对于场景中位置 q 处的一点,其散射强度可以表示为

$$I(q) = \sum_{m=1}^{M} [w_m Z(m,t + 2\tau_{mq}) * s^*(-t)]\big|_{t=0} \quad (7.29)$$

式中:符号 * 代表卷积操作;$I(q)$ 为在位置 q 处的复图像值;M 为阵元位置的总个数;w_m 为第 m 个发射阵元的信道的加权值;τ_{mq} 从第 m 个阵元到成像点 q 之间的单程信号传播时延估计;$s^*(-t)$ 为发射波形 s 的匹配滤波器的冲激响应。

用式(7.29)对期望成像空间的所有成像点进行计算,得到完整的图像。求和描述了波束形成的过程,卷积操作代表波形匹配滤波(对步进频率波形或调频波形而言,匹配滤波过程则包括了脉冲压缩)。权重 w_m 主要用于控制点扩散函数(PSF)的旁瓣,也可用于校正由于几何距离衰减引起的回波信号功率变化等影响因素。

时域后向投影算法有如下优势:首先,算法没有使用几何近似,适用于复杂的几

何成像;其次,无论是在分析上、基于模型的校正上还是自聚焦技术方面,都在成像过程中使用估计的信号传播延时 τ_{mq},为校正由墙体引起的信号额外传播延时提供了方便;最后,处理中直接结合 τ_{mq},适用于非线性或非平面阵列。

2. 直接频域成像算法

利用傅里叶变换性质,频域成像表达式可由下式简单推导出,有

$$I(q) = \sum_{m=1}^{M} w_m \int Z(m,f) S^*(f) e^{j4\pi f \tau_{mq}} df \qquad (7.30)$$

式中:$Z(m,f)$ 为第 m 个阵元接收信号的傅里叶变换;$S^*(f)$ 为发射信号的傅里叶变换。而频率积分则通过雷达测量的频率采样求和计算。

对穿墙雷达应用而言,这种方法与后向投影方法具有相同的优点。在实时系统中,如果墙体特性已知,则 w_m、$S^*(f)$ 和 $e^{j4\pi f \tau_{mq}}$ 通常可离线计算并保存在查找表中,从而在成像中简化与信号 $Z(m,f)$ 的乘积及三个求和运算。

通常,直接频域成像算法适用于步进频率体制。因为此时的数据本身就是频域数据,可以直接利用频域成像算法对成像场景进行重建。

3. 压缩感知成像方法

压缩感知是根据有限观测次数进行成像的新方法,用来恢复通过线性系统测量或者采样的信号。如果数据样本是 $N_s \times 1$ 维,原始信号是一个 M 维矢量,那么采样数据和原始信号可表示为

$$\boldsymbol{y} = \boldsymbol{A}\boldsymbol{s} \qquad (7.31)$$

式中:$\boldsymbol{y}$ 为 $N_s \times 1$ 维的数据(测量)矢量;$\boldsymbol{s}$ 为 $M \times 1$ 维的原始信号矢量;$\boldsymbol{A}$ 为 $N_s \times M$ 的线性系统,其联系原始信号和测量值。

当 N_s 小于 M 时,这是一个欠定系统,不可能从测量矢量 $\boldsymbol{y}$ 找到唯一的信号矢量 $\boldsymbol{s}$。然而,压缩感知方法(Compressive Sensing,CS)能够为欠定系统提供唯一和准确的解,当 $\boldsymbol{s}$ 是 S 稀疏的矢量,并且大于某个值时,具体取决于 M、$\boldsymbol{s}$ 和矩阵 $\boldsymbol{A}$。压缩感知方法是求解下面的最优化问题:

$$\min \|x\|_p \quad \text{s.t.} \ \boldsymbol{A}x = \boldsymbol{y} \qquad (7.32)$$

式中:$\|\cdot\|_p$ 表示 p 范数,即

$$\|x\|_p = \left(\sum_{i=0}^{M-1} x_i^p\right)^{\frac{1}{p}} \qquad (7.33)$$

如果感兴趣信号 f 在当前基下不是稀疏的,那么有可能找到一个新的基,使 f 能够用稀疏矢量 $\boldsymbol{s}$ 表示。令 ψ 表示信号 f 的稀疏基,即

$$f = \psi \boldsymbol{s} \qquad (7.34)$$

令 $\boldsymbol{\phi}$ 表示测量矩阵,则测量矢量 $\boldsymbol{y}$ 的元素为

$$y_k = (\varphi_k f) \tag{7.35}$$

为了找到压缩感知的最小数据样本数,应该定义测量基和表示基之间的相关性。这两个基之间的相关性定义为

$$\mu(\boldsymbol{\phi}, \boldsymbol{\psi}) = \sqrt{M} \max_{1 \leq k,j \leq M} |\langle \varphi_k, \psi_j \rangle| \tag{7.36}$$

如果令 s 为其中一个 M 维 S 稀疏矢量,在 $\boldsymbol{\phi}$ 域中均匀随机进行 N_s 次测量,那么矩阵 A 由从 $\boldsymbol{\phi}$ 和 $\boldsymbol{\psi}$ 中选出的行 N_s 组成,y 是对应的测量结果。如果

$$N_s > \zeta \cdot \mu^2(\boldsymbol{\phi}, \boldsymbol{\psi}) \cdot S \cdot \log M \tag{7.37}$$

则式(7.37)的解以压倒性的概率等于 s,其中 ζ 是一个非常小的常数。根据以上定理,最小化 e_1 范数并不是总能提供所需的解。尽管概率非常高,但是不能保证解 x 等于 s。最小化 e_1 范数的解 x 等于 s 是有条件的。为了检验这一点,我们需要检查矩阵 A 的等距常数。

对于整数 $s=1,2,\cdots$,矩阵 A 的等距常数 δ_s 定义为满足下式的最小非负数:

$$(1-\delta_s)\|x\|_2^2 \leq \|Ax\|_2^2 \leq (1+\delta_s)\|x\|_2^2 \tag{7.38}$$

对于所有 S 稀疏矢量 x,当等距常数小于 1 时,可以认为矩阵 A 具有约束等距性质(Restricted Isometry Property, RIP)。随着等距常数变得更小,矩阵 A 更接近于正交矩阵。RIP 和信号恢复之间的关系可在参考文献的定理中找到。假设 $\delta_{2s} < \sqrt{2}-1$,则式(7.38)的解 x 服从以下关系:

$$\|x-s\|_2 \leq c_0 \cdot \frac{\|x-x_2\|}{\sqrt{s}} \tag{7.39}$$

$$\|x-s\|_1 \leq c_0 \cdot \|x-x_s\|_1 \tag{7.40}$$

式中:x_s 表示矢量 s 中除了最大的 s 个分量外,其余全部置零;c_0 为某个常数。

以上定理意味着当 s 是 S 稀疏,并且 $2s$ 稀疏矢量的等距常数小于 $\sqrt{2}-1$ 时,式(7.32)可以提供准确的解。此外,即使 s 不是 S 稀疏矢量,也能够使用压缩感知找出 s 的近似值。

7.3.3 墙体参数估计

1. 穿墙雷达定位的影响因素

影响穿墙雷达目标定位的墙体因素有墙体厚度、墙体的相对介电常数、墙体相对磁导率、和墙体电导率等。这些因素主要使得电磁波在墙体中发生了折射,忽略墙体内部的多次反射、折射,将墙体抽象成均匀的电介质,求电磁波在墙体影响下的传播途径,关键在于求折射点的位置,如图 7.23 所示。

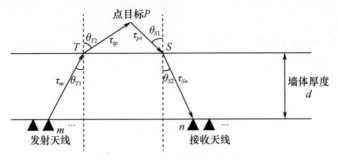

图 7.23 墙后目标探测示意图

假设墙体厚度为 d，墙体均匀分布，墙体的相对介电常数为 ε_r，收发天线紧贴墙体（此处不考虑收发天线与墙体内壁之间的折射），第 m 个发射天线发射电磁波进入墙体，在墙体外壁与空气的交界面发生了折射，折射点假设为 T，经过点目标 P 反射，又一次在墙体外壁与空气的交界面发生了折射，折射点假设为 S，经过墙体最后被第 n 个接收天线接收。根据斯涅耳折射定律，当电磁波从介质 1 传输到介质 2 时，入射角与折射角各自的正弦比值等于介质 2 与介质 1 的折射率之比。还可以采用了另外一种方法：最短时间法。以图 7.23 为例，电磁波从 m 出发，在墙体中和空气中分别沿直线传播，墙体中传播的速度公式近似为（墙体相对磁导率近似为 1，墙体的电导率近似为 0）

$$v = \frac{c}{\sqrt{\varepsilon_r}} \tag{7.41}$$

由于墙体和空气中传播速度不同，从 m 到 P 点的连线将不再是最短时间，需要在墙外壁找一个点，使得从 m 到 P 之间发生折射并且传播的时间最短，即为墙体折射点。同理，从 P 点到接收天线 n 传播过程中的折射点做法相同。

2. 墙体参数估计

在实际的信号穿墙探测过程中，墙体参数的准确值系统是不能预先知晓的。于是，墙体参数估计就变得很有必要。针对墙体参数未知的情况，现有的研究主要有两种解决方案。

1）基于目标位置变化曲线相交的墙体参数估计方法

首先，假设墙体的相对介电常数已知为某一固定值 ε_r，此时，墙体厚度估计值越大，成像目标点相对真实目标点离墙体越近。其次，假设墙体的厚度已知为某一固定值 d，墙体相对介电常数 ε_r 估计值越大，成像目标点相对真实目标点离墙体越近。因此，对于不同的参数组合，采用成像算法会得到一条关于不同参数下目标点的位置变化曲线。对于两条位置变化曲线的交点，可认为是真实目标点。这种目标位置变化曲线相交的方法原理简单，便于操作，同时结果也很清晰。但是，在点数偏少的情况下，通过观察交点来估计墙体参数和目标位置会带来较大的误差，在对精度要求不高时可以考虑选用。同时，每个点的增加都代表着调用一次成像算法，计算量会随着点数的增加而大幅度上升。

2）基于场强计算的墙体参数估计算法

雷达获取的回波信号在时域上是电磁波传播过程中众多强散射单元散射的电磁波信号之和，在穿墙雷达分辨力够高的情况下，回波信号中墙体的前后表面对应的脉冲可被分辨出来。充分利用回波信号中墙体前后表面对应的两个脉冲在幅值上的衰减关系和时延间的数值差也可以实现墙体参数估计。理论上，发射的雷达信号与各散射单元的散射回波信号如图 7.24 所示，图中省去了收发天线间的直接耦合波。我们可从雷达的回波信号中获取墙体外表面回波的幅度值 A_{ri} 和墙体内表面回波的幅度值 A_{ro}，根据两个脉冲在时延上的关系，可得

$$T_{ro} - T_{ri} = 2(d\sqrt{\varepsilon_r}/c) \tag{7.42}$$

虽然墙体的两个参数厚度 d 和相对介电常数 ε_r 都是未知的，但是只要计算出其中一个参数的值，根据式（7.42）就可得到另外一个参数的值，这无疑大大减小了墙体参数估计的工作量。

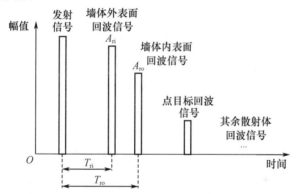

图 7.24　发射信号与各散射单元的反射回波示意图

雷达发射的电磁波信号在介质中传输基本都会发生衰减，来自墙体的前后表面的反射回波信号的幅度衰减主要来自两个方面：①电磁波通过空气与墙体的交界面的损耗。②电磁波在墙体中传播时带来的损耗。由电磁场理论可知，这两点对电磁波带来的衰减和墙体参数有关，可推导出电磁波在理论上的幅度衰减关系并通过与实际情况相比进行墙体参数估计。图 7.25 是电磁波信号在穿墙传播过程中各部分的场强分布示意图。其中，E_i 代表入射的电磁波信号的场分布，E_{ri} 代表墙体外表面对入射电磁波的直接反射信号的场分布，E_{ro} 代表墙体内表面的反射信号的场分布。

$$E_{ri} = \Gamma_{aw} E_i \tag{7.43}$$

$$\Gamma_{aw} = \frac{(\eta_w - \eta_a)}{(\eta_w + \eta_a)} \tag{7.44}$$

$$\eta_w = e^{j\theta} \sqrt{\frac{\mu}{\varepsilon}} \left[1 + \left(\frac{\sigma}{\omega\varepsilon}\right)^2 \right]^{-1/4} \tag{7.45}$$

$$\eta_a = \sqrt{\frac{\mu_0}{\varepsilon_0}} \tag{7.46}$$

$$\theta = 0.5\arctan\left(\frac{\sigma}{\omega\varepsilon}\right) \tag{7.47}$$

$$\mu = \mu_r\mu_0, \quad \varepsilon = \varepsilon_r\varepsilon_0 \tag{7.48}$$

式中:Γ_{aw}为墙体外表面对于电磁波的反射系数;η_a为空气的固有波阻抗;μ_0为空气的磁导率;ε_0为空气的介电常数;η_w为墙体的固有波阻抗;σ为墙体的电导率。式(7.48)为墙体的磁导率和介电常数的计算公式,μ_r为墙体的相对磁导率,绝大多数物质的相对磁导率近似为1,ε_r为墙体的相对介电常数。

墙内的场分布可以表示为

$$E_w(y) = \tau_{aw} E_i e^{-a(y-y_1)} \tag{7.49}$$

墙体内的电磁波在墙体的内表面处(也就是在$y = y_2$时)垂直反射,这个反射场的分布可表示为

$$E_{rw}(y) = \Gamma_{wa} E_w(y_2) e^{-a(y_2-y)} = -\Gamma_{aw} E_w(y_2) e^{-a(y_2-y)} \tag{7.50}$$

式中描述了反射场穿过墙体外表面(也就是$y = y_1$时)的场分布情况,即图7.25所示的E_{ro}。

$$E_{ro} = \tau_{wa} E_{rw}(y_1) \tag{7.51}$$

式中:τ_{wa}表示电磁波从墙体到空气的传导系数,其表达式与电磁波从空气到墙体的传导系数相类似。

$$\tau_{wa} = 2\eta_a/(\eta_w + \eta_a) \tag{7.52}$$

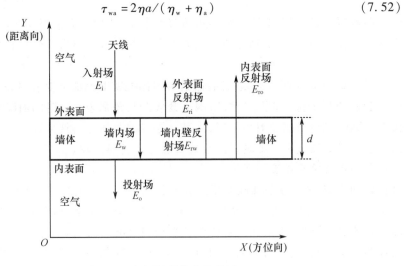

图7.25 空间场强分布示意图

通过代入和化简,可以得到关于 E_{ri} 和 E_{ro} 最终表达式。

$$E_{ri} = E_i \frac{\exp\left(j\frac{\arctan\left(\frac{\sigma}{\omega\varepsilon}\right)}{2}\right) - \sqrt{\varepsilon_r}\left[1 + \left(\frac{\sigma}{\omega\varepsilon}\right)^2\right]^{\frac{1}{4}}}{\exp\left(j\frac{\arctan\left(\frac{\sigma}{\omega\varepsilon}\right)}{2}\right) + \sqrt{\varepsilon_r}\left[1 + \left(\frac{\sigma}{\omega\varepsilon}\right)^2\right]^{\frac{1}{4}}} \quad (7.53)$$

$$\begin{aligned} E_{ro} &= -E_i \Gamma_{aw} \tau_{aw} \tau_{wa} e^{-2\alpha(y_2 - y_1)} \\ &= -4E_i \left[j\frac{\arctan\left(\frac{\sigma}{\omega\varepsilon}\right)}{2} - d\omega\sqrt{2\mu_0\varepsilon}\left(\sqrt{1 + \left(\frac{\sigma}{\omega\varepsilon}\right)^2} - 1\right)^{\frac{1}{2}}\right] \times \\ &\quad \frac{\exp\left(j\frac{\arctan\left(\frac{\sigma}{\omega\varepsilon}\right)}{2}\right)\sqrt{\varepsilon_r}\left[1 + \left(\frac{\sigma}{\omega\varepsilon}\right)^2\right]^{\frac{1}{4}} - \varepsilon_r\left[1 + \left(\frac{\sigma}{\omega\varepsilon}\right)^2\right]^{\frac{1}{2}}}{\left\{\exp\left(j\frac{\arctan\left(\frac{\sigma}{\omega\varepsilon}\right)}{2}\right) + \sqrt{\varepsilon_r}\left[1 + \left(\frac{\sigma}{\omega\varepsilon}\right)^2\right]^{\frac{1}{4}}\right\}^3} \end{aligned} \quad (7.54)$$

在实际计算时,虽然超宽带信号不同频率分量对应的墙体波阻抗差异较大,但为了研究方便,取墙体的电导率 σ 为0。

根据雷达的回波信号,可以得到墙体外表面回波的幅度值 A_{ri} 和墙体内表面回波的幅度值 A_{ro},理论上 A_{ro}/A_{ri} 等于 E_{ro}/E_{ri},构建函数如下:

$$I = \left|\frac{A_{ro}}{A_{ri}} - \frac{E_{ro}}{E_{ri}}\right| \quad (7.55)$$

根据式(7.53)和式(7.54),寻找特定的相对介电常数 ε_r 的值,使式(7.55)的值最小,然后再根据式(7.42)计算出墙体厚度 d 完成墙体参数估计。

7.3.4 目标跟踪与卡尔曼滤波

目标跟踪是通过既有的目标轨迹、速度等信息来估计其下一时刻的状态的过程。根据跟踪目标的数量,可将目标跟踪分为单目标跟踪和多目标跟踪两大类,其中单目标跟踪技术比较简单且已经很成熟,而多目标跟踪技术研究难度较大,将是今后研究的趋势和重点。目标跟踪包含的要素主要有量测的获取、跟踪起始与终结、跟踪门的形成、数据关联、跟踪维持、轨迹消除等内容。其中,量测信息的获取是实现目标跟踪的基础,是指与目标状态相关但被噪声污染的观测信息,通过预处理后的数据输出,主要包括信号强度、目标距离、方位角、俯仰角等。跟踪波门的形成是实现目标跟踪的关键,其作用是确定被跟踪目标观测值出现的范围,其中心就是被跟踪目标的预测位置,其大小结合正确接收回波的概率和目标散射点的分布确定,其形状有椭圆波门、环形波门、矩形波门以及极坐标下的扇形波门。数据关联是实现目标跟踪的核心,数据关联的正确与否,直接导致跟踪的成败。其主要包括三类:一是量测与量测的互联,即轨迹起始;二是量测与轨迹的互联,即轨迹保持或轨迹更新;三是轨迹与轨迹的互联,即轨迹融合。以多目标跟踪为例,其基本原理如图 7.26 所示。

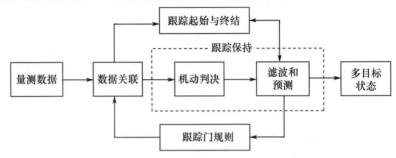

图 7.26　多目标跟踪的基本原理

目标跟踪系统的两大主要技术是跟踪滤波与数据关联。跟踪滤波主要用来对目标状态进行估计,最经典的就是卡尔曼滤波算法,也是目标跟踪的最基本算法,不管是在单目标跟踪还是在多目标跟踪中,都被普遍采用。在它的基础上又发展了各种自适应滤波与预测方法,如检测自适应滤波、实时辨识自适应滤波和"全面"自适应滤波,而数据关联则主要用来确定量测与轨迹之间的对应关系。它作为目标跟踪的核心,其算法性能对目标跟踪系统的整体性能起到决定作用。

1. 最近邻数据关联算法(对单个人体目标跟踪)

最近邻数据关联算法(Nearest Neighbor Data Association,NNDA)计算比较简单,也是在稀疏目标环境下最有效的跟踪方法之一。可归结为三步:第一步,设置跟踪波门。采用椭球跟踪门,其中心位于被跟踪目标的预测位置,其门限 γ_0 的表达式为

$$\gamma_0 = 2\ln \frac{P_D}{(1-P_D)\beta_{\text{new}}(2\pi)^{M/2}\sqrt{|S|}} \tag{7.56}$$

式中:P_D 为检测概率;β_{new} 为新回波密度;M 为观测维数;$|S|$ 为新息协方差矩阵的行列式。

对于测量维数为 n_y,新息协方差矩阵为 $s(k)$,门限为 γ_0 的椭球跟踪门的体积为

$$V_{\text{GE1}}(n_y) = C_{n_y}\sqrt{|S(k)|}\gamma_0^{n_y/2} \tag{7.57}$$

由 $S(k)$ 归一化的椭球跟踪门体积为

$$V_{GE2}(n_y) = C_{n_y}\gamma_0^{n_y/2} \tag{7.58}$$

式中

$$C_{n_y} = \frac{\pi^{n_y/2}}{\Gamma\left(\dfrac{n_y}{2}+1\right)} \tag{7.59}$$

假设人体目标的运动速度是基本恒定的,此时跟踪门的大小为常值。

第二步,确定候选回波。即当目标的量测值 $z(k)$ 与跟踪波门门限 γ_0 的关系为

$$[Z(k)-\hat{Z}(k|k-1)]^T S^{-1}(k)[Z(k)-\hat{Z}(k|k-1)] \leqslant \gamma_0 \tag{7.60}$$

此时,称 $Z(k)$ 为候选回波,这就是椭球跟踪门规则。其中,$\hat{Z}(k|k-1)$ 为目标的跟踪波门的中心,即 k 时刻目标的预测位置;$S^{-1}(k)$ 表示 K 刻回波残差的协方差矩阵。

第三步,计算跟踪波门内统计距离最小的候选回波,使

$$d^2(Z) = [Z-\hat{Z}(k|k-1)]^T S^{-1}(k)[Z-\hat{Z}(k|k-1)] \tag{7.61}$$

达到最小的量测,用于对目标状态进行更新。

根据最近邻数据关联算法原理,将其与 CLEAN 算法相结合,用于对单个人体目标进行跟踪,具体算法流程如图 7.27 所示。

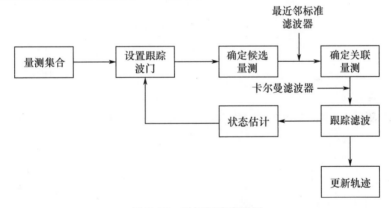

图 7.27 目标跟踪流程图

一旦量测与轨迹关联,则跟踪滤波器利用新量测对目标轨迹进行更新。由于人的速度在很短的更新间隔内(典型的为 0.1 s)可视为常值,故采用恒速率卡尔曼滤波器进行跟踪。

恒速率卡尔曼滤波器模型可描述如下:

状态模型:

$$\begin{bmatrix} s_k \\ v_k \end{bmatrix} = \begin{bmatrix} 1 & T \\ 0 & 1 \end{bmatrix}\begin{bmatrix} s_{k-1} \\ v_{k-1} \end{bmatrix} + \begin{bmatrix} T^2/2 \\ T \end{bmatrix} w_{k-1} \tag{7.62}$$

式中：s_k、v_k 分别表示在 k 时刻目标的双程距离和速度；T 表示相邻两个状态间的时间间隔；w 表示方差为 σ_w^2 的白噪声。

状态误差协方差 Q 为

$$Q = \begin{bmatrix} T^4/4 & T^3/2 \\ T^3/2 & T^2 \end{bmatrix} \sigma_w^2 \tag{7.63}$$

测量模型：

$$Z_k = \begin{bmatrix} 1 & 0 \end{bmatrix} \begin{bmatrix} s_k & v_k \end{bmatrix}^T + r_k \tag{7.64}$$

式中：Z_k 表示 k 时刻测量的双程距离；r_k 表示方差为 σ_r^2 的白噪声。

初始化条件为

$$r_0 = \begin{bmatrix} Z_2 & (Z_2 - Z_1)/2 \end{bmatrix}^T \tag{7.65}$$

2. 联合概率数据关联算法（对多个人体目标跟踪）

联合概率数据关联算法（Joint Probabilistic Data Association，JPDA）引入了确认矩阵的概念，是一种良好的多目标数据关联算法且适用于杂波环境下。主要是针对当回波落入到跟踪门的重叠区域时，如何区分回波的来源问题，即如何表示有效回波和各目标跟踪之间的关系。此算法可分以下几步进行：

（1）设置跟踪波门。同单目标跟踪方法一致。

（2）确定候选回波，即目标的量测值 $z_j(k)$ 是否满足

$$[z_j(k+1) - \hat{z}^t(k+1|k)]^T S^{-1}(k+1)[z_j(k+1) - \hat{z}^t(k+1|k)] \leq g_t,$$
$$j = 1,2,\cdots,m_k; \ t = 1,2,\cdots,T \tag{7.66}$$

式中：$\hat{z}^t(k+1|k)$ 是目标 t 的跟踪波门的中心，即 $k+1$ 时刻目标 t 的预测位置；$S^{-1}(k+1)$ 表示 $k+1$ 时刻回波残差的协方差矩阵；g_t 表示目标 t 的跟踪波门门限。

（3）建立 JPDA 算法的模型。假设从时刻起，开始有回波出现在不同目标相关波门的重叠区域内，此时，目标的候选回波集合为 $Z(k) = \{z_i(k)\}_{i=1}^{m_k}$，$Z^k = \{Z(j)\}_{j=1}^{k}$ 表示直到 k 时刻的确认量测的累积集合，m_k 是 k 时刻有效回波的个数。构建确认矩阵 $\boldsymbol{\Omega}$：

$$\boldsymbol{\Omega} = [\omega_{jt}] = \overbrace{\begin{bmatrix} \omega_{10} & \cdots & \omega_{1T} \\ & \vdots & \\ \omega_{m_k 0} & \cdots & \omega_{m_k T} \end{bmatrix}}^{t} \Big\} j \tag{7.67}$$

式中：$\omega_{jt} = 1$ 表示量测 $j(j=1,2,\cdots,m_k)$ 落入目标 t 的确认波门内，而 $\omega_{jt} = 0$ 表示量测 j 未落入目标 t 的确认波门内，$t=0$ 表示没有目标；m_k 为 k 时刻观测数目。

(4) 计算量测与各目标互联的概率。

关联事件:$\theta_{jt}(k)$ 表示量测 j 源于目标 $t(0 \leq t \leq T)$ 事件,其关联概率为

$$\beta_{jt}(k) = P\{\theta_{jt}(k) \mid Z^k\}, \quad j = 0, 1, \cdots, m_k; \quad t = 0, 1, \cdots, T \quad (7.68)$$

且

$$\sum_{j=0}^{m_k} \beta_{jt}(k) = 1 \quad (7.69)$$

此时,k 时刻目标 t 的状态估计为

$$\hat{X}^t(k \mid k) = E[X^t(k) \mid Z^k] = \sum_{j=0}^{m_k} E[X^t(k) \mid \theta_{jt}(k), Z^k] P\{\theta_{jt}(k) \mid Z^k\}$$

$$= \sum_{j=0}^{m_k} \beta_{jt}(k) \hat{X}_j^t(k \mid k) \quad (7.70)$$

式中

$$\hat{X}_j^t(k \mid k) = E[X^t(k) \mid \theta_{jt}(k), Z^k], \quad j = 0, 1, \cdots, m_k \quad (7.71)$$

表示用第 j 个量测在 k 时刻对目标 t 进行卡尔曼滤波所得的状态估计。若 k 时刻没有量测源于目标,用 $\hat{X}_0^t(k \mid k)$ 表示,此时,用预测值 $\hat{X}^t(k \mid k-1)$ 来代替。

第 i 个联合事件:$\theta_i(k) = \bigcap_{j=1}^{m_k} \theta_{jt}^i(k)$,可行关联事件 $\theta_i(k)$ 需满足:

① 每个量测有唯一的源(目标或杂波),即

$$\sum_{t=0}^{T} \hat{\omega}_{jt}^i(\theta_i(k)) = 1, \quad j = 1, 2, \cdots, m_k \quad (7.72)$$

② 每个目标最多有一个测量,即

$$\delta_t(\theta_i(k)) = \sum_{j=1}^{m_k} \hat{\omega}_{jt}^i(\theta_i(k)) = \begin{cases} 1 \\ 0 \end{cases} \quad (7.73)$$

表示任一量测在联合事件 $\theta_i(k)$ 中是否与目标 t 互联,$\delta_t(\theta_i(k))$ 称为目标检测指示器。

量测互联指示为

$$\tau_j(\theta_j(k)) = \sum_{t=1}^{T} \hat{\omega}_{jt}^i(\theta_i(k)) = \begin{cases} 1 \\ 0 \end{cases} \quad (7.74)$$

表示在联合事件 $\theta_i(k)$ 中,量测 j 是否与一个真实目标互联。因此在联合事件 $\theta_i(k)$ 中假量测的数为 $\Phi(\theta_i(k)) = \sum_{j=1}^{m_k} [1 - \tau_j(\theta_i(k))]$,对应的矩阵 $\hat{\Omega}(\theta_i(k))$ 称为可行矩阵,由确认矩阵 Ω 拆分获得。确认矩阵的拆分必须遵循:在确认矩阵的每行仅选

出一个1作为互联矩阵在该行唯一非零的元素；在可行矩阵中，除第一列外，每列只能有一个1。

对于Poisson杂波模型，联合事件$\theta_i(k)$在k时刻的后验概率为

$$P\{\theta_i(k)\mid Z^k\} = \frac{\lambda^{\Phi(\theta_i(k))}}{C}\prod_{j=1}^{m_k}N_{t_j}[Z_j(k)]^{\tau_j(\theta_i(k))}\prod_{t=1}^{T}(P_D^t)^{\delta_t(\theta_i(k))}(1-P_D)^{1-\delta_t(\theta_i(k))} \quad (7.75)$$

式中：P_D^t表示目标t的检测概率；λ表示杂波密度；C为归一化因子；$N_{t_j}[Z_j(k)] = N_{t_j}[Z_j(k);Z_j^t(k/k-1),S_j^t(k)]$，服从均值为$Z_j^t(k/k-1)$、方差为$S_j^t(k)$的正态分布。

（5）计算状态估计协方差。

第j个量测对目标t的状态估计$\hat{X}_j^t(k|k)$的协方差为

$$P_j^t(k|k) = E\{[X^t(k)-\hat{X}_j^t(k|k)][X^t(k)-\hat{X}_j^t(k|k)]'\mid \theta_{jt}(k),Z^k\} \quad (7.76)$$

（6）求取等效回波。利用概率值对各个候选回波进行加权：

$$Z_j^t(k) = \sum_{j=1}^{m_k}\beta_{jt}Z_j(k) \quad (7.77)$$

联合概率数据关联算法单次仿真循环的流程图，如图7.28所示。

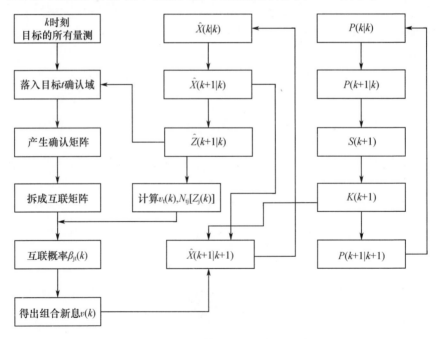

图7.28 联合概率数据关联算法单次仿真循环流程图

7.4 穿墙雷达技术的应用与发展趋势

7.4.1 穿墙雷达的实际应用

公开资料显示,美军在伊拉克战场上为了提高城区作战人员对周边环境(如建筑物、堡垒及地下掩体等)的态势感知、侦察与探测能力,首次使用了穿墙雷达。2010年美国《陆军时报》披露,美国陆军将购买9000余套穿墙雷达,列装于陆军每个作战班组。2015年,人民网曾经报道,美国警察也已经开始配备穿墙雷达,还一度引发民众反感,认为将妨害自身隐私权。未来,穿墙雷达普遍装备到班组或单兵一级,将逐渐成为各发达国家单兵装备发展趋势。

7.4.2 穿墙雷达的技术发展趋势

穿墙雷达作为一种新型单兵装备,技术含量高,同时也存在不足之处,需要持续发展研究。例如:目前主要产品均为单发多收体制,对多目标分辨能力仍然有待提高;各台雷达之间缺乏协同组网配合能力。针对现有穿墙雷达装备的不足,设计实现具有多发多收、多台组网、多传感器融合的穿墙雷达装备将是未来技术发展趋势。

第 8 章 雷达成像安检门

安检门是机场、车站、大型会议等公共场所的重要设施,传统的安检门主要是金属探测器,仅能对金属物进行探测,无法对陶瓷刀具、液体炸弹等非金属物体进行检测。随着反恐、维稳意识的加强,公共场所安检要求越来越高,也促使了安检门技术的不断进步。雷达成像安检门是未来安检门技术的重要发展方向。本章在介绍雷达成像安检门发展现状和趋势的基础之上,重点介绍超宽带冲激雷达成像安检门。

8.1 雷达成像安检门的发展现状与趋势

目前机场、高铁等公共场所行李包裹的成像检测,多采用 X 射线成像技术。但是 X 射线具有电离辐射,不适合对旅客人体成像安检,会产生健康隐患。相对而言,雷达电磁波对人体不易产生电离作用,比较安全,因此雷达成像安检门技术得到快速发展与应用,特别是毫米波雷达安检门在机场等重要场所已经逐渐开始使用。

毫米波一般定义为频率为 30~300GHz 的频段,其频谱介于红外线和微波之间。这段频谱与可见光和红外线比较,对大多数非金属物体都有一定的穿透性,同时成像精度又高于微波频段。目前,毫米波雷达安检门频段尚无统一标准,一般采用 35GHz、94GHz、120GHz 等频段。毫米波成像雷达安检门按照成像系统工作方式可以分为被动式毫米波成像系统和主动式毫米波成像系统两类。被动成像系统的优点是不产生电磁辐射,但是在室内成像时,由于背景温度与人体体温较为接近,辐射亮温图像的对比度较差,往往无法形成清晰的图像。另外,被动成像系统也不能进行三维成像。而主动成像系统受环境因素影响较小,能够获得更好的图像质量,可实现对被测目标的三维成像,信息量更大,并可实时成像。因此,主动成像技术是目前最具潜力的毫米波雷达安检成像技术。

8.1.1 被动式毫米波成像雷达安检门

被动式毫米波成像系统包括单通道扫描成像、焦平面阵列成像、干涉式综合孔径成像以及相控阵波束扫描成像等多种成像体制。早期成像系统普遍采用单通道接收机结合机械扫描的方式,随着毫米波单片集成电路技术的飞速发展,基于毫米波焦平面阵列成像技术的安检成像系统已经成为国外研究的热点。Millivision、Lockheed

Martin、TRW、Qinetiq、Brijot 等公司或研究机构均已研制成功了被动毫米波成像系统,其中部分产品已投入市场应用。

焦平面阵列成像原理结构如图 8.1 所示,通过一个天线阵列接收物体辐射的毫米波信号,经放大、检波和信号处理等可得到目标的二维图像。系统由 $N \times M$ 路信号通道和若干 A/D 变换器以及信号处理和显示装置等组成,每个信号通道包括天线和毫米波接收器。毫米波接收器有超外差和直接检波两种结构形式,直接检波式毫米波接收器由低噪声放大器(LNA)和检波器构成。与超外差式相比,直接检波式接收机不需要本振、功耗小、噪声温度低且结构简单。

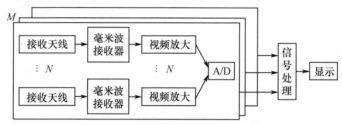

图 8.1　焦平面阵列成像原理结构图

被动式毫米波雷达安检门的原理基础是毫米波热辐射理论。任何处于有限温度的物质都会自发地向外界辐射电磁能,电磁能分布于整个电磁波谱范围内。而所有的物体都处在一个巨大的辐射源环境中,任何一个物体辐射的电磁波不仅自身的热辐射,还会反射周围其他辐射源的辐射。若某种不透明材料吸收入射到其表面上所有频率范围内的电磁辐射而没有反射现象,则称这种材料为黑体。黑体既是一个完全的吸收体也是一个完全的发射体,黑体的辐射谱亮度遵循普朗克黑体辐射定律,用公式表示为

$$B_\mathrm{f} = \frac{2hf^3}{c^2} \left(\frac{1}{\mathrm{e}^{hf/kT} - 1} \right) \tag{8.1}$$

式中:h 为普朗克常数,$h = 6.63 \times 10^{-34}$ J;f 表示频率;k 为玻耳兹曼常数,$k = 1.38 \times 10^{-23}$ J/K;c 为光速,在真空中为 3×10^8 m/s;T 为黑体的绝对温度;B_f 为温度和频率的函数,与辐射方向无关。

在毫米频波段人体具有良好的辐射特性,金属则是良导体,塑料、陶瓷以及毒品等绝缘物体的辐射特性低于人体和金属,而且衣服、纸箱等对人眼来说不透明的物质对毫米波来说是透明或半透明的。因此,毫米波成像技术就是利用物质在毫米波段的不同辐射特性,对藏匿于人体衣物下的可疑危险物品进行成像,并对检测出所携带危险物品的进行特性分析。

任何物体,在一定温度下都要辐射电磁波,根据物质表面和内部的介电常数及几何结构的不同,各个物质的电磁辐射能力也不同。处于自然界中的物体不仅自身辐

射电磁能量,还会因为被周围环境和其他物体照射而产生反射、吸收和透射等现象。一般用反射率 ρ、吸收率 α、透射率 τ 等来描述物质的电磁辐射能力。根据能量守恒定理,它们三者有如下关系:

$$\rho + \alpha + \tau = 1 \tag{8.2}$$

由基尔霍夫定理可知,在热力学平衡条件下,任何物体吸收的电磁能量全部用来发射,即发射率与吸收率是相等的。若定义物体的发射率为 ε,则 $\varepsilon = \alpha$。而对于不透明材料,有 $\tau = 0$,有如下关系:

$$\varepsilon = 1 - \rho \tag{8.3}$$

在室内环境下利用毫米波辐射计对隐匿危险物品的人体进行扫描探测时,可忽略天空辐射的影响,并假设:室内环境温度为 T_s;人自身温度为 T_h,其发射率、反射率和透射率分别为 ε_h、ρ_h、τ_h;隐匿物品的温度为 T_w;发射率为 ε_w,反射率为 ρ_w;衣服自身温度为 T_y,发射率为 ε_y,反射率为 ρ_y,透射率为 τ_y。

根据隐匿物品毫米波辐射特性图 8.2 可知,在天线波束照射在没有隐藏物品的部分时,天线接收到的视在温度 T_{A1} 为

$$T_{A1} = 1 + 2 + 3 + 4 = \varepsilon_h T_h \tau_h + \varepsilon_y T_y + \rho_y T_s + \tau_y T_s \rho_h \tau_y \tag{8.4}$$

而在照射到隐匿物品部分的时候,天线视在温度 T_{A2} 为

$$T_{A2} = 2 + 3 + 5 + 6 = \varepsilon_y T_y + \rho_y T_s + \varepsilon_w T_w \tau_y + \tau_y T_s \rho_w \tau_y \tag{8.5}$$

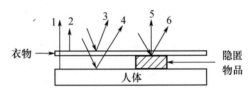

图 8.2 人体衣物下隐匿物品的辐射特性建模

1—人体自身辐射温度经衣物透射后的温度;2—衣物自身辐射的温度;3—环境温度经衣物反射后的温度;
4—环境温度经衣物透射经人体反射再经衣物透射温度;5—物品自身辐射温度经衣物透射后的温度;
6—环境温度经衣物透射物品反射再经衣物透射的温度。

分析上面两种情况下的天线视在温度,可以得到隐匿物品在人体衣物下的温度对比度:

$$\begin{aligned}\Delta T &= T_{A1} - T_{A2} \\ &= \varepsilon_h T_h \tau_h + \varepsilon_y T_y + \rho_y T_s + \tau_y T_s \rho_h \tau_y - (\varepsilon_y T_y + \rho_y T_s + \varepsilon_w T_w \tau_y + \tau_y T_s \rho_w \tau_y) \\ &= (\rho_h - \rho_w) T_s \tau_y^2 + (\varepsilon_h T_h - \varepsilon_w T_w) \tau_y\end{aligned} \tag{8.6}$$

因毫米波无法穿透人体和金属物品,故可以忽略它们的透射率,且假设此时人体在毫米波波段所吸收的电磁能量全部用来发射;而衣物对毫米波来说是半透明的物质,毫米波能透射衣物。根据式(8.6),人体、金属和衣物的反射率、吸收率及透射率有如下的关系:

$$\varepsilon_h + \rho_h = 1 \tag{8.7}$$

$$\varepsilon_w + \rho_w = 1 \tag{8.8}$$

$$\varepsilon_y + \rho_y + \tau_y = 1 \tag{8.9}$$

而金属物质又是一种理想的反射体,它自身不辐射能量,但能把入射到其表面的环境温度全部反射出去,是常见的冷源,故其反射率为 $\rho_w = 1$,而发射率 $\varepsilon_w = 0$。把上述关系都代入到天线对比温度计算公式中,可简化为

$$\Delta T = (\rho_h - 1)T_s\tau_y^2 + \varepsilon_h T_h \tau_y = \varepsilon_h T_h \tau_y - \varepsilon_h T_s \tau_y^2 \tag{8.10}$$

从式中可以看出,室内隐匿金属物品在人体衣物下的温度对比度与人体自身的温度 T_h 及发射率 ε_h、衣物的透射率 τ_y 和室内环境温度 T_s 有关。

8.1.2 主动式毫米波雷达安检门

被动式毫米波雷达依靠不同温度的物体对自然界中毫米波的反射率、发射率、透射率等差异实现对不同物体的二维成像,灵敏度较低。主动式毫米波雷达通过主动发射毫米波,增强不同物体对毫米波的反射和透射效果,从而提高接收机对不同物体的检测成像能力。主动式毫米波成像系统通常采用全息成像体制。按照发射信号的带宽,毫米波全息成像系统主要分为窄带全息成像系统和宽带全息成像系统。窄带全息成像系统采用单频点的毫米波照射目标,接收机将采集到的雷达回波信号与参考信号进行相干处理而获得全息数据。窄带全息成像系统实现方法比较简单,但无法获得距离分辨力,不能得到完全聚焦的成像结果。宽带全息成像与窄带全息成像相比,虽然在硬件电路和数据处理上更加复杂,但通过发射宽带信号,可实现距离高分辨,获得全聚焦的三维图像。因此,目前毫米波安检成像系统普遍采用宽带全息方式对被测目标进行精准的三维成像。

在对真实的三维目标进行成像时,宽带全息相对于单频全息处理除了要记录回波数据的幅度相位信息外,还需要记录频率信息。宽频全息利用调制的宽带信号源照射场景目标,能重建出高质量图像,图像更真实地反映场景细节信息和目标的形状位置,更能体现全息成像的优势。

基于傅里叶变换的宽带三维全息成像几何模型如图 8.3 所示,设发射源的信号带宽为 B,对应的波数为 $k = \omega/c$,其中 ω 为瞬时角频率,c 为电磁波真空传播速度。三维目标 $f(x,y,z)$ 相比于二维目标 $f(x,y)$ 多出了一维,需要增加已知的频率信息来反演出目标图像。在成像中用 x、y、z 描述待测的目标位置,用 $f(x,y,z)$ 对应的值表征幅度和相位信息,用 x'、y'、z 来描述扫描平面位置。

把宽带信号发射后接收到的回波信号送入射频电路中与本振信号进行下变频,得到的信号表示为 $s(x',y',k)$,它与扫描平面位置和对应波数 k 有关,根据电磁理论可表示为

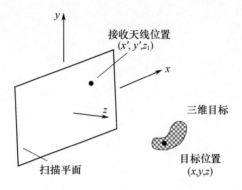

图 8.3 三维全息成像几何模型

$$s(x',y',k) = \iiint f(x,y,z) \cdot \frac{\exp(-i\boldsymbol{k}\cdot\boldsymbol{r})}{r}\mathrm{d}x\cdot\mathrm{d}y\cdot\mathrm{d}z \quad (8.11)$$

式中,指数部分代表目标散射传播的球面波信号,将其等效表示为空间各个方向的平面波叠加:

$$g(k,r) = \frac{\exp(-i\boldsymbol{k}\cdot\boldsymbol{r})}{r} = \int\frac{\partial g(k,r)}{\partial k}\mathrm{d}\boldsymbol{k} \approx \int\exp(-i\boldsymbol{k}\cdot\boldsymbol{r})\mathrm{d}\boldsymbol{k} \quad (8.12)$$

所以,推导得到球面波信号 $g(k,r)$ 为

$$\begin{aligned}g(k,r) &= \frac{\exp(-i\boldsymbol{k}\cdot\boldsymbol{r})}{r}\\ &= \iint\exp\{-j[(x-x')k_x + (y-y')k_y + (z-z_1)k_z]\}\mathrm{d}k_x\mathrm{d}k_y\end{aligned} \quad (8.13)$$

将式(8.13)代入式(8.11)得

$$\begin{aligned}&s(x',y',k)\\ &= \iiint\!\!\!\iint f(x,y,z)\{-j[(x-x')k_x + (y-y')k_y + (z-z_1)k_z]\}\mathrm{d}k_x\mathrm{d}k_y\mathrm{d}x\mathrm{d}y\mathrm{d}z\end{aligned}$$
$$(8.14)$$

目标函数 $f(x,y,z)$ 的三维傅里叶变换为

$$F(k_x,k_y,k_z) = \mathrm{FFT}_{3\mathrm{D}}[f(x,y,z)] = \iiint f(x,y,z)\exp[-j(xk_x + yk_y + zk_z)]\mathrm{d}x\mathrm{d}y\mathrm{d}z$$
$$(8.15)$$

因此,接收回波信号可以表示为

$$s(x',y',k) = \mathrm{IFFT}_{2\mathrm{D}}[F(k_x,k_y,k_z)\exp(jz_1k_z)] = \mathrm{IFFT}_{2\mathrm{D}}[S(k_x,k_y,k)] \quad (8.16)$$

反演得到目标几何特征函数为

$$f(x,y,z) = \text{IFFT}_{3D}\{\text{FFT}_{2D}[s(x',y',k)\exp(-jz_1 k_z)]\} \qquad (8.17)$$

式中：$\exp(-jz_1 k_z)$ 为相位补偿因子。

在目标图像重建中需要运用色散关系，波数 k 是通过使用在自由空间中的平面波的平方色散关系来实现的，即

$$k_x^2 + k_y^2 + k_z^2 = (2k)^2 \qquad (8.18)$$

从而波数 k 被表示为一个有关 k_z 的函数：

$$k_z = \sqrt{4k^2 - k_x^2 - k_y^2} \qquad (8.19)$$

式(8.19)代入式(8.17)，最终得到用宽带毫米算法计算得到的几何目标函数表达式：

$$f(x,y,z) = \text{IFFT}_{3D}\{\text{FFT}_{2D}[s(x',y',k)\exp(-jz_1\sqrt{4k^2 - k_x^2 - k_y^2})]\} \qquad (8.20)$$

式(8.20)概括了全息三维成像算法如何反演得到目标图像的步骤。对应的算法总体流程图如图8.4所示。

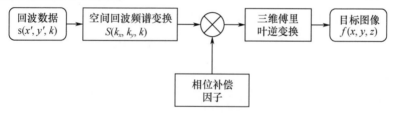

图 8.4 宽带全息成像的算法流程

8.1.3 其他频段的雷达安检门

毫米波成像雷达安检门主要不足之处在于：

（1）系统复杂。毫米波成像雷达一般采用焦平面阵列成像和三维全息成像方式，系统复杂，设计难度大。

（2）毫米波器件价格昂贵。主流毫米波器件多采用化合物半导体工艺，如砷化镓（GaAs）、磷化铟（InP）等，近十几年来硅基（CMOS、SiGe等）毫米波亚毫米波集成电路也取得了巨大进展，基于氮化镓（GaN）工艺的大功率高频器件也迅速拓展至毫米波频段。毫米波器件工艺要求高，加工难度大，因此价格较为昂贵。

（3）毫米波穿透性不足。毫米波穿透能力比太赫兹、红外相对强，成像精度比微波相对高，因此在雷达安检门领域得到较快的发展。但毫米波成像雷达穿透能力仍然较为有限，难以探测体内目标，为体内藏毒、体内炸弹等留下隐患。

除了毫米波成像雷达，雷达安检门还包括太赫兹成像雷达、超宽带成像雷达等。太赫兹成像技术近年来发展很快，其在三者当中，频率最高，分辨力最高，但是穿透性

最差。与另外两个频段相比,超宽带冲激脉冲频段最低,穿透性最强。同时,超宽带成像雷达的分辨力稍弱,但是随着超宽带成像技术的发展,也可以实现毫米量级的成像精度。超宽带成像雷达能够实现对体内藏毒、体内炸弹等探测成像,随着体内物体探测需求的增长,超宽带冲激脉冲的穿透性优势将会逐渐体现出来,有着良好的发展前景。

8.2 超宽带雷达安检门

超宽带雷达安检门要实现良好的目标成像能力,超宽带 SAR 成像是常用的成像方式,SAR 成像可有效提高横向分辨力,同时为进一步提高纵向分辨力,还需要采用 MIMO 体制。MIMO 体制通过多天线同时发射、多天线同时接收的工作方式可获得远多于实际天线数目的等效观测通道,为解决常规 SAR 面临的方位向高分辨力与宽测绘带指标相互矛盾、弱小慢速运动目标难以检测等难题提供了更为有效的技术途径。这就是雷达成像研究中最为前沿的多发多收合成孔径雷达(Multi-Input Multi-Output Synthetic Aperture Radar,MIMO-SAR)。MIMO 雷达在目标检测、参数估计以及雷达成像等方面具有优于传统体制雷达的系统性能。作为安检门的超宽带 MIMO-SAR 成像雷达有如下特征[58]:

(1)多个发射/接收天线分布在运动平台之上;

(2)发射端多天线同时独立地发射多个波形,波形之间在时域上可以是相互正交或不相关;

(3)发射的超宽带脉冲宽度在 100ps 以下,分辨力可达毫米量级;

(4)接收端多天线同时独立地接收场景回波,并能够通过一组滤波器分离出各个发射信号的回波;

(5)信号处理时,能够通过联合处理多观测通道的回波数据提高 SAR 系统性能。

8.2.1 超宽带雷达安检门构想

超宽带雷达安检门采用 MIMO-SAR 成像雷达体制,但又不同于星载、机载、车载等平台的 SAR 成像作用距离远、成像时间长。超宽带 MIMO-SAR 雷达安检门是一种近场探测雷达,要求实时性好,分辨力高。超宽带雷达安检门发射超宽带冲激脉冲信号,占空比和平均功率非常低,对旅客和工作人员没有任何健康影响。

如图 8.5 所示,基于 MIMO-SAR 成像的超宽带雷达安检门是一种旋转门结构,旅客有良好的通过体验,同时随着 MIMO 阵列的转动可以进行 SAR 成像。系统由 MIMO 天线阵列、超宽带冲激脉冲发射机、高速采样接收机、伺服系统、控制系统、成像与显示等部分构成。在安检门的周围覆盖宽带吸波材料,减少雷达多径干扰。

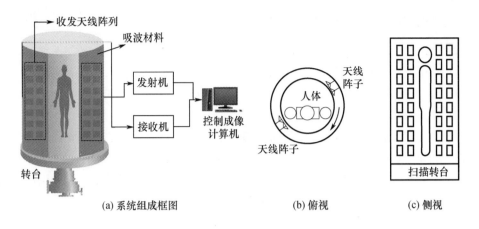

图 8.5 超宽带雷达安检门示意图

1. MIMO 阵列

优化 MIMO 天线阵列在超宽带雷达安检门中有非常重要的作用,对目标成像有很大影响,阵元越多、口径越宽则成像分辨力越高。同时阵元多少决定了雷达的复杂度,发射天线阵元越多需要的超宽带脉冲发射机单元越多,接收天线阵元越多需要更多的高速采样接收机单元,系统越复杂 SAR 算法难度也就越大。因此,MIMO 阵列阵元数目需要折中选取,阵列排布需要优化布置。

2. 超宽带发射机

超宽带发射机发射多路冲激脉冲信号,脉冲宽度决定成像分辨力,但分辨力太高也不利于保护旅客的隐私。同时脉冲频带对穿透性很大影响,频带较低穿透性较好。显然这二者是矛盾的,需要折中选取。经仿真分析及实验验证,发射的冲激脉冲宽度在 50~100ps 较为合适。因为是时域信号,发射脉冲的正交性依靠时域控制,从时间上隔离。假设安检门的收发天线最大距离 3m,传输时间为 10ns。考虑脉冲拖尾、路径延迟等因素,即使脉冲重复频率 1MHz 也是易于实现时间隔离的。

3. 高速采样接收机

超宽带雷达安检门采用高速采样接收机,对目标回波进行采样保存,然后传输给成像显示系统进行信号处理。雷达发射脉冲宽度 50~100ps,带宽为 10~20GHz,根据奈奎斯特定理,则采样接收机的采样率为 20~40GS/s 以上。而且是多路接收,因此技术难度较大,成本较高,是超宽带雷达安检门的关键难题之一。

4. 控制与成像显示计算机

计算机控制安检门的转动,协调控制发射机、接收机的脉冲收发时序,然后根据接收机接收的回波数据进行 SAR 算法成像,在计算机上三维显示。由于接收路数多,成像精度要求高,MIMO-SAR 成像算法数据量大,算法复杂。

8.2.2　MIMO 雷达阵列设计[59,60]

MIMO 雷达的实现形式主要有分布式 MIMO 雷达和紧凑式 MIMO 雷达两种。分布式 MIMO 雷达的天线布阵是广域分布的,主要是为了利用空间分集增益。紧凑式MIMO雷达则采用密集布阵方式,阵列间距较小,多路回波数据之间能够联合进行相干处理。

1. 广域布阵方式

空间分集要求天线阵元之间的间距必须足够大,具体的取值需要满足空间分集条件。如图 8.6 所示,MIMO 雷达的发射阵列和接收阵列为双基地配置,发射、接收阵元数分别为 M 和 N。R_t 和 R_r 分别表示目标与雷达发射和接收阵元之间的距离,发射和接收阵列都为均匀线阵,阵元间距分别为 d_t 和 d_r。目标为散射中心模型,包含 Q 个散射中心,并假设它们均匀线形分布,间隔为 Δ。

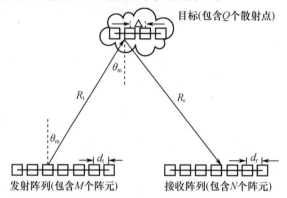

图 8.6　MIMO 雷达双基地模型

定义第 m 个发射阵元到目标线阵的发射导向矢量为

$$g_m = \left[1, \exp\left(-j2\pi \frac{\sin\theta_m \Delta_1}{\lambda} \right), \left(-j2\pi \frac{\sin\theta_m \Delta_2}{\lambda} \right), \cdots, \left(-j2\pi \frac{\sin\theta_m \Delta_{Q-1}}{\lambda} \right) \right]^T$$
(8.21)

式中:θ_m 表示第 m 个发射阵元到目标线阵的入射角;Δ_q 表示第 $q+1$ 个散射点到第 1 个散射点的间距,满足关系式 $\Delta_q = q\Delta, q = 1, 2, \cdots, Q-1$。

MIMO 雷达为了利用空间发射分集技术,要求不同的发射天线阵元照射目标不相关的方向,也就是说两个相邻发射导向矢量应该是正交的,对于超宽带冲激脉冲来说就是在时域上是隔离的,即满足

$$g_{m+1}^H g_m = \sum_{q=0}^{Q-1} \exp\left[j2\pi \frac{(\sin\theta_{m+1} - \sin\theta_m)q\Delta}{\lambda} \right] = 0$$
(8.22)

式中:H 表示共轭转置运算。假设发射阵元与目标之间的距离远大于发射阵元之间的阵元间距,则可得下列近似式:

$$\sin\theta_{m+1} - \sin\theta_m \approx \frac{d_t}{R_t} \quad (8.23)$$

由式(8.22)和式(8.23)可得

$$\sum_{q=0}^{Q-1} \exp\left(j2\pi \frac{d_t q \Delta}{R_t \lambda}\right) = 0 \quad (8.24)$$

式(8.24)成立的必要条件为

$$\frac{d_t \Delta}{R_t \lambda} \geq \frac{1}{Q-1} \quad (8.25)$$

记 $D = (Q-1)\Delta$ 为目标的横向尺寸,代入式(8.25)得

$$d_t \geq \frac{\lambda R_t}{D} \quad (8.26)$$

式中:λ 为常规雷达中波长,对于超宽带雷达,可近似为时域脉冲宽度在空间的传播距离。同理,接收天线阵元间距满足 $d_r \geq \lambda R_r / D$。假设超宽带雷达安检门的脉冲宽度100ps,雷达距离目标1m,目标横向尺寸0.1m,则空间分集的必要条件要求相邻两个阵元的间距大于0.3m。

2. 密集布阵方式

与广域布阵方式相对应的是密集布阵方式,基于密集布阵的紧凑式 MIMO 雷达是 MIMO 雷达技术的另一个发展方向。紧凑式 MIMO 雷达通过联合相干处理多路观测通道数据来改善系统性能,因此保证观测通道之间的相干性是密集布阵方式的基本准则。

为了保证多观测通道数据之间的相干性,通常要求目标散射特性在各个收发通道上基本保持一致。对于密集布阵而言,就是要求雷达的发射阵列和接收阵列相对于目标的视角变化不能太大。由于雷达的多通道回波数据对应所有收发阵元的配对组合,相应目标的散射特性更多地体现为双站雷达形式。

双站雷达的 RCS 可以表示为

$$\sigma(f, \alpha_t, \alpha_r) = \lim_{r \to \infty} 4\pi r^2 \frac{|E_s(f, \alpha_r)|^2}{|E_i(f, \alpha_t)|^2} \quad (8.27)$$

式中:α_t 和 α_r 分别为发射站和接收站相对于目标的视线角;f 表示入射频率;E_i 为入射场;E_s 为散射场。利用单个散射中心的二次辐射波瓣方向图的概念,双站可以用在双站角(用 β 表示)的平分线处视线角 α 和实际频率的 $\cos(\beta/2)$ 倍测量的单站来近似,即

$$\sigma\left(f, \alpha - \frac{\beta}{2}, \alpha + \frac{\beta}{2}\right) \approx \sigma\left(f\cos\frac{\beta}{2}, \alpha, \alpha\right) \quad (8.28)$$

单双站的等效关系如图 8.7 所示。分析证明,式(8.28)近似相等只有在小双站角条件下成立,双站角需要满足的具体关系为

$$\beta < \sqrt{\frac{2c\Delta P}{\pi L f}} \qquad (8.29)$$

式中:c 表示电磁波的传播速度;ΔP 为对应于长度 L 的目标在频率 f 和 $f\cos(\beta/2)$ 之间的最大相差。另外,在小双站角情况下,$\cos(\beta/2)$ 对于频率改变的影响也是非常小的(如 10° 的双站角产生的频率变化小于 0.5%)。因此,在小双站角分布范围内目标 RCS 近似保持一致。

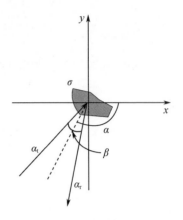

图 8.7　单双站的等效关系

MIMO 雷达不同的发射阵元与相同的接收阵元或是不同的接收阵元与相同的发射阵元,都会形成不同的双站组合。由于每一个发射阵元对应一个雷达视线角度,这样整个发射阵列的视线方向将会在一定的角度范围(定义为 $\Delta\alpha_t$)内变化。同理,整个接收阵列的视线方向也存在一个变化角度,可定义为 $\Delta\alpha_r$。为了使得目标散射特性相对于多发射通道与多接收通道保持不变,就必须要求 $\Delta\alpha_t$ 和 $\Delta\alpha_r$ 都满足小角度条件。但对于整个雷达收发阵列而言,它对于目标的变化角度是($\Delta\alpha_t + \Delta\alpha_r$),这个角度也应该在一个小的角度范围内变化。另外,还需要注意,目标散射特性不变所允许的角度范围还会因为目标本身特性(如外形、尺寸和材料等)的差异而发生变化。

密集布阵方式的 MIMO 雷达虽然没能利用空间分集技术,但充分挖掘了波形分集技术。波形分集技术使得 MIMO 雷达与传统相控阵雷达相比具有许多优势,如大大提高雷达的参数辨识性能、显著改善对目标方位向的角估计精度、增强发射方向图设计的灵活性等。这些优势的取得在于密集布阵方式使得 MIMO 雷达能够在接收端对多通道数据进行联合相干处理。原理上,MIMO 雷达成像正是利用一定观测孔径的相干数据进行聚焦处理。

此外,MIMO 雷达成像性能与雷达对目标的空间采样能力(包括空间采样范围与空间采样密度)密切相关,而空间采样能力又取决于收发天线阵列的配置,如收发阵列展布、阵元数量、阵元位置等。因此,为了提高雷达的成像性能,还需要在密集布阵方式的基础上进行合理的阵列设计。

3. 稀布阵列优化

如何选择阵元位置是采用稀布阵列 MIMO 雷达成像的首要问题。传统阵列的稀疏设计作为雷达领域的重要课题,获得了广泛研究,其主要优化手段有最小冗余线性阵列设计、动态规划、遗传算法、模拟退火算法等。但 MIMO 阵列不同于传统的阵列,它在接收端形成虚拟阵元。因此,它的优化设计要同时考虑发射和接收阵列,复杂度

大于传统收发共用阵列或被动探测阵列的优化,不同的阵列设计将决定其性能。如图 8.8 所示,应用最广的布阵方式是发射、接收均采用密集布阵方式的满阵,即阵元以半波长间距放置(对于超宽带信号要求间距为脉冲宽度内空间传播距离的一半)。这种方式规则简单且能保证雷达测向和成像性能。但突出的缺陷是阵元数量较多,导致雷达成本很高,信号处理过程复杂。同时,满阵间距还和发射信号频率成反比,随着所选发射信号频率的增大,太小的间距将导致严重的阵元间耦合问题。当信号频率增大到一定程度,受天线自身尺寸限制,半波长的间距约束将无法满足。这些缺点将直接导致 MIMO 雷达的可靠性和实用性降低。

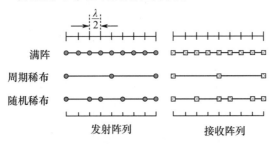

图 8.8 MIMO 雷达常见阵列发布

对阵列进行稀疏优化设计,即在保持雷达成像性能(通常指阵列孔径不变)的条件下,减少发射、接收阵元数量,是解决满阵缺点的直观方式。阵列稀疏优化有两种常规的方法,一种是增大阵元间距,在原阵列长度上等距布置较少数量的阵元,这种阵列布置方式称为周期稀布。其问题在于所得阵列的方向图会出现栅瓣,对于测向将导致测向模糊,对于成像将引入虚假目标。另一种是将较少数量的阵元在原阵列长度上随机放置,这种阵列布置方式称为随机稀布。该方法虽然可消除方向图的栅瓣,但依然存在较高旁瓣,也会影响成像质量。

8.2.3 MIMO-SAR 雷达方程

假设 MIMO-SAR 系统包含 M 个发射天线和 N 个接收天线,系统发射总功率、天线总面积与常规 SAR 相同,则有以下等式成立,即

$$\begin{cases} P_{t,i} = P_t/M_t, & i=1,2,\cdots,M_t \\ A_{t,i} = A_t/M_t, & i=1,2,\cdots,M_t \\ A_{r,i} = A_r/M_t, & i=1,2,\cdots,M_r \\ G_{r,i} = G_r/M_t, & i=1,2,\cdots,M_r \end{cases} \quad (8.30)$$

式中:P_t 为发射机峰值功率(W);A_t、A_r 为发射天线和接收天线有限面积(m^2);G_r 为天线阵列增益(dB)。

单次收发,第 i 个天线发射,第 j 个天线接收到的回波功率为

$$P_{ij} = \frac{P_{t,i} G_{t,i} G_{r,i} \sigma \lambda^2}{(4\pi)^3 R^4} \tag{8.31}$$

式中:σ 为目标的 RCS(m^2)。将所有收发组合的回波信号相参叠加,总功率为

$$P = \sum_i \sum_j P_{ij} = \frac{1}{M_t} \frac{P_t \sigma \lambda^2}{(4\pi)^3 R^4} \sum_i G_{t,i} \sum_j G_{r,j} \tag{8.32}$$

假设所有发射天线和接收天线都具有相同的增益特性,则

$$\begin{cases} \sum_i G_{t,i} = \frac{4\pi}{\lambda^2} \sum_i A_{t,i} = \frac{4\pi}{\lambda^2} A_t = G_t = G \\ \sum_j G_{r,j} = \frac{4\pi}{\lambda^2} \sum_j A_{r,j} = \frac{4\pi}{\lambda^2} A_r = G_r = G \end{cases} \tag{8.33}$$

平均噪声功率可表示为

$$P_n = M_r \cdot kLT_0 F_n B_n \tag{8.34}$$

式中:$k = 1.38 \times 10^{-18}$ J/K,为玻耳兹曼常数;L 为接收机损耗因子(dB);T_0 为环境噪声温度(290K);F_n 为接收机系统噪声因子(dB);B_n 为噪声带宽(Hz)。综合式(8.34)与式(8.31),MIMO 雷达的雷达方程表示为

$$\mathrm{SNR}_{\mathrm{MIMO}} = \frac{1}{M_t M_r} \frac{P_t G^2 \lambda^2 \sigma}{(4\pi)^3 R^4 kLT_0 F_n B_n} \tag{8.35}$$

在发射总功率和天线面积约束的条件下,如果雷达系统工作在相控阵模式下,则雷达方程表示为

$$\mathrm{SNR}_{\mathrm{PA}} = \frac{P_t G_e^2 \sigma \lambda^2}{(4\pi)^3 R^4 kLT_0 F_n B_n} \tag{8.36}$$

与常规 SAR 相比,MIMO – SAR 发射天线方位向孔径长度降低为原来的 $1/M_t$,从而形成更宽的方位向波束宽度或更长的合成孔径时间。方位向积累的脉冲数增长为

$$N_e = M_t M_r \frac{\lambda R f_p}{2\delta_\alpha V_s L_\alpha} \tag{8.37}$$

式中:f_p 为系统 PRF;δ_α 为方位分辨力;V_s 为平台移动速度;L_α 为方位向非理想匹配滤波引起的 SNR 损耗因子。

因此,MIMO – SAR 雷达方程表示为

$$\mathrm{SNR}_{\mathrm{MIMO\_SAR}} = \frac{P_t G_e^2 \lambda^2 \sigma_0 \delta_r \delta_\alpha \sec\varphi}{(4\pi)^3 R^4 kLT_0 F_n B_n} \frac{T_{\mathrm{eff}} B_n}{L_r} \frac{M_t M_r \lambda R f_p}{2\delta_\alpha V_s L_\alpha} = \frac{P_t G^2 \lambda^2 \sigma_0 \delta_r \sec\varphi}{2(4\pi R)^3 V_s (L_r L_\alpha) kLTF_n} \tag{8.38}$$

在理想条件下,MIMO – SAR 能够取得和常规 SAR 系统相同的 SNR 性能,根本原因在于 MIMO – SAR 通过方位向长时间相参积累补偿了发射端不能够合成高增益

波束导致的 SNR 损失。然而，长时间相参积累在实际中往往受到各方面因素的限制，因此会导致 SNR 的下降。

8.2.4 MIMO-SAR 成像原理

1. SAR 的分辨力

SAR 方位向的高分辨力是通过天线孔径综合原理得到的，而距离向的高分辨力同样要借助于宽带、超宽带技术和脉冲压缩来实现。雷达距离分辨力取决于信号的频谱结构，与信号带宽成反比，该原理同样适用于合成孔径雷达 SAR 的名义距离分辨力为

$$\rho_r = \frac{c}{2\Delta f_s} \tag{8.39}$$

式中：Δf_s 代表发射信号的带宽，对于冲激脉冲信号 $\Delta f_s \approx 1/\tau$，其中 τ 为脉冲宽度。因此式(8.39)可以写为 $\rho_r \approx c\tau/2$。

合成孔径雷达系统冲激响应的方位向主瓣宽度为

$$\rho_\alpha = \frac{v_\alpha}{\Delta f_d} \tag{8.40}$$

式中：v_α 表示平台的方位向速度；Δf_d 为合成孔径时间内回波信号的多普勒带宽，表达式为

$$\Delta f_d = \frac{2\beta v_\alpha}{\lambda} \tag{8.41}$$

式中：β 为天线波束水平张角；λ 为雷达波长。由式(8.40)可见，方位分辨力的改善和点目标横过天线波束时产生的多普勒带宽成反比，多普勒带宽越宽，方位分辨力越高。将式(8.41)中的多普勒带宽表达式代入式(8.40)，得到

$$\rho_\alpha = \frac{D_\alpha}{2} \tag{8.42}$$

该式表明 SAR 的方位分辨力只与天线的方位向尺寸有关，而与波长和距离无关，这是 SAR 分辨力的重要特征。当天线方位向长度选定时 SAR 只能靠聚束模式来增加合成孔径时间，从而获得方位向的高分辨力；高距离分辨力的提高则要依赖于发射信号的大时间带宽积，信号一方面要有满足分辨力要求的大带宽，另一方面要有满足能量需求的时宽。

2. MIMO-SAR 成像模型

MIMO-SAR 成像几何模型如图 8.9 所示。为方便分析将发射阵列和接收阵列排布于 x 轴上，探测区域内有点目标 q。

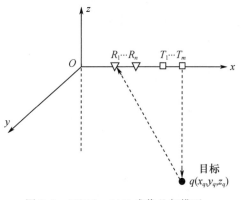

图 8.9 MIMO-SAR 成像几何模型

设发射阵元 m 的发射信号为

$$s_m(t) = P_m(t)\exp(j2\pi f_c t) \tag{8.43}$$

式中:f_c 为载频;$P_m(t)$ 为正交复包络。

假定目标为点散射模型,包含 Q 个散射中心,在不考虑噪声和天线辐射方向图影响的情况下,第 n 个接收阵元的回波信号可表示为

$$e_r(X_{r,n},t) = \sum_{m=1}^{M}\sum_{q=1}^{Q}\sigma_q s_m[t - \tau_{mn}^{(q)}(t)] \tag{8.44}$$

式中:$X_{r,n} = (x_{r,n}, y_{r,n}, z_{r,n})$ 表示接收阵元 n 的位置坐标。同理,发射阵元 m 的位置坐标可用 $X_{t,m} = (x_{t,m}, y_{t,m}, z_{t,m})$ 表示。σ_q 表示第 q 个散射中心的散射系数,$\tau_{mn}^{(q)}(t)$ 表示从发射阵元 m 发射的信号经点目标 q 反射到接收阵元 n 的传播时延,可表示为

$$\tau_{mn}^{(q)}(t) = \frac{R_{t,m}^{(q)}(t) + R_{r,n}^{(q)}(t)}{c} \tag{8.45}$$

式中:$R_{t,m}^{(q)}(t)$ 为第 m 个发射阵元到第 q 个散射中心的距离;$R_{r,n}^{(q)}(t)$ 为第 q 个散射中心到第 n 个接收阵元的距离。

根据图 8.9,发射阵元与接收阵元的位置为

$$\begin{cases} X_{t,m} = (x_{t,m},0,0) \\ X_{r,n} = (x_{r,n},0,0) \end{cases} \tag{8.46}$$

设目标第 q 个散射中心的位置为 (x_q, y_q, z_q),其分别相对于发射、接收阵元的径向速度为 $v_{t,m}^{(q)}$ 和 $v_{r,n}^{(q)}$,得

$$\begin{cases} R_{t,m}^{(q)}(t) = \sqrt{(x_q - x_{t,m})^2 + y_q^2 + z_q^2} + v_{t,m}^{(q)} \\ R_{r,n}^{(q)}(t) = \sqrt{(x_q - x_{r,n})^2 + y_q^2 + z_q^2} + v_{r,n}^{(q)} \end{cases} \tag{8.47}$$

由于发射阵元和接收阵元都是呈一维线性排列,且结合宽带发射信号,MIMO 雷达只具有二维空间分辨能力,不能同时分辨目标 y 和 z 方向的空间分布情况。将 y_q 和 z_q 变量结合为一个新变量 H_q,即目标最短斜距,可表示为

$$H_q = \sqrt{y_q^2 + z_q^2} \tag{8.48}$$

对式(8.44)去载频,再结合式(8.45)、式(8.47)和式(8.48),回波信号可重写为

$$e(x_{t,m}, x_{r,n}, t) = \sum_{q=1}^{Q}\sigma_q g\left(t - \frac{\sqrt{(x_q - x_{t,m})^2 + H_q^2} + \sqrt{(x_q - x_{r,n})^2 + H_q^2}}{c}\right) \times$$

$$\exp\left(-j2\pi f_c \frac{\sqrt{(x_q - x_{t,m})^2 + H_q^2} + \sqrt{(x_q - x_{r,n})^2 + H_q^2}}{c}\right)$$

$$\tag{8.49}$$

3. SAR BP 成像算法

MIMO 雷达的回波数据表示式是关于发射孔径位置变量、接收孔径位置变量和时间的函数形式,在距离时间向已经通过匹配滤波进行了压缩,而在方位向上无论是信号包络还是载频相位项都与变量和有关,常规的频域 SAR 成像算法难以同时对发射孔径和接收孔径完成方位聚焦。因而,不受阵列形式限制的后向投影(BP)算法就成为 MIMO 雷达成像的首选处理方法。

BP 算法最初是根据 CT 成像的投影切片理论推导出的一种 SAR 时域成像算法。BP 算法通过回波数据在时域的相干叠加实现高分辨成像,其基本原理可以用点目标结合线性阵列模型来解释。

假定 SAR 平台沿直线匀速运动采集数据,由此采样点可以构造成一空间直线阵列,SAR 的双程传输模型可以等效为目标向天线阵列的辐射模型。

根据图 8.10(a)中的几何关系,可以得到目标到天线阵列的时延曲线(图 8.10(b)),具体的时延表示式为

$$\tau = \frac{2\sqrt{(x-x_0)^2 + y_0^2}}{c} \tag{8.50}$$

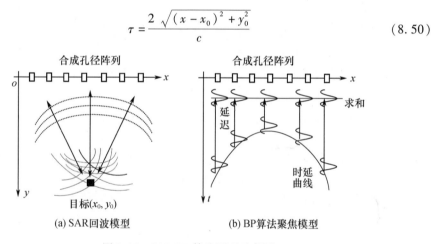

(a) SAR 回波模型   (b) BP 算法聚焦模型

图 8.10 SAR BP 算法原理示意图

为了简便起见,发射信号直接表示为冲激信号 $\delta(t)$,那么 SAR 的时域回波数据为

$$r(x,t) = \delta\left(t - \frac{2\sqrt{(x-x_0)^2 + y_0^2}}{c}\right) \tag{8.51}$$

BP 算法的基本思想是:计算目标点到各个天线孔径点之间的双程时延,而后沿相应的时延曲线进行相干叠加(图 8.10(b)),通过求叠加结果的幅度得到所需目标点的后向散射强度,即

$$I(x,y) = \int_{x'} r\left(x', t = \frac{2\sqrt{(x'-x)^2 + y^2}}{c}\right) dx' \tag{8.52}$$

对成像区域中的各个点遍历上述"延迟-求和"过程,即可得到每个点的散射强度值。当成像区域的像素点与目标位置重合时,式(8.52)就会沿着目标的时延曲线积分,实现相干叠加。

按照 BP 算法的基本原理建立如图 8.11 所示的成像处理几何结构,对成像区域进行了网格划分,即通过均匀采样将连续图像离散化。区域划分后像素点之间的间隔一般与分辨力相当,因为间隔太大会造成图像的欠采样,影响成像质量,而间隔过小又会加大算法的运算量。图 8.11 中的发射阵列和接收阵列是分开垂直放置的,这只是为了方便绘制雷达成像处理的几何结构,并不代表它们之间的实际分布关系。

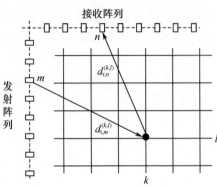

图 8.11 MIMO 雷达 BP 算法的成像处理几何结构

如图 8.11 所示,假定成像区域划分为 $K \times L$ 个像素点,以 $y_k(k=1,2,\cdots,K)$ 和 $x_l(l=1,2,\cdots,L)$ 分别表示距离向和方位向上像素点的坐标值,$d_{t,m}^{(k,l)}$ 和 $d_{r,n}^{(k,l)}$ 则表示像素点 (x_l,y_k) 到发射阵元 m 和接收阵元 n 的距离。在球面波辐射接收模型下,像素点 (x_l,y_k) 与收发天线位置组合 $(x_{t,m},x_{r,n})$ 之间的双程时延为

$$\tau_{m,n}^{(k,l)} = \frac{d_{t,m}^{(k,l)} + d_{r,n}^{(k,l)}}{c} = \frac{\sqrt{(x_l-x_{t,m})^2+y_k^2}+\sqrt{(x_l-x_{r,n})^2+y_k^2}}{c} \quad (8.53)$$

根据式(8.53)中的时延关系对式(8.54)沿距离向进行延迟处理,成像区域像素点 (x_l,y_k) 的聚焦结果可以表示为

$$\begin{aligned}I_{\mathrm{BP}}(x_l,y_k) = &\sum_{m=1}^{M}\sum_{n=1}^{N}\sum_{q=1}^{Q}\sigma_q g\left(\tau_{m,n}^{(k,l)} - \frac{\sqrt{(x_q-x_{t,m})^2+H_q^2}+\sqrt{(x_q-x_{r,n})^2+H_q^2}}{c}\right)\cdot\\ &\exp\left[\mathrm{j}2\pi f_c\left(\tau_{m,n}^{(k,l)} - \frac{\sqrt{(x_q-x_{t,m})^2+H_q^2}+\sqrt{(x_q-x_{r,n})^2+H_q^2}}{c}\right)\right]\end{aligned}$$

(8.54)

式(8.54)表示像素点的复散射强度,对成像区域的每一点遍历上述聚焦过程,即可得到 MIMO 雷达的目标图像。具体的算法处理流程如图 8.12 所示,从图中可见 BP 算法处理流程简单、时延补偿容易,并在成像过程中不存在任何假设条件,同时对 MIMO 雷达成像的阵列形式也没有限制,是一种鲁棒性很强的时域成像算法。

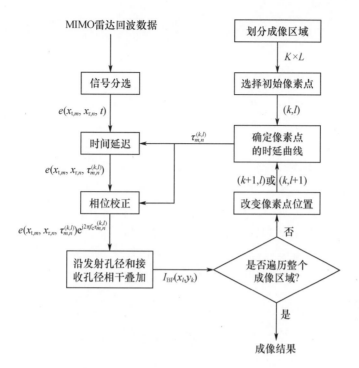

图 8.12 MIMO-SAR BP 成像算法流程

第 9 章 医学超宽带雷达

传统医学诊断中,在生命体征提取和生物组织成像时,主要采用听诊器、血压计、CT 等设备。听诊器、血压计需要近距离与被监测对象接触,并需要被监测对象的配合。CT 价格昂贵,维护复杂,对人体有害,无法经常性检测使用。超宽带雷达技术的发展为人体生命体征监测和生物组织成像提供了新途径。

本章分别介绍超宽带雷达技术在医学领域的两个典型应用实例,即非接触式超宽带生命体征监测雷达和超宽带微波成像乳腺癌检测系统,并提出了超宽带雷达医学成像系统的构想。

9.1 非接触式超宽带生命体征监测雷达

早在 1971 年 10 月,Caro 等就发表了题为《基于雷达的非接触呼吸暂停探测器》的文章,首次将雷达用于生物医学领域。1976 年 5 月,Franks 等发表了题为《非接触式婴儿呼吸监测》的论文,首次提及采用雷达技术来检测人体的生理参数。1996 年,美国斯坦福大学研制了一种特殊的超宽带雷达,可以检测到人体的呼吸和心跳信号,并采用距离门技术进行断层扫描,较好地抑制了外界环境干扰对人体呼吸、心跳信号的影响。近年,国内外很多文献也都报道了采用各种雷达技术非接触地检测人体的呼吸、心跳及体表微动等信号,并正在进行生物雷达在心脏病学、呼吸和发声机能等方面的应用研究。

9.1.1 生命体征及其检测技术

生命体征是人体基本生理功能的表现,指医疗人员在进行诊疗时,为了评估病人基本的生理状况,必须检查的病人的基本生理状况。它的范围很广泛,通常包括心跳、脉搏、血压和呼吸次数等。它们是维持机体正常活动的基础体征信号,缺一不可,任何一项的异常,都可能代表严重或致命的疾病。这四类生命体征的正常范围如下:

(1) 呼吸(R):正常成年人 16~20 次/min,儿童为 30~40 次/min。呼吸次数与脉搏的比例约为 1:4。

(2) 体温(T):腋下为 36~37℃。

(3) 脉搏(P):正常成年人为 60~100 次/min,新生儿为 120~140 次/min。

(4) 血压(BP):理想血压为120/80mmHg。

检测呼吸信号的方法通常有压力传感器检测法、温度传感器检测法、流量检测法、电阻抗式检测法和电容式检测法等。检测心率的方法通常有听音器检测法、红外传感器动脉检测法、电阻传感器检测法,以及较为专业的一般只用于ICU和特殊监测病房的电极接触式心电检测法。

随着人们对健康生活追求的提高,以及医疗电子技术和互联网技术的发展,如今市场上已经出现了种类繁多的便携式或可穿戴生命体征检测设备,如智能手环、腕带心率计、智能手表、穿戴心率计等。这些可穿戴设备的主要功用之一就是用于检测人体心率、呼吸、体温、血氧等体征信息,很多设备还具有步数计量和睡眠检测等功能,可以帮助人们了解自身健康状况。这些设备大多采用接触式检测技术,对于真正有体征监测需要的人群(如老人和病人等),在使用和普及上仍存在一些局限性:

(1) 采用接触式监测,用户受制于仪器和设备所用的电缆和电极等,正常身体活动受限,使用不便;

(2) 由于电极和传感器存在直接接触人体,对使用者在心理上也往往造成一定的影响,造成较大的检测误差。且电极和传感器在信号采集时可能会加入额外的干扰信号,使后期信号处理出现误差,导致结果不准确,甚至监测失败。

(3) 在某些特殊场景下,如烧伤病人、皮肤病重度患者、患病婴儿,不适合直接接触皮肤的特殊病人等的监测,接触式生命体征监测难以适用。

(4) 对于非病理性的体征监测,如久坐监测、卧床老人、瘫痪病人的日常体征监测,接触式体征监测在实用性和便捷性上都存在诸多问题,难以为大多数人尤其是不懂得使用专业设备和智能产品的老人及文化程度有限的普通人所接受。

基于以上诸多接触式体征监测技术中存在的问题,众多学者探索并提出了非接触式体征检测技术,从一定程度上弥补了接触式体征监测技术的不足。

9.1.2 非接触式超宽带生命体征监测雷达原理

非接触式生命体征监测,一般指不直接接触人体,隔着衣服、空气和较薄的障碍物等实现体征监测。基于电磁波的多普勒效应,通过对微弱体动信号的获取和处理,可以通过对应人体呼吸和心跳所引起的胸腔运动,得到心率和呼吸的相关参数,此即非接触式生命体征监测雷达的工作原理。与传统探测技术相比,雷达技术在监测生命体征信号上有较好的优势,它具有可穿透一定厚度介质、非接触、受环境温湿度干扰小等特点。电磁波易于通过微波电路产生、实现,免除了由其他信号转为电信号的过程。

生命体征监测雷达从工作原理上可分为连续波(Continuous wave,CW)雷达和超宽带(Ultra-Wide Band,UWB)雷达两种。CW雷达发射出单一频率的连续电磁波束照射人体,CW雷达具有结构简单、尺寸小、易集成、成本低等特点。UWB雷达发射出极窄的电磁脉冲照射人体目标,因此又称UWB冲激雷达。UWB冲激雷达监测命体征的原理是：当射频发生器发出的脉冲通过天线到达胸腔后，会反射回一部分电磁波信号，由于人体的生理活动会导致雷达回波信号的脉冲序列周期发生变化，通过对携带生命运动相关信息的回波信号进行处理和分析，就可以得到与被测人体生命特征相关的参数。UWB 冲激雷达的典型脉冲间隔是 $0.1 \sim 10\mu s$，脉冲重复频率在 $0.1 \sim 10MHz$ 范围内。

长期以来，雷达主要用于检测运动目标，很少涉及人体生命特征信号（准静止微动信号）的检测。在非接触式医学监测应用中，雷达对呼吸、心跳等微动信号的监测属于典型的近距离、低速度、小尺寸目标信号检测问题，与传统的雷达信号处理对象差别很大，具有较大的技术难度。近年来，一些学者相继研究了连续波雷达探测生命特征的方法，例如用于生命特征检测的连续波雷达频域积累方法及基于谐波模型的人体状态识别方法等。但是，连续波雷达对生命特征信号的检测存在先天不足，包括近距离盲区较大，穿透性较差，被遮挡后容易失效，无法有效区分肢体运动与心肺生命特征信号，无法获得人体的精确距离信息，无法区分定位多个人体目标等。超宽带冲激雷达具有分辨力高、穿透能力强等优点，而且能够测定目标体的距离信息并实现多个人体目标的有效区分筛选，在国内外引起了医学研究领域专家的较大关注，并在生命特征信号监测中初步应用。其详细检测算法可参见第 6 章有关内容。

9.2 超宽带微波成像乳腺癌检测系统

在射频及微波频段的电磁波可以穿透肌体组织进行传播，并对入射电磁波具有散射和吸收作用，其特性反映了肌体组织的介电常数和电导率等电磁参数。测量发现，肿瘤组织呈现的电磁参数数值比正常肌体组织高 20% ~ 200% 或以上。据此，可以通过测量肿瘤组织对微波的散射和吸收特性进行反演并重建电磁参数分布图像，定位并识别组织中的肿块，达到癌症早期检测及诊断的目的。最近 10 多年，发表在国际期刊和会议上的相关文献多达几百篇。目前主要以乳腺癌为研究对象。

9.2.1 乳房组织的介电特性

乳腺癌是一种常见的疾病，对其治疗而言，早期发现是至关重要的。多年来，电磁场工程师们一直在致力于研究用微波成像的方法实现对人体癌症的检测，相对于现有的医学成像检测方法，如 X 射线、CT、B 超等，微波成像具有诸多优点：

（1）相对安全，微波成像没有电离辐射，在一定能量范围内属相对安全的检测方法。

（2）它是基于一种新的成像检测机理，微波成像属于功能性成像，它反映的是生物组织的电磁特性分布，而恶性肿瘤的介电常数往往比正常的乳房组织大得多，因此利用微波成像能够区分肿瘤的恶性与否。

(3) 属于非浸入式检测,检测相对方便。

(4) 成像分辨力较高,可以检测出小到 2 mm 直径的肿瘤,利于癌症的早期发现。因为微波波长比 X 射线长得多,微波成像的分辨力比 X 射线要低。但是,目前的微波成像原型系统分辨力可达 2~10mm,足以发现一般的癌变病灶。

(5) 微波成像费用相对较低,易于实现身体普查,有利于疾病的早期预防和治疗。

对乳房进行成像诊断的基础是组织乳房的介电特性。众所周知,生物组织的介电特性通常用 Cole–Cole 模型表示,其介电常数和电导率均与频率相关。

正常的乳房组织成分主要包括皮肤、脂肪、乳腺导管、乳腺囊等,对正常乳房组织及恶性肿瘤的介电特性测试已经有诸多研究成果。1994 年,Joines 等在 50~900MHz 的频率范围内测量了多种离体器官和相应恶性肿瘤的介电特性,其中包括正常的乳腺组织和恶性乳腺肿瘤,得出的结论是恶性乳腺肿瘤的介电常数和电导率比正常的乳腺组织平均分别高出 233% 和 577%。Campbell 等在 1992 年分别对多名患者的正常乳房脂肪组织、正常乳腺组织、良性肿瘤和恶性肿瘤四种类型组织的介电特性进行了测量,测量频率为 3.2GHz。对 17 名患者的乳房脂肪组织的测量结果表明,脂肪组织相对介电常数为 2.8~7.6,电导率为 0.54~2.9mS/cm,含水量为 11%~31%。对 11 名患者的正常乳腺组织的测量结果表明,其相对介电常数为 9.8~46,而电导率为 0.54~2.9mS/cm。对 9 名不同患者的恶性乳腺肿瘤的测量结果显示,其相对介电常数为 9~59,而电导率则为 2~43mS/cm。通过数据分析,Campbell 等认为在 3.2GHz 微波频率下区分恶性肿瘤的标准是相对介电常数为 45~60,电导率为 30~40。Wisconsin–Madison 大学的 Lazebnik 等在 2007 年也进行了较大规模的不同人群乳房组织介电特性测量,他们一共选取了 93 名不同患者的乳房组织样本,通过对样本的测量分析,也得出了乳房组织的相对介电常数和电导率与乳房组织成分有关的结论。

从一系列的研究报告可见,正常女性乳房组织由于含有的脂肪成分较高(多数超过 50%),脂肪的介电常数和电导率都相对很低,因此,正常乳房组织的平均介电常数在 10 左右,而恶性肿瘤组织的介电常数和电导率均比正常乳房组织高出 3 倍多。对微波照射而言,正常乳房组织的反射比恶性肿瘤块的反射要弱,加上采用相关的聚焦技术,可以使得恶性肿瘤组织对微波的反射明显强于正常组织,从而检测出恶性肿瘤,这就是微波成像检测乳腺癌的理论基础。

9.2.2 微波成像检测乳腺癌的发展现状

最近 10 多年,国内外对乳腺癌的微波成像检测进行了大量研究,相关文献多达几百篇。2001 年美国乳腺癌早期检测技术委员会发表报告,指出 X 射线乳腺癌检测技术的缺陷和危害,倡议进行其他可行性检测技术研究,并给出了理想检测技术所具有的七大特征。2002年,加拿大Calgary大学和Victoria大学、美国Wisconsin大学和Dartmouth大学的学者联合发表文章,提出利用微波近场成像技术进行乳腺癌早期检测的设想,随后他们带领研究团队分别进行了相关研究。之后,英国Bristol大学等众多研究机构也参与其中,涉及的国家包括美国、英国、加拿大、瑞典、法国、新加坡、韩国、澳大利亚、意大利等,下面给出几个具有代表性的研究成果。

1. 美国Dartmouth学院研发的Microwave tomography系统

世界上第一个乳腺癌微波成像检测临床原型系统是美国Dartmouth学院的Microwave tomography系统(图9.1),其采用16元单极子圆形天线阵列,频率范围为0.5~3GHz,工作波形为连续波,成像能力为二维(2~3min),正在向三维成像能力发展,图像重建算法为Gauss – Newton + FDTD,临床实验结果表明正常与非正常乳腺组织平均图像对比度在150%~200%,准确度为80%~90%,最小可探测大小为2~3mm,典型分辨力为5~10mm。

图9.1 美国Dartmouth学院的Microwave tomography系统

2. 英国Bristol大学的UWB成像系统

第一个基于雷达原理的UWB微波乳腺成像系统,是英国Bristol大学的UWB成像系统(图9.2),其工作频段为4~9GHz,采用16(后来32或60)个贴片天线半球形阵列,工作模式为实孔径多站散射模式,成像能力为三维,成像算法为DAS或MAMI。

3. 加拿大Manitoba大学的MWT系统

加拿大Manitoba大学的MWT系统(图9.3),其采用Vivaldi天线单元,工作频段为3~10GHz,圆柱形阵列,构建一个3~6GHz二维MWT成像系统,成像算法为多频MR – CSI和DBIM。

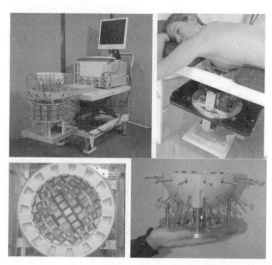

图 9.2 英国 Bristol 大学的 UWB 成像系统

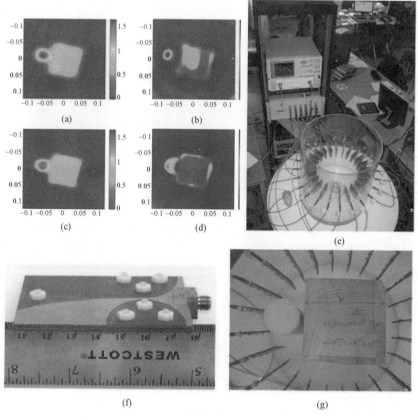

图 9.3 加拿大 Manitoba 大学的 MWT 系统

4. 丹麦 Technical 大学的专用 MWT 系统

丹麦 Technical 大学研制了一个乳腺癌专用微波成像系统(图 9.4),在硬件设备方面,与其他研究团队采用通用微波仪器不同,专门开发了 32 通道微波散射信号接收采集系统,具有更低的噪声和更大的动态范围,系统灵敏度更高。采用 32 对同轴探针天线,形成一个三维半球形阵列,成像算法采用单频 Newton 迭代法,每次迭代 10min,三维图像重建时间为 90~130min。

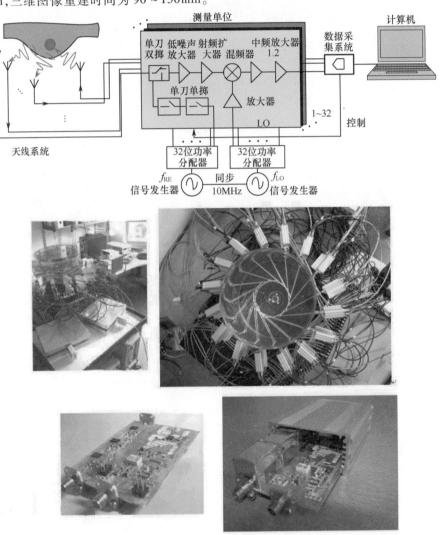

图 9.4 丹麦 Technical 大学的专用 MWT 系统

5. 韩国 Chungbuk 大学的 MWT 分析系统

韩国 Chungbuk 大学的 MWT 分析系统(图 9.5),其采用 16 通道的圆形单极子天线阵列,工作频率范围为 0.5～3GHz,成像能力为二维,成像算法为迭代＋FDTD。Chungbuk 大学在 MWT 成像基础上开发了成像结果分析软件,可以完成图像的彩色及三维显示、图像特征点面积/距离/角度测量、特征提取、与通用医疗图像格式之间的转换等功能。

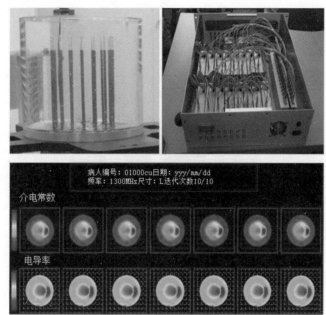

图 9.5　韩国 Chungbuk 大学的 MWT 分析系统

6. 澳大利亚信息技术与电子工程学院的 UWB 成像系统

澳大利亚信息技术与电子工程学院的 UWB 成像系统(图 9.6),其采用 12 通道圆形 TSA 天线阵列,工作频率范围为 3～11GHz,成像能力为二维,成像算法为时域或频域算法。

7. 其他专项技术研究

微波成像技术应用于乳腺癌检测涉及许多技术问题,虽然没有完整的系统或报道,许多学者在单元天线设计、图像重建算法、系统模拟、乳腺组织电磁参数测量与建模、临床评估等专项技术方面展开了更深入的研究。

9.2.3　脉冲式微波成像乳腺癌检测系统

1. 微波成像乳腺癌检测关键技术

医学成像作为微波技术在民用领域的一个新的应用方向,技术上对微波成像提出了更高的要求。基于阵列口径尺寸受限、近场互耦严重、分辨力要求更高、成像目标散射特性更加复杂等特点,微波医学成像系统在设计之初就必须仔细考虑这些与

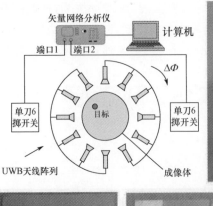

图9.6　澳大利亚信息技术与电子工程学院的UWB成像系统

常规雷达成像应用要求不同的因素,涉及的关键技术包括但不限于以下几个方面:

(1) 系统总体规划和照射方案模拟与评估。

(2) 天线阵列单元设计与集成。

(3) 散射数据采集与存储。

(4) 图像重建算法。

(5) 系统控制与转换软件。

(6) 系统试验与性能评估。

2. 主动式微波近场医学成像的思路

主动式微波成像的基本原理是通过向被成像目标发射电磁波,通过接收目标的反射或散射波,从而获取目标的形状、结构、电磁特性空间分布等信息。在微波频段,要得到目标反射或散射场的解析解基本上是不可能的。而通过测量微波散射或反射场确定成像目标的电磁参数分布是一个电磁逆散射问题,它是电磁散射正问题的反演。主动式微波医学成像的基本过程如下:

(1) 通过天线向被成像目标发射高频电磁波,在目标周围若干位置放置接收天线接收目标的散射场,从而获得一系列的测量数据。

(2) 将目标进行网格剖分,对完成剖分的网格电磁参数进行初始设置。

（3）根据目标网格剖分以及初始电磁参数设置求解正问题,即计算各测量点的散射场,常用方法有有限元法、时域有限差分法等。

（4）根据计算值和测量值的重新调整各网格的电磁参数估计值。

（5）不断重复以上各步,直到正向计算结果与测量结果误差满足一定要求。

由于诸多因素的影响,如测量数据量不足、正向计算误差,或者目标结构复杂甚至目标是各向异性的,这些都使得反演结果不唯一,不能确保成像结果与实际完全吻合,这在一定程度上限制了微波医学成像的应用。

但是,随着电磁场数值算法研究的进展,特别是计算机计算能力的迅猛提高,微波成像技术用于人体检测变得越来越具有吸引力,其中以用于女性乳腺癌检测的研究最为活跃,取得的成果和进展也最为显著,基于雷达原理的脉冲式微波共焦成像(Confocal Microwave Imaging,CMI)被认为是一种很有发展前景的主动式微波成像技术。

3. 脉冲式微波共焦成像乳腺癌检测系统

脉冲式微波共焦成像技术检测乳腺癌是基于雷达原理,它类似于机/星载 SAR 成像或探地雷达的工作原理。不同于普通的逆散射成像,该方法避免了复杂的逆散射计算问题。

脉冲式微波共焦成像技术用于乳腺癌检测最早由美国 Wisconsin-Madison 大学的 Hagness 提出,加拿大自然科学与工程研究委员会的 Elise C. Fear 等也相继进行了理论和实验研究,并取得了一系列的研究成果。

脉冲式微波共焦成像系统检测乳腺癌的基本工作过程是:系统首先用天线发射超宽带脉冲对成像目标乳房进行照射,并用同一天线接收乳房的反射波,采样记录反射的时域回波信号。在一个位置完成该过程后,将天线移动到另一个位置重复上述过程。当所有位置都测试完毕后,根据成像聚焦点的不同,对所有位置接收到的反射波进行时移相加,最后得到目标乳房组织的反射波相对灰度图像。虽然这种方法不能直接得到乳房的介电参数分布,但它能区分出由于介电参数异常增大而使反射波增强的区域,起到检测乳腺恶性肿瘤的作用。

Hagness 等开展微波共焦成像检测乳腺癌的研究开始于 1998 年,最开始采用的是计算机理论仿真的方式。仿真天线扫描方式是采用平面式,探测深度约为 5cm,之所以采用这种扫描模式是基于患者仰面躺着接受检测的假设,结形天线加载后直接放在乳房上面进行检测,天线与乳房之间没有空间距离,从而保证和皮肤间的阻抗匹配,减小皮肤的反射。

Fear 等则在 2005 年建立了一套微波共焦成像检测乳腺癌的实验验证系统。该系统称为 TSAR,由液体容器、浸泡用液体、地层、天线和乳房模型构成。液体容器的上方是用作地层的金属盖板,金属盖板上留有几个洞,天线和乳房、肿瘤模型通过这些洞放入容器盛放的液体中,液体的介电常数接近正常的乳房组织,这样可以减少正常乳房组织对入射波的反射。整个容器除了上层盖板因用作地层而采用金属材料外，其他地方采用的都是介质材料，以尽量避免电磁波被容器壁反射。天线采用的是阻抗加载 Wu-King 偶极子天线，长度为 10.8mm。而乳房模型则采用的是圆柱体模型，圆柱体高为 30cm，截面直径为 10cm，圆柱体内放有一个肿瘤模型。整个仿真模型材料分为液体、皮肤、脂肪和肿瘤，四种材料的介电参数见表 9.1。实验系统通过旋转乳房模型，每次旋转 22.5°或 40°，实现天线对乳房模型的扫描。

表 9.1　Fear 等用到的四种实验材料介电参数

材料	相对介电常数	电导率/(S/m)
液体	2.5	0.04
皮肤	34.3	4.25
脂肪	4.2	0.16
肿瘤	43.7	6.94

超宽带脉冲信号形式选择方面，必须考虑分辨力和信号衰减之间的矛盾。信号的带宽越宽，则系统的距离分辨力越高，同时，随着信号频率的升高，其衰减就越厉害，探测深度因而受到影响，因此，对信号的形式选择应该综合考虑这两个因素。

目前，被广泛采用的超宽带信号形式为微分高斯脉冲，其表达式为

$$V = V_0(t-t_0)\exp\left(-\frac{(t-t_0)^2}{\tau^2}\right) \quad (9.1)$$

式中：$\tau = 50 \sim 100 \text{ps}$；$t_0 = 4\tau$。这种信号的典型探测深度为 3~4cm，最大探测深度为 5cm，这是考虑到几乎 50% 的肿瘤处于深度小于 2.5cm 的位置，距离分辨力约为 1cm，因此，这种脉冲形式兼顾了分辨力与探测深度两者的要求。

对天线的选择，目前采用的主要方案是加载蝶型天线或 Wu-King 偶极子天线等，Fear 等研制了多种超宽带天线，并比较了其性能指标及对成像效果的影响。

波束形成方面，有天线阵列波束成形、单天线空间扫描波束成形等方法。其中，后者被更多地采用，主要原因是单天线扫描的方法易于实现，可以避免多天线间复杂的互耦问题，简化信号处理。空间扫描方式主要有两种：一种是以蝶型加载天线直接放在乳房组织上，而人体仰躺着，让天线在乳房组织上不同位置进行测量；另一种方案是让人体趴着，乳房通过一个圆洞浸泡在某种液体中，这种液体的介电常数接近脂肪组织，偶极子天线围绕乳房组织四周不同点进行测量。

关于信号接收系统灵敏度和动态范围问题，通过 Hagness 等的仿真论证，不同深度和直径的肿瘤在乳房组织中的反射信号强度（相对于激励信号）见表 9.2。可以看出，对乳腺癌的检测而言，信号接收系统的动态范围在 120dB 左右即可满足检测要求。

表9.2 不同大小、位置、深度的肿瘤反射回波强度

肿瘤位置深度/cm	肿瘤直径/mm	肿瘤反射回波强度/dB
3.0	5.28	-83
	3.52	-88
	1.76	-96
4.0	5.28	-92
	3.52	-97
	1.76	-106
5.0	5.28	-101
	3.52	-106
	1.76	-115

概括地说，脉冲式微波共焦成像算法的基本检测流程如下：

（1）进行信号校准。目的是在接收信号中去除发射信号残余和皮肤反射信号。这是基于这样一个假设：在不同位置得到的发射信号残余和皮肤反射信号基本相同。校准信号采用的是每一个位置天线接收信号的平均值，采用的方法是将每一个位置天线接收信号减去校准信号。

（2）积分运算。由于采用微分高斯脉冲，因此当信号过零点时积分值最大，对信号进行积分运算处理后更易于识别回波信号在时间轴上的位置。

（3）信号补偿。主要采用路程损失补偿或辐射发散补偿，其中平面扫描方式采用路径损失补偿，而圆柱扫描则采用辐射发散补偿。

（4）图像重建。必须指出的是，图像重建算法是微波成像检测系统的核心。早期主要使用共焦成像算法。随着信号处理技术的发展，新的成像算法正不断涌现。

9.3 超宽带雷达医学成像系统

9.3.1 超宽带雷达医学成像系统的构想

超宽带雷达医学成像系统采用MIMO-SAR成像雷达体制。超宽带MIMO-SAR雷达医学成像系统是一种近场探测雷达，要求实时性好，分辨力高。超宽带雷达医学成像系统发射超宽带冲激脉冲信号，占空比和平均功率非常低，对患者和医务人员没有任何健康影响。

如图9.7所示，基于MIMO-SAR成像的超宽带雷达医学成像是一种旋转结构，患者体验与全身CT检测类似，平躺在其中保持静止不动，随着MIMO阵列的转动可以进行SAR成像。系统由MIMO天线阵列、超宽带冲激脉冲发射机、高速采样接收机、伺服系统、控制系统、成像与显示等部分构成。在医学成像系统的周围覆盖宽带吸波材料，减少雷达多径干扰。

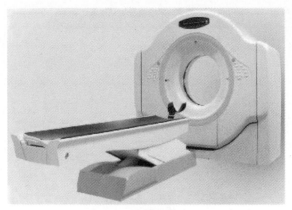

(a) 概念图

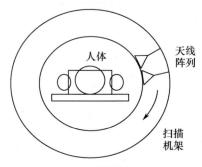

(b) 侧视图

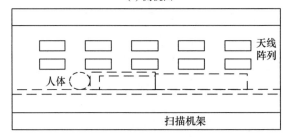

(c) 正视图

图 9.7　超宽带雷达医学成像示意图

9.3.2　基于能量估计的分布目标微波成像算法

1. 微波成像算法简介

在微波成像检测系统中,除了硬件系统以外,成像算法和软件对系统性能和检测能力更为关键。

微波成像算法可分为微波照相术(MicroWave Tomography,MWT)和雷达成像术两大类。在 MWT 中,需要求解病态非线性电磁逆问题,通过某种正则化过程反复迭代求解使罚函数最优,从而在每个成像像素点上重建电磁参数,对计算时间和计算资源的要求都很高。雷达成像术通过信号处理技术识别出成像区域中强散射点或区域的位置和形状,从而达到检测正常乳腺组织中的电磁参数突变部分的目的。所采用的信号处理技术根据照射信号形式不一而足,有波前重构法、延迟叠加波束形成法、共焦微波成像法、空时波束形成法、多输入多输出雷达处理技术以及子空间时间反转MUSIC算法(TR – MUSIC)等。

由于其超分辨成像能力,子空间 TR – MUSIC 算法在点目标和分布目标成像中受到了更多的关注。H. Lev – Ari 和 A. J. Devaney 首次将时间反转场与多站数据的子空间处理相结合,提出了子空间 TR – MUSIC 算法,在 Born 近似下对点目标进行成像,证实了其超分辨能力。随后,F. K. Gruber 等进一步指出 TR – MUSIC 算法同样适用于点目标多重散射成像。S. Hou 等将此算法应用于分布目标成像,得出成像函数不仅在目标边界上出现峰值,在边界内部也会出现峰值,并用物理谐振概念对此进行了解释。E. A. Marengo 等发展了 TR – MUSIC 分布目标成像理论,提出了"有效信号子空间"和"有效噪声子空间"的概念。这些最新研究成果均表明 TR – MUSIC 算法同样适用于分布目标成像,且能得到目标形状轮廓。此外,该算法在其他场合也有广阔的应用前景,如穿墙成像和无线传感器网络监视。

通常,恶性肿瘤组织和正常组织均属于电尺寸较大且各向异性介质,对微波频段的电磁波来说,应视为分布目标而不能简单当作点目标对待。由于分布散射和测量噪声的存在,分布目标的多站响应矩阵是满秩的,而不是点目标时的亏秩矩阵,不存在明显的信号子空间和噪声子空间边界,所以 TR – MUSIC 算法成像函数不能直接使用。为解决这个困难,E. A. Marengo 等简单地采用分布目标多站响应矩阵奇异值分布谱(对数尺度)的"拐点"作为边界点以从噪化的信号空间中提取主信号部分,而S. Hou 等提出了一种更加复杂的基于分辨力和噪声电平的门限策略来划分信号子空间和噪声子空间,但需要多个频点上的数据。

2. 基于能量估计的 TR – MUSIC 算法

通过对简单分布目标散射 FDTD 仿真数据的数值测试,上述两种方法均不能得到最优的成像结果。最优边界分界点往往是多个点,且大多数情况下并不是奇异值分布谱的"拐点";TR – MUSIC 算法的超分辨特性可以保证即使只有单个频点的数据也可以得到较好的图像。本节给出一种简单有效的基于能量估计的 TR – MUSIC 算法,利用双门限策略来估计有效信号子空间和噪声子空间的边界,并将所有符合此条件的边界点的成像结果合并,得到了照射区域更加清晰的图像。通过二维成像场景的仿真模拟对此算法的效果进行了验证,算法本身与空间维度无关,也适用于三维成像场景。

图 9.8 给出了二维成像系统的几何布置。待成像目标位于成像区域 XY,外围是半径为 R 的均匀圆形 N 元天线阵列,每个阵元天线依次朝成像区域发射电磁波,所

有阵元天线接收目标散射回波,得到的散射回波矩阵通过信号处理进行重构或反演,得到成像区域目标的位置和形状信息。

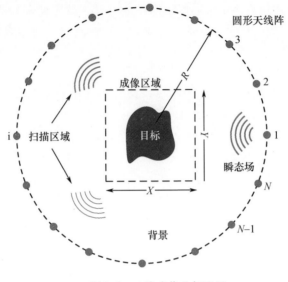

图 9.8　二维成像几何配置

1) 时间反转(Time – Reversal,TR)原理

在无耗静态媒质中,电磁场分量 $E(\boldsymbol{x},t)$ 满足下面的标量波动方程:

$$\nabla^2 E(\boldsymbol{x},t) - \mu\varepsilon\frac{\partial^2}{\partial t^2}E(\boldsymbol{x},t) = 0 \qquad (9.2)$$

其中,$\boldsymbol{x}$ 表示空间位置矢量,t 是时间,μ 和 ε 分别是媒质的磁导率和介电常数。式(9.1)中场强与时间的二次微分关系使得方程对时间的符号变化保持不变,这就是时间反转概念的基础。也就是说,如果 $E(\boldsymbol{x},t)$ 是方程(9.2)的解,其时间反转场 $E(\boldsymbol{x},-t)$ 也是这个方程的解。

电磁波传播过程意味着 $E(\boldsymbol{x},-t)$ 将精确地沿着原始波 $E(\boldsymbol{x},t)$ 的传播路径回溯传播。如果 $E(\boldsymbol{x},t)$ 是发散传播的散射场,则 $E(\boldsymbol{x},-t)$ 将通过 TR 过程反向传播并汇聚到散射源处。在频域,可利用 $E(\boldsymbol{x},\omega)$ 的相位共轭 $E^*(\boldsymbol{x},\omega)$ 代替 $E(\boldsymbol{x},\omega)$ 来实现 TR 过程,其中 $E(\boldsymbol{x},\omega)$ 是 $E(\boldsymbol{x},t)$ 的傅里叶变换。

2) 多站频率响应矩阵和点目标的 TR – MUSIC 算法

对图中的 N 元收发阵列,定义元间冲激响应 $h_{ij}(t)$ 为第 j 个单元发射冲激信号时第 i 个单元接收到的信号($i,j = 1,2,\cdots,N$),矩阵

$$\boldsymbol{H}(t) = [h_{ij}(t)]_{N\times N} \qquad (9.3)$$

称作时域多站响应矩阵。由于静态媒质的空间互易性,$\boldsymbol{H}(t)$ 是对称矩阵,即 $h_{ij}(t) = h_{ji}(t)$。

如果激励源信号矢量为

$$S(t) = [s_1(t), s_2(t), \cdots, s_N(t)]^T \quad (9.4)$$

则阵列接收信号矢量为

$$R(t) = [r_1(t), r_1(t), \cdots, r_N(t)]^T = H(t) * S(t) \quad (9.5)$$

式中:符号 * 表示时域卷积。在频域,上式变成

$$R(\omega) = H(\omega) S(\omega) \quad (9.6)$$

式中:$H(\omega)$ 是 $H(t)$ 的傅里叶变换,称作多站频率响应矩阵(Multi-static Frequency Response Matrix, MFRM)。如果激励信号是单频信号,如频率为 ω_0, 对应的频响矩阵 $H(\omega_0)$ 简记为 H, 存在下列奇异值分解(Singular Value Decomposition, SVD)

$$H = U\Sigma V^\dagger \quad (9.7)$$

且其 Q 个非零奇异值为 $\sigma_1 \geq \sigma_2 \geq \cdots \geq \sigma_Q \geq 0$, 其中 $Q = \text{rank}(H)$, $\Sigma = \text{diag}\{\sigma_1, \sigma_2, \cdots, \sigma_Q, 0, \cdots, 0\}$ 是 $N \times N$ 的对角阵,上标 † 表示复共轭转置,U 和 V 是酉矩阵,它们的列矢量分别称作左奇异矢量和右奇异矢量。根据矩阵理论,V 的前 Q 列和后 $N-Q$ 列分别张成 H 的行空间和零空间,U 的前 Q 列和后 $N-Q$ 列分别张成 H^T 的行空间和零空间,亦即

$$\begin{cases} \text{null}(H) = \text{span}\{v_{Q+1}, \cdots, v_N\} \triangleq V_{N-Q} \\ \text{range}(H^T) = \text{span}\{v_1, \cdots, v_Q\} \triangleq V_Q \\ \text{range}(H) = \text{span}\{u_1, \cdots, u_Q\} \triangleq U_Q \\ \text{null}(H^T) = \text{span}\{u_{Q+1}, \cdots, u_N\} \triangleq U_{N-Q} \end{cases} \quad (9.8)$$

其中,u_k 和 v_k 分别表示 U 和 V 的第 k 个列矢量。因为 $H = H^T$ 和 $\text{null}(H)^\perp = \text{range}(H^T)$, 所以 U_Q 是 V_{N-Q} 的正交补,而 V_Q 是 U_{N-Q} 的正交补。

电磁波传播特性由媒质格林函数 $g_0(x_1, x_2)$ 所表征,其中,x_1 表示场点位置矢量,而 x_2 表示源点位置矢量。由于空间互易性,x_1 和 x_2 位置可以互换,即 $g_0(x_1, x_2) = g_0(x_2, x_1)$。假设成像区域中有 M 个点散射体,分别位于 $x_1, x_2, \cdots, x_M$, 反射率为 $\tau_m (m=1,2,\cdots,M)$, 阵列天线单元分别位于 $\xi_1, \xi_2, \cdots, \xi_N$, 应用 Born 近似,忽略点散射体之间的多次散射,则 H 可以写为

$$H = \begin{bmatrix} \sum_{m=1}^{M} g_0(\xi_1, x_m) \tau_m g_0(x_m, \xi_1) & \cdots & \sum_{m=1}^{M} g_0(\xi_1, x_m) \tau_m g_0(x_m, \xi_N) \\ \vdots & & \vdots \\ \sum_{m=1}^{M} g_0(\xi_N, x_m) \tau_m g_0(x_m, \xi_1) & \cdots & \sum_{m=1}^{M} g_0(\xi_N, x_m) \tau_m g_0(x_m, \xi_N) \end{bmatrix}$$

$$= \sum_{m=1}^{M} \tau_m \boldsymbol{G}_0(x_m) \boldsymbol{G}_0^{\mathrm{T}}(x_m) \tag{9.9}$$

式中：$\boldsymbol{G}_0(x_m)$ 称作 x_m 处的照射矢量（$m=1,2,\cdots,M$），定义成

$$\boldsymbol{G}_0(x_m) = [g_0(\xi_1, x_m), g_0(\xi_2, x_m), \cdots, g_0(\xi_N, x_m)]^{\mathrm{T}} \tag{9.10}$$

显然由式（9.8）可知，$\boldsymbol{H}$ 是 M 个照射矢量 $\boldsymbol{G}_0(x_1), \boldsymbol{G}_0(x_2), \cdots, \boldsymbol{G}_0(x_M)$ 的线性组合。

当 $M<N$ 时，$Q = \mathrm{rank}(\boldsymbol{H}) = M$，在 MUSIC 算法中 U_M 称作信号子空间 V^S 而 V_{N-M} 称作噪声子空间 V^N。对成像区域中的任一个搜索点 x，其对应的照射矢量为 $\boldsymbol{G}_0(x)$。如果 x 刚好与 $x_1, x_2, \cdots, x_M$ 中任一点重合，则 $\boldsymbol{G}_0(x)$ 属于子空间 V^S，它到子空间 V^N 的投影长度等于零，即 $\|P_{V^N}\boldsymbol{G}_0(x)\|_2 = 0$，否则，$\|P_{V^N}\boldsymbol{G}_0(x)\|_2$ 是一个有限值，这里 $\|\cdot\|_2$ 表示欧拉范数。据此，可以构造伪谱成像函数如下：

$$I(x) = \frac{1}{\|P_{V^N}\boldsymbol{G}_0(x)\|_2^2} = \left[\sum_{k=M+1}^{N} |v_k^{\dagger}\boldsymbol{G}_0(x)|^2\right]^{-1}$$

$$= \frac{1}{\|\boldsymbol{G}_0(x)\|_2^2 - \|P_{V^S}\boldsymbol{G}_0(x)\|_2^2} = \left[\|\boldsymbol{G}_0(x)\|_2^2 - \sum_{k=1}^{M} |u_k^{\dagger}\boldsymbol{G}_0(x)|^2\right]^{-1}$$

$$\tag{9.11}$$

这就是基于子空间的 MUSIC 算法。当 x 与点目标位置重合时，理论上 $I(x)$ 是无穷大，但实际上因为测量噪声或计算误差的存在，$I(x)$ 将在点目标位置处呈现很大的峰值，具有超分辨成像能力。

在 MUSIC 算法中，厄米特算子 $\boldsymbol{K}_t = \boldsymbol{H}^{\dagger}\boldsymbol{H}$ 也称作发射模式时间反转算子，而把 $\boldsymbol{K}_r = \boldsymbol{H}\boldsymbol{H}^{\dagger}$ 称作接收模式时间反转算子。因为 $\boldsymbol{K}_t S(\omega) = \boldsymbol{H}^{\dagger}\boldsymbol{H}S(\omega) = \boldsymbol{H}^{\dagger}R(\omega)$，根据时间反转原理，这意味着接收信号经相位共轭后朝源方向反向传播。可以证明，矩阵 $\boldsymbol{K}_t$ 的本征矢量与点目标是一一对应的。另一方面，U 和 V 的正交归一化列矢量分别是 $\boldsymbol{K}_r$ 和 $\boldsymbol{K}_t$ 的本征矢量，因此，$\boldsymbol{H}$ 的奇异矢量可以起到 $\boldsymbol{K}_r$ 或 $\boldsymbol{K}_t$ 的本征矢量相同的作用。因为基于子空间的 MUSIC 算法结合了标准 MUSIC 算法的伪谱构造和时间反转算子的本征分解的基本思想，在文献上常常称作时间反转 MUSIC 算法（TR – MUSIC）。

从数学上和实际上来说，$\boldsymbol{H}$ 的 SVD 比 $\boldsymbol{K}_r$ 或 $\boldsymbol{K}_t$ 的本征分解（Eigenvalue Decomposition, ED）有两大好处：

（1）SVD 使用归一正交基而 ED 通常不是。

（2）所有矩阵（即使不是方阵）都存在 SVD，而并非所有矩阵（即使是方阵）都存在 ED。

如果探测阵列的发射和接收单元位置互异，即有 N_t 个发射天线分别位于 ξ_1,

$\xi_2, \cdots, \xi_{N_t}$,有 N_r 个接收天线分别位于 $\eta_1, \eta_2, \cdots, \eta_{N_r}$,则分别位于 $x_1, x_2, \cdots, x_M$ 处的 M 个点目标的响应矩阵变成

$$H = \sum_{m=1}^{M} \tau_m G_{0T}(x_m) G_{0R}^T(x_m) \tag{9.12}$$

式中

$$\begin{aligned} G_{0T}(x_m) &= [g_0(x_m, \xi_1), g_0(x_m, \xi_2), \cdots, g_0(x_m, \xi_{N_t})]^T \\ G_{0R}(x_m) &= [g_0(\eta_1, x_m), g_0(\eta_2, x_m), \cdots, g_0(\eta_{N_r}, x_m)]^T \end{aligned} \tag{9.13}$$

分别是发射阵列和接收阵列的照射矢量。可以证明,$G_{0T}(x_m)$ 是 H 的左奇异矢量 ($m = 1, 2, \cdots, M$),张成列信号子空间 V_C^S,类似地,$G_{0R}(x_m)$ 是 H 的右奇异矢量($m = 1, 2, \cdots, M$),张成行信号子空间 V_R^S,则 MUSIC 成像函数可以由这两个子空间构建为

$$\begin{aligned} I(x) &= [\parallel P_{V_C^N} G_{0T}(x) \parallel_2^2 + \parallel P_{V_R^N} G_{0R}(x) \parallel_2^2]^{-1} \\ &= \Big[\sum_{k=M+1}^{\min(N_t, N_r)} (\mid u_k^T G_{0T}(x) \mid^2 + \mid v_k^{\dagger} G_{0R}(x) \mid^2) \Big]^{-1} \end{aligned} \tag{9.14}$$

在上面的方程中,+号两边的部分分别称作发射模和接收模,如果收发阵列相同,式(9.12)可改写成

$$\begin{aligned} I(x) &= [\parallel P_{V_C^N} G_{0T}(x) \parallel_2^2 + \parallel P_{V_R^N} G_{0R}(x) \parallel_2^2]^{-1} \\ &= \Big[\sum_{k=M+1}^{N} (\mid u_k^T G_0(x) \mid^2 + \mid v_k^{\dagger} G_0(x) \mid^2) \Big]^{-1} \end{aligned} \tag{9.15}$$

因为发射阵列和接收阵列相同,所以它们的照射矢量也相同。

3) 分布目标 TR – MUSIC 算法

如上所述,对 $M < N$ 的点目标,$H \in C^{N \times N}$ 是亏秩矩阵,其奇异值和奇异矢量的数目与点目标的数目是一一对应的,此时 TR – MUSIC 成像函数成像效果很好。但当目标是可穿透的或其尺寸可与波长相比拟时,它不能再被视为点目标而应当是分布目标,在实际成像环境中,如乳腺癌检测和诊断应用,尤其如此。

对分布目标,H 通常是满秩矩阵,这就意味着 $Q = N$,成像函数 $I(x)$ 无法直接由方程计算,此时 H 的奇异值谱曲线不会在某个点急剧下降而是缓慢降低,每个奇异值都表示某个散射中心或亮点对总散射能量的独立贡献。而且,如 S. Hou 等所指出的,$I(x)$ 的峰值可能位于目标边界也可能因为物理谐振效应而位于目标内部,在信号子空间和噪声子空间之间没有明确的边界。尽管如此,TR – MUSIC 算法仍然可以用于分布目标成像,得到分布目标的轮廓形状,只是性能有所降低,这一点将在后面的仿真中证实。

要将 TR – MUSIC 算法用于分布目标成像,关键是如何确定信号子空间和噪声

子空间之间的分界点,即最优的 M 值,在阵列单元足够多的情况下使获得的图像质量最好。为了解决这一问题,E. A. Marengo 等取对数奇异值谱的"拐点"所对应的横轴坐标作为分界点,从噪化的信号子空间中提取主要的散射点贡献;S. Hou 等提出了一种更加复杂的基于分辨力和信噪比的门限策略,但需要多个频点的散射数据。

用 FDTD 模拟了一些简单分布目标的散射。经过数值测试,发现可接受的成像结果可能发生在连续的多个分界点处,且在大多数情况下这些分界点并非奇异值谱的"拐点",TR – MUSIC 算法的超分辨特性使得即使只有单个频点的散射数据,也可以得到较好的成像结果。因此,我们提出了一种新的基于能量估计的双门限策略,来确定有效信号子空间和噪声子空间之间的最优边界区域,所有位于最优边界区域的分界点的成像结果结合起来可以获得照射区更清晰的图像。

包含在 H 中的总能量可以用其 Frobenius 范数的平方来估计:

$$\|H\|_F^2 = \sum_{i=1}^{N}\sum_{j=1}^{N} |h_{ij}|^2 = \mathrm{trace}(HH^\dagger) = \sum_{i=1}^{N} \sigma_i^2 \qquad (9.16)$$

定义 $H = U\Sigma V^\dagger$ 中的信号子空间部分为

$$H_{\mathrm{signal}} = U_M \Sigma_M V_M^\dagger \qquad (9.17)$$

式中:M 是信号子空间和噪声子空间分界点的估计值;U_M 和 V_M 分别表示 U 和 V 的前 M 列。则信号子空间 H_{signal} 与 H 的能量之比(Energy Ratio,ER)为

$$\mathrm{ER} = \frac{\|H\|_{\mathrm{signal}}^2}{\|H\|_F^2} = \frac{\sum_{i=1}^{M}\sigma_i^2}{\sum_{i=1}^{N}\sigma_i^2} \qquad (9.18)$$

参数 ER 可以用来判断估计值 M 的优劣,如果 ER 太小,表明 M 太小不足以提取出所有主要散射亮点的贡献,另一方面,如果 ER 值太大,表明 M 值太大不足以抑制掉 H 中的数值或背景噪声,所以利用双门限限定 ER 值在一个最优的范围就是一个较好的选择,使得

$$\mathrm{ER}_{\min} \leqslant \mathrm{ER} \leqslant \mathrm{ER}_{\max} \qquad (9.19)$$

式中:$\mathrm{ER}_{\min}$ 是低门限;$\mathrm{ER}_{\max}$ 是高门限。所有满足式(9.18)的 M 值组成最优边界区域 B,把 B 中所有的 M 值对应的成像结果结合到一起,成像函数变成

$$I(x) = \sum_{b \in B} \left[\sum_{k=b+1}^{N} (|u_k^T G_0(x)|^2 + |v_k^\dagger G_0(x)|^2) \right]^{-1} \qquad (9.20)$$

这就是基于能量估计的双门限 TR – MUSIC 成像算法,双门限的大小可以根据成像系统的噪声性能确定。式(9.20)可以给出更清晰的图像,因为它利用了多个有效的 M 值。

如果原始散射数据包括多个频点,则更多的信息可以进一步融合,多频点数据的

成像函数为

$$I(\boldsymbol{x}) = \sum_{f} \sum_{b \in B} \left[\sum_{k=b+1}^{N} (|\boldsymbol{u}_k^{\mathrm{T}} \boldsymbol{G}_0(\boldsymbol{x})|^2 + |\boldsymbol{v}_k^{\dagger} \boldsymbol{G}_0(\boldsymbol{x})|^2) \right]^{-1} \quad (9.21)$$

3. 仿真和讨论

尽管 TR-MUSIC 算法可以用于三维目标成像，但为了简单而清楚地说明算法的成像能力，下面所有的仿真模拟都是二维目标，并假设背景媒质为空气，其电磁散射数据除点目标是直接由 Green 函数计算外，其余都由二维 FDTD 方法计算获得。

1) 多个点目标

在这个例子中，5 个点目标分别位于 (-10,0)、(-1,0)、(1,0)、(-10,-10) 和 (0,-10)。成像区域是 30cm×30cm，阵元数目 $N=14$，$\boldsymbol{H}$ 直接由二维 Green 函数，即第二类零阶 Hankel 函数 $H_0^{(2)}(\beta\rho)$ 计算，其中 $\beta = 2\pi/\lambda$ 是自由空间波数，ρ 是源点到场点的距离，频率 3GHz，波长 $\lambda=10$cm，$M=5$。此时 $\boldsymbol{H}$ 的归一化奇异值分布谱以及成像函数 $I(\boldsymbol{x})$ 的二维和三维视图分别如图 9.9 所示。显然，由图 9.9(a) 可见，如果忽略 -350dB 以下的数值计算误差，非零奇异值的数目就等于点目标的数目；由图 9.9(b)、(c) 可见，TR-MUSIC 算法能够完全正确地分辨出 5 个点目标的位置，即使最小间距 2cm 小于 $\lambda/4$。这种超分辨能力仅仅是由单频数据获得的，如果有多频或宽带散射数据，分辨力还可以进一步提高。

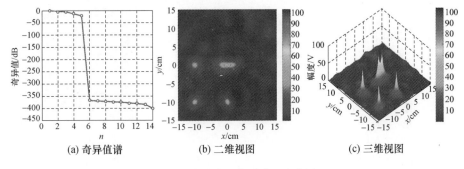

(a) 奇异值谱　　(b) 二维视图　　(c) 三维视图

图 9.9　多个点目标成像（见彩图）

2) 矩形金属柱

第一个分布目标的例子是矩形金属柱，尺寸为 20cm×10cm，对 3GHz 频率相当于 $2\lambda \times \lambda$。成像区域保持 30cm×30cm 不变，阵元数 $N=14$。图 9.10(a) 给出了其归一化奇异值谱和 M 取不同值时的成像结果，图 9.10(b)～(f) 分别对应 M 为 2、4、8、10 和 12 时的图像。与图 9.11 的点目标结果相比，可以看出分布目标的奇异值谱曲线呈缓慢下降趋势，且成像中的"亮点"数目与较大的奇异值不再是一一对应的关系，所获得的图像随 M 值的变化而变化，图像"亮点"位于目标边界或内部。这说明，正确选择信号子空间和噪声子空间边界（即 M 值的大小）对分布目标 TR-MUSIC 成像结果非常重要，好的选择可以获得被照射目标的外部轮廓形状（图 9.11(c)～

(e)),因为每个"亮点"代表目标上的一个强散射中心。

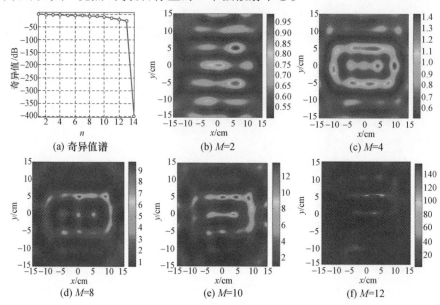

图 9.10 矩形金属柱成像($N=14, f=3\text{GHz}$)(见彩图)

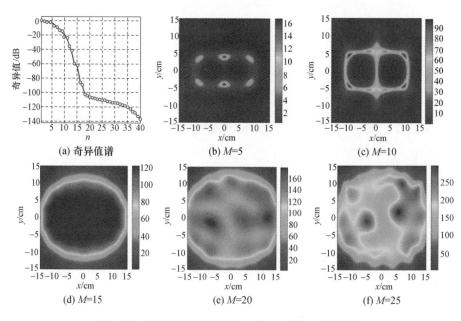

图 9.11 矩形金属柱成像($N=40, f=2\text{GHz}$)(见彩图)

当阵元数目 $N=40$ 时,对上述同样的矩形金属柱用不同频率电磁波进行照射的成像结果分别如图 9.12 ~ 图 9.14 所示。此时,阵元数目大于目标上可分辨的亮点数目,奇异值谱缓降的特点更加明显,而且频率越高,可分辨的亮点数目越多,这意味着波长越小,TR – MUSIC算法的分辨力越高,从这些结果可以进一步看到 M 值的选择对成像质量的影响。

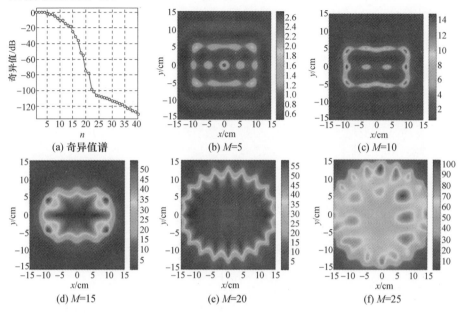

图 9.12　矩形金属柱成像($N=40$, $f=3$GHz)(见彩图)

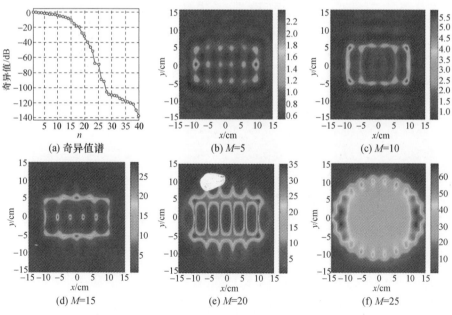

图 9.13　矩形金属柱成像($N=40$, $f=4$GHz)(见彩图)

321

为了展示选择最优 M 值的双门限策略效果，以 $N=40, f=4\text{GHz}$ 的数据为例，其归一化奇异值谱和相应的 ER 曲线如图 9.14 所示。选择 $\text{ER}_{\min}=0.8$ 和 $\text{ER}_{\max}=0.95$，在 ER 曲线上分别对应着 $M_{\min}$ 和 $M_{\max}$，$M_{\min}$ 和 $M_{\max}$ 之间的间隔称作可接受区间，所有位于该区间的 M 值均可用作信号子空间和噪声子空间的边界，然后结合所有 M 值的图像就得到了最优的成像结果。

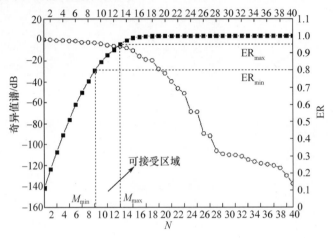

图 9.14 双门限策略

按此方法，对 $N=40$ 的阵列，当 $f=2\text{GHz}$ 时，最优的 M 值是 5 和 6，$f=3\text{GHz}$ 时，最优的 M 值是 7、8 和 9，而当 $f=4\text{GHz}$ 时，最优的 M 值分别是 10、11 和 12。可以发现，第一个最优的 M 值与频率之比几乎保持不变，正如 S. Hou 等所指出的一样。图 9.15(a)~(c) 分别给出了 2GHz、3GHz 和 4GHz 等单频数据的最优成像结果，图 9.16(d) 是这三个频率数据按式(9.19)融合成像的结果。把这些结果与图 9.10~图 9.13 相比较，可以看出，双门限策略的采用可以直接确定信号子空间和噪声子空间之间的最优界限值，获得最优的成像结果，多频或宽带数据融合可以获得目标更连续的形状细节，因为可获取的信息更多，分辨力更高。

实际应用中，在原始的仿真数据或测量数据中总存在误差或噪声，为了测试所提出的基于能量估计的 TR-MUSIC 算法抑制噪声的能力，仍然以 $N=40, f=4\text{GHz}$ 的数据为例，人为地在原始数据上分别引入幅度和相位噪声。所加的幅度噪声是零均值高斯随机噪声，偏差分别是 H 中最大幅度的 20%、50% 和 100%，相位噪声是均匀分布随机噪声，分布范围分别是 30°、90°、120°和 180°。噪声对归一化奇异值谱的影响如图 9.16 所示，可以看出，噪声抬高了奇异值谱的后半部分，下降趋势更加平缓，使得信号子空间和噪声子空间的界限更加模糊，也就是说，外加噪声主要影响原始数据的噪声子空间部分，对信号子空间部分作用甚微。仍然采用上述的双门限，即 $\text{ER}_{\min}=0.8$ 和 $\text{ER}_{\max}=0.95$，在外加幅度噪声和相位噪声情况下的成像结果分别如

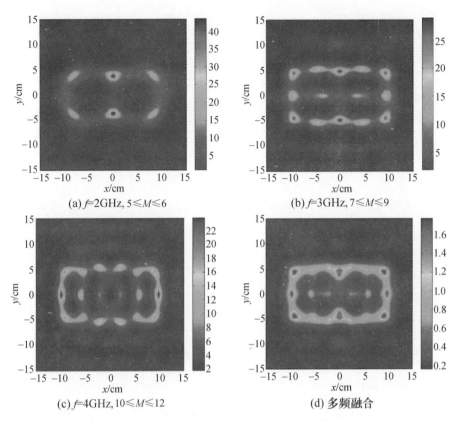

图 9.15　基于双门限策略的矩形金属柱最优成像结果(见彩图)

图 9.17和图 9.18所示。与图 9.15(c)相比,噪声的出现使最优 M 值增大,噪声越强,增大越多,成像质量逐渐变差。但即便如此,基于能量估计的 TR – MUSIC 算法也能在 100% 随机幅度噪声或 180° 随机相位噪声的条件下得到可分辨的成像结果,这证实了该算法的超分辨成像特点和突出的噪声抑制能力。

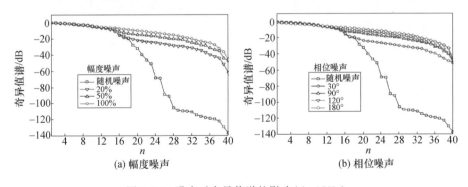

图 9.16　噪声对奇异值谱的影响($f=4$GHz)

323

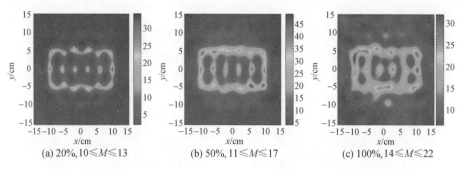

图 9.17 幅度噪声对成像结果的影响(见彩图)

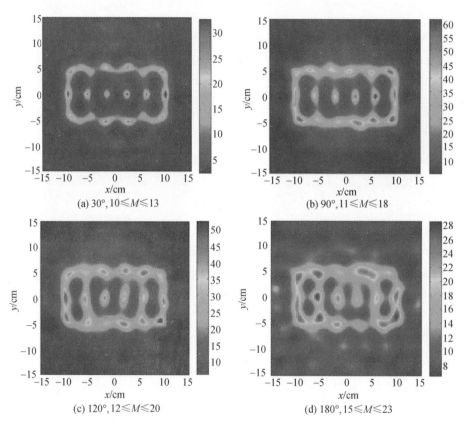

图 9.18 相位噪声对成像结果的影响图(见彩图)

3) 不规则金属柱体

第二个分布目标的例子是不规则金属柱体,其轮廓由一大一小两个椭圆围成,图 9.19(a)给出了其形状细节。成像参数与前述的矩形金属柱一样,即 $N=40$,$ER_{min}=0.8$ 和 $ER_{max}=0.95$,其奇异值谱由图 9.19(b)给出。图 9.20(a)~(c)分别给出了 2GHz、3GHz 和 4GHz 等单频数据的最优成像结果及其对应的 M 值,图 9.20(d)是这三个频率数据融合成像的结果,这些结果再次说明了上述现象和结论,不再赘述。

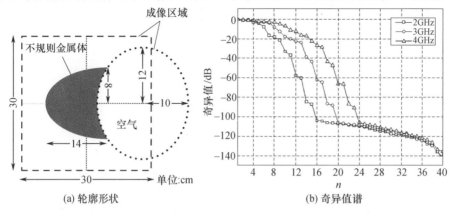

图 9.19 不规则金属柱体

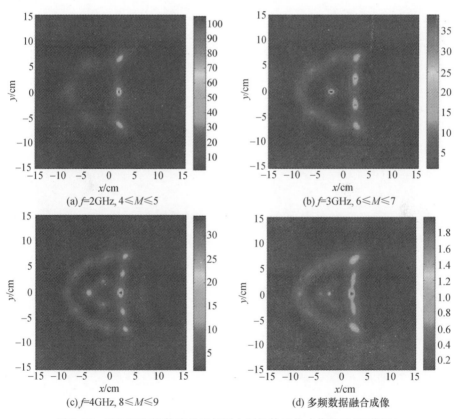

图 9.20 基于双门限策略的不规则金属柱体最优成像结果(见彩图)

由上述仿真结果可见,基于能量估计的 TR-MUSIC 算法是一种简单而有效的确定分布目标微波成像最优边界的方法,该算法在 100% 幅度噪声或 180°相位噪声条件下仍然可以得到可分辨的成像结果,具有很强的噪声抑制和超分辨成像的能力,可以从单频或多频(宽带)散射数据中获取分布目标的形状轮廓细节,有望在医学诊断和机场安检等方面得到实际应用。该算法可以扩展到三维分布目标和介质目标成像,有助于实验系统的实现。

参 考 文 献

[1] JAMES D T. Introduction to Ultra-Wideband Radar Systems[M]. Florida:CRC Press Inc.,1995.
[2] 张明友. 雷达系统[M]. 北京:国防工业出版社,2005.
[3] SKOLNIK M I. Radar Handbook[M]. New York:McGRW-HILL Publishing Company,1990.
[4] 吴万春. 电磁场理论[M]. 北京:电子工业出版社,1984.
[5] ALABACAK G. Analysis of Ultra Wide Band(UWB) Technology for an Indoor Geolocation and Physiological Monitoring System[M]. Chio-OH:Air Force Institute of Technology,2002.
[6] DONALD D W,TAPAN K S, Hong W. Ultra Wide Band (UWB) Radar Detection Analysis and Demonstration Program[J]. Electrical and Computer Engineering,1985,1(4):1-2.
[7] 王欣. 场效应管高压宽脉宽双快沿脉冲源技术研究[D]. 绵阳:中国工程物理研究院,2005.
[8] 刘丽华,周斌,方广有. 超宽带雷达系统中皮秒级脉冲源的研制[J]. 微波学报,2010,26(1):46-49.
[9] 吴建星. 纳秒级脉冲源及 GPS 天线的研究与设计[D]. 成都:电子科技大学,2012.
[10] 何小艇. 高速脉冲技术[M]. 杭州:浙江大学出版社,1990.
[11] 夏涛,吴云峰,王胜利. 基于功率 MOSFET 的高压纳秒脉冲源研究[J]. 电子测量与仪器学报,2015,29(12):1852-1861.
[12] 赵军平,章林文,李劲. 基于 MOSFET 的固体开关技术实验研究[J]. 强激光与粒子束,2004,16(11):53-57.
[13] CHITTA V, HONG S, Startsiv A I. Series connection of IGBTs with active voltage balancing[J]. IEEE Trans. on Industry Application,1999,35(44):917-923.
[14] 费元春. 超宽带雷达理论与技术[M]. 北京:国防工业出版社,2010.
[15] BALLAL T,AI-NAFFOURI T Y. Low-sampling-rate ultra-wideband digital receiver using equivalent-time sampling[C]. 2014 IEEE International Conference on Ultra-WideBand (ICUWB),Paris,2014:321-326.
[16] 郭宇,朱国富. 全新的高稳定穿墙雷达接收机前端设计[J]. 雷达科学与技术,2015,2:203-209.
[17] 陈培哲. 超宽带数据采集系统设计与研究[D]. 成都:电子科技大学,2015.
[18] 王显德,翟钰,章锡元. 无载波探地雷达高速取样头的研究[J]. 测试技术学报,1996(3):176-181.
[19] 李长勇. 超宽带脉冲天线研究[D]. 重庆:重庆大学,2009.
[20] 吴锋涛. 超宽带天线频域和时域算法理论与应用研究[D]. 长沙:国防科技大学,2007.
[21] 张光甫. 瞬态天线及其在超宽带雷达中的应用[D]. 长沙:国防科技大学,2004.
[22] LAMENSDORF D,SUSMAN L. Baseband-pulse-antenna techniques[J]. IEEE Trans. Antennas Propagation,1994,36(1):20-30.
[23] ALLEN O E,HILL D A,ONDREJKA A R. Time-domain antenna characterizations[J]. IEEE Trans. on Electromagnetic Compatibility,1993,35(3):339-346.

[24] 龙小专. 冲击脉冲雷达中时域超宽带天线的设计与研究[D]. 成都:电子科技大学,2008.
[25] 林昌禄,聂在平,等. 天线工程手册[M]. 北京:电子工业出版社,2002.
[26] 谢处方,邱文杰. 天线原理与设计[M]. 西安:西北电讯工程学院出版社,1985.
[27] 梁步阁. UWB 雷达目标探测理论与实验研究[D]. 长沙:国防科技大学,2007.
[28] LEWIS L,FASSETT M,HUNT J. A broadband stripline array element[J]. IEEE Antennas and Propagation Society International Symposium,1974(2):335 – 337.
[29] GAZIT E. Improved Design of the Vivaldi Antenna[J]. IEEE Proceedings H,1988,135(2):89 – 92.
[30] GIBSON P J. The Vivaldi Aerial[C]. 9th European Microwave Conference, Brighton, UK, 1979:101 – 105.
[31] FOURIKIS N,LIOUTAS N. SHULEY N V. Parametric Study of the Co – and Crosspolarization Characteristics of Tapered Planar and Antipodal Slotline Antennas[J]. Antennas and Propagation,1993(2):51 – 57.
[32] PODCAMENI A, MOSSO M M, Macedo Filho A D. Dielectric Overlay Compenated Slotline Printed Antennas [J], International Symposium on Antennas (JINA), Nice, France, 1986,11:180 – 183.
[33] PRASAD S N,MAHAPATRA S. A Novel MIC Slot – line Antenna[J]. IEEE Trans. Antennas Propagation, 1983, 31(3):525 – 527.
[34] ACHARYA P R,JOHNSSON J F,KOLLERG E L. Slotline Antenna for Millimeter and Submillimeter Waves[C]. 20th European Microwave Conference, Budapest, Hungary, 1990:353 – 358.
[35] Schaubert D H, Kollberg E L, Korzeniowski T L, et al. Endfire Tapered Slot Antennas on Dielectric Substrates[J]. IEEE Trans. Antennas Propagation, 1985, 33 (12) :1392 – 1400.
[36] MILORD B, LETROU C. Contribution to the Design of Non – uniform Slotline Antennas[J]. International Symposium on Antennas, Nice, France, 1986,11:93 – 96.
[37] KASTURI S, SCHAUBERT D H. Effect of Dielectric Permittivity on Infinite Arrays of Single – Polarized Vivaldi Antennas[J]. IEEE Trans. Antennas Propagation, 2006, 54(2): 351 – 358.
[38] ALBERT K Y L,ALBERT L S, Walter B. A Novel Antenna for Ultra – Wide – Band Applications[J]. IEEE Trans. Antennas Propagation, 1992, 40(7):755 – 760.
[39] 袁乃昌,何建国,尹家贤,等. 新型超宽带开槽天线的研制及其应用[J]. 电子学报,1997, 9(9):43 – 46.
[40] 黎滨洪,周希朗. 毫米波技术及其应用[M]. 上海:上海交通大学出版社,1990.
[41] Ramesh G, Gupta K C. Expressions for Wavelength and Impedence of a slotline[J]. IEEE Trans. on Microwave Theory and Technology, 1976, 34(8):532 ~ 538.
[42] Janaswamy R, Schaubert D H. Characteristic Impedance of a Wide Slotline on Low – Permittivity Substrates[J]. IEEE Trans. on Microwave Theory and Technology,1976, 34(8):900 – 902.
[43] 周游,潘锦,聂在平. 时域背腔式领结天线的工程化设计[J]. 电子科技大学学报,2005, 34(1):1 – 3.
[44] 郭晨,刘策,张安学. 探地雷达超宽带背腔蝶形天线设计与实现[J]. 电波科学学报,2010, 25(2):221 – 226.
[45] 魏福显,王春和. 电阻加载蝶形天线的性能研究[J]. 地质装备,2006, 30(4):427 – 429.
[46] 刘培国. 超宽带信号辐射与散射研究[D]. 长沙:国防科技大学,2001.
[47] 张光甫. TEM 平面喇叭天线研究[D]. 长沙:国防科技大学,2000.
[48] 王建朋,张光甫,袁乃昌. 基于软件 CST Microwave StudioTM 的天线仿真[C]. 全国微波毫米波会议论文集,2003:632 – 634.

[49] 苏先海.基于FPGA的雷达中心控制器的研究与实现[D].成都:电子科技大学,2004.

[50] 余慧敏,等.超宽带脉冲雷达接收技术[M].北京:机械工业出版社,2017.

[51] 师俊朋,胡国平,王馨,等.雷达系统反隐身能力评估指标分析[J].飞航导弹.2014(7):53-56.

[52] 师俊朋,胡国平,朱苏北,等.雷达反隐身技术分析及进展[J].现代防御技术,2015,43(6):52-55.

[53] 娄鉴.超宽带生命探测雷达[D].杭州:浙江大学,2013.

[54] 董亮华.雷达回波人体特征提取算法研究[D].成都:电子科技大学,2011.

[55] 张珠.基于UWB雷达的人体目标及周围废墟结构探测方法研究[D].西安:第四军医大学,2012.

[56] 张锋.微功率超宽带生命探测雷达射频前端设计与试验[D].长沙:中南大学,2017.

[57] 朱延春.浅析生命探测技术现状及应用[J].科技创新导报,2012(20):39.

[58] 葛桐羽.MIMO雷达安检成像关键技术研究[D].绵阳:中国工程物理研究院,2017.

[59] 王怀军.MIMO雷达成像算法研究[D].长沙:国防科技大学,2010.

[60] 王怀军.MIMO雷达技术及其应用分析[J].雷达科学与技术,2009,7(4):245-249.

内 容 简 介

本书主要包括两大部分内容:第一部分(第 1~3 章),论述了超宽带冲激雷达理论基础与系统设计方法;第二部分(第 4~9 章),按照超宽带冲激雷达系统体制从单发单收到多发多收的技术发展路线,分别介绍了反隐身雷达、探地雷达、雷达生命探测仪、穿墙雷达、雷达安检门、医学超宽带雷达从军事到民用的多个行业应用。

本书可作为从事超宽带雷达工程应用开发的科研人员的工程指导书,也可作为雷达专业教师和研究生的参考书。

This book mainly includes two parts: the first part (chapters 1~3), discusses the system design and the theoretical basis of ultra-wideband impulse radar; the second part (chapters 4~9), according to the technology development that are from single input single output (SISO) to multiple input multiple output (MIMO) in terms of radar system, Chapter 4 to Chapter 9 discuss the applications from military to civilian, include anti-stealth radar, ground penetrating radar, radar life detector, through-the-wall radar, radar security gate and medical ultra-wideband radar.

This book can be used as a guide book for the engineers who are engaged in ultra-wideband radar application and scientific research, and also can be used as a bibliography for teachers and students whose profession are radar.

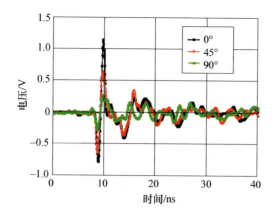

图 3.58　渐变开槽天线 H 面时域脉冲波形

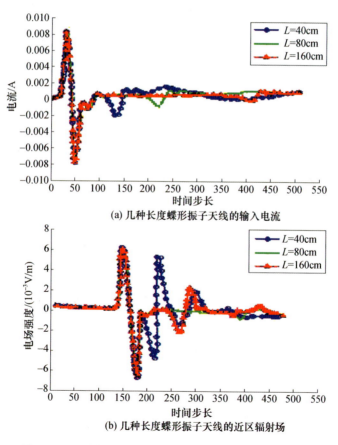

(a) 几种长度蝶形振子天线的输入电流

(b) 几种长度蝶形振子天线的近区辐射场

图 3.63　几种长度蝶形振子天线的输入电流和近区辐射场

彩 1

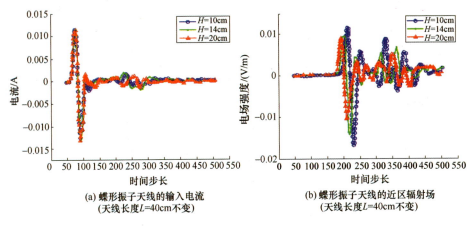

(a) 蝶形振子天线的输入电流
(天线长度L=40cm不变)

(b) 蝶形振子天线的近区辐射场
(天线长度L=40cm不变)

图 3.65　集中加载蝶形振子天线的输入电流和近区辐射场

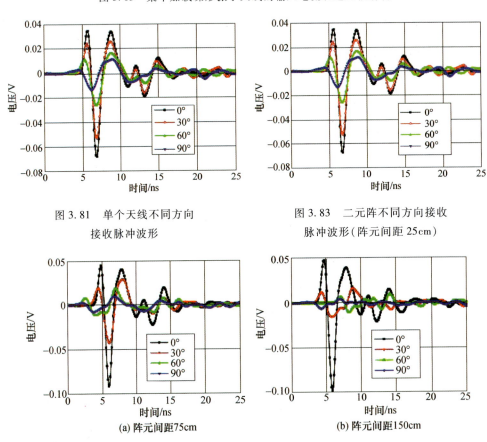

图 3.81　单个天线不同方向
接收脉冲波形

图 3.83　二元阵不同方向接收
脉冲波形（阵元间距 25cm）

(a) 阵元间距75cm　　(b) 阵元间距150cm

图 3.85　4×1 四元阵接收脉冲波形

彩 2

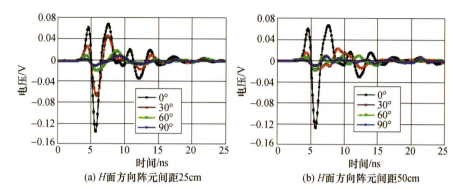

(a) H面方向阵元间距25cm　　(b) H面方向阵元间距50cm

图3.89　4×2八元阵接收脉冲波形

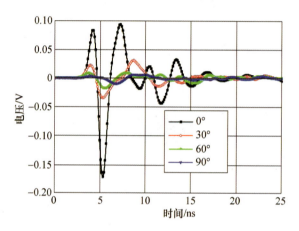

图3.93　8×2十六元阵接收脉冲波形

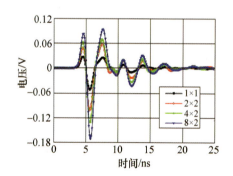 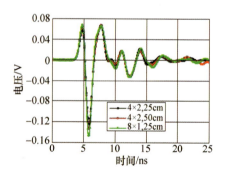

图3.95　不同阵元数的接收脉冲波形　　图3.96　不同排列方式的接收脉冲波形

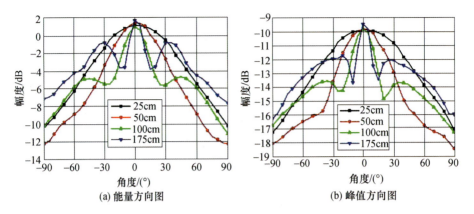

图 3.97 二元接收阵列 H 面方向图

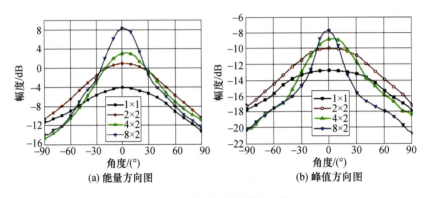

图 3.98 H 面接收阵列方向图

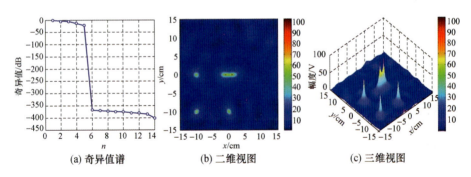

图 9.9 多个点目标成像

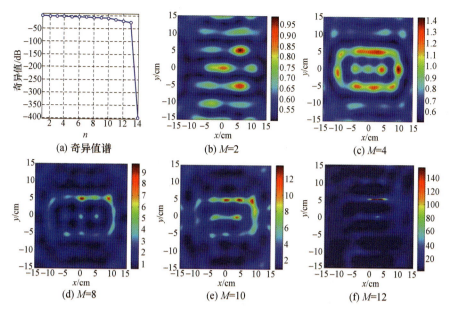

图 9.10 矩形金属柱成像（$N=14$，$f=3\text{GHz}$）

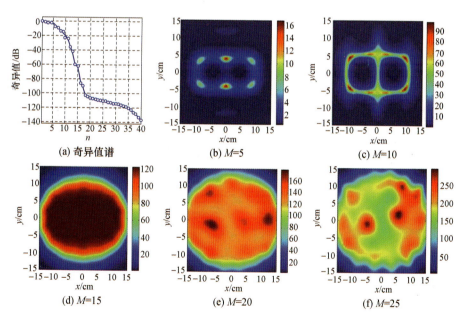

图 9.11 矩形金属柱成像（$N=40$，$f=2\text{GHz}$）

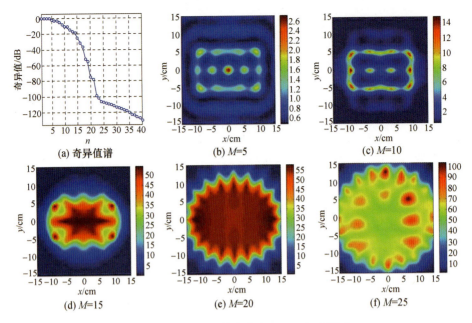

图 9.12 矩形金属柱成像($N=40$, $f=3\text{GHz}$)

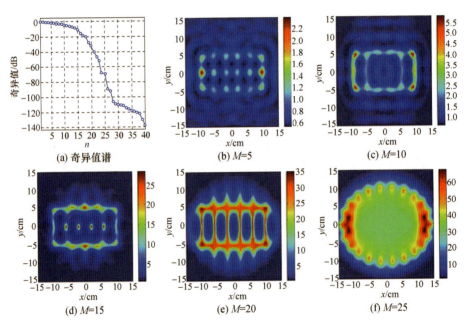

图 9.13 矩形金属柱成像($N=40$, $f=4\text{GHz}$)

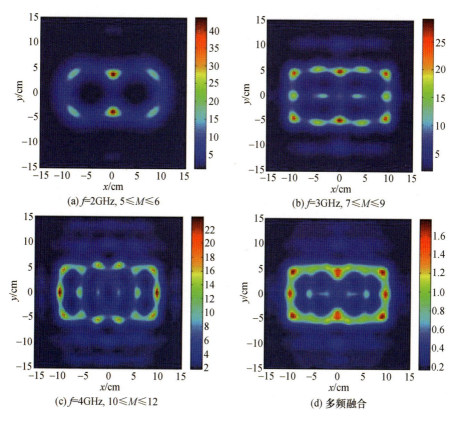

图 9.15 基于双门限策略的矩形金属柱最优成像结果

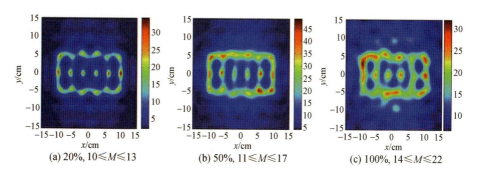

图 9.17 幅度噪声对成像结果的影响

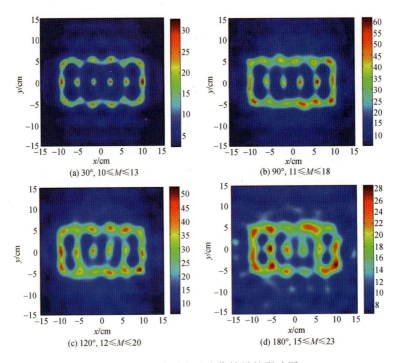

图 9.18　相位噪声对成像结果的影响图

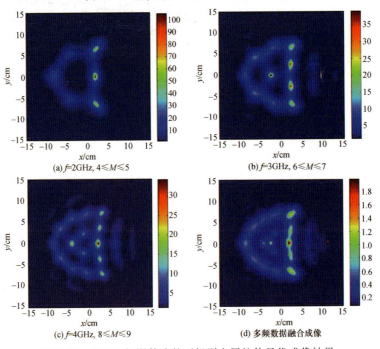

图 9.20　基于双门限策略的不规则金属柱体最优成像结果